现代渔业创新发展丛书

丛书主编：杨红生

现代海洋牧场探索与实践

杨红生　袁秀堂　许　强　张立斌　王天明　等　著

科 学 出 版 社

北　京

内 容 简 介

本书从跨越时空、创新理念和展望未来的角度出发，总结分析了海洋牧场发展历程，从原理创新、数字赋能、场景驱动、种业牵引、牧养互作、装备支撑、融合发展和案例分析等方面，探讨现代海洋牧场建设的原理、技术、装备创新途径和未来融合发展模式，以期为推动以数字化、体系化、融合化为特征的现代海洋牧场建设与高质量发展提供理论支撑和实践指导。

本书可为高校和科研院所研究人员、行业管理部门决策者以及渔业企业技术人员提供专业参考。

图书在版编目（CIP）数据

现代海洋牧场探索与实践 / 杨红生等著. -- 北京：科学出版社，2025.6.
ISBN 978-7-03-082279-6

Ⅰ. S953.2

中国国家版本馆 CIP 数据核字第 20257F1X56 号

责任编辑：朱 瑾 习慧丽 / 责任校对：郑金红
责任印制：肖 兴 / 封面设计：无极书装

科学出版社 出版
北京东黄城根北街 16 号
邮政编码：100717
http://www.sciencep.com
北京建宏印刷有限公司印刷
科学出版社发行 各地新华书店经销
*
2025 年 6 月第 一 版 开本：720×1000 1/16
2025 年 6 月第一次印刷 印张：25 1/4
字数：605 000
定价：358.00 元
（如有印装质量问题，我社负责调换）

《现代海洋牧场探索与实践》著者名单

（按姓名笔画排序）

于正林	于宗赫	马朝阳	王天明	王凤霞
王 旭	王彦俊	毛玉泽	邓贝妮	田会芹
邢丽丽	邢 坤	任焕萍	刘石林	刘笑源
刘 辉	闫思怡	江春嬉	许 强	孙丽娜
孙景春	李一凡	李 昂	李富超	杨心愿
杨 刚	杨红生	邱天龙	宋肖跃	张立斌
张洪霞	张晓梅	张 斌	张寒冰	陈福迪
苗 迪	林 军	林承刚	金东辉	郑双强
房 燕	赵 业	赵 欢	茹小尚	袁秀堂
贾 春	徐冬雪	徐建平	高冠东	高焕鑫
高 燕	霍 达			

前　　言

　　海洋牧场是基于生态学原理，充分利用自然生产力，运用现代工程技术和管理模式，通过生境修复和人工增养殖，在适宜海域构建的兼具环境保护、资源养护和渔业持续产出功能的生态系统。半个世纪以来，我国海洋牧场建设初见成效，已经成为践行"两山"理论、树立"大食物观"和实现"双碳"目标的重要抓手。纵观世界海洋牧场发展的进程，现代化建设是我国海洋牧场发展的战略选择，也是实现生态化、数字化、智能化、体系化融合发展模式的新赛道。现代海洋牧场是海洋牧场现代化建设的升级版，在发展空间、模式、业态等方面都有拓展。其必将坚持原理创新、数字赋能、场景驱动、种业牵引、牧养互作、装备支撑、融合发展等理念，形成智能感知—智能作业—智能管控新范式，进而实现海洋区域生态、经济、社会高质量发展。

　　在构建现代海洋牧场的进程中，现代草原牧场（草牧业）成功建设和运营给出了诸多启示。草原牧场的定义有二：一是指适于放牧的草场；二是指经营畜牧业的生产单位。草原牧场现代化建设的基本原则是生态优先，草畜配套；优化布局，分区施策；市场主导，政府引导；产业融合，提升效益。现代草原牧场的生产方式是放牧与饲养结合，且具有明显的季节性，如春末到中秋的生产方式是放牧，秋末到初春的生产方式是饲养。从空间布局看，草原牧场面积很大，呈片状分布；饲养牲畜的设施面积很小，呈点状分布。饲养设施是嵌入牧场之中的，为牧场的管理和运营提供了平台支撑。

　　无论是草原牧场，还是海洋牧场，其构建原理基本上是一致的，即在生态系统健康和生物多样性保护的基础上，实现牧养互作，注重物质循环、能量流动和信息传递，体现食物链（网）的稳定构建。海洋牧场同样需要实现产业集群，即良种繁育、场景营造、规模养殖、精深加工、品牌打造、线上线下交易、金融创新等融合发展。

　　海洋牧场与草原牧场存在几点不同：一是介质不同，即海洋的海水和陆地的空气；二是种业不同，草原牧场皆为良种，而海洋牧场有野生种和良种之分，分别用于增殖放流和集约化养殖；三是难度不同，相对而言，人类对草原牧场的管理能力较强，而对海洋牧场的管理能力较弱，因为浅浅的一层海水挡住了人类睿智的目光，看不清、看不远、看不全……

　　现代海洋牧场在功能上可以分为养护型海洋牧场、增殖型海洋牧场和装备型海洋牧场。养护型海洋牧场是以海草床、海藻场、牡蛎礁、珊瑚礁等为载体，发挥环境保护、生境修复、资源养护和休闲渔业功能的海洋牧场；增殖型海洋牧场是以人工鱼礁、筏式养殖等为主要载体，发挥环境保护、资源养护、渔业持续产出功能的海洋牧场；装备型海洋牧场是以网箱、围网、工船等大型养殖设施为主要载体，实现集约化、智能化、多营养层次综合养殖功能的海洋牧场。

现代海洋牧场从功能边界上可划分为核心区、响应区和拓展区。核心区是人工营造和修复的生境或设施场景，如人工鱼礁、筏式养殖、海草床、海藻场、牡蛎礁、珊瑚礁、网箱、围栏、平台等实际存在的功能生境和大型设施，是海洋牧场建设重点区域，更是海洋牧场保护和利用的核心区域。响应区位于核心区周围，即受到核心区资源环境效应影响的区域。拓展区即在响应区周围拓展的空间，特别是促进海洋牧场三产贯通的区域，以及与可再生能源、生态旅游、海洋文化等业态融合发展的区域。三区相连，上下立体，分层确权，功能互补，业态多元。

现代海洋牧场的理论与技术亟待创新。要建立智能感知—智能作业—智能管控的新范式，监测评估做到立体透视，作业方式走向轻简无人，管理模式实现自主可控。要坚持理论、技术、装备、管控体系创新发展，构建监测评估—科学选址—规划布局—生境营造—资源养护—安全保障—融合发展等全产业技术链条。加快形成新质生产力是现代海洋牧场探索和建设过程中亟待完成的重大任务。新质生产力是由技术革命性突破、生产要素创新性配置、产业深度转型升级而催生的当代先进生产力，其融合人工智能和大数据等新技术、新材料、新要素，有助于夯实海洋牧场现代化建设的物质与技术基础。

现代海洋牧场的建设与经营模式亟待创新。建设现代海洋牧场是未来发展的目标，将一片滩涂、一个海湾等作为一个整体，从生态系统的角度，加以选址、布局、建设、监测、管理。一方面，要突出全域型，即将目光放远至大生态系统，涵盖以雪山为源头、以河流为经络、以湖泊为枢纽、以森林和草原为纽带，最终经河口入海的全水域，形成陆海一体的景观生态资源融合；另一方面，要强调多元发力，坚持场景驱动、种业牵引、牧养互作、装备支撑、强强联动和政策促动，实现现代海洋牧场的多元多层次产业融合发展。

《现代海洋牧场探索与实践》的出版旨在跨越时空、创新理念、展望未来。在阐明海洋牧场前世今生的基础上，从原理创新、数字赋能、场景驱动、种业牵引、牧养互作、装备支撑、融合发展等方面，探讨现代海洋牧场建设的原理、技术、装备创新途径和未来融合模式。

本书共9章，具体分工如下：第一章　前世今生（毛玉泽、茹小尚、江春嬉、邓贝妮、李昂、杨红生、闫思怡、马朝阳）；第二章　原理创新（徐冬雪、张立斌、王旭）；第三章　数字赋能（李富超、任焕萍、苗迪、王彦俊、高冠东、张斌、李一凡、郑双强）；第四章　场景驱动（袁秀堂、房燕、刘辉、王旭、于正林、赵业、张洪霞）；第五章　种业牵引（赵欢、孙丽娜、刘石林、邢坤、于宗赫）；第六章　牧养互作（林承刚、霍达、刘笑源、杨刚）；第七章　装备支撑（邱天龙、徐建平、陈福迪、张晓梅、张寒冰、贾春、林承刚、孙景春、邢丽丽、金东辉、高焕鑫、田会芹）；第八章　融合发展（许强、王凤霞、杨心愿、宋肖跃）和第九章　案例分析（高燕、茹小尚、林军、许强、王天明）；杨红生、袁秀堂、许强、张立斌、王天明等负责全书统稿。

为了保障本书的质量和水平，特别邀请相关专家审稿，分别如下：第一章　中国海洋大学张沛东教授、海南大学王爱民教授；第二章　青岛农业大学董晓煜教授、山东省海洋科学研究院胡发文研究员；第三章　中国科学院大气物理研究所成里京研究员、中国科学院西北生态环境资源研究院张耀南研究员；第四章　中国水产科学研究院黄海水产研究所房景辉研究员、海南大学王凤霞教授；第五章　中国科学院海洋研究所刘保忠研究员、中国水产科学研究院黄海水产研究所王印庚研究员；第六章　中国水产科学研究院黄海水产研究所关长涛研究员、中国科学院广州能源研究所盛松伟研究员；第七章　中国海洋大学宋协法教授、中国水产科学研究院黄海水产研究所崔正国研究员；第八章　浙江海洋大学张秀梅教授、南宁师范大学许贵林教授；第九章　浙江海洋大学严小军教授、上海海洋大学章守宇教授。在此特致谢忱！

书中若有不妥之处，敬请批评指正！

杨红生

2024 年 12 月于大珠山下

目　录

第一章 前 世 今 生[①]

海洋牧场是一种生态渔业模式，旨在通过人工鱼礁、增殖放流等技术措施，在特定海域构建或修复海洋生物的生境，实现渔业资源的可持续利用。它起源于古代渔业活动，经历了从传统捕捞到现代增养殖的转变，形成了以人工鱼礁和增殖放流为代表的 1.0 阶段，以及以生态化、信息化为特征的 2.0 阶段。目前，海洋牧场正朝着 3.0 阶段发展，即全域型水域生态牧场，这一阶段将更加注重数字化和体系化，推动智慧化、融合化和标准化的实现。中国的海洋牧场建设展现了原创性的创新理念，如"生态优先、陆海统筹、三产贯通、四化同步"，且《海洋牧场建设技术指南》（GB/T 40946—2021）的制定，推动了海洋牧场的现代化发展。海洋牧场不仅在生态修复、资源养护方面发挥作用，也在产业模式创新上提供了新的动力和方向，如景观融合、资源融合、产业融合等模式。面向未来，海洋牧场的发展将更加注重生态保护、精准管理、智能化和产业融合，贯彻"绿水青山就是金山银山"理论（以下简称"两山"理论），聚焦碳达峰、碳中和（以下简称"双碳"）目标，通过生态工程新技术体系、精准生产新技术体系、智能管理新技术体系等的创新，实现生态、经济和社会效益的协调发展。同时，海洋牧场也将面临关键科学问题和技术瓶颈的挑战，需要加强国际合作、加大科研投入和推进信息技术应用，以支撑其科学有序发展。

第一节 起源与发展历程

民以食为天，我们的食物从何而来呢？在人类数百万年进化过程中，从最早的采摘、狩猎和捕鱼，一直到大概 1 万年前进入了真正的传统农业，开启了从"刀耕火种"到"耜耕农业"的征程，从农具种类增加、修建排灌措施，到农具精致实用及粟作农业、粟稻混作农业和稻作农业，奠定了我国传统农业的大体布局。草原牧场一般指适用于放牧的草场，而海洋牧场则是像在陆地上放牧牛羊一样，对鱼、虾、贝、藻、参等海洋资源进行有计划和有目的的海上放养的海域，草原牧场和海洋牧场的共同目标就是提供食物。2015 年中央农村工作会议明确提出"树立大农业、大食物观念"，2017 年和 2023 年中央农村工作会议使得大农业观、大食物观的发展路径越发清晰，2024 年中央一号文件提出"树立大农业观、

---

① 本章作者：毛玉泽、茹小尚、江春嬉、邓贝妮、李昂、杨红生、闫思怡、马朝阳。

大食物观，多渠道拓展食物来源"。由采摘到种植，由狩猎到畜牧，由捕捞到现代化增养殖，大农业观、大食物观充分体现在农作物种植、畜牧业和水产业。通过海洋牧场建设，耕海牧渔，向海洋要食物，已成为新时代发展海洋渔业的重要组成部分。

一、生态牧场思想的发展

（一）人类进化与大农业发展

中国作为四大文明古国之一，具有悠久的农业文明历史。早期为了获取食物，原始部落形成了以采摘、狩猎和捕鱼为主的生活方式。农业革命发生在大约 1 万年前，那时逐步形成了以种植和养殖为主的生活方式，这一过程不仅改变了人类获取食物的方式，还使人类社会从游牧和流动的生活方式过渡到定居的生活方式。随着农业的兴起，人类开始栽种各种谷物蔬菜，并驯化各种野兽，为人类定居生活创造了条件。

大约 1 万年前的旧石器时代末期或新石器时代初期，气候变得较为温暖湿润，野生谷物更易于采摘，随着尝试种植获得成功，农业诞生，这一时期原始农业的耕作方式称为"刀耕火种"。大约 8000 年前，原始农业进入"耜耕农业"阶段，人们使用农业工具开辟新耕地，农业在当时经济生活中日益占据主导地位，耕作方式为抛荒制。大约 6000 年前，原始农业进入发展时期，农具种类的增加和修整沟渠等排灌措施都是这一时期农业发展的重要标志，耕作方式为熟荒耕作制，南方可能已采用连续耕作制，大大提高了土地利用率。5000 多年前到 4000 多年前为我国原始农业的发达时期，农具更加精致实用，各种石质农具的制作与使用标志着生产力的显著提高。以黄河流域为主的北方粟作农业、以黄淮地区为中心的粟稻混作农业以及以长江流域为代表的稻作农业三大经济类型奠定了我国传统农业的大体布局（陈文华，2005）。

在数百万年的劳动过程中，人类逐渐积累了经验，改进了工具，使捕捉活的动物成为可能。人们开始将一些吃不完仍然活着的野兽、鱼类或者小动物圈养起来，以备食物不足时食用。随着时间流逝，部分野兽被驯化为家畜，形成了初期的畜牧业和渔业。放牧是古老的畜牧方式之一，也是人类最开始驯养和利用牲畜的方式之一。驯化动物丰富了人类食物，人类可以从各种动物制品中获取蛋白质和其他营养，增加了饮食的多样性。新石器时代晚期为我国原始畜牧业和渔业的发达时期，人类把野生动物驯化为家养动物，使其更便于人类食用和使役。夏商西周时期，畜牧业在社会经济结构中开始占据重要地位。到元朝，畜牧业和渔业得到大力发展，草原上遍布各种大牧群。元明清时期，畜牧业成为构成国力的主要资源，不同形式的畜牧业逐渐形成（蒋炳耀，2017）。

（二）生态智慧的发展和内涵

中国传统文化中蕴含着丰富的生态智慧，包括"天人合一"的生态自然观、"虞衡制度"的生态制度观和"取用有节"的生态持续观（徐东黎等，2023）。生态智慧是指主体具备理解复杂多变的生态关系，并在其中健康生存和发展下去的能力，使之具有生存实践的价值。"天人合一"是中国古代的生态文明思想，儒家以德性为核心，提倡的"天人一体""天人合德"理念包含"天人合一"思想，追求人与自然的和谐统一，体现了古人对宽容和谐社会的向往。道家则倡导自然主义，主张"道法自然""天地与我并生，而万物与我为一"，倡导顺应自然，通过尊重自然规律，追求超越物欲，达到与自然合一的境界。佛教则强调在爱护万物中追求解脱，认为万物皆有佛性，众生平等，通过慈悲向善的生态伦理精神，实现自我价值的提升。这些生态智慧共同体现了中国古代对人与自然和谐相处的深刻理解和追求。以儒释道为中心的中华文明，在几千年的发展过程中，形成了系统的生态伦理思想（蒋云飞和任文鑫，2024）。

"山虞掌山林之政令，物为之厉而为之守禁"，"虞衡制度"是中国古代对自然资源进行管理和保护的方式，专门设立掌管山林川泽的机构，制定政策法令，把自然生态的观念上升为国家管理制度。该制度起源于五帝时期，《周礼》中有详细记载，其目的是监督和管理山林川泽等自然资源，以防止过度开发和环境破坏；秦汉时期设有专门的官员负责自然资源的保护和合理利用，"虞衡制度"一直延续到清朝。我国不少朝代都有保护自然的律令并对违令者重惩，比如，周文王颁布的《伐崇令》规定："毋坏室，毋填井，毋伐树木，毋动六畜。有不如令者，死无赦。""虞衡制度"利用制度对社会生产和生活进行约束，以达到保护环境的目的。这种制度不仅体现了古人对生态环境保护的深刻认识，更是生态智慧在社会治理中的具体实践，为后世提供了宝贵的参考和借鉴。

"取用有节"是中国古代生态智慧中关于资源利用的重要原则。这一观念强调在利用自然资源时要有节制和计划，以保证资源的可持续利用。《吕氏春秋》中的"竭泽而渔，岂不获得？而明年无鱼"就是对这一观念的生动诠释，体现出古人保护环境、注重可持续发展的生态智慧。孟子提出"斧斤以时入山林，材木不可胜用也"，主张按照自然规律和时节进行资源的开发和利用。这种思想在中国古代农业生产中得到了广泛应用，如轮耕休作制度和对土地肥力的维护。

生态智慧的发展是一个不断演化的过程，它根植于对自然界深刻的理解和尊重之中。从"天人合一"的宇宙观到"虞衡制度"的生态管理，再到"取用有节"的资源利用观念，这些古老的思想和实践为我们今天建设生态文明、实现可持续发展提供了丰富的智慧和启迪。在全球化和现代化的进程中，必须进一步挖掘和传承这些生态智慧，以应对日益严峻的生态环境挑战。生态智慧对现代社会具有重要的启示意义,在面临全球气候变化和生物多样性丧失等生态危机的当下,"天人合一"的宇宙观提醒我们要尊重自然、顺应自然规律;"虞衡制度"的生态管理制度为我们提供了自然资源管理和保护的参考;"取用有节"的资源利用观念则强调了可持续发展的重要性,这些古老的生态智慧与生态文明建设的理念不谋而合,为我们实现人与自然和谐共生提供了宝贵的思想资源和实践指导。海洋牧场的建设与发展,实际上深植于儒释道的生态哲学之中,它体现了人与自然和谐共融的理念,生态智慧的应用展现其在保护海洋生态环境、提升渔业资源养护能力、推动海洋经济高质量发展等方面的重要价值。生态智慧不仅有助于减轻传统渔业资源的压力,确保海洋资源的可持续利用,从而构建海上丰富的蓝色粮仓,还能有效修复受损的海洋生态环境,推动渔业产业的转型升级,实现生态、经济和社会的多赢。

范蠡是春秋末期政治家、军事家、经济学家和道家学者,曾献策扶助越王勾践复国,兴越灭吴,后隐去。遗著《陶朱公养鱼经》被认为是天下第一本养殖书籍。综合我国古代渔业文献,系统分析《陶朱公养鱼经》,发现其中蕴含诸多生态智慧和实用技术(陈世杰,2001)。

二、海洋牧场理念的形成

(一)渔业的起源与发展

渔业又称水产业,其任务是从水生生物资源中获得食物、生产原料和其他物质资料。在古代,人们就已经开始利用海洋资源发展渔业。中国水域辽阔,气候适宜,水产资源丰富,为渔业发展提供了有利条件。渔猎是原始社会人类获取鱼、贝等重要食物的主要手段。旧石器时代后期,人类已经能够捕获青鱼、草鱼、鲤鱼等多种鱼类。

新石器时代即发展出骨鱼镖、渔网、鱼钩等渔具,河南贾湖遗址出土的鲤鱼骨胳是人类最早的水产养殖的记录,表明中国在约8000年前已开始了水产养殖活动。华夏伏羲氏时期就有"作结绳而为网罟,以佃以渔""伏羲氏刳木为舟,剡木为楫"(《易·系辞》)。

夏禹执政时颁布的禁令"夏三月,川泽不入网罟,以成鱼鳖之长"(《逸周书》),是中国历史上第一个保护渔业资源的法令。殷墟出土的甲骨卜辞记载,"贞其雨,在圃渔",这证明在商朝就已经开始进行系统性的养殖与捕捞。

周朝时发明了一种称作"椮"的渔法,将柴木置于水中,诱鱼栖息其间,围而捕取,是后世人工鱼礁的雏形。椮是一种捕大留小的捕捞方法,可以保护自然资源。《吕氏春秋》规定了禁渔期,表达了古代资源保护和可持续发展的思想。

春秋末期范蠡所著的《陶朱公养鱼经》,是中国最早的养鱼文献。从秦汉到南北朝时期，渔业进一步发展，养鱼区以池塘和湖泊为主，主要养殖鲤鱼。东汉班固所著《汉书·地理志》记载，市上已出现大量商品鱼。西汉时设海丞一职，主管海上捕鱼生产。

三国时期已出现稻田养鱼，唐宋时期渔业发达并具规模。唐代徐坚所著的《初学记》记载，罾网捕鱼时用轮轴起放，已过渡到半机械操作；陆龟蒙所著的《渔具诗》是中国历史上最早的渔具文献；刘恂所著的《岭表录异》为现存最早的养殖青鱼、草鱼、鲢、鳙的文献。宋朝时造船业发展迅速，促进了海洋渔业的发展，淡水捕捞规模空前壮大。元朝时渔业生产发展相对缓慢，但明朝时海洋渔业进一步发展，并对现代渔业产生了影响，特别是发展方式与理念。以"桑基鱼塘"为代表的生态养殖被认为是多营养层次综合养殖的早期方式，开始了对健康养殖的探讨，"池瘦伤鱼，令生虱"。同时，海洋捕捞渔具、渔法进一步发展，围网捕鱼为当时世界先进技术。屠本畯所著的《闽中海错疏》是中国最早的水产生物区系志。

在1840年工业革命浪潮的推动下，渔业领域迎来了划时代的变革，引领了近代渔业的诞生，渔业捕捞活动从传统的沿岸地带迅速扩展至更广阔的外海和远洋区域。新动力渔船的出现是渔业发展史上的重大技术革命，是近代渔业标志性事件。然而，随着渔业活动的迅速扩张和强度的增加，对水生生物资源的开发利用也日益加剧，资源波动和数量下降的问题逐渐浮出水面。为了应对这一挑战，各国纷纷将目光投向了资源的恢复和增殖。

1860～1880年，美国、加拿大、俄国和日本等国家在太平洋地区实施了鲑鱼的增殖放流计划。1900年前后，美国、英国、挪威等国家更是进行了龙虾、鳕、黑线鳕、狭鳕、鲽、鲆和扇贝等已开发利用种类的增殖放流，这些举措被视为早期的海洋牧场建设，为海洋渔业资源的可持续利用奠定了基础。1990年前后，世界海洋渔业资源多数已被充分开发利用，捕捞渔业产量增长速度变慢[中国大百科全书（第三版）总编辑委员会，2023]。联合国粮食及农业组织（FAO）于1995年发布《负责任渔业行为守则》，进一步推动了渔业的管理和可持续发展。党的十八大以来，全国渔业行业践行创新、协调、绿色、开放、共享的发展理念，以"提质增效、减量增收、绿色发展、富裕渔民"为目标，提出了"生态优先、绿色发展"的方针。2019年初，农业农村部、生态环境部等联合发布《关于加快推进水产养殖业绿色发展的若干意见》，加快推进水产养殖业绿色发展。

发展海洋渔业，既是建设海洋强国的重要方面，也是建设农业强国的重要内容。我国海岸线绵长，广阔的海洋蕴藏着巨大的食物资源潜力，海洋渔业发展大有可为。解决粮食供应问题要树立大食物观，既要向陆地要食物，也要向海洋要食物。但生态用海始终是大前提，不能以损害生态环境为代价追求产量增长。

（二）牧场理念的发展

牧场，作为人类驯化和饲养家畜的关键场所，其演变历程与人类文明的进步紧密相连。起源于新石器时代的牧场，见证了人类从游牧生活向定居农耕的重大转变。在这一时期，人们开始驯化牛、羊等野生动物，以满足日益增长的食物和劳动力需求。随着农业技术的进步和人类社会的发展，牧场逐渐成为农业生产中不可或缺的一环。在古埃及、美索不达米亚、古印度和中国等的古代文明中，牧场不仅是家畜的饲养地，也是农业生产的重要基地。进入中世纪，随着土地的大量开垦，农牧场成为饲养马、牛、羊等家畜的主要场所。牧场不仅为封建领主提供了稳定的食物来源，也成了权力和地位的象征。工业革命的兴起，为牧场带来了现代化的转型。机械化和科学饲养方法的应用极大地提高了牧场的生产效率。随着城市化的推进，牧场的位置和规模也相应调整，以适应新的市场需求。当代牧场呈现更加多样化的形态，生态牧场、有机牧场等新型牧场的出现，反映了人们对环境保护和可持续发展的日益关注。科技的进步，尤其是智慧牧场概念的提出，以及现代信息技术的利用，进一步提升了牧场的管理水平和生产效率。

海洋牧场作为近年来新兴的牧场形态，主要是指在海洋中通过人工方式营造适宜的生态环境，进行海洋生物的规模化养殖。海洋牧场的发展不仅促进了海洋资源的可持续利用，也成为海洋经济的重要组成部分。

科技在牧场的发展中扮演了至关重要的角色。从早期的人工选择和育种，到现代的遗传工程和分子生物学技术，科技的应用不断推动着牧场生产方式的革新。信息技术、物联网、大数据等新兴技术的应用，进一步提高了牧场的智能化水平。牧场的发展历史，从原始驯化到现代化、智能化的演变过程，不仅反映了人类对自然资源的利用和改造，也体现了人类社会的发展和科技的进步。

草原牧场在生态平衡、资源管理、生态修复和适应性管理等方面，为海洋牧场建设提供了丰富的理论和实践经验。草原牧场的管理和使用体现了对生态平衡的深刻理解，游牧民族根据季节变化和草场生长情况，定期迁徙放牧，避免过度放牧，保护草原生态。草原牧场在资源利用上展现了可持续性，在生态修复方面有着悠久的传统，如通过种植适宜的草种来恢复退化的草原，注重牧场的生态保护等。草原牧场的适应性管理和多功能性，也为海洋牧场的建设提供了重要的理论和应用参考。海洋牧场可以借鉴这些技术，通过人工鱼礁、海藻种植等手段修复海洋生态环境，因海制宜，根据海洋环境的特点选择区域、规划布局，根据环境变化调整增养殖策略和管理措施，提高增养殖效率和加强生物多样性保护。通过这些措施，海洋牧场不仅能够实现海洋资源的可持续利用，还能促进海洋经济的发展，为人类提供更多的优质海洋食品。

（三）从海洋捕捞到践行大食物观

随着世界人口、粮食、资源和环境等问题的日益突出，海洋已成为人类获取高端食品和优质蛋白的"蓝色粮仓"。目前人类摄食的所有鱼类动物中，捕捞产量仍高于养殖产量。我国是世界上唯一养殖产量高于捕捞产量的国家，我国水产品人均占有量（50kg）高于世界水产品人均占有量（28kg），优质的海产品无疑在优化人们的饮食结构、提升健康水平方面发挥了重要作用。

不容忽视的是，近海海洋生物栖息地的破坏、陆源污染物的过量排放以及过度捕捞等问题，已经导致海洋渔业资源严重衰退，生态环境不断恶化，海洋荒漠化现象越发显著，这无疑给我国海洋渔业的可持续发展带来了巨大挑战（翟方国等，2020），如以拖网为代表的现代化捕捞工具对海洋生态系统造成了很大的影响。自20世纪以来，全世界四分之一的渔业开始崩溃，特别是90%的大型鱼类已经绝迹。为了有效应对这些渔业资源与生态环境问题，必须从生态系统的角度出发，采取全面的解决方案。其中，建设海洋牧场是实现这一目标的关键策略之一。海洋牧场的建设不仅能够保护和恢复海洋生态系统，还能促进渔业资源的可持续利用，实现环境保护、资源养护和渔业持续产出等多重目标。

建设海洋牧场是一种积极的生态修复和资源养护措施，海洋牧场可以通过以下方式来落实和践行大食物观。①利用自然生产力：通过人工鱼礁、海藻种植等手段，营造适宜的海洋生态环境，促进海洋生物的自然繁殖和生长，减少对外部投入的依赖。②生态养殖模式：推广不投饵、不施肥、不用药的生态养殖模式，减少对海洋环境的污染，同时保证水产品的质量和安全。③多营养层次养殖：发展多营养层次养殖系统，如在海洋牧场中同时养殖不同层次的海洋生物，提高资源的利用效率，增强系统的稳定性。④科学管理和监测：利用现代信息技术，如遥感、水下监测等手段，对海洋牧场进行科学管理和监测，及时调整养殖策略，确保生态系统的健康和稳定。这些综合性的措施，不仅能够保护和恢复海洋生态系统，还能实现海洋渔业资源的可持续利用，为人类提供更多的优质海洋食品，同时促进生态、社会和经济效益的协调发展。这正是践行大食物观的核心要义，也是实现海洋渔业可持续发展的必由之路。

（四）从以养为主到海洋牧场建设

中国率先提出"以养为主"的渔业发展方针，并带动了世界其他国家水产养殖发展。早在20世纪50年代后期，为增加水产品产量和提高人民生活水平，中国渔业管理部门就发展渔业应该以捕捞为主还是以养殖为主展开了激烈讨论。

1958年，《红旗》杂志发表了《养捕之争》。1959年，渔业管理部门提出"养捕并举"的指导思想，这是世界上首次从国家层面将水产养殖业放在与捕捞业同等重要的地位。1978 年,《人民日报》发表社论《千方百计解决吃鱼问题》,再次提及"养捕"之争。1985 年,中共中央、国务院发出《关于放宽政策、加速发展水产业的指示》,明确了中国渔业发展要实行"以养殖为主,养殖、捕捞、加工并举,因地制宜,各有侧重"的方针。1986 年,《中华人民共和国渔业法》提出了"以养殖为主"的渔业发展方针,大大推动了水产养殖业的快速发展。1990 年,中国水产养殖产量首次超过捕捞产量,成为世界上唯一养殖产量超过捕捞产量的国家。"以养殖为主"的发展过程,不仅标志着中国渔业结构发生了根本性的改变,水产养殖成为渔业的主体,也带动了世界渔业发展方式的重大转变,为中国和世界现代渔业发展践行了一条崭新的道路。

随着捕捞强度的增加和海洋污染的加剧,近海渔业资源出现衰退,海域生态环境日益恶化,传统海洋渔业的发展面临挑战。为了应对传统海洋渔业的问题,海洋牧场建设被提出并逐渐成为海洋渔业发展的新方向。世界各国高度重视水域资源的保护和养护,沿海国家大多采用建设海洋牧场等方式来保护生态环境和增殖渔业资源。从海洋牧场的建设历程来看,其先后经历了以"农牧化和工程化驱动的人工鱼礁投放、资源增殖放流"为特征的海洋牧场 1.0 阶段和以"生态化和信息化驱动的规模化建设"为特征的海洋牧场 2.0 阶段。整体而言,无论是海洋牧场,还是内陆大水面生态渔业,其核心都是生物资源养护与生态环境修复。内陆水体和海洋在空间和功能上是相通的,保护与修复的原理和技术是相近的,在传统海洋牧场构建理论和实践的基础上,从海水拓展到淡水的全域型水域生态牧场发展理念应运而生(杨红生,2020)。

三、海洋牧场发展历程

(一)海洋牧场初始阶段

海洋牧场初始阶段,即传统海洋牧场,可称为海洋牧场 1.0。中国海洋牧场发展理念可以追溯到 20 世纪 40 年代,科学家先后提出"水就是生物的牧场""海洋农牧化""使海洋成为种养殖藻类和贝类的'农场',养鱼、虾的'牧场',达到'耕海'目的"等创新理念(曾呈奎和毛汉礼,1965);20 世纪 70 年代末,开展了人工鱼礁建设和增殖放流,即早期海洋牧场建设。美国在 1968 年制定了"海洋牧场建设计划",并于 1974 年在加利福尼亚州建立了海洋牧场,将海洋牧场建设与观光、游钓等休闲娱乐产业结合起来发展休闲渔业,取得了良好的生态和经济效益(Ihde et al.,2011)。日本在 1971 年举行的海洋开发审议会上提出了海洋牧场的定义;在 1980 年召开的农林水产技术会议上论证"海洋牧场化计划",将其阐述为"增殖渔业高度发展阶段的形态";1987 年完成《海洋牧场计划》的制定(市村武美,1991)。韩国从 1998 年开始实施海洋牧场计划,并在

2002 年颁布的《韩国养殖渔业育成法》中将海洋牧场定义为"在一定的海域综合设置水产资源养护的设施，人工繁育和采捕水产资源的场所"（杨宝瑞和陈勇，2014）。

（二）海洋牧场初始阶段的建设特征

纵观国际海洋牧场的建设历程，整体上经过了探索期、雏形期、幼年期和快速发展期 4 个时期（王凤霞和张珊，2018）。由于不同国家和地区的生态环境特征、经济发展状况、科技发展水平和生活文化传统等方面存在差异，尽管不同国家出现了各具特色的海洋牧场建设模式，但总体上各国在海洋牧场建设方面主要是投放人工鱼礁和增殖放流两种方式。

（1）投放人工鱼礁营造牧场生境。美国 1935 年在新泽西州梅角海域建造了全球首座人工鱼礁，1951 年在佛罗里达州开展了规模化人工鱼礁建设，促进了垂钓业和捕捞业的发展，此后逐步拓展到美国西部海域和墨西哥湾，人工鱼礁建造成效较显著，建礁后海区的渔业资源增加到原来的 43 倍，每年渔业产量可增加约 500 万 t（盛玲，2018）。日本 1952 年投放了混凝土块以建设人工鱼礁，非常重视人工鱼礁对鱼类等生物的聚集效果，关注环境承载力与经济效益和生物资源养护的平衡，系统地研究了人工鱼礁的水动力学和流体力学特性，将人工鱼礁建设、关键物种增殖放流、生物行为控制与驯化等技术融入渔业管理体系。韩国 1971 年在江原道襄阳水域投放了混凝土四方形人工鱼礁，此后每年都会在沿岸水域设置 5 万个以上多种类型的人工鱼礁，在南部的庆向南道南岸建造海洋牧场，落实"海洋牧场计划"（杨宝瑞和陈勇，2014）。中国 1979 年在广西钦州沿海投放了 26 座试验性小型单体人工鱼礁，1984 年成立了全国人工鱼礁推广试验协作组，2017 年海洋牧场建设专家咨询委员会成立，并设立了第一批科技团队工作站（29 个），先后组织制定了《海洋牧场分类》《人工鱼礁建设技术规范》等相关技术标准，开展海洋牧场建设与管理系列技术规范的编制工作。截至 2025 年，中国用于海洋牧场建设的资金累积达 100 多亿元，已建成海洋牧场 300 多个，投放鱼礁超过 5000 万空立方米，用海面积超过 3000km^2，海洋牧场建设初具规模。

（2）增殖放流养护牧场资源。1842 年，法国最早开展鳟鱼人工增殖放流；1860～1880 年，美国、加拿大、俄国和日本等国家实施大规模鲑科鱼类增殖放流；20 世纪 80～90 年代，全球范围内有 64 个国家和地区对超过 180 种海洋物种开展了增殖放流活动，其中包括美国 22 种、日本 72 种、韩国 14 种和中国 14 种等（Born et al.，2004）。自 20 世纪 50 年代起，中国开始在淡水湖泊以放养方式增殖渔业资源；20 世纪 80 年代，在黄海、渤海和东海开展对虾的增殖放流试验；自 2006 年以来，《中国水生生物资源养护行动纲要》《国家重点保护经济水生动植物资源名录（第一批）》《水生生物增殖放流管理规定》等政策文件相继颁布实施,沿海各省(区、市)积极开展了人工鱼礁建设和增殖放流活动。"十三五"期间,我国累计举办增殖放流活动超过 2 万场次,参与者超过 500 万人次,放流水域遍及全国重要江河、湖泊、水库和近海海域,累计增殖各类水产苗种超过 1500 亿余单位。

(三)现代海洋牧场发展阶段

我国在创新、协调、绿色、开放、共享的发展理念指引下加强海洋牧场建设,已成为"两山"理论在海洋领域的重要践行方式。在传统海洋牧场(海洋牧场 1.0)的基础上,提出现代海洋牧场(海洋牧场 2.0)理论,该阶段理论探索不断深入、技术创新显著增强,更加重视生态环境保护和生物资源养护。现代海洋牧场理论提出,海洋牧场建设不限于投放人工鱼礁和增殖放流等传统手段,还在渔业环境保护和资源养护的基础上,致力于通过提供优质、安全、健康的水产品改善国民营养和膳食结构。尤其是以生态化和信息化为驱动力的国家级海洋牧场示范区启动建设,标志着我国进入了海洋牧场 2.0 阶段,即生态牧场阶段(杨红生和丁德文,2022)。

(四)现代海洋牧场创新理念及建设特征

现代海洋牧场创新理念。坚持生态优先,海洋牧场不能以牺牲生态环境为代价,根据海域生物资源承载力确定合理的建设规模,重视生态环境修复和生物资源养护;坚持陆海统筹,海洋牧场建设区域应包括海域与毗连陆地,陆海区域有机衔接融合,实现盐碱地生态农场-滩涂生态农牧场-浅海生态牧场的"三场连通";坚持三产贯通,海洋牧场产业体系应包括水产品生产、礁体和装备制造、休闲渔业等产业,形成水产品生产—精深加工—休闲渔业"三产融合"的现代海洋牧场产业架构;坚持四化同步,注重生态化、工程化、自动化、信息化融合发展,是应对环境灾害、提高生产效率、降低生产成本的重要保障。

现代海洋牧场建设特征。建设内容更加丰富,随着相关研究和实践的稳步推进,我国自然生境(如海藻场、海草床、牡蛎礁、珊瑚礁等)构建、苗种培育、设施与工程装备、环境监测评价等海洋牧场建设关键技术逐渐成熟,增殖放流也得以加强。自 2015 年起,每年 6 月 6 日成为全国"放鱼日"。"十三五"期间累计投入资金 50 多亿元,放流各类水生生物苗种 1900 多亿单位,现代海洋牧场建设技术显著提升。坚持生态优先、原创驱动、技术先导和工程实施的基本原则,突破了生境修复、资源养护、安全保障等一系列关键技术,成功构建形成海上的"绿水青山"。"因海制宜",突破了南北方典型海域生境修复新技术,完成了海洋牧场生境从局部修复到系统构建的跨越。"因种而异",突破了关键物种资源修复技术,实现了生物资源从生产型修复到生态型修复的跨越。"因数而为",

突破了环境与生物资源远程实时监测和预警预报技术，实现了海洋牧场从单因子监测评价到综合预警预报的跨越。从原理认知、设施研发、技术突破和应用推广4个层面出发，进一步发展了海洋牧场理论与技术应用体系，初步构建形成了涵盖国家、行业、地方和团体的标准体系。

现代海洋牧场建设模式推广示范。2016～2025年，中国已建成300多个海洋牧场，其中包括189个国家级示范区。海洋牧场作为一种新兴的海洋渔业模式，展现出强大的固碳和增汇潜力。据估计，现有海洋牧场的年固碳量达到56万t，同时消减氮4.9万t、磷2000t，每年产生的生态效益超过1700亿元。这些数据凸显了海洋牧场在推动渔业可持续发展和环境保护方面的重要作用。

综上所述，在历史长河中，人类的农业发展经历了从采摘狩猎到农耕，再到现代大农业观和大食物观的转变。这一进程不仅反映了人类获取食物方式的变革，也深刻体现了对生态环境保护和可持续发展的逐步认识与实践。中国作为世界古老农业文明的代表，早期人类通过采摘、狩猎和捕鱼获取食物。随着时间的推移，生态智慧在中国传统文化中得以体现，如"天人合一"、"虞衡制度"和"取用有节"等概念，凸显了古人对自然资源的合理利用与保护。特别是《陶朱公养鱼经》的记载，不仅反映了春秋末期对水产养殖的深刻理解，更展示了生态智慧在人工养殖技术中的实用价值。海洋牧场的概念作为大农业观和大食物观的延伸，强调了海洋资源的可持续利用。海洋捕捞与养殖的结合，旨在通过人工方式营造适宜的生态环境，推动海洋经济的高质量发展。现代海洋牧场的建设，则是在保护生态环境的基础上，通过生境修复、资源养护和信息化管理，实现海洋生物资源的规模化养殖。中国在这一领域的创新理念和技术突破，确立了海洋牧场2.0阶段，即海洋生态牧场阶段，标志着海洋牧场建设的新模式、新理念和新目标。总体来看，中国在传统农业和海洋牧场建设中所展现的生态智慧和技术创新，为全球农业的可持续发展和海洋资源的可持续利用提供了宝贵的经验和启示。通过陆海统筹、三产贯通和四化同步的发展策略，中国正逐步构建起一个生态、经济和社会协调发展的现代海洋牧场新模式。

第二节　特　色　分　析

海洋牧场是基于海洋生态系统原理，在特定海域通过投放人工鱼礁、增殖放流等措施，构建或修复海洋生物繁殖、生长、索饵或避敌所需的场所，增殖养护渔业资源，改善海域生态环境，实现渔业资源可持续利用的渔业模式（唐启升，2019；杨红生等，2019；陈丕茂等，2019；丁德文和索安宁，2022）。海洋牧场建设可在有效缓解近海重要渔业生境退化的基础上，实现渔业资源的增殖，是集环境保护、生态修复、资源养护于一体的海洋渔业新业态，对促进我国海洋经济结构调整具有重要意义。系统构建现代海洋牧场建设技术体系，是近年来实现我国海洋渔业持续健康发展的重要举措。本节梳理国内外海洋牧场发展历程、建设技术和产业特点等，旨在指明我国海洋牧场发展的技术瓶颈和未来前景，为我国海洋牧场产业的健康可持续发展提供理论参考。

一、海洋牧场建设理念

（一）国际海洋牧场建设理念发展进程

在国际上，海洋牧场建设理念起源于渔业发达国家（日本、美国、加拿大、英国与挪威等）在海洋渔业领域开展的人工鱼礁投放和增殖放流活动，其主要目的是恢复、维持或增加具有经济价值渔业资源的捕捞量。根据海洋牧场建设理念的差异，海洋牧场的内涵主要涉及"增殖放流"与"人工鱼礁投放"两个方面，且各国之间差异极大。

在增殖放流方面，主要内涵为将海洋牧场视为对陆地畜牧业的模仿，在天然海域进行增殖放流后，让苗种自然生长，达到一定规格后开展捕捞，核心在于强调海洋牧场是一种可持续性的海洋渔业生产模式。据联合国粮食及农业组织统计，20 世纪 80~90 年代，已有 64 个国家开展了总数达 180 种海洋物种的渔业资源增殖实践，在欧洲、北美洲、亚洲与大洋洲建设了广泛的海洋牧场区。因各国家和地区存在海域生态系统差异、渔业利用需求差异与经济发展差异等多种因素，海洋牧场产业在不同国家和地区之间形成了典型的产业差异性。例如，美国注重调动公民积极参与并以休闲渔业为特色，欧洲国家注重加强渔业资源管理以维持商业捕捞，大洋洲国家重视生态系统保护而限制渔业资源开发等。

在人工鱼礁工程建设方面，主要内涵为将人工鱼礁建设视为保护和养护渔业资源的一种技术手段，通过原始的投放沉船、树木、石块，到投放人为设计的具有一定构型的混凝土礁、钢材礁等，进而达到诱鱼、聚鱼和养护渔业资源的目的，其核心同样在强调保障商业渔业资源的产出（陈丕茂等，2019）。但近年来，随着海洋生境的急剧衰退，人工鱼礁的功能已从单纯的渔业资源增殖延伸为综合生态功能，但在全球范围内，各类型人工鱼礁的主要功能仍为渔业资源的增殖（袁涛等，2023）。该理念在日本尤为突出，20 世纪 50 年代日本开始将人工鱼礁建设纳入国家规划实施，1978~1987 年日本水产厅制定了《海洋牧场计划》，规划在日本列岛沿海兴建 5000km 长的人工鱼礁带，把整个日本沿海建设成为广阔的"海洋牧场"。进入 20 世纪 90 年代，日本的人工鱼礁建设已经形成标准化、规模化以及制度化的体制，每年投入人工鱼礁建设的资金为 600 亿日元，建设礁体 600 万空立方米（刘惠飞，2001），并在全国近岸 12.3%的海域设置了人工鱼礁。为提高海域生产力，日本相继开展了表层浮鱼礁、深水超大型鱼礁的研制，探索开放性海洋牧场的建设道路，并大力推进海洋牧场建设效果评估方法和技术的研究。

海洋牧场建设最初的目的是增加近岸海域水产品的产出，随着海洋牧场理论和实践的不断发展，海洋牧场建设开始更加注重环境保护、生境修复与营造以及生物资源的养护（杨红生，2016）。针对不同海区的条件和现状，能够采取措施进行保护的，就不要额外增加人工干预；能够修复受损现状的，就不要轻易改变物理环境条件开展重建；在生态优先的前提下，通过合理开发，获取最佳生态效益的生境修复效果（杨红生等，2019）。目前，国际海洋牧场的发展逐渐强调与自然生境的保护和修复相结合，世界不同国家和地区分别开展了牡蛎礁型海洋牧场、海草床型海洋牧场、海藻场型海洋牧场和珊瑚礁型海洋牧场的建设，并取得了显著的效果。例如，英国多尔诺奇峡湾牡蛎礁型海洋牧场生物丰富，瑞典海藻场型海洋牧场能吸收环境中大量的氮和磷，美国佛罗里达州海草床型海洋牧场短期内生物多样性增加，美国夏威夷州、佛罗里达州珊瑚礁型海洋牧场对维持环境稳态起到了重要作用。

（二）我国海洋牧场建设理念发展进程

基于我国特殊国情，众多学者针对"海洋牧场"提出了多种原创性的理念。自 1947 年朱树屏提出"水即是鱼类的牧场"的理念以来，曾呈奎和毛汉礼（1965）、曾呈奎（1979）先后提出了"使海洋成为种养殖藻类和贝类的农场，养鱼、虾的牧场"等海洋牧场初始理念，曾呈奎（1980）、曾呈奎和徐恭昭（1981）归纳出"海洋农牧化"的海洋牧场概念雏形。自此以后，经过近 40 年的人工鱼礁投放、渔业资源增殖与浅海生境修复等一系列初期海洋牧场建设实践活动，特别是《中国水生生物资源养护行动纲要》颁布以后，"海洋牧场"理念在我国得到了快速发展。

在立足"绿色、生态、可持续发展"等现代渔业战略定位下，我国已形成具有明显中国特色的现代海洋牧场建设与发展理念，典型特征为海洋牧场将增殖放流、生境修复与资源养护等功能融合发展，具体内涵主要包括"生态优先""陆海统筹""三产贯通""四化同步"等基本理念，即海洋牧场的可持续发展必须依赖具有活力的海洋生态系统，海洋牧场的建设必须包括海域与陆地的共同开发，海洋牧场的产业链必须包括第一、第二、第三产业的协同发展，海洋牧场功能的高效发挥必须依赖技术与设备的现代化水平。2021 年 11 月 26 日，我国首个海洋牧场建设的国家标准《海洋牧场建设技术指南》（GB/T 40946—2021）正式发布。面对新形势和新任务，以数字化和体系化为驱动力的海洋牧场 3.0 阶段即将到来，即涵盖淡水和海洋的全域型水域生态牧场。2023 年 5 月 23 日，《海洋牧场基本术语》（GB/T 42779—2023）正式发布，海洋牧场的定义、分类等基本概念正式确立。海洋牧场 1.0 以传统海洋牧场构建理论为基础，以人工鱼礁投放与增殖放流等方式为主。海洋牧场 2.0 在海洋牧场 1.0 的基础上，现代化海洋牧场建设理论不断深入、技术创新显著增强，更加重视生态环境保护和生物资源养护。海洋牧场 3.0 则贯彻"两山"理论，聚焦"双碳"目标，坚持"生态、精准、智能、融合"的现代化海洋牧场发展理念，构建监测评估—科学选址—规划布局—生境营造—资源养护—安全保障—融合发展的全链条产业技术发展格局，建设全域型水域生态牧场。

（三）中外海洋牧场建设理念差异简析

对比中外海洋牧场建设理念特征，相同点在于各国的海洋牧场建设理念都起源于全球海洋渔业资源持续衰退背景下的反思，根本目的在于满足对于渔业资源的需求。差异之处主要如下：与各国相比，在不同时期海洋科研工作者的共同努力下，我国海洋牧场建设理念一直处于动态发展过程中，并出现了明显的三段式跨越发展：以服务鱼、贝、藻养殖为特征的早期雏形阶段，该阶段特征为将海洋牧场等同于海水养殖；以人工鱼礁投放和渔业资源增殖为特征的发展阶段，该阶段重视海洋牧场建设的资源养护功能；现阶段海洋牧场建设理念已发展为涵盖生境修复、资源养护和渔业资源持续产出，乃至海洋大食物观等新内涵。总体而言，我国动态发展的海洋牧场建设理念是我国海洋产业不断转型升级的理论缩影。

二、海洋牧场建设技术

随着世界各国海洋牧场建设的逐渐兴起，海洋牧场相关研究工作也得到迅速发展。据不完全统计，从 1968 年至 2023 年，国际海洋牧场的研究呈现稳定增长态势，尤其是在 20 世纪 90 年代以后，日本、美国、韩国、中国等国家相继出台了《日本海洋研究开发长期计划（1998—2007 年）》《美国海洋战略发展规划（1995—2005 年）》《韩国海洋牧场长期发展计划（1998—2030 年）》《国家级海洋牧场示范区建设规划（2017—2025 年）》等国家战略规划，海洋牧场相关研究进入快速发展阶段。

（一）国际海洋牧场建设技术发展进程

日本的海洋牧场建设技术体系已经较为成熟。在生境营造技术方面，日本通过四次沿海渔场整顿开发事业计划建成了遍布全国沿海的人工鱼礁场。日本人工鱼礁正在向材料现代化、组合构件标准化、形式多样化、规模大型化的方向发展，人工鱼礁集鱼原理和环境改善效果评估等研究正在有序开展。在增殖放流技术方面，日本在 20～30 年前已实现了 80 多种生物苗种的人工繁育，针对增殖放流对象，开展了苗种繁育、放流地点选择、苗种放流规格筛选、放流前中间培育、放流效果评估、生物标志、放流对生物多样性和生态系统的影响等一系列研究及技术开发。在生物控制技术方面，日本开展了鱼类驯化实验，利用声学和光学刺激，结合投饵训练、围栏气泡幕、水团幕和电栅栏等技术将鱼群控制在一定范围内，超声波生物遥测技术也被应用到鱼类行为研究，但相关技术大多停留在实验水平，未得到规模化推广应用。

美国海洋牧场在生境营造方面，首先结合地理信息系统和航空摄像手段建立了生境选址技术，根据区域特点研发了多种特色的人工礁体，利用废弃材料的投放有效改善底质环境，并在20世纪80年代提出"从平台到礁体"（rigs-to-reefs）项目，逐渐将退役的大型钻井平台或航空母舰改造成人工鱼礁。通过废弃牡蛎壳回收和志愿者活动，提高公众参与度，有效促进了衰退栖息地的修复，并通过完善的监测和评估技术，对生境营造的修复效果进行评估。美国海洋牧场在增殖放流方面，建立了完善的苗种孵化和培育技术，为牡蛎礁和海藻场修复以及经济鱼类的增殖提供了充足的苗种资源，有效结合生境营造和增殖技术，形成较为完备的技术体系。此外，在修复区域大力发展潜水和游钓产业，有效促进了第一、第二、第三产业融合发展，并取得了显著的经济与生态效益。

欧洲国家在海洋牧场的生境构建技术方面，基于防拖网和海岸保护目的研发了特制的人工礁体，通过生态系统模型模拟礁体投放产生的效益与影响。同时，欧洲国家借鉴美国的"从平台到礁体"项目，提出了"从再生资源到礁体"（renewable-to-reefs）的计划，将退役的风电桩基等设施改造成人工栖息地，有效提高了生态效益。德国（图1-1）、荷兰、比利时、挪威等实施了海上风电和海水增养殖结合的试点研究，促进海上风电和多营养层次养殖融合发展，提高空间利用

图1-1 德国海上风电与海水养殖融合发展概念图

效率。此外，欧洲国家在深远海养殖智能装备方面较为成熟，如挪威建立了大西洋鲑智能化养殖技术体系，通过在适宜海域布置大型养殖网箱和养殖工船，利用先进的传感器技术和水下识别技术实时监测环境因子和生物状态，同时建立了海产品的冷链运输和自动化加工技术，实现了养殖和加工的融合发展，自动化、机械化程度较高，有效降低了成本投入并提高了生产效率，为未来牧养融合模式构建提供了装备和技术储备。

澳大利亚的海洋牧场建设主要是针对退化的自然生境进行修复，在海草修复方面，研发了海草种子播种机和移植海草的机器 ECOSUB1，将海草移植推向了机械化。在珊瑚礁修复方面，通过建立自然保护区，限制破坏性捕捞活动，在渔业区域建立了限额捕捞和限制规格捕捞制度，有效降低了捕捞强度并养护了幼体资源。在增殖放流方面，相关学者根据澳大利亚西部增殖放流的例子形成了一套工作框架，注重对海区物种增殖潜力进行评估，通过标记进行增殖效果量化，并通过监控和建模来评估放流的效果。

（二）我国海洋牧场建设技术发展进程

我国海洋牧场建设理念提出较早，但海洋牧场建设直到进入 21 世纪后才得以快速发展，装备技术体系正处在逐步完善过程中。在"十三五"期间，依托科技部设立的国家重点研发计划"现代化海洋牧场高质量发展与生态安全保障技术"项目与"黄渤海现代化海洋牧场构建与立体开发模式示范"项目，在生境营造方面，突破了以人工鱼礁、海草床、海藻场、牡蛎礁和珊瑚礁为代表的海洋牧场多元栖息生境营造技术体系；在资源养护方面，突破了以生态关键种识别、生物承载力评估、生态容纳量评估为核心的海洋牧场资源增殖与目标种管护技术；在安全保障方面，突破了以专家决策系统为软件设施，以自升式海洋牧场监测平台、浮标平台、潜标平台为硬件设备的海洋牧场自动化监测预警与智能化管理系统。通过整合我国 60 余年海洋牧场建设经验，形成了首个海洋牧场建设领域的国家标准《海洋牧场建设技术指南》（GB/T 40946—2021），该标准明确了海洋牧场建设涉及的规划布局、生境营造、增殖放流、设施装备等关键技术要素，也标志着我国以"生境营造—增殖放流—安全保障"为链条的现代海洋牧场建设体系初步建立。

（三）中外海洋牧场建设技术差异简析

对比中外海洋牧场建设技术特征，相同点在于各国在海洋牧场的建设过程中都高度重视生境修复、资源养护相关的技术研发，即各国大多以自身海域自然禀赋为基础，初步构建了可行的海洋牧场建设技术体系。差异之处主要包括两点：一是我国高度重视海洋牧场建设技术的应用推广工作，得益于国家级海洋牧场示范区建设中所建立的"建设单位+技术依托单位"申报模式,高校与科研院所开发的海洋牧场建设技术及时得到了应用推广,而日本在30年前就已研发出系列先进的鱼类控制技术,但可能因缺少产业依托,却未得到有效推广应用。二是因低氧等海洋生态灾害和海洋生物去向不明等对海洋牧场产业造成的严重影响,我国在海洋牧场建设技术体系中高度重视资源环境在线监测系统的研发,形成了基于自升式海洋牧场安全保障平台、浮标、潜标的立体监测系统。但需要引起高度重视的是,选址布局作为海洋牧场建设的前提环节,对海洋牧场建设成败起到决定性作用。例如,我国长江口区域海洋牧场建设过程中,因选址失误,所投放的人工鱼礁在几年内就出现了大量沉降的现象。经查阅文献,各国在海洋牧场选址布局方面的理论与技术研究极少,在未来研究中需进一步加强。

三、海洋牧场产业模式

(一)国际海洋牧场产业模式

以日本、韩国为代表的亚洲海洋牧场产业特征是在开展增殖放流与人工鱼礁投放等活动的同时,通过成立专职专业的水产管理中心对辖区内海洋牧场开展协调管理,有效地促进了渔业资源的高效产出,也符合渔业资源最大化利用的目标(佘远安,2008)。

以美国为代表的北美地区海洋牧场产业特征为通过投放人工鱼礁开展渔业资源的养护,同时在产业模式上实现了创新,即将海洋渔业与潜水观光和休闲旅游等第三产业融合,创建了具有较高经济价值的休闲游钓产业,并通过制定钓鱼规定等配套法律法规减少渔业资源的滥捕现象,以促进休闲游钓业的可持续发展(凌申,2012)。相关产业模式在加拿大也有报道。

以挪威、德国、英国等为代表的欧洲海洋牧场产业特征为注重通过增殖放流具有商业捕捞价值的贝类、鱼类苗种,达到增加或维持天然海域渔业资源量的目的,进而为重要经济物种的商业采捕提供支持。大洋洲拥有全球最大的珊瑚礁生态系统,为保护脆弱的珊瑚礁生态系统,以澳大利亚为代表的大洋洲海洋牧场产业特征为在开展渔业资源捕捞活动时,高度关注珊瑚礁生态系统的修复与保护,并将海洋环境与资源信息系统等信息化技术融入渔业生产中。

(二)我国海洋牧场产业模式

"十三五"期间,在农业农村部的指导下,我国已经在近海初步建立了海洋牧场产业雏形,不同海域呈现明显的产业模式差异。在黄海与渤海海域,形成了以刺参、鲍、海胆等传统海珍品底播增殖为主的海洋牧场产业集群,一大批企业已经完成了集苗种繁育、底播增殖、成品养殖、产品精深加工于一体的海洋牧场海珍品全产业链条打造。在南海海域，积极开展了珊瑚礁修复工作，并在现代海洋牧场建设的基础上，形成了集潜水观光、食宿餐饮于一体的新型旅游产业。在东海海域，海洋牧场建设仍以地方政府主导的公益性项目为主。

在国家重点研发计划"蓝色粮仓科技创新"重点专项的支持下，通过开展布局融合设计、增殖型风机基础研发、海上风电对海洋牧场资源环境影响的评价体系构建等工作，创建了海洋牧场与海上风电融合发展模式。与传统海洋牧场产业模式相比，"渔能融合"模式具有海域空间利用效率高、产值高等优势，同时有效解决了地方渔业企业资金不足的问题。当前，在"大食物观"理念的指导下，以大型深远海养殖装备为依托，以"牧养互动"为技术特点的深远海海洋牧场产业模式也初具雏形，在南海的乐东海域等都已取得重要进展，为我国海洋牧场产业高质量发展提供了产业模板。

（三）中外海洋牧场产业模式差异简析

对比中外海洋牧场产业模式特征，相同点在于各国海洋牧场的产业基础都是渔业资源的可持续产出，即以渔业资源采捕为主要业态的第一产业是各国海洋牧场的产业基础；差异之处在于，我国海洋牧场产业模式积极吸纳了各国较为成熟的产业模式，在第一、第二、第三产业全链条产业创制和产业融合方面取得了较大进展。例如，在渔旅融合模式中，在吸收了美国海洋牧场产业中的休闲潜水、休闲游钓等项目的基础上，增加了游学科普、特色餐饮等产业模式，典型代表包括河北省祥云湾国家级海洋牧场示范区等。在渔能融合模式创制过程中，在吸纳了韩国利用风机基础的稳定性开展贝类增殖的基础上，直接研发了可以开展鱼类养殖的风机基础构型，典型代表为广东省阳西青洲岛风电融合海域国家级海洋牧场示范区等。

由此可见，海洋牧场是一种创新的渔业模式，旨在通过人工鱼礁投放、增殖放流等手段，在特定海域构建或修复海洋生物的生境，实现渔业资源的可持续利用。它不仅有助于缓解近海渔业生境退化，还能改善海域生态环境，对促进海洋经济结构调整具有重要意义。不同国家和地区在海洋牧场建设上各有侧重，如美国强调休闲渔业，欧洲注重资源管理，而日本则突出生态系统保护。自20世纪中叶以来，经过多年的实践和理论创新，形成了中国特色现代海洋牧场建设理念。当前，中国已有189个国家级海洋牧场示范区获批建设，强调生态优先、陆海统筹、三产贯通和四化同步。我国海洋牧场的技术体系不断完善，特别是在生境营造、资源养护和安全保障方面取得了突破性进展。在产业模式方面，不同国家和地区的海洋牧场产业模式各有特色。亚洲国家如日本、韩国通过专业管理提升渔业资源产出，北美地区如美国将渔业与休闲旅游结合，欧洲国家如挪威、德国注重增殖放流技术。中国则在"大食物观"理念指导下，探索渔旅融合和渔能融合等多种产业模式，推动海洋牧场产业高质量发展。总体来看，海洋牧场建设不仅是技术应用的过程，更是产业模式创新的过程。不同国家和地区根据自身条件和需求，探索适合的海洋牧场建设道路，为全球海洋渔业的可持续发展提供了宝贵的经验和启示。

第三节 未来展望

世界各国高度重视水域资源的保护和养护，沿海国家大多采用建设海洋牧场等方式来保护生态环境和增殖渔业资源。整体而言，无论是海洋牧场，还是内陆大水面生态渔业，其核心都是生物资源养护与生态环境修复。内陆水体和海洋在空间和功能上是相通的，保护与修复的原理和技术是相近的，在传统海洋牧场构建理论和实践的基础上，从海水拓展到淡水的全域型水域生态牧场发展理念应运而生。

一、海洋牧场的发展趋势

自 2017 年起，中央一号文件多次强调建设和发展现代化海洋牧场。2021 年发布的《中华人民共和国国民经济和社会发展第十四个五年规划和 2035 年远景目标纲要》提出"优化近海绿色养殖布局，建设海洋牧场，发展可持续远洋渔业"。现代海洋牧场是集环境保护、资源养护与渔业资源持续产出于一体，实现优质蛋白供给和维护近海生态安全的新业态。在践行"两山"理论和实现"双碳"目标的过程中，以数字化和体系化为特征，兼顾淡水和海洋的全域型水域生态牧场建设，即海洋牧场 3.0 阶段即将到来。

（一）新时期海洋牧场的发展理念

贯彻"两山"理论，聚焦"双碳"目标。坚持"生态、精准、智能、融合"的现代化海洋牧场发展理念，构建"科学选址—规划布局—生境修复—资源养护—安全保障—融合发展"的全链条产业技术发展格局。在北方海域打造生态牧场"现代升级版"，在南方海域拓展生态牧场"战略新空间"，在内陆水域开启生态牧场"淡水新试点"。

践行大食物观，筑实蓝色粮仓。海洋牧场是化解粮食安全问题、构建现代海洋农业产业体系的重要抓手。海洋牧场建设应围绕种质创制、病害控制、模式优化、资源养护等关键问题，实现产前、产中、产后等重大共性关键技术突破，在现代渔业主产区构建陆海统筹、生态安全、品质优良的区域性蓝色粮仓。海洋牧场建设应采用融合发展的创新模式，拓展发展空间与优化产业布局，实现集约化精准养殖场、海岸带生态农牧场、深远海智慧渔场的融合发展，生产出更多优质、安全的海洋食品，使渔民实现增收入、增就业。

强化数字赋能，助力体系建设。数字化和体系化是海洋牧场发展的主要趋势。通过数字赋能，可以实现海洋牧场水质底质环境、生物生长情况、设备运行状态的实时监测，提高管理精度和效率，提升海洋牧场的整体运行水平。通过建立数字化养殖模型和智能化养殖设施装备，提高养殖效率和产量，降低生产及管理成本，提升产业竞争力，促进海洋牧场的可持续发展。海洋牧场体系化的建设需兼顾理论体系、技术体系、装备体系、管理体系的创新发展，优化牧场建设理念，加快关键技术攻关，强化装备创新驱动，促进多元产业融合，健全现代建设管理体系，实现数字化和体系化的双重跃升，迎接未来发展的挑战和机遇。

（二）新时期海洋牧场的建设特征与内容

面对海洋生态修复、资源养护面临的新挑战、新局面和新态势，海洋牧场的建设理念应不断发展丰富，从以渔业生产为目标的传统海洋牧场，到重视环境保护、生态修复和资源养护，涵盖苗种扩繁、生态开发的现代海洋牧场，再到以数字化和体系化为驱动力，以智慧化、融合化、标准化为导向，涵盖淡水和海洋的全域型水域生态牧场。

（1）保护利用并进。在科学评估海洋牧场生物生产力和生态承载力的基础上，充分利用水域自然生产力，实现不投饵；充分利用水体营养盐存量，实现不施肥；切实保护水域生态系统，确保水产品质量安全，实现不用药；采用融合发展的创新模式，提升渔民经济收益，实现增收入；延长产业链，拓展产业空间，实施渔旅产业融合，实现增就业；充分发挥生态牧场的生物固碳能力，实施清洁能源与生态牧场融合发展，助力实现"双碳"目标，实现增碳汇。

（2）场景空间拓展。习近平总书记在西藏考察工作时强调"要坚持保护优先，坚持山水林田湖草沙冰一体化保护和系统治理，加强重要江河流域生态环境保护和修复，统筹水资源合理开发利用和保护"，拓展海洋牧场发展空间，构建涵盖淡水和海洋的全域型水域生态牧场。全域型水域生态牧场是未来发展的目标，其将特定湖泊、河口、海湾等作为一个整体，基于生态系统原理开展选址、布局、建设、监测和管理。根据建设类型、规模、增殖放流目标物种和水域特征，优化生态牧场空间布局，实现陆海统筹、四场联动，充分体现水域生态系统的整体性（杨红生和丁德文，2022）。

（3）核心技术突破。推动核心技术体系生态化、精准化、智能化发展。开发生态牧场机械化播苗、自动化监测、精准化计量与智能化采收装备；搭建生态牧场资源环境信息化监测平台，研发灾害预警预报与专家决策系统，提高生态牧场运行管理的智能化水平。

（4）发展模式创新。强化景观融合、资源融合和产业融合，运用景观生态学理念，研发生态牧场多维场景营造技术，开发复合高效、多营养层次的系统构建模式，实现净水保水与资源养护的一体化；结合生态牧场海域光照、风力和水动力资源特征，充分利用太阳能、风能和波浪能等清洁能源，搭建生态牧场智能安全保障与深远海智慧养殖融合发展平台；布局以水域生态牧场为核心的跨界融合产业链条，创建产业多元融合发展模式。

（三）新时期海洋牧场的技术与模式展望

海洋牧场的建设特征与核心内容，体现了从"海域利用"到"生态共生"的理念跃升。其以生态优先为导向，通过科学规划海域功能分区，构建起"生境营造—资源增殖—产业联动"的立体开发框架。这种系统化建设不仅需要突破传统养殖的空间约束，更强调对海洋生态系统的整体性修复与调控，涉及人工鱼礁矩阵布局、海藻场与贝类底播的生态耦合、多营养级生物的协同培育等关键技术模块。而要实现这一复杂系统的精准化运行，必然依赖于现代技术体系的深度赋能。

（1）生态工程新技术体系。研发生态型产卵育幼设施、生境修复设施、资源养护设施、生态采捕设施，优化"草-鱼-虾-贝-参"等复合多营养级食物网结构，实现净水保水与资源养护的一体化（杨红生和丁德文，2022）；创新水生植物高效培植方法，配套人工藻礁投放，建立人工藻礁增殖区；利用大型藻类生产生物能源、有机肥料，减少化石能源消耗，完善贝藻生态价值评估技术，打造贝类和藻类特色产业模块，构建固碳增汇、循环经济新模式。

（2）精准生产新技术体系。依托北斗卫星导航系统精准定位与高分遥感基础服务，研制浑浊水体机器人自主采收"手眼协同"智能控制设备，研发海洋牧场自主监测水面无人船、巡检水下机器人与水下无人采收机器人等装备；集成应用先进环境和资源监测传感器，研制不同载体跨介质资源环境信息在线组网装备，基于 5G 通信平台开发资源环境信息实时无线传输系统，构建水域生态牧场资源环境信息化监测平台；开发机械化播苗、自动化监测、精准化计量与智能化采收装备，提升水域生态牧场的机械化和智能化水平；开展生态牧场与风机融合布局设计，研制环境友好型装备，研发环保型施工技术和智能运维技术，科学评价清洁能源开发对海洋牧场资源环境的影响；结合生态牧场水动力环境，开发波浪能等海洋清洁能源，构建智慧"能源岛"，打造水域生态牧场高质化产业融合发展基地。

（3）智能管理新技术体系。调查分析水域污染的陆源输入、时空动态、开发利用现状，以及主要生源要素的分布特征；结合建设规模、类型、内容和主要增殖目标物种，确定水域生态牧场布局的功能设施组成、最小功能单元、功能协同效应，最终科学规划各功能单位的平面布局；利用大数据分析技术，基于海洋牧场资源环境监测数据，预测不同捕捞强度下主要资源生物量变动情况，制定适宜的采捕策略，实现水域生态牧场生产效益的最大化；充分利用人工智能技术，建立资源环境预警预报与专家决策系统，为水域生态牧场中短期灾害预警预报等科学决策提供支撑。

海洋牧场技术体系的持续完善，为构建多元融合的建设模式奠定了科学基础。在技术集成创新驱动下，现代海洋牧场已突破单一功能定位，逐步形成以"生态-生产-服务"多维价值协同为核心的复合型开发范式。通过将智能感知系统与生态调控技术深度耦合，构建起覆盖水体理化参数、生物群落动态、装备运行状态的数字孪生平台，实现了从技术模块化应用到系统化集成的跨越。

（1）景观融合模式。运用景观生态学原理，通过现代化陆海统筹的海洋牧场建设，构建和谐水域生境，破堤通湖海，构建生态湖海堤，修复淡水和滨海湿地，综合提升陆上湖泊和近海环境质量；建设生态廊道，修复河岸沙滩，让"盆景"变风景；大力发展景观生态旅游，配建陆基或船基旅游保障单元和水上旅游设施，制定科学合理的规章制度，适度发展游钓渔业；充分挖掘自然和文化资源，发展沿岸观光、岛上观鸟、水上观鲸、潜水观鱼等旅游产业。

（2）资源融合模式。坚持资源融合，形成集聚效应。我国内陆水域广阔，近海海岸线绵长，具有丰富的空间资源、生物资源、水资源、清洁能源和文化资源。未来，现代化水域生态牧场可依托大型综合智能平台和海上漂浮城市理念，综合利用各类水域资源，建设水域城市综合体，解决陆地资源、能源和空间匮乏的问题，提高海洋及江河、湖泊等水域产能，有效推动碳汇渔业、环境保护、资源养护和新能源开发的有机融合，构建新型"人水和谐"发展模式。

（3）产业融合模式。坚持产业融合，坚持功能多元。创新"三产融合"发展模式，在北方海域强化以"海珍品增殖"为特色的一产带二产、三产的发展模式，在南方海域强化以"渔旅融合"为特色的三产带一产、二产的发展模式，在内陆水域强化以"大型水域一产带二产、三产，中小型水域三产带一产、二产"为特色的发展模式，延伸产业链，拓展产业范围，实现水域生态牧场的高质量发展。在保障环境和资源安全的前提下，实施生态牧场与能源开发、文化旅游、设施养殖等产业多元融合发展，创新生态牧场与太阳能、风能、波浪能等新能源产业，以及深远海智慧渔场等融合发展新模式。

二、问题与技术分析

（一）关键科学问题

梳理对比国内外海洋牧场建设现状可知，我国海洋牧场建设在技术方面虽已初见成效，但在海洋牧场发展中仍存在许多亟须解决或悬而未决的关键科学问题。

例如，在生态修复方面，只有少数海洋牧场在设计中涉及对红树林、海草床、海藻床、珊瑚礁的修复，大多仍以增殖经济价值较高的水产品为目的。在渔业资源种类的养护方面，大多海洋牧场的选址建设对"三场一通道"（产卵场、索饵场、越冬场和洄游通道）的保护缺乏重视，对目标种类的种群结构、遗传多样性、增殖群体与野生种群潜在的生殖交流等关注不足。在渔业资源种类的增养殖方面，水域增殖放流的渔业资源种类单一，生物群落结构简单，系统稳定性差，所投放礁体的选型不科学，总体布局未能基于生态系统理论设计。例如，适应性增殖模式、人工生态系统等理论问题仍未得到解答（唐启升，2019；丁德文和索安宁，2022），而基于"蓝色增长"理念提出的海洋牧场生态城市化或生态城镇化建设新理论也未得到探索，至于民众与行政主管部门关注已久的问题至今仍未有明确的理论性答案。例如，海洋牧场丰富的渔业资源到底从何而来？是聚集而来，还是人工鱼礁区性成熟个体产生的后代？海洋牧场聚集的渔业资源被采捕后，会不会造成毗邻海域渔业资源的毁灭性下降？只有破解海洋牧场建设过程中长久未解决和新产生的科学问题，从基础理论层面对海洋牧场建设给予坚实的支撑，才能实现海洋牧场建设高质量可持续发展，基于以上技术与产业问题，提出了海洋牧场亟待探究的 5 个研究方向，分别为规划布局、生境营造、资源增殖、效果评价和"蓝碳"效应，并提出亟待解决的 10 个关键科学问题，形成"牧场十问"（专栏 1）。

专栏 1　海洋牧场 10 个关键科学问题

（1）如何将海洋牧场规划布局与传统渔业产卵场、索饵场、越冬场和洄游通道相结合？

（2）如何实现牧养互动？

（3）如何开展海草床、海藻场、珊瑚礁和牡蛎礁原位生境修复？

（4）如何体现大型养殖设施在海洋牧场的生态作用？

（5）如何避免或降低人工增殖群体对野生种群或群体的影响？

（6）如何控制基因污染、病害传播等问题？

（7）如何平衡海洋牧场经济、社会和生态效益？

（8）如何维持海洋牧场生态功能长效发挥？

（9）如何实现海洋牧场建设和运营中的节能减排和清洁能源开发利用？

（10）如何提高海洋牧场的碳汇功能？

（二）关键技术瓶颈

综合分析现代海洋牧场建设面临的资源与环境困境，主要体现在以下几个方面。

（1）海洋环境恶化：随着海洋环境的持续恶化，包括水质污染、海洋温度升高、海水酸化等，海洋牧场面临更加严峻的环境挑战。这些环境问题不仅影响养殖生物的生长发育，还可能导致疾病暴发和大规模的养殖损失。

（2）渔业资源衰退：一些传统养殖区域的资源衰退甚至枯竭的问题日益突出，这给海洋牧场的发展带来了新的挑战。资源衰退不仅限制了养殖规模的扩大，提高了养殖成本，还会影响海洋牧场生态系统的稳定与平衡，限制其长期发展。

（3）种业支撑不足：海洋牧场的发展需要优质的种苗作为基础。然而，海洋养殖种业的支撑体系尚不完善，存在种质资源保护不足、核心技术创新不足、良种覆盖率仍然较低、商业化育种体系不健全等诸多问题，导致遗传改良和选育工作进展缓慢，速生、抗逆、抗病、高产的优质种苗供给不足，限制了海洋牧场产业的规模扩张和提质升级。

（4）养殖方式粗放：一些海洋牧场的养殖方式仍然比较粗放，存在资源利用效率低、环境影响大等问题。这种粗放的养殖方式不仅容易造成资源浪费，还可能加剧环境污染，制约了海洋牧场产业的可持续发展。

（5）成果应用滞后：尽管海洋牧场建设的新技术和新装备不断涌现，但一些科研成果在海洋牧场产业中的应用仍然存在滞后现象。这可能是技术转化难度大、市场需求不明确等原因导致的，制约了海洋牧场产业的发展，无法实现生产效率最大化、监测管理规范化等。

（6）新型产业发展瓶颈：新型产业如海上风电、休闲渔业等在发展过程中也面临技术成熟度不足、海上基础设施的建设与维护成本高、相关的政策和法律法规发展相对滞后或不完善、市场竞争和经营风险等问题，制约了新型产业与海洋牧场的深度融合和协同发展。

针对上述瓶颈，开展系统研究，势在必行。

一是不同尺度下海洋牧场群规划选址与空间布局技术研究仍未开展。当前，我国已经建设了众多的国家级与省级海洋牧场示范区，但海洋牧场的选址、规划与布局技术仍有待完善，并主要体现在以下两点：①在大的空间格局下，各海洋牧场建设仍以独立的单元区存在，未能发挥出海洋牧场群或海洋牧场带的生态作用，未能从国家层面将我国近海的海洋牧场总体规划布局与海洋生物的越冬场、产卵场、索饵场和洄游通道有机贯通，形成了大空间尺度下海洋牧场生物养护功能不明确的现状；②在单个的海洋牧场单元内，人工生境与自然生境的融合营造技术仍缺少理论支撑，如不同功能的人工鱼礁设施如何与原有海草床、海藻场、珊瑚礁、牡蛎礁等生境开展有层次的布设，导致在小空间尺度下海洋牧场建设对原有生境改造能力不强的现象。

二是海洋牧场人工生态系统营造技术研究有待加强。归根结底，海洋牧场是一种以人为主导的海洋人工生态系统，整体上我国海洋牧场建设仍存在生态学理论缺失、海洋生态工程技术缺少、生态管理缺位的问题。因此，在海洋牧场人工生态系统设计方面，存在渔业资源关键功能群遴选、生境营造规划、海洋牧场人工生态系统整体设计等技术研发有待加强的问题；在海洋牧场生态工程建设方面，存在以生态苗种增殖为主的渔业资源关键功能群构建工程、生境营造工程、生态系统监控工程等技术有待加强的问题；在海洋牧场生态适应性管理方面，存在人工生态系统适应性管理方案制定、实施与评估等技术研发有待加强等问题（丁德文和索安宁，2022）。

三是"海洋牧场+"融合发展建设技术体系研发亟待开展。当前，我国已建成的海洋牧场示范区多建设在近海区域，更为广阔的深远海空间未得到有效开发。在大农业观、大食物观理念的指导下，建设现代海洋牧场，发展深水网箱、养殖工船等深远海养殖，现代海洋牧场与深远海养殖有一定的联系且可以融合发展，共同承担着向海洋要食物、构建多元化食物供给体系的重任，但我国"海洋牧场+"融合发展建设技术体系仍处于起步状态，主要存在以下问题：大型养殖平台、养殖工船等装备研发有待加强；缺少具有机械化、自动化和无人化特点的生产作业装备等。此外，当前在全球气候变化背景下，海洋生态灾害时有发生，但高精度的海洋生态监测装备和预警预报系统研发仍处于初级阶段，虽然可对水文、水质等参数开展监测，但对浒苔与台风等生态灾害的应对能力仍有待加强，制约了海洋牧场建设与深远海养殖等的健康安全。

海洋牧场关键技术瓶颈可以系统归纳为 10 项，见专栏 2。

专栏 2 海洋牧场关键技术瓶颈

（1）环境实时监测预警预报技术

（2）资源监测与评价技术和装备

（3）人工鱼礁和大型养殖设备与配套技术

（4）水上、水下智能装备与技术

（5）牧场承载力评估技术

（6）牧场选址和布局技术

（7）生境修复和资源养护技术

（8）全过程管理专家决策系统

（9）牧场效益评价技术体系

（10）牧场建设与管理标准体系

三、发展建议

（一）创新驱动产业发展

加强环境监测与治理，提高养殖生物适应力。针对海洋环境恶化问题，建议加强海洋环境监测网络的建设，及时掌握海水质量、海洋温度、海水酸化等指标的变化趋势；建立健全的环境治理体系，严格控制水污染源头排放，减少海洋污染对海洋生态系统的影响；鼓励科研机构和企业合作，开发环境友好型养殖技术，选育耐高温、抗逆性强的养殖生物品种/品系，提高其环境适应能力。

加强资源管理与保护，推广多元化养殖策略。针对渔业资源衰退问题，建议加强对渔业资源的科学管理和保护，建立健全渔业管理制度，设立渔业保护区，实行严格的捕捞限额和休渔政策，保护渔业资源的生态环境，避免资源过度开发和衰退；建议在渔业资源衰退的情况下，推动海洋牧场产业的多元化发展，探索并推广新的养殖品种和方式，减少对传统渔业资源的依赖，鼓励发展混合养殖，提高养殖系统的稳定性和养殖效益。

加强种业科技投入与研发，推动产学研结合。针对种业支撑不足的问题，建议增加对海洋养殖种业的科研投入，建设种质资源库，研发原种保护、配子长期保存技术；通过全基因组选育、基因编辑等精准育种技术对关键养殖生物进行遗传改良和优良品种的选育，提高其适应性、产量和品质；推动产学研结合，建立起海洋养殖种业的技术转移机制，促进科研院校、科研机构和企业之间的技术合作与交流，加速种苗优质化和供给量的增加；加强全链条产业化模式构建与应用，构建种质挖掘及保护、规模化保育测繁推、生态增养殖、高值化利用的绿色发展新模式。

推行集约化管理方式，实行废水处理排放标准。针对养殖方式粗放问题，建议推行集约化管理方式，提高养殖资源的利用效率，引导养殖企业采用现代化、智能化的养殖设备和管理手段，减少资源浪费，提高养殖生产效率和产品质量；建议加强环境保护，落实环境保护责任，实行养殖废水处理和排放标准，鼓励企业投资建设养殖废水处理设施，实现养殖废水的资源化利用和无害化排放，减少养殖对海洋环境的影响。

促进科教体系建设，推动海洋牧场概念普及。针对海洋牧场概念普及与宣传不足问题，建议在科教体系建设中进行探索推动。例如，适当在本科教材中融入最新的海洋牧场理论和实践案例，通过普及海洋牧场的概念、理论基础、技术原理、生态效益等，加强本科生对海洋牧场的了解；应在海洋学科专业开设海洋牧场相关课程，通过引入最新的研究成果及案例，激发学生的学术兴趣和创新能力，为海洋牧场理念、技术、装备、管理的现代化发展储备人才。

加强科技成果转化，建立健全技术推广体系。针对成果应用滞后问题，建议建立科技成果转化示范基地，提供技术转化服务，推动科技成果向产业化、市场化方向发展，促进科研成果与产业需求的对接；建议建立健全技术推广体系，加强对海洋牧场从业者的培训和指导，通过开展技术培训班、座谈会等活动，提升从业者的技术水平和管理能力，推动养殖行业的规范化和标准化发展。

加强政策支持与基建，推动新型产业快速发展。针对新型产业发展瓶颈，建议加强政策支持和倡导，为新型产业提供政策优惠和资金支持，降低建设和运营成本，鼓励企业投资新型产业，推动其快速发展；建议加强海上基础设施的建设和维护，提高海洋牧场新型产业的运营效率和安全性，完善海上风电和休闲渔业等新型产业的技术、装备和管理体系，为其发展提供保障。

（二）优化牧场生产模式

智能化技术应用与推广。智能化技术的应用可以提高养殖效率、降低成本、改善环境监测和管理，从而推动海洋牧场的可持续发展。推动智能传感器、水质监测仪等智能监测设备在海洋牧场中的广泛应用，实现对养殖环境的精细化管理，提高养殖效率和生产质量。引入机器视觉技术，结合图像识别和深度学习算法，实现对养殖生物的自动监测、分类和计数，提高监控效率，降低人力成本，确保养殖过程的可控性和可视性。利用智能控制系统对养殖环境进行调节，实现水质的动态监测和调控，有效预防疾病暴发和水体污染，提高养殖效益。建立全面的海洋牧场数据平台，利用大数据和人工智能技术对海洋牧场数据进行深度挖掘和分析，发现数据间的潜在关联性和规律性，为养殖管理、生产预测、风险评估等提供智能化决策支持。

规范化建设与安全保障。政府、科研机构和相关企业共同参与，在现有标准的基础上，制定全面、系统的海洋牧场标准体系，包括养殖环境、生物安全、养殖管理、产品质量等方面的标准，确保标准科学、合理、可操作。建立健全标准修订机制，及时更新标准，以适应科技发展和产业变化。加强对海洋牧场标准的宣传和推广，提高养殖者和相关从业人员的标准意识，确保养殖活动的规范进行。政府应当加强知识产权相关法律法规的建设，促进专利法、商标法、著作权法等相关法律的完善和修订；强化海洋产业创新主体的知识产权保护意识；通过财政支持、税收优惠等政策手段，推动技术创新和科研成果向实际生产力的转化应用。相关部门应制定健全的安全管理制度和应急预案，确保安全生产和运营，提升应急响应能力和处置水平；加强对海洋牧场设施的安全防护，防止生物逃逸和外部入侵；加大对海洋牧场的监管与执法力度，确保养殖活动的安全合法；推动无人机巡查系统、智能监测系统等安全技术装备的创新应用，提高海洋牧场的安全防范能力。

强化领域国际合作。世界各国在海洋牧场建设与管理方面，根据各自的国情均走出了独特的发展道路。发达国家海洋牧场建设的实践起步较早，增进我国与其他国家渔业管理部门之间的交流，相互借鉴海洋牧场发展的管理模式与经验，将有助于海洋牧场实现跨越式发展。海洋牧场相关企业可以增进联系，相互学习对方的优势技术与经验，推动我国现代海洋牧场建设事业的可持续发展。

（三）强化产业过程管理

加强顶层设计。海洋牧场的稳步发展离不开政府的管理和支持，针对我国海洋牧场发展现状，鉴于企业和渔民个体往往存在过度追求经济效益而忽视生态效益的问题，应形成以农业农村部门、自然资源部门、发展改革委等多单位为主导的顶层设计。在海洋牧场建设与布局规划方面，科学推进近海与深远海海洋牧场的协同发展，推进陆海一体化水域生态牧场建设。在海洋牧场产业发展方面，积极推进深远海牧养互动式、渔旅融合式、渔能融合式等新型产业模式国家级海洋牧场示范区建设，并积极组织企业、渔民参与海洋牧场发展联盟，引导科研机构为其提供科学技术支持，强化数字赋能在海洋牧场现代化建设中的作用，实现理念、装备、技术和管理的现代化，促进海洋牧场自身产业链条的三产贯通，促进海洋牧场产业的高质量发展。

加大研发投入。加快海洋牧场建设原理、装备和技术的研究是推动海洋牧场发展的根本动力。我国海洋牧场相关领域的科研实力在产业快速发展中得到了显著提升，但仍面临诸多困难，应进一步加强科研投入，并鼓励科技创新。应设立海洋牧场现代化建设研发专项，针对现代海洋牧场建设过程中存在的关键科学问题和技术难题，实施系统研究，力求在海洋牧场构建原理、技术和管理各层面有所突破，如监测评价、科学选址、承载力评估、生境营造、智能管控等方面，为现代海洋牧场的科学有序发展提供理论和技术支撑。鼓励企业自发开展海洋牧场构建技术的研发与应用试验，推动新技术的转化应用与推广，促进我国海洋牧场事业的数字化、智能化和生态化发展。

信息技术深度应用。实时监测是确保海洋牧场运营安全和有效管理的重要手段，应推动各种传感器、监控设备以及远程控制系统在海洋牧场中的深度应用。例如，通过在海洋牧场区域部署水质传感器来监测水质参数（如温度、盐度、pH 等），通过无线网络将数据传输至中央服务器进行实时监测和分析；利用视频监控系统对海洋牧场的生产场景进行实时监控等，实现对海洋环境、动物行为和生产过程的实时监测。信息技术可以帮助海洋牧场实现对潜在风险和突发事件的预警和预报。通过数据分析和模型预测，提前发现可能影响海洋牧场运营的因素，如海洋气象变化（如风暴、台风等极端天气事件）、水质参数异常（温度、pH、溶氧异常或海水污染）、动物疾病等，及时发出预警信号，提前采取保护及应对措施。信息技术可以为海洋牧场管理者提供决策支持工具，提高海洋牧场管理水平。通过数据可视化和智能分析技术，可以将海洋牧场各项数据以直观的形式展现出来，帮助管理者全面了解海洋牧场的运营情况并及时做出决策。利用模拟和优化算法可以对不同决策方案进行评估和比较，为管理者提供最优的决策建议。例如，可以利用生产效率模型和市场需求模型来优化生产计划，实现收益最大化。

海洋牧场 3.0 阶段即将到来，但海洋牧场 1.0 和海洋牧场 2.0 的主要工作仍需持续推进。海洋牧场 3.0 的理念、技术和模式都亟待创新与发展，海洋牧场也将拓展为涵盖淡水和海洋的水域生态牧场，全域型、智能化、多功能的水域生态牧场新业态亟待全社会的高度关注。坚持"生态、精准、智能、融合"的现代化海洋牧场发展理念，坚持生态保护优先、自然修复为主，充分发挥海洋牧场的碳汇功能。坚持理念、设备、技术和管理的现代化，坚持原创驱动、技术先导和工程实施保障，系统研究和突破一系列重大基础科学问题和技术瓶颈，引领和支撑现代海洋牧场建设与发展。

总而言之，海洋牧场作为一项重要的生态渔业模式，其发展受到了全球的高度重视。随着科技进步和理念创新，海洋牧场已经从 1.0 阶段的人工鱼礁投放和资源增殖放流，发展到 2.0 阶段的生态化和信息化的规模化建设，并即将迎来 3.0 阶段，即现代海洋牧场，这将是一个集数字化和体系化于一体的新时代。在新时期，海洋牧场的发展将更加注重生态、精准、智能和融合。同时，海洋牧场的建设将贯彻"两山"理论，聚焦"双碳"目标，以数字化和体系化为驱动力，实现智慧化、融合化和标准化。然而，海洋牧场的发展也面临关键科学问题和技术瓶颈的挑战。例如，如何将海洋牧场规划布局与传统渔业产卵场、索饵场、越冬场和洄游通道相结合，如何实现生境营造和资源增殖，以及如何平衡海洋牧场经济、社会和生态效益等问题。此外，环境恶化、资源衰退、种业支撑不足等问题也制约海洋牧场发展。为应对这些挑战，建议加强国际合作、推广智能化技术、促进规范化建设、落实安全保障、加强环境监测与治理。同时，需要加强顶层设计，加大研发投入，深度应用信息技术，并推动新型产业的快速发展。通过这些措施，可以促进海洋牧场的高质量发展，实现生态保护、经济和社会发展的多赢。

第四节　本　章　小　结

海洋牧场建设与发展理念以生态渔业模式为核心，旨在通过人工鱼礁投放、增殖放流等技术措施，在特定海域构建或修复海洋生物的生境，实现渔业资源的可持续利用。本章围绕海洋牧场的发展历程、理念、技术和产业模式进行了系统总结，主要包括三个部分。第一部分为海洋牧场的起源与发展历程，主要介绍了海洋牧场的概念起源、历史演变以及不同阶段的特点，从传统捕捞到现代增养殖的转变，以及中国海洋牧场建设的原创性创新理念和国家标准的制定。第二部分为海洋牧场的特色分析，深入探讨了海洋牧场建设理念、建设技术和产业模式的国内外差异，分析了海洋牧场在生态修复、资源养护方面的作用，以及面临的技术瓶颈和未来前景。第三部分为海洋牧场的未来展望，前瞻性地提出了新时期海洋牧场的发展理念、建设内容、技术支撑与模式创新，分析了关键科学问题和关键技术瓶颈，并在践行大农业观、大食物观的前提下，提出了现代海洋牧场未来发展的建议，包括创新驱动产业发展、优化牧场生产模式、强化产业过程管理。

参 考 文 献

陈丕茂, 舒黎明, 袁华荣, 等. 2019. 国内外海洋牧场发展历程与定义分类概述. 水产学报, 43(9): 1851-1869.

陈世杰. 2001. 《范蠡养鱼经》释义、启示与询考. 福建水产, (4): 80-85.

陈文华. 2005. 中国原始农业的起源和发展. 农业考古, (1): 8-15.

丁德文, 索安宁. 2022. 现代海洋牧场建设的人工生态系统理论思考. 中国科学院院刊, 37(9): 1335-1346.

蒋炳耀. 2017. 畜牧业的发展历程综述. 中国畜牧兽医文摘, 33(11): 39.

蒋云飞, 任文鑫. 2024. 中国古代生态智慧、生态法律制度及其启示. 中南林业科技大学学报(社会科学版), 18(1): 11-17.

凌申. 2012. 美国休闲渔业发展经验对长三角的启示. 中国水产, (6): 46-48.

刘惠飞. 2001. 日本人工鱼礁建设的现状. 现代渔业信息, (12): 15-17.

潘庆民, 孙佳美, 杨元合, 等. 2021. 我国草原恢复与保护的问题与对策. 中国科学院院刊, 36(6): 666-674.

余远安. 2008. 韩国、日本海洋牧场发展情况及我国开展此项工作的必要性分析. 中国水产, (3): 22-24.

盛玲. 2018. 博采众长: 国外海洋牧场建设经验借赏. 中国农村科技, (4): 56-57.

唐启升. 2019. 渔业资源增殖、海洋牧场、增殖渔业及其发展定位. 中国水产, (5): 28-29.

王凤霞, 张珊. 2018. 海洋牧场概论. 北京: 科学出版社: 31-40.

王祖熊. 1959. 梁子湖鮆业的调查. 水生生物学集刊, (3): 369-374.

徐东黎, 杨明芳, 李娅楠. 2023. 中国传统生态智慧的内涵、特征与当代启示. 延边党校学报, 39(5): 19-23.

杨宝瑞, 陈勇. 2014. 韩国海洋牧场建设与研究. 北京: 海洋出版社: 145-148.

杨红生. 2016. 我国海洋牧场建设回顾与展望. 水产学报, 40(7): 1133-1140.

杨红生. 2020. 中国科学院 "水域生态牧场" 构建研究动态. 科技促进发展, 16(2): 130-131.

杨红生, 丁德文. 2022. 海洋牧场3.0: 历程、现状与展望. 中国科学院院刊, 37(6): 832-839.

杨红生, 章守宇, 张秀梅, 等. 2019. 中国现代化海洋牧场建设的战略思考. 水产学报, 43(4): 1255-1262.

袁涛, 施奇佳, 姚宇, 等. 2023. 人工礁研究进展与展望. 热带海洋学报, 2023, 42(1): 192-203.

曾呈奎. 1979. 关于我国专属经济海区水产生产农牧化的一些问题. 资源科学, 1(1): 58-64.

曾呈奎. 1980. 我国海洋生物学在新时期的主要任务. 海洋科学, 4(1): 1-5.

曾呈奎, 毛汉礼. 1965. 海洋学的发展、现状和展望. 科学通报, 10(10): 876-883.

曾呈奎, 徐恭昭. 1981. 海洋牧业的理论与实践. 海洋科学, 5(1): 1-6.

翟方国, 顾艳镇, 李培良, 等. 2020. 山东省海洋牧场观测网的建设与发展. 海洋科学, 44(12): 93-106.

中国大百科全书(第三版)总编辑委员会. 2023. 中国大百科全书(第三版)·渔业. 北京: 中国大百科全书出版社.

市村武美. 1991. 梦想的海洋牧场: 跨越 200 海里的新渔业. 东京: 东京电机大学出版社: 40-41.

Born A F, Immink A J, Bartley D M. 2004. Marine and coastal stocking: global status and information needs. Rome: Food and Agriculture Organization of the United Nations: 1-12.

Ihde T F, Wilberg M J, Loewensteiner D A, et al. 2011. The increasing importance of marine recreational fishing in the US: challenges for management. Fisheries Research, 108(2/3): 268-276.

第二章 原 理 创 新[①]

可持续发展的具体内涵很早就出现在我国《吕氏春秋》等古书典籍之中。海洋牧场作为一种概念提出源于"海洋农牧化"理念，针对中国近海渔业的现状和特点，海洋牧场有了更为明确的诠释。现代海洋牧场建设，是"绿水青山就是金山银山"理念在海洋领域的具体体现，受到党中央、国务院的高度重视，契合我国海洋战略发展需求。海洋牧场建设必须建立在生态系统的科学理论之上，包括海洋学原理（如渔场的形成及海洋过程利用和营造）、生态学原理（如生态位、食物链与食物网、上行和下行效应、中度干扰）和工程学原理（如底质重构与生境营造工程、流场改造与上升流营造工程）。现代海洋牧场理论体系创新包括基于种群多样性的生境营造、功能群构建与利用原理、承载力评估与应用原理和现代海洋牧场原理与途径。建设中国特色的现代海洋牧场，必须坚持理论创新，科学引领现代海洋牧场的规范化建设和健康发展。

第一节 海洋牧场建设的理论依据

一、海洋牧场理念的发展历程

（一）典籍溯源

虽然在我国海洋牧场作为一种概念提出的时间较晚，但海洋牧场和环境可持续发展的一些具体内涵很早就出现在我国的一些典籍之中了。早在《吕氏春秋·卷十四·义赏》中就有记载，"竭泽而渔，岂不获得？而明年无鱼；焚薮而田，岂不获得？而明年无兽。诈伪之道，虽今偷可，后将无复，非长术也。"《逸周书》中记载，大禹曾颁布过保护野生环境和野生动物的诏令："禹之禁，春三月，山林不登斧，以成草木之长；夏三月，川泽不入网罟，以成鱼鳖之长。"《礼记·月令》中，"仲春之月"中有这样一条："是月也，毋竭川泽，毋漉陂池，毋焚山林。""月令"是上古的一种文章体裁，按照一年 12 个月的时令，讲述朝廷在每个月应当注意的各种事项。仲春，也就是春季的第二个月，正是捕鱼打猎的好时机，但古人强调要有所节制，不要用排干江河池沼的方式捕鱼，不要用焚烧山林的方式来打猎。《论语·述而》记载，"子钓而不纲，弋不射宿"。意为孔子用鱼

---

① 本章作者：徐冬雪、张立斌、王旭。

竿钓鱼而不用渔网捕鱼,用弋射的方式获取猎物,但是从来不射休息的鸟兽。孟子也有"数罟不入洿池""斧斤以时入山林"的论述,反对无限度地捕捞鱼类,无节制地砍伐树木。

对照古人的话语,我们更应树立保护生态环境的观念,生态环境没有替代品,用之不觉,失之难存。

(二)理念发展

1947 年,朱树屏结合国内外渔业生产经验,提出了"水即是鱼类的牧场"概念。1965 年,曾呈奎等根据中国水产增养殖经验,提出了"使海洋成为种养殖藻类和贝类的农场,养鱼、虾的牧场"理念,并随后丰富了"海洋农牧化"内涵,提出了通过人为改造、创造经济生物生长发育所需要的海洋环境条件,以提高渔业产量的创新性设想。20 世纪 90 年代以来,中国学者在"海洋农牧化"理念的基础上,吸收了日本、美国等的渔业开发理念和技术手段,针对中国近海渔业的现状和特点,对海洋牧场进行了更为明确的诠释,该时期"海洋牧场"要素包括以下几点:以养护和增殖渔业生物资源、优化渔业环境为建设目的;以人工鱼礁(藻礁)建设和幼苗放流(底播)为主要手段;海洋牧场具有明确的边界与归属权;海洋牧场所用苗种来源于人工育苗或人工驯化;海洋牧场建设区域为自然海域;通过声学和光学等技术手段对海洋牧场资源实施人工管理(杨红生等,2019)。

二、国家发展战略下的现代海洋牧场

(一)海洋牧场建设高度契合"两山"理论

"绿水青山就是金山银山"理念是对生态环境保护和经济发展关系的形象化表达,已成为引领我国走向绿色发展之路的基本国策。这一理念深化了马克思主义关于人与自然、生产和生态的辩证统一关系的认识,深刻揭示了保护生态环境就是保护生产力、改善生态环境就是发展生产力的道理。保护生态环境,加快发展方式绿色转型,可以激发更大的创新动能和更广阔的市场空间,提升可持续生产力,对科技发展和绿色消费具有极大的推动作用,指明了实现发展和保护协同共生的新路径。

生态本身就是价值,绿水青山就是金山银山,但金山银山却买不到绿水青山。"两山"理论指明了实现发展和保护协同共生的新路径,深刻阐明了保护生态环境就是保护自然价值和增值自然资本。现代海洋牧场建设是美丽中国建设迈出的重要步伐之一,强调人与自然和谐共生的现代化,是促进人与自然和谐共生的重要体现,也是"两山"理论在国家海洋战略上的具体实践。

（二）国家高度重视现代海洋牧场发展

党中央、国务院高度重视海洋牧场建设。2013 年，国务院发布《国务院关于促进海洋渔业持续健康发展的若干意见》（国发〔2013〕11 号），明确海洋渔业发展要坚持"生态优先"，提出"发展海洋牧场"。2017 年中央一号文件首次提到"支持集约化海水健康养殖，发展现代化海洋牧场"，体现了海洋牧场建设与发展对我国"三农"问题的重要作用。2018 年中央一号文件强调"统筹海洋渔业资源开发，科学布局近远海养殖和远洋渔业，建设现代化海洋牧场"，这标志着现代海洋牧场建设进入新的发展阶段。2018 年 4 月习近平总书记在庆祝海南建省办经济特区 30 周年大会上强调"要坚定走人海和谐、合作共赢的发展道路，提高海洋资源开发能力，加快培育新兴海洋产业，支持海南建设现代化海洋牧场"。2018 年 6 月习近平总书记在山东考察工作时作出重要指示："海洋牧场是发展趋势，山东可以搞试点。"2019 年中央一号文件提出"合理确定内陆水域养殖规模，压减近海、湖库过密网箱养殖，推进海洋牧场建设"。2023 年中央一号文件提出"建设现代海洋牧场，发展深水网箱、养殖工船等深远海养殖"。2023 年 4 月，习近平总书记在广东考察时指出，要树立大食物观，既向陆地要食物，也向海洋要食物，耕海牧渔，建设海上牧场、"蓝色粮仓"。

第二节　海洋牧场生态系统的理论突破

一、海洋学原理

（一）渔场的形成

渔场是指鱼类或其他水生经济动物密集经过或滞游的具有捕捞价值的水域，或随产卵繁殖、索饵育肥或越冬适温等对环境条件要求的变化，在一定季节聚集成群游经或滞留于一定水域范围而形成在渔业生产上具有捕捞价值的相对集中的场所，也是适于开展渔捞作业的场所。依据渔场形成的海洋学机制，可将渔场划分成大陆架渔场、上升流渔场、涡旋渔场、流界渔场和礁堆渔场等。例如，天皇海山渔场是涡旋渔场的典型代表，加拿大纽芬兰近海大浅滩的鳕鱼渔场、日本海大和堆褶柔鱼渔场、鄂霍次克海的狭鳕渔场等是礁堆渔场的典型代表（杨红生，2023）。

世界四大渔场包括北海道渔场、纽芬兰渔场、北海渔场和秘鲁渔场。其中，北海道渔场由日本暖流与千岛寒流交汇形成，主要渔业资源包括鲑、狭鳕、太平洋鲱、远东拟沙丁鱼、秋刀鱼等；纽芬兰渔场由墨西哥湾暖流与拉布拉多寒流交汇形成，主要渔业资源为鳕鱼；北海渔场由北大西洋暖流与北冰洋南下冷水交汇形成，主要渔业资源为鳕鱼、鲱鱼、毛鳞鱼；秘鲁渔场由秘鲁寒流的上升补偿流形成，秘鲁寒流使深层海水上涌，盛产秘鲁鳀鱼等鱼类和贝类。

我国海域宽广，海岸线漫长，历史上的主要渔场有黄渤海渔场（主要分布在渤海和黄海）、舟山渔场、南海渔场（包括主要分布在广东沿海的南部沿海渔场）、北部湾渔场，四大渔场中以舟山渔场地位最为重要。舟山渔场位于杭州湾以东、长江口东南的浙江东北部，地理坐标为 $29°30'N \sim 31°00'N$，$120°30'E \sim 125°00'E$，是中国最大的渔场，以大黄鱼、小黄鱼、带鱼和墨鱼（乌贼）四大经济鱼类为主要渔产。舟山渔场地处长江、钱塘江、甬江入海口，沿岸流、台湾暖流和黄海冷水团交汇于此。陆域径流形成强大的低盐水团，水色浑浊，春夏向外伸展，秋冬向沿岸退却。台湾暖流高温高盐，水色澄清，春夏自南向北楔入，直抵沿岸水域，冬季偏离沿岸，向南退缩。黄海冷水团南下，随台湾暖流强弱的变化，秋冬季似舌尖状伸入渔场，初夏逐渐向北退缩，形成南北带状逶迤的水团混合区。

（二）海洋过程利用和营造

人工鱼礁的集鱼机制包括流场效应说、饵料效应说、本能学说、阴影效果说和音响效应说。①流场效应说：鱼礁投放后，在迎流面产生上升流，在背流面产生背涡流。上升流能把海底丰富的营养盐带到阳光充足的水体中上层，从而有利于浮游植物的大量繁殖，丰富鱼类饵料生物基础，进而产生集鱼效果。背涡流在鱼礁的背面产生负压区，海底沉积物和大量浮游生物将在此区停滞，从而诱集鱼类。背涡流延伸形成涡街，并干扰海底，海底被扰动后又会使底栖生物发生变化。②饵料效应说：鱼礁投放后，其周围水体营养盐丰富，有利于浮游植物生长，从而使浮游动物生物量大幅度提高。鱼礁本身作为一种附着基，附着生物将在其表面迅速着生。鱼礁周围的浮游生物和底栖生物的种类、数量、分布也会发生变化，因而吸引鱼类在周围聚集摄食，增加了鱼礁周围的鱼类生物量。③本能学说：鱼类对刺激做出方向性行动反应的习性称为趋性，由内外因素引起的先天性行动称为本能，对刺激做出的反应行动称为反射。鱼类的趋性、本能和反射使鱼类具有生殖、索饵、越冬、模仿、逃避、探索等生活习性。人工鱼礁的投放形成了有利于鱼类栖息、生存、摄食、生长、繁殖和躲避敌害的优良环境，鱼类的趋性、本能和反射使鱼类聚集于鱼礁周围。④阴影效果说：鱼礁单体间形成的缝隙、坑槽、洞穴等造成的阴影，能吸引鱼类等海洋动物前来聚集休息。调查发现，沉船鱼礁具有明显的集鱼效果，这与沉船具有很好的遮蔽性，即阴影效应好，具有莫大的关系。⑤音响效应说：礁体的内部空间和礁体之间的空隙在水流的冲击下会产生低频音响，低频音响的大小与流水冲击力大小有关，虽然这些低频音响有时候小到人耳听不到，但其声波却能被鱼类感觉到，因此能够吸引喜欢低频音响的鱼类在鱼礁处聚集。

二、生态学原理

（一）生态位

生态位是指一个物种在特定环境中所扮演的角色和功能，包括物种的生活方式、资源利用方式和行为习惯等因素，这些因素共同决定了物种在生态系统中的地位。生态位反映生态系统中每种生物生存所必需的最小生境阈值，是影响动物、植物分布的主要生物因子。它的形成减轻了不同物种之间的恶性竞争，有效地利用了自然资源，使不同物种都能获得比较大的生存优势。

生态位宽度或广度是指被一个有机体单位所利用的各种各样不同资源的总和。一般来说，在资源稀缺的情况下，生态位宽度一般会增加以促进生态位的泛化；而在资源丰富的环境中，可导致选择性的采食和狭窄的食物生态位宽度以促进生态位的特化。对生物群落中种群生态位宽度的测定，有助于了解各个种在群落中的优势地位以及彼此间的关系，并在某种程度上反映生物对生态环境的适应程度。

生态位重叠是指不同物种的生态位之间的重叠现象或共有的生态位空间，即两个或两个以上生态位相似的物种生活于同一空间时分享或竞争共同资源。这是生态位理论的中心问题之一，它涉及资源分享的数量，以及两个物种的生态要求可以相似到多大程度仍能共存，或相互竞争的物种究竟有多么相似却还能稳定地共同生活。一般认为，生态位重叠是利用性竞争的一个必要条件。生态位移动是指种群对资源谱利用的变动，种群的生态位移动往往是环境压迫或激烈竞争的结果。

将生态位概念与理论应用到自然生物群落，有如下一些要点：①一个稳定的群落中占据了相同生态位的两个物种，其中一个终究要灭亡；②一个稳定的群落中，由于各种群在群落中具有各自的生态位，种群间能避免直接的竞争，从而保证了群落的稳定；③一个相互作用的生态位分化的种群系统中，各种群在对群落的时间、空间和资源的利用以及相互作用的可能类型方面，都趋向于互相补充而不是直接竞争，因此由多个种群组成的生物群落，要比单一种群的群落更能有效地利用环境资源，维持长期较高的生产力和更大的稳定性；④竞争可以维持多样性而不是导致灭绝，竞争在塑造生物群落的物种构成中发挥着主要作用，物种常常能够改变它们的功能生态位以避免竞争的有害效应。

（二）食物链与食物网

在生态系统中，生产者所产生的能量和物质，通过一系列捕食与被捕食的关系进行传递，形成食物链。食物链的每一个环节称为营养级，食物链长短不一，营养级的数目也不一样。自然界的所有食物链，依据食物类型的不同，可分为捕食食物链（放牧性食物链）、腐食食物链（碎屑性食物链）、混合食物链和寄生食物链四种类型（李克刚，1995）。四种食物链具有以下共同特点：①同一食物链中，常包含食物性和其他生活习性极不相同的多种生物。例如，各种植物、动物、微生物可以分级利用自然界所提供的各类物质，从而使植物通过光合作用形成的产物得以充分利用，使有限的生态空间养育众多的生物种类。②在同一生态系统中，可能有多条食物链，它们的长短不同，营养级数目不等。由于在一系列捕食与被捕食的过程中，每次转化都将有大量的化学潜能变为热能消散，因此自然生态系统中营养级的数目是有限的。③在不同生态系统中，各类食物链所占的比重不同。例如，在森林和草场生态系统中，植物净生产量的大部分进入腐食食物链；在农田生态系统中，作物生产的有机物质大部分作为收获物被人类取走，而留给腐食食物链的部分很少；而在海洋生态系统中，碎屑性食物链具有重要的生态意义。④在任何一个生态系统中，各类食物链总是相互协同起作用。

由于各种生物的营养关系复杂，一种消费者常常不止捕食一种食物，而一种生物又可被不同消费者所捕食，这就决定了在一个生态系统中有许多食物链（毛礼钟，1986）。生态系统中的食物链彼此交错连接，形成了网状结构，称为食物网。食物网主导了生态系统中物质和能量的流动，驱动了初级生产、次级生产、废物分解以及养分回收等关键生态过程，是生态系统中的核心组分。食物网是生态学中研究最早、最多的网络类型，它表征了物种之间通过捕食而形成的复杂网络关系。食物网表明生态系统的营养结构和生态过程具有高度的复杂性，这一复杂性是生态系统进行物质循环和能量流动的基础。在自然界中，所有的有机体都捕食其他有机体，并被其他有机体捕食，这就意味着通过能量流与物质流，所有的有机体都被镶嵌在食物网中（张荣等，2021）。

食物网的主要生态功能是实现能量传递和物质循环。Elton（1927）提出了数量金字塔的概念，表征不同营养级间的种群大小分布。这一概念后来被发展为能量金字塔，用来量化不同营养级之间的能量传递过程。近期有研究对能量金字塔的概念做了扩展，通过计算任意两个物种之间的能量流来刻画食物网局部的功能特征，从而对食物网能量动态做出全面量化分析（王少鹏，2020）。

（三）上行和下行效应

上行效应又称"上行控制效应"，是生态系统中的一种作用关系，它强调物理化学环境与低营养级生物对高营养级生物的决定作用。生态学上的上行效应是指非顶级营养级生物的下一营养级对其食物供给或营养盐供给情况（王勇和焦念志，2000）。下行效应通常指的是顶层捕食者数量的减少或消失对生态系统产生的影响。这种影响可以通过减小对下层物种的捕食压力，导致下层物种数量增加，进而影响整个生态系统的结构和功能（Bao et al.，2021；Ye et al.，2013）。例如，当顶级捕食者如大型肉食动物或猛禽的数量减少或消失时，它们原本控制的物种可能会因为缺乏天敌而增加，从而改变整个生态系统的平衡。在解释不同营养级之间的相互作用时，通常采用上行控制效应和下行控制效应理论。两种效应是相对应的，都在控制着生物群落的结构、生态系统的动态（戈峰，2008）。有时资源的影响可能是最主要的，有时较高的营养阶层控制系统动态，有时二者都决定系统的动态，因此要根据不同的具体情况而定。

捕食者通过下行级联效应可影响初级生产者，而后者又通过上行效应对高营养级物种产生反馈。在海洋生态位与食物网的实际研究中，科学家利用理论模型和实证数据来探索这两种效应。在复杂食物网中，杂食性可能大大减弱营养级联的作用。杂食性使得顶级捕食者与低营养级物种间存在多种连接路径，不同路径上的级联作用可能相互抵消，从而减弱捕食者对低营养级的调控能力（Bao et al.，2021）。另有观点认为，初级生产力的水平决定是下行效应还是上行效应占据支配地位。例如，当湖水生境中初级生产旺盛时，浮游动物只会对浮游植物有轻微的下行效应的影响。原因在于捕食者对植食动物捕食率的增加幅度小于植食动物生物量的增加率，较高的初级生产水平隐藏了所有来自上层营养阶层的影响（Ye et al.，2013；蔡晓明，2000）。全球变化也可能影响食物网的结构和功能。气候变暖可能导致物种个体变小，影响种群动态与种间关系，进而影响食物网的稳定性和多样性维持。富营养化可能一方面通过增加初级生产力促进物种多样性的维持，另一方面却因增强下行调控作用而降低系统的稳定性（王少鹏，2020）。

（四）中度干扰

中度干扰原理认为一个生态系统处在中等程度干扰状态时，其物种多样性最高。如果干扰过度且频繁，将不利于处于演替后期对生境要求较稳定的物种生存；而若干扰程度很低，则由于竞争排除法则，不利于处于演替前期的物种生存。该假说由美国学者康奈尔（Connell）于 1978 年提出，故又称康奈尔中度干扰假说（陈功，2018）。

中度干扰对生物多样性具有显著的促进作用。在干扰发生后，生态系统会发生演替，物种多样性逐渐增加。中度干扰能促进这一过程，提高生物多样性。例如，在森林火灾后，虽然大量林地被毁灭，但火灾后的干扰为新的生物提供了生存条件，加速了生物多样性的恢复。因此，中度干扰假说在生态保护领域具有广泛的应用价值。在自然保护、农业、林业和野生动物管理等方面，适度干扰被认为是维持和提升生态多样性的有力手段（万金泉等，2013）。渔业资源的适度捕捞也被认为可以提高物种多样性，因为它清除了年老、病弱的个体，为年轻、健康的个体提供了生存空间。此外，适度干扰对生态系统具有重要的生态学意义。生态系统本身是动态平衡的，而不是一成不变的静止系统。适度干扰可以为生态系统带来一定的外界刺激，为生态系统带来一定的活力，还可以为生态系统带来环境上的多样性，在生态系统再次达到平衡的过程中为更多的物种提供生存条件，从而增加系统中物种的多样性。

中度干扰假说是生态学中一个重要的理论突破，它提供了关于干扰对生物多样性和生态系统稳定性的影响的新视角。

三、工程学原理

海洋牧场具有显著的系统生态工程属性。海洋牧场本质上是系统工程化的渔业资源增殖养护和可持续开发利用，亦可基于生态系统修复的概念将其归类为生态工程。生态工程学是指运用物种共生与物质循环再生原理，发挥资源的生产潜力，防止环境污染，采用分层多级系统的整合工程技术，并在系统范围内同步获取高的经济、生态和社会效益的学科。

（一）底质重构与生境营造工程

海洋牧场是一项涉及底质重构与生境营造的多学科工程。作为人为设置在海水中的类岩礁构造物，人工鱼礁可为鱼类等水生生物的栖息、生长和繁殖提供必要和安全的场所，营造适宜的环境，从而达到保护并增殖渔业资源的目的。海洋牧场海域以人工鱼礁建设为基础，通过对泥沙质软相底质生境的重构，局部放大岛（礁）生态功能，起到提高特定海域渔业资源增殖和养护能力的作用。海藻场和海草床的建设也是海洋牧场底质重构与生境营造的重要方式。海藻尤其是大型海藻，不仅是一种重要的海洋生物资源，更是一些海洋经济鱼类的摄食饵料，还是另一些海洋经济鱼类产卵、藏匿和躲避敌害的生境场所，是海洋生态系统的重要组成部分（索安宁等，2022）。海草床亦能为大量海洋生物提供栖息地，海草床的腐殖质也为海鸟的栖息提供了条件，在调节气候、净化水质和护堤减灾等方面具有重要的意义。

（二）流场改造与上升流营造工程

人工鱼礁建设的主要目的是通过礁体周围产生的独特流场效应，使周边营养盐、底质颗粒和初级生产力等产生变化，从而通过影响生源要素和食物供给以及生境改造，产生增殖浮游植物、中上层游泳生物和底栖生物资源。目前关于人工鱼礁流场效应的研究方法主要有理论分析、现场调查分析、模型实验与数值模拟。其中，模型实验主要包括风洞、水槽模拟实验以及粒子图像测速水槽模型实验等多种方式。对于目标种适宜流速营造，在海洋牧场建设过程中，根据选定目标种的特定行为学特征确定其最佳的流场分布，是确定礁体构造、组合方式以及布放间距的关键因素，研究手段包括动水槽鱼类行为学实验、现场潜水观测和水下长周期视频监测等。对于上升流与生产力提升，人工鱼礁上升流是流场区水体垂直交换、混合、循环的主要驱动因素之一，也是人工鱼礁环境功能实现的基本环节。通过这种水体的垂直交换等功能，上升流不断将底层和近底层低温、高盐、富营养的海水涌升至表层，使得温度、盐度格局重新分布，使水文条件更符合中层、上层鱼类栖息和集群活动的要求。饵料浮游生物高密度区主要出现在上升流区，这为中心渔场的形成创造了必要条件。

第三节 现代海洋牧场理论体系创新

一、基于种群多样性的生境营造

海洋牧场建设是实现我国近海渔业资源恢复、生态系统和谐发展与蓝碳增汇的重要途径。"三场一通道"是指海洋鱼类的索饵场、产卵场、越冬场（"三场"）和洄游通道（"一通道"）。其中，索饵场是指饵料生物丰富、生态环境适宜、能够满足海洋鱼类索饵育肥的场所（吕振波等，2010）。由于很多海洋鱼类食性较杂，且有洄游特性，加上饵料生物分布广泛，因此索饵场分布范围一般较大，且随时间不断变换。产卵场是指温度和盐度合适、饵料丰富，能吸引鱼类生殖群体在生殖季节集聚并进行繁殖的场所（王伟和安季源，2007）。产卵场的环境条件既要适合亲鱼的生存和发育，又要有利于受精卵的孵化和仔鱼、稚鱼、幼鱼的生长，是鱼、虾、贝类产卵、孵化及育幼的相对集中水域，主要分布在河口、海湾、沿岸浅水区或潮间带。越冬场是指冬季海洋鱼类集结进行越冬的场所（孙珊等，2008）。洄游通道是指海洋鱼类为适应其生命周期中某一环节而进行主动的、集群的定向和周期性的长距离迁徙过程的游泳通道，这些迁徙包括生殖洄游、索饵洄游和越冬洄游。"三场一通道"生境体系是许多海洋经济鱼类生命周期中不可缺少的环境依托，对于维持种群结构和数量规模具有重要意义，也是天然海洋渔场形成的基本原理。

（一）海藻场生境营造

将海藻场建设作为海洋牧场"三场一通道"生境仿生营造的重要方式。海藻生长速度快、能量转换效率高、生物多样性丰富，是一些经济物种的优良索饵场。海藻场充分发育，海藻叶片和枝节的形状、大小和纹理等形态特征多种多样，塑造了十分复杂的微观空间结构和多样性的表面介质，为一些顶级经济物种产卵、孵化和育幼提供了优良的产卵场。大型海藻场可以吸收海水中多余的营养盐和污染物，调节和改善海洋牧场的水体环境，提升海洋牧场环境质量。大型海藻场生境营造要根据不同海洋牧场顶级经济物种对"三场一通道"生境需求的差异性特征，选择适宜海藻场生态修复的海洋牧场局部海域，通过人工移植瓦氏马尾藻、鼠尾藻、海黍子、海带、裙带菜、金膜藻、扁江蓠、日本异管藻等大型海藻，修复和恢复海藻场，营造海洋牧场顶级经济物种索饵场、产卵场功能性生境。

（二）人工鱼礁生境营造

根据鱼类的行为特点，人工鱼礁区域的鱼类可分为三种类型。Ⅰ型：身体的某部位或大部分需接触鱼礁的贴礁种类，即恋礁性鱼类。Ⅱ型：身体不接触鱼礁但在鱼礁周围游泳和海底栖息的趋礁种类，即趋礁性鱼类。Ⅲ型：在礁体表面以外的中上层空间活动，且通常对礁体并不作出明显反应的洄游种类，即洄游性鱼类。一般而论，在上述三种类型鱼类中，Ⅰ型和Ⅱ型鱼类对生活环境的要求范围较宽泛，因而定居性较强，是海洋牧场的主要栖息鱼类。虽然某些Ⅱ型鱼类，如星康吉鳗，在一生之中需要进行长距离的生殖洄游，但至少在其幼鱼到性成熟前的数年间具有较强的定居性。Ⅲ型鱼类对生活环境的要求较苛刻，且随着生活史阶段的不同而有较大幅度的变化，所以往往需要进行较长距离的洄游，来满足某生活史阶段的需求。该型鱼类是海洋牧场的过客，只在某特定时间访问海洋牧场区域。这些鱼类中的绝大多数会在繁殖季节在沿岸水域选择适宜的场所（海藻场、岩礁区、近海内湾等）进行产卵或产仔。受精卵孵化后，进入浮游幼体阶段，当鱼类能够自主游动后，或继续在岩礁区生活，或开始新生命周期的洄游生活。随着年龄的增长，Ⅰ型和Ⅱ型鱼类栖息的水深会有所增加，Ⅲ型鱼类则由近岸向外海移动。

人工鱼礁根据养护对象可分为产卵保护礁、培育型人工鱼礁和藏鱼礁等多种类型。例如，利用麻、纤维等材料制作成人工模拟海藻，构建产卵保护礁，投放后有利于岩礁性和洄游性鱼类黏性卵的附着，也可为这些鱼类的仔稚鱼提供庇护场所。根据海洋牧场主要岩礁性鱼类的生态特点，通过对鱼礁内部空间和内外通道等的针对性设计，构建分别适宜幼鱼和成鱼栖息的综合培育型人工鱼礁和成鱼藏鱼礁等（李东等，2019）。

二、功能群构建与利用原理

（一）底栖生物与增殖放流群体良性交互，维持海洋牧场生态稳定

海洋牧场生境营造，首先需要综合考虑渔业结构、生物资源、底质类型、海浪海流、生源要素分配等多种因素。在海洋牧场建设过程中，人工鱼礁等生物栖息地营造、渔业资源增殖放流等对资源养护和水产品产出发挥了重要作用，被认为是改善海域生态环境和实现生物资源可持续利用的关键途径。一个生态系统是

稳定的和持续的，那这个生态系统就是健康的。影响海洋牧场生态系统稳定性的因素较多，评价的指标体系不仅要能反映水文、水质和生物要素，还要考虑生境营造、增殖放流等人为干预的影响，即需要融合海洋牧场生境营造及增殖放流引发的环境物理效应、环境化学效应和环境生物效应开展综合评价研究。其中，沉积环境作为海洋牧场环境演变的信息载体，涵盖了重要的环境物理、化学和生物信息，在实现海洋牧场生态系统服务功能中发挥重要作用。海洋牧场生境营造引起的流场变化、物质输运等环境扰动，会直接改变底质类型和沉积物粒径，进而影响生源要素的时空演变规律和迁移转化过程。同时，底栖生物作为沉积环境中的关键生物类群，是海洋生态系统健康状态的重要指示生物。物理、化学环境的变化深刻影响底栖生物群落的构建过程。另外，增殖放流群体的导入，将共同引起海洋牧场的食物网能量流动和物质循环的变动，最终影响海洋牧场生态系统的稳定性。因此，聚焦底栖生态过程和增殖放流群体营养交互作用这两个有限目标，综合运用生物个体、种群、群落和生态系统相关信息，阐明牧场生态系统对人为扰动的反馈过程以及生态阈值，是进行海洋牧场生态系统稳定性评价的比较全面的方法（张秀梅等，2023）。

（二）合理规划渔业物种生态食物链，实现海洋牧场高质量发展

海洋牧场是我国当前海洋渔业转型升级、助推海洋经济绿色发展、实现海洋强国战略的新型渔业生产方式，受到了国家的高度重视。我国以海洋牧场建设为抓手，推动形成绿色高效、安全规范、融合开放、环境友好的海洋渔业发展新格局。加强规划引领，以创新生态增殖、海洋牧场生态容量及效果评估等关键共性技术作为科研重点，加快实施"蓝色粮仓科技创新"国家重点研发计划，加强政策支持和制度保障，促进海洋渔业持续健康发展。

在海洋生物群落中，从植物、细菌或有机物开始，经植食性动物至各级肉食性动物，依次形成了摄食者的营养关系，这种营养关系被称为食物链，亦称为"营养链"。食物网是食物链的扩大与复杂化。物质和能量经过海洋食物链和食物网的各个环节所进行的转换与流动，是海洋生态系统中物质循环和能量流动的一个基本过程。海洋牧场渔业资源关键功能群是指在海洋牧场中发挥着关键渔业资源功能的海洋经济生物类群，包括顶级经济生物及食物链其他营养级生物类群。建设海洋牧场需要探索适合不同海域类型的渔业增殖放流品种结构和规模，研发立体生态牧渔模式，探明海洋牧场建设与海洋生态相协调的发展新路径。因此，现代海洋牧场建设前要遴选适合其海域的渔业资源关键功能群。

海洋牧场渔业资源关键功能群是海洋牧场渔业生产的核心生物群体，也是维持海洋牧场生态系统稳定、持续、高产的主要生物群体，其经济物种遴选必须满足以下原则：①本区域海洋经济物种。本区域海洋经济物种是在长期适应本区域

海洋生态环境过程中逐渐进化形成的适合本区域生态环境特点的渔业资源经济物种，具有环境适应性强、生态风险小、增殖成本低等多种优点，是现代海洋牧场建设的首选渔业资源经济物种。②体型大，产量高。现代海洋牧场，尤其是增殖型海洋牧场，是以生态系统稳定前提下的渔业生产为主要建设目标，顶级经济生物作为渔业生产的核心生物群体，必须具备体型大、产量高等特点，体型大一方面便于捕捞，另一方面也是维持高生物量/高生产量的必要条件，而产量高是实现海洋牧场渔业生产目标的基础。③肉质鲜美，市场价值高。现代海洋牧场建设的目的是为人民群众提供优质的海洋水产品，肉质鲜美是优质海洋水产品的主要特征，只有顶级经济物种肉质鲜美，才能满足人民群众的市场需求，形成较高的市场价值，进而实现海洋牧场产业健康发展。④能够人工繁殖和培育。海洋牧场渔业资源关键功能群是在生态学原理指导下人为构造的渔业生产生物群体，必须能够进行大量人工繁殖或自然采苗、培育成幼苗，放流到自然海域促进其发育成长，形成渔业资源增殖效果，实现海洋牧场渔业生产目标。⑤各种关键功能群具有不同的栖息水层。遴选的海洋牧场渔业资源关键功能群必须栖息于不同水层，一些关键功能群利用海洋牧场上层水域生态空间，一些关键功能群利用中层水域生态空间，还有一些关键功能群利用底层水域及海床生态空间，只有这样才能实现海洋牧场生态空间的多维高效利用，提高海洋牧场整体渔业生产功能。⑥各种关键功能群之间互利共生，不存在敌对关系。遴选的海洋牧场关键功能群之间必须互利共生，顶级经济物种之间不存在捕食敌对关系，达到各种生物群体之间相互促进，多级多维高效利用海洋牧场的有限资源，实现海洋牧场高效产出（周卫国等，2021）。

三、承载力评估与应用原理

海洋牧场承载力评估是现代海洋牧场建设的核心内容之一。海洋牧场生物承载力表示为在维持当前海洋牧场生态系统的稳定并且可持续发展的前提下，生态系统能支撑某生物种群的最大生物量。生物承载力是指导海洋牧场建设和运营管理的重要科学依据，评估海洋牧场生物承载力，可以为确定合理的建设规模、选择合适的建设方法提供数据指导。例如，基于生物承载力选择合适的海洋牧场生物增殖种类，确定合理的生物资源放流量与投放规模，进而达到精准增殖生物资源的效果。此外，有效评估海洋牧场生物承载力，也是开展海洋牧场可持续经营管理活动的必要条件。生物承载力是海洋牧场生物生产力的重要指标，依据生物承载力确定最大可持续采捕量，可以指导海洋牧场开展可持续捕捞活动，实现对海洋牧场渔业资源的可持续利用，达到海洋牧场建设经济效益和生态效益最大化的效果。

在世界范围内，对于海洋生态系统生物承载力的研究已有多年。估算承载力包括确定增养殖活动与生态、社会或经济环境质量之间的关系，具体包含三个主要步骤：第一步是确定一致认可的指标，这些指标可以用于识别生态、社会或经济环境状态的变化，将这些变化与水产养殖对其施加的压力进行比较。这涉及从可能的交互作用中选择最显著的，通常是限制因素（如生产承载力的食物供应）。第二步是理解和量化养殖活动与状态指标之间的关系，将这些信息输入预测模型或进行实证研究，以确定上述水产养殖活动对应的生产水平。第三步是计算活动的最大安全压力（生物量、放养密度或养殖场的规模和数量），以保持状态指标在某个水平或阈值以下或以上。在这些步骤中，研究人员和规划者使用一套工具、方法来确定这些关系和指标，并最终计算承载力。

（一）阈值指标

可持续性指标提供了一个可量化的标准，用于衡量公共政策问题。它们通常被简化为一组假设或建模行为，代表更广泛的现象。水产养殖的可持续性指标可以用于指导不同的发展选择，并评估这些选择的有效性（Valenti et al.，2018）。需要找出目标生物的生物量与环境影响之间的关系，可以分两步进行：第一步是找出特定的负荷如何影响环境质量（即使用剂量-反应关系），第二步是确定养殖场内的负荷（即剂量）与生物量之间的关系。其中，负荷与环境影响之间的关系可以通过水质模型估算。长期监测计划依赖于指标来衡量有效性、环境质量和法规的遵守情况。管理者和决策者可以使用这些指标来确定承载力，或通过承载力研究来开发有价值的生态系统组成部分的环境指标。例如，加拿大、新西兰和美国等国家的管理框架现在依赖游离 S^2 来监测和评估底栖生态系统的健康（Wilson et al.，2009）。其他研究依赖功能性指标来直接衡量承载力。目前还开发了许多与生态系统健康、生产性能和社会经济相关的指标，用于增养殖活动。例如，Karakassis 等（2013）开发了一种基于离岸距离、深度和养殖场地暴露程度的生产承载力指标。在无法进行广泛长期研究的情况下，这些易于使用的指标尤为重要。

（二）生态模型

模型是对环境中变量、关系和过程的简化表示。水产养殖的承载力模型包括从简单的数学表达式到养殖场规模的生产模型，再到涉及多种生态系统层面互动的复杂过程模型。模型的复杂性围绕信息的类型（如生物地球化学和水动力学的变化）以及模型如何处理空间和时间（跨尺度和分辨率）的变化，模型在承载力研究中特别有用，因为它们可以定义生态阈值和指标，并通过模拟来描绘与不同生产水平或环境条件相关的假设场景。此外，模型还可用于运行优化工具，以探索决策中不可或缺的韧性和阈值（Filgueira et al.，2013）。其研究方法从最开始的用经验法判断评估生物承载力，逐渐发展为利用生物个体生长的能量收支模型对生物承载力进行评估，最后发展为从生态系统水平出发，基于生态系统方法评估生物承载力。

目前常用的承载力评估模型有两种：一种是单物种个体生长模型，主要针对筏式或网箱等单一物种的养殖模式，基于生物的能量收支计算生物承载力，在单物种模型的基础上，将物理和化学过程结合进去，形成基于单一物种的生态系统动力学模型。另一种是生态系统模型，主要针对多营养层级综合养殖和底播增养殖，在这两种养殖模式中，生物之间的相互关系发挥重要的作用，影响生态系统的总体生产，因此将生物之间的相互作用纳入模型建模过程中，目前这种方法的用途越来越广泛。水交换作用影响海洋牧场营养盐和有机碎屑的补充，必然会对海洋牧场初级生产力和相关生物承载力产生明显影响。另外，水交换作用会影响生物幼体的分布，是海洋牧场生物补充和分布的重要影响因素。

（三）空间工具

在过去 20 年中，水产养殖决策和发展逐渐应用空间工具，如地理信息系统（GIS）。生产和生态承载力模型可以在不同程度上与空间分析和 GIS 集成（Aguilar-Manjarrez et al.，2010）。空间工具对于可视化颗粒废弃物扩散模型、水动力学模型和生长模型的结果尤其重要。在这些应用中，模型通常离线运行，GIS 平台用于可视化结果并与其他信息层集成，这些工具在水产养殖选址和评估物理承载力方面具有关键作用。将承载力信息与 GIS 平台耦合可以支持协调规划，并使其与更广泛的决策标准集成。Silva 等（2012）创建了一种基于 GIS 的选址方法，专门设计用于将承载力与其他适宜性标准集成。通过这种方式，GIS 平台使得承载力模型能够纳入环境影响评估过程、选址规划和生产监测。

四、现代海洋牧场原理与途径

在全球化和经济一体化的背景下，伴随着海洋经济蓬勃发展的海洋牧场已经发展成为国家经济的重要组成部分。海洋牧场不仅是渔业资源的再生与保护基地，更是海洋生态修复与生物多样性维护的关键环节。其作为海洋资源可持续开发与生态环境保护的结合点，是我国实现蓝色经济发展、绿色发展的重要途径，也是我国海洋强国战略的重要组成部分。然而，如何在保护和利用海洋资源的同时，实现海洋牧场的高质量和可持续发展，是我们面临的重大挑战。为了进一步完善现代海洋牧场理论体系，推动"全域型"现代海洋牧场的建设，国家提出了一套基于陆海空一体化的现代海洋牧场发展战略。这一战略对于提升海洋资源的可持续利用能力、促进海洋经济绿色转型具有重大意义。

（一）现代海洋牧场主要特征

（1）生产力演变是其核心竞争力所在。从单一的养殖到多元化的资源管理，海洋牧场的生产力经历了由量到质的转变。通过生态工程手段，如生物的增殖放流和海草床的恢复，提高海洋牧场的初级生产力，从而增强了其自我维持能力和生态服务功能。

（2）现代海洋牧场建设基于对系统内生物过程及生态互作机制的深刻理解。通过食物链网络分析，了解能量流动和物质循环的基本规律，并分析海洋牧场生态系统内的物种群落结构，可为海洋牧场的资源优化配置提供依据。

（3）海洋牧场生态系统受到全球气候变化的影响应可控。例如，通过筛选和培育耐水温变化的品种，降低气候变化对海洋牧场产量的负面影响，评估海洋酸化和缺氧事件对海洋牧场的影响，开发相应的缓解技术和管理策略，如增加氧气供应和调节 pH 等，还可加强海洋牧场基础设施的抗灾能力，建立灾害预警系统，减少台风、海啸等极端天气事件造成的损失。

（4）海洋牧场内应可以控制经济动物的行为，从而提高经济效益。深入了解经济动物的生活习性和行为模式，如繁殖、迁徙和觅食行为，并制定科学的养殖管理和资源保护方案。还可探究环境因子对动物行为的影响，优化养殖环境，促进动物健康成长。另外，还可利用声学、光学和化学信号，引导动物进入特定活动区域，并调整其行为模式，实现精准养殖。

（二）现代海洋牧场建设原则

现代海洋牧场的建设应遵循"陆海统筹、全域保护、持续利用"的原则，形成涵盖大型海湾、岛礁海域、河口滩涂区域及内陆水域的全方位布局，实现在陆海空一体化的基础上，对海洋牧场的全域保护和持续利用。这需要坚持陆海统筹，打造大空间格局，推动第一、第二、第三产业融合，支持全链条协同发展。通过整合陆地与海洋资源，构建多层次、多业态的海洋牧场体系，实现资源的优化配置和人与生态环境的和谐共生。

（三）现代海洋牧场建设策略

在大型海湾地区，重点打造陆海统筹、大空间格局的海洋牧场升级版。通过建立智能化的海洋资源管理系统，实现对养殖区、保护区和休闲区的精准划分与管理，确保海洋牧场的高效运营与生态平衡。

对岛礁海域的开发，以保护为前提，深度融合渔业与旅游业，打造集观光、休闲、科普于一体的特色海岛经济。通过建设海洋生态监测站和科普教育基地，增强公众的海洋生态保护意识，同时促进当地经济发展。

在河口滩涂区域，构建集盐碱地生态农场、滩涂生态农牧场和浅海生态牧场于一体的海岸带生态农牧场。通过改良盐碱地种植技术、推广生态养殖模式，实现陆海资源的互补与循环利用，打造绿色生态农业示范区。

在内陆水域，启动以鱼养水、资源养护的水域生态牧场探索新试点。通过科学调控水质、合理布局水产养殖，实现水体净化与生态恢复，为内陆水域的可持续发展开辟新路径。

（四）现代海洋牧场建设途径

现代海洋牧场的建设，不仅要注重环境保护，更要积极推动产业融合，培育新业态。推动实施海洋牧场与新能源、文化旅游等产业的深度整合，建立集能源供给、监测保障、渔业生产、休闲娱乐等功能于一体的"能源岛"智慧平台。在确保环境与资源安全的前提下，推进海洋牧场与海上风电、光伏发电、波浪发电、休闲垂钓、生态旅游等领域的融合发展，打造三产融合、渔能融合、渔旅融合等创新模式，探索建设水上城市综合体，为实现国家碳中和目标提供陆海统筹的解决方案。

第四节　现代海洋牧场发展策略与建议

目前，中国海洋经济进入快速发展阶段，海洋牧场建设是实现海洋经济可持续发展的重要手段。为了建设中国特色现代海洋牧场，必须坚持创新驱动、技术先导、以点带面全面升级等原则（杨红生等，2019）。

一、创新驱动现代海洋牧场建设

创新驱动聚焦在海洋牧场全产业链基础之上，关注亟待突破的重大科学问题和"卡脖子"技术瓶颈，强化技术先导的支撑作用，突出工程示范效果，从而引领和支持中国现代海洋牧场产业持续健康发展，实现由渔业大国向环境保护与资源利用并重的渔业强国的转变。聚焦海洋牧场建设的技术原理，从机制层面实现原理突破和认知，是现代海洋牧场可持续发展的关键所在。现代海洋牧场建设的重大科学问题主要包括：海洋牧场生产力演变、海洋牧场生物过程及生态互作机制、海洋牧场生态系统对全球气候变化的响应机制、海洋牧场经济动物行为控制原理与机制、海洋牧场与清洁能源及休闲渔业的融合发展机制等。

二、关键技术突破促进现代海洋牧场发展

现代海洋牧场的建设是一个复杂的、长期的、多学科交叉的系统工程，涉及

海洋生态学、海洋动物行为学、海洋生物保护学以及海洋工程与信息技术学等多学科的交叉应用问题。因此，以调查与选址、牧场设施布局布放、牧场资源环境监测与评价、牧场养护与管理等关键步骤为现代海洋牧场建设技术体系的基础框架，立足绿色、高效与可持续发展目标，在现代海洋牧场建设技术体系的构建方面实现新突破，主要包括：海洋牧场生态环境营造技术、海洋牧场生物行为控制技术、海洋牧场生物承载力提升技术、海洋牧场生物资源评估技术和海洋牧场智能捕获装备与配套技术。

三、以点带面促进现代海洋牧场建设全面升级

中国南北海域纬度跨度大，现代海洋牧场建设技术和模式存在一定差异。渤海、黄海海域以海湾生境为主，是中国传统渔业主产区，构建海洋牧场的主要目的在于修复受损生境与养护渔业资源。例如，通过设置人工鱼礁、人工藻礁，营造海藻场、海草床，修复和优化栖息场所，放流经济生物，实现海洋环境保护、生境修复和资源持续利用并举的目标。东海海域以岩礁海域为主，通过修复补强和拓展岩石相生境（包括海藻场）的生态功能及幼苗放流等，大力提高对岩礁性高值渔业资源的养护和增殖能力，并通过休闲海钓等渔业资源利用模式的创新，实现区域生态环境和生物资源的可持续发展。南海海域以珊瑚岛礁生境为主，恢复珊瑚礁生态系统和岛礁渔业资源，增殖具有珊瑚礁特色的海洋生物资源，并实现高值化利用，是实现南海生物资源可持续利用、促进社会经济发展及维护国家主权的重要内容。

综上所述，实现海洋牧场理念、装备、技术和管理的现代化，必须建立适于中国南北方海域可复制、可推广的现代海洋牧场建设技术体系，促进海洋环境保护、生态修复和生物资源养护的有机结合，从而科学引领中国现代海洋牧场的规范化建设和健康发展。

第五节　本　章　小　结

海洋牧场建设需要以科学原理作为指导，侧重理论与实践相结合。聚焦海洋牧场建设的技术原理，从机制层面实现原理突破和认知，是现代海洋牧场可持续发展的关键所在。本章围绕现代海洋牧场的原理创新展开，包括四个部分。第一部分为海洋牧场建设的理论依据，主要介绍海洋牧场理念的发展历程、国家发展战略下的现代海洋牧场建设。第二部分为海洋牧场生态系统的理论突破，分别介绍海洋学原理、生态学原理和工程学原理。第三部分为现代海洋牧场理论体系创新，分别介绍基于种群多样性的生境营造、功能群构建与利用原理、承载力评估

与应用原理和现代海洋牧场原理与途径。第四部分为现代海洋牧场发展策略与建议，主要介绍创新驱动现代海洋牧场建设、关键技术突破促进现代海洋牧场发展和以点带面促进现代海洋牧场建设全面升级。

参 考 文 献

蔡晓明. 2000. 生态系统生态学. 北京: 科学出版社: 9.

陈功. 2018. 草地质量监控. 昆明: 云南大学出版社: 159-160.

戈峰. 2008. 昆虫生态学原理与方法. 北京: 高等教育出版社.

李东, 侯西勇, 唐诚, 等. 2019. 人工鱼礁研究现状及未来展望. 海洋科学, 43(4): 81-87.

李克刚. 1995. 食物链类型小议. 中学生物教学, (2): 46.

罗茵, 周礼雄. 2023. 重力式网箱仍是深远海养殖主力装备. 海洋与渔业, (5): 20-22.

吕振波, 邱盛尧, 王茂剑, 等. 2010. 山东省近海产卵场与索饵场综合评价. 济南: 山东省海洋与渔业厅.

马文刚, 夏景全, 魏一凡, 等. 2022. 三亚蜈支洲岛海洋牧场近岛区底表大型底栖动物群落结构及评价. 热带海洋学报, 41(3): 135-146.

毛礼钟. 1986. 关于生态系统中食物链、营养级的几个问题. 生物学通报, 21(5): 16-18.

孙珊, 刘素美, 任景玲, 等. 2008. 黄海鳀鱼产卵场和越冬场营养盐分布特征. 海洋科学, 32(10): 45-50.

索安宁, 丁德文, 杨金龙, 等. 2022. 海洋牧场生境营造中"三场一通道"理论应用研究. 海洋渔业, 44(1): 1-8.

万金泉, 王艳, 马邕文. 2013. 环境与生态. 广州: 华南理工大学出版社: 43.

王少鹏. 2020. 食物网结构与功能: 理论进展与展望. 生物多样性, 28(11): 1391-1404.

王伟, 安季源. 2007. 沿岸鱼类产卵场的现状与保护. 齐鲁渔业, 24(8): 58.

王勇, 焦念志. 2000. 营养盐对浮游植物生长上行效应机制的研究进展. 海洋科学, 24(10): 30-33.

魏虎进. 2013. 象山港海洋牧场食物网结构和能量流动的研究. 厦门: 厦门大学.

吴维鹏. 2015. 象山港海洋牧场生物营养级估算和基于食物网结构的增殖放流研究. 厦门: 厦门大学.

谢斌, 李云凯, 张虎, 等. 2017. 基于稳定同位素技术的海州湾海洋牧场食物网基础及营养结构的季节性变化. 应用生态学报, 28(7): 2292-2298.

杨红生. 2023. 海洋牧场概论. 北京: 科学出版社.

杨红生, 杨心愿, 林承刚, 等. 2018. 着力实现海洋牧场建设的理念、装备、技术、管理现代化. 中国科学院院刊, 33(7): 732-738.

杨红生, 章守宇, 张秀梅, 等. 2019. 中国现代化海洋牧场建设的战略思考. 水产学报, 43(4): 1255-1262.

杨陆飞. 2019. 2015-2017 年牟平海洋牧场大型底栖动物群落特征及其对季节性低氧的响应低氧的响应. 烟台: 烟台大学.

杨陆飞, 陈琳琳, 李晓静, 等. 2019. 烟台牟平海洋牧场季节性低氧对大型底栖动物群落的生态效应. 生物多样性, 27(2): 200-210.

印瑞, 周永东, 梁君, 等. 2022. 中街山列岛海洋牧场大黄鱼时空分布与环境因子的关系. 浙江海洋大学学报: (自然科学版), 41(6): 483-489.

张广平, 张晨晓, 余伟. 2021. 基于小程序的海洋牧场台风灾害预警预报服务. 灾害学, 36(1): 82-87.

张荣, 周帅, 朱文君, 等. 2021. 种内捕食对杂食食物链中群落动态的影响. 六盘水师范学院学报, 33(6): 114-120.

张秀梅, 纪棋严, 胡成业, 等. 2023. 海洋牧场生态系统稳定性及其对干扰的响应: 研究现状、问题及建议. 水产学报, 47(11): 107-121.

张锗. 2022. 烟台牟平海洋牧场水体季节性酸化程度评估及其调控过程研究. 济南: 山东大学.

周卫国, 丁德文, 索安宁, 等. 2021. 珠江口海洋牧场渔业资源关键功能群的遴选方法. 水产学报, 45(3): 433-443.

周毅, 张晓梅, 徐少春, 等. 2018. 海洋牧场海草床生境构建技术研究. 大连: 第二届现代化海洋牧场国际学术研讨会、中国水产学会渔业资源与环境专业委员会 2018 年学术年会.

Aguilar-Manjarrez J, Kapetsky J M, Soto D. 2010. The potential of spatial planning tools to support the ecosystem approach to aquaculture. FAO Fisheries and Aquaculture Proceedings, 17: 1-176.

Bao H, Wang G M, Yao Y L, et al. 2021. Warming-driven shifts in ecological control of fish communities in a large northern Chinese lake over 66 years. Science of the Total Environment, 770: 144722.

Elton C. 1927. Animal Ecology. London: Sidgwick and Jackson Publisher.

Filgueira R, Grant J, Stuart R, et al. 2013. Ecosystem modelling for ecosystem-based management of bivalve aquaculture sites in data-poor environments. Aquaculture Environment Interactions, 4(2): 117-133.

Karakassis I, Papageorgiou N, Kalantzi I, et al. 2013. Adaptation of fish farming production to the environmental characteristics of the receiving marine ecosystems: a proxy to carrying capacity. Aquaculture, 408-409: 184-190.

Silva C, Barbieri M A, Yáñez E, et al. 2012. Using indicators and models for an ecosystem approach to fisheries and aquaculture management: the anchovy fishery and Pacific oyster culture in Chile: case studies. Latin American Journal of Aquatic Research, 40(4): 955-969.

U. S. GLOBEC. 1996. Report on climate change and carrying capacity of the North Pacific ecosystem. U. S. Global Ocean Ecosystem Dynamics Rep. No. 15, Berkeley: University of California, Berkeley.

Valenti W C, Kimpara J M, de Preto B L, et al. 2018. Indicators of sustainability to assess aquaculture systems. Ecological Indicators, 88: 402-413.

Wilson A, Magill S, Black K D. 2009. Review of environmental impact assessment and monitoring in salmon aquaculture. FAO Fisheries and Aquaculture Technical Paper, 527: 455-535.

Ye L, Chang C Y, García-Comas C, et al. 2013. Increasing zooplankton size diversity enhances the strength of top-down control on phytoplankton through diet niche partitioning. Journal of Animal Ecology, 82(5): 1052-1061.

第三章 数　字　赋　能①

在科技日新月异的今天，数字化信息技术正迅速改变着传统行业的格局和运作模式。海洋牧场，这一引领海洋渔业可持续发展的关键领域，随着数字化信息技术的赋能迎来了新的转型机遇，是新质生产力在现代海洋渔业中的新应用。新质生产力以数字技术为基础，以数字化、网络化、智能化的新技术为支撑，在海洋牧场建设中，这种新质生产力具体体现在遥感、物联网、大数据、人工智能（AI）等新一代信息技术的应用。这些技术不仅优化了海洋渔业资源的监测和管理，还大幅度提升了渔业生产的整体效能，推动行业生产方式和效率实现质的飞跃，为海洋牧场的可持续发展注入了新的活力。

数字化信息技术在现代海洋牧场建设中发挥着重要作用，特别是在信息技术（IT）基础设施和大数据应用方面的进展，正在大幅度改变传统海洋渔业的运作方式。本章将深入探讨海洋牧场数字化信息技术的内涵与服务价值，从数字化转型的必要性出发，介绍各项关键技术，并分析数字赋能海洋牧场的建设与发展。

第一节　数字技术赋能海洋牧场建设

（一）海洋牧场数字化转型的必要性

数字化转型不仅包括数字化信息技术的驱动与基础设施的建设，还包括发展理念、组织管理、生产决策以及劳动技能转型等各个方面。海洋牧场经过几十年的发展即将迈向以数字化、体系化为特征的 3.0 阶段（杨红生和丁德文，2022）。《国家级海洋牧场示范区建设规划（2017—2025 年）》提出构建全国海洋牧场监测网，完善海洋牧场信息监测和管理系统，实现海洋牧场建设和管理的现代化、标准化、信息化。海洋牧场数字化转型的关键是运用新一代信息技术，如卫星遥感、水下传感器、数据分析诊断、人工智能、数值模拟和预测等技术，新技术不仅能够提高数据信息处理的速率和效率，还能够实现信息的智能化处理和分析，为海洋牧场的管理和决策提供更为科学、精准的依据。

1. 数字化转型是适应国家数字化建设的新要求

全球新一轮科技和产业革命正在孕育兴起，主要经济体都在加速推进科技创

---

① 本章作者：李富超、任焕萍、苗迪、王彦俊、高冠东、张斌、李一凡、郑双强。

新政策转型和体系重构，面对当前的国际新形势，加快数字化发展，适应并引领数字化变革，对于抢占新一轮发展制高点，牢牢把握时代主动权具有重要意义。进入"十四五"以来，我国高度重视数字经济发展与数字化建设，《中华人民共和国国民经济和社会发展第十四个五年规划和 2035 年远景目标纲要》强调要加快建设数字经济、数字社会、数字政府，以数字化转型整体驱动生产方式、生活方式和治理方式变革。

海洋经济是国民经济的重要组成部分，发展海洋经济是加快建设海洋强国的重要内容。特别是党的十八大以来，我国海洋经济综合实力显著提升，我国已进入由海洋大国向海洋强国转变的关键阶段，海洋经济也正在迈向高质量发展新阶段（赵鹏，2022）。

海洋经济的高质量发展离不开科技的创新与数字化建设的有力支撑，我国多个海洋大省都将数字化建设纳入海洋经济发展规划之中。例如，《山东省"十四五"海洋经济发展规划》指出，要推动海洋产业与数字经济融合发展，大力推动海洋数字产业化，开展海洋信息感知、数据处理、场景应用等重大应用示范，提高海洋产业数字化水平；《浙江省海洋经济发展"十四五"规划》提出，要积极做强百亿级海洋数字经济产业集群，打造海洋数字产业生态；《广东省海洋经济发展"十四五"规划》围绕海洋领域数字产业化和产业数字化发展，巩固提升海洋信息产业发展优势，加强信息化智慧化赋能，推进现代信息技术同海洋产业的深度融合。

2. 数字化转型是新质生产力驱动海洋经济发展的新引擎

随着现代海洋牧场的高质量发展，传统的生产管理方式面临诸多挑战。首先，传统的监测手段难以实现全覆盖、更精准的海洋环境监测，数据获取不全面，无法及时应对环境变化，更重要的是，无法对海洋牧场环境进行精准预测预报；其次，依赖人工操作的海洋牧场生产控制方式效率低下，难以对海洋牧场进行精确管理，影响了海洋牧场的整体效益；再者，潜水作业等高强度和高危险性的人力资源需求，不仅成本高昂，还难以吸引和留住年轻劳动力。此外，海洋牧场多源数据信息处理能力的不足严重制约了科学的预测与决策的实施。

当前，以数字化技术为特征的新质生产力将为海洋牧场的发展提供新引擎。新质生产力是科技创新发挥主导作用的生产力，具有高效能、高质量的优势，区别于依靠大量资源投入、高度消耗资源能源的传统发展方式，是摆脱了传统增长路径、符合高质量发展要求的生产力，是数字时代更具融合性、更体现新内涵的生产力。海洋牧场的数字化转型代表着新质生产力对产业升级转型的深层赋能。通过引入先进的信息感知技术、遥感观测技术、人工智能和物联网技术等，数字化转型可以实现全面、实时的海洋环境监测和预测，这意味着可以获取更全面、更实时的数据，从而及时应对环境变化。同时，自动化、智能化、少人化的管理系统替代依赖人工操作的管控方式，可实现对海洋牧场的精准管理。此外，借助大数据、云计算等先进技术，可以高效地收集、存储、处理和分析海量数据，有助于海洋牧场制定更合理、更科学的管理策略，推动海洋经济的高质量发展。

3. 数字化转型是海洋牧场生态可持续发展的迫切需求

海洋牧场是基于生态学原理，充分利用自然生产力，运用现代工程技术和管理模式，通过生境修复和人工增殖，在适宜海域构建的兼具环境保护、资源养护和渔业持续产出功能的生态系统。然而，在实际运营过程中，海洋牧场经常被经营者视为提升水产品质量、谋取经济利益的一种手段，其生态价值反而被忽视，从而暴露出了众多生态环境问题（杨红生，2016）。首先，海洋牧场建设之初往往缺乏对海域生态特征的全面评估和深入理解。例如，有些海洋牧场在设计和选址时未能充分考虑其在生态功能上的作用，这不仅影响了海洋牧场在生态环境修复和渔业资源增殖方面的潜力，还导致了生态价值未能最大化。2014年大连獐子岛海洋牧场的扇贝近乎绝收事件，就凸显了对海洋牧场生态修复功能的忽视。其次，目前大多数海洋牧场在构建过程中过分追求产量和经济效益，而没有充分发挥其在生态系统恢复和环境修复方面的作用。许多海洋牧场在技术和装备上仍然较为初级，缺乏创新性和多样性，这限制了其在生态恢复和社会效益方面发挥作用。最后，海洋牧场的食物网结构简单、生境营造不足以及种类多样性不高，使得牧场的生态复杂性和稳定性受到限制。例如，增殖放流种类的单一化和食物网结构的简化，不仅降低了生态系统抵御环境变化的能力，还限制了海洋牧场的长期可持续发展（杜元伟和曹文梦，2021）。

基于遥感技术、大数据分析技术等，更全面地评估和理解海洋牧场的生态特征，有助于海洋牧场科学选址和规划设计。同时，数字化转型可优化食物网结构和提升生物多样性，增强生态稳定性。通过智能监控与管理，可实时监控关键指标，确保经济效益与生态保护并重。数据驱动的决策支持将更科学地平衡生态效益与经济效益，而技术创新和装备升级则能提高海洋牧场在生态恢复方面的作用。

（二）海洋数字化信息技术

海洋牧场数字化转型的关键是运用现代数字化信息技术，如物联网、信息传输、大数据和人工智能等，实现对海洋环境的实时监测、数据收集和分析，优化养殖管理，提高资源利用效率，降低环境风险，并确保物质与能量的可持续供应。数字赋能支撑海洋牧场的决策制定、过程监管、生态模拟，同时为海洋牧场全过程管理提供全面的信息服务，通过智能化调控和监测，确保作业环节的高效运转，保障生产流程的透明度和供应链的可追溯性，促进海洋牧场向智能化、精准化和绿色化发展。

针对海洋牧场应用场景，将海洋数字化信息技术分为智能感知关键技术、数据中枢关键技术以及人工智能关键技术，以下分别进行介绍。

1. 智能感知关键技术

智能感知关键技术是海洋牧场数字化技术的基础，采用物联网和信息传输技术，通过全面感知、可靠传输和智能处理，实现海洋信息的实时共享和智能管理，为海洋牧场环境保护、资源利用和灾害预警提供有力支持。

1）物联网技术：传统海洋牧场已实现部分要素和局部环境监测的自动化，但与现代海洋牧场所需的广域生态环境多维信息化监控尚有差距。因此，需要应用"物联网"理念，突破海量、低成本、高空间分辨率传感器技术和高速、高可靠性数据互联互通技术，构建智能化立体监测网络（贾文娟等，2022）。物联网是当今科技发展的一个重要方向，其通过将各种设备和系统连接起来，实现信息的实时共享和智能管理，其内涵是通过各种传感器和传感网络，实时获取物理世界的各种数据，如温度、湿度、位置等。海洋物联网于 2020 年被提出，其是一个集海洋监测、信息传输、数据挖掘和结果反馈等多种功能于一体的海洋信息综合网络（Huo et al.，2020）。利用物联网相关技术，将水上及水下各类传感与监测终端互联互通，从而将海洋数据整合，实现对海洋繁杂数据的监测和系统化管理（Hu et al.，2020）。

2）信息传输技术：首先，由于海洋牧场设施（包括深远海网箱、养护平台等）通常位于远离陆地的海域，信息传输技术需要具备海上远距离传输能力，确保信息有效传输；其次，海洋环境复杂多变，信息传输技术需要具备较强的环境适应性，能够在恶劣的海况条件下保持稳定的传输性能；再次，海洋牧场涉及数据、图像和视频等多种类型的信息，并且传输频次高、种类繁多、数据量大，因此信息传输技术需要具备高效、高可靠性的海上信息传输能力；最后，海洋牧场信息的实时性对于生产作业和决策具有重要意义，因此信息传输技术需要确保信息的实时传输和处理。5G 技术作为新一代通信技术，具有高速率、低时延、大连接的特点（中国信通院，2022）。其中，高速率传输能够支持高清视频、大数据等实时传输，满足海洋牧场对于高清监控、数据实时传输的需求；低时延特性则保证了信息的即时性和准确性，对于可能出现的紧急情况，海洋牧场能够迅速做出反应；大连接则意味着能够同时连接更多的设备和终端，实现海洋牧场中各类设备的互联互通。

目前，5G 技术已被广泛应用到海洋牧场信息传输中，如在广东省湛江市中国移动为"海威 2 号"智慧养殖平台打造了海洋牧场 5G 专网，有效提升了远海通信网络的覆盖率和传输能力，为深远海作业提供了稳定、高效的通信环境。

2. 数据中枢关键技术

数据中枢关键技术是海洋数字化技术的核心，包括存算引擎技术、数据处理技术和数字孪生技术。这些技术以汇聚通信感知数据为基础，为各类海洋应用提供计算框架、数据资源、算法模型以及模拟预测能力，并建立虚实空间的互动界面和操控管道。

存算引擎技术是指将计算与存储紧密结合的技术，旨在提高数据处理的速率和效率，通过缩短数据传输距离和优化数据访问方式，实现高效的数据处理，具备高带宽、低延迟和可扩展等特点，适用于需要快速处理大量数据的场景。该技术涉及一体化流批处理引擎、分布式计算引擎、图计算引擎、湖仓一体化存储引擎、3D GIS 引擎、时空计算引擎、图渲染引擎等底层技术能力，为数据中枢提供了一个强大的支撑底座。在海洋牧场中，利用存算引擎技术可以实时处理各种传感器数据，如水质监测、生物生长状态等数据，快速分析并做出响应，帮助管理者更有效地分配资源，如饲料投放、能源使用等，减少浪费，提高资源利用效率。在面对海洋灾害时，存算引擎技术支持迅速分析数据，预测灾害发展趋势，为海洋牧场提供及时的预警信息。这些技术提高了数据处理的效率和准确性，也增强了海洋牧场管理的智能化水平。

数据处理涵盖了从数据采集、清洗转换、存储管理到分析和可视化的全过程。首先，数据采集接收来自各类传感器、日志或调查表的信息。数据清洗转换则关注识别并纠正数据中的错误和不一致性，以消除噪声和纠正错误，确保数据的质量和可靠性，并对清洗后的数据进行标准化格式转换。数据存储管理通过数据库或数据仓库系统有效地组织和检索数据，特别是对于大规模海量数据，需要采用分布式存储技术。数据分析是数据处理的关键步骤，通过使用统计方法、机器学习算法等发现数据中的规律和趋势，为决策提供支持。此外，数据可视化也是数据处理的重要组成部分，数据可视化将复杂的数据集转换为直观的图表，使得非专业人士也能够轻松理解数据背后的含义。

数字孪生技术通过创建物理实体在数字空间中的虚拟副本，能够实现对物理实体全生命周期的模拟、验证、预测和控制。该技术具有互操作性、可扩展性、实时性和保真性等特点，因而能够在不同领域进行广泛应用。在海洋牧场领域，采用数字孪生技术可以进行海域环境模拟和监测，实时监测海水温度、盐度、溶解氧、流速、海浪高度等参数，为海洋牧场提供准确的环境数据支持。同时，该技术能模拟海洋环境的变化，如海流、天气变化等，预测可能对海洋牧场产生影响的自然因素，还能模拟海上装备和设施，监测生产全过程，提高生产效率和产品质量。

3. 人工智能关键技术

人工智能（AI）关键技术在海洋牧场中的应用正日益广泛和深入，推动了海洋牧场管理和运营方式的变革。AI 技术赋予计算机模拟人类感知、学习、推理和自主决策的能力，应用广泛，极大地改变了我们的生活和工作方式。海洋牧场涉及的 AI 技术主要包括机器学习技术、深度学习技术、计算机视觉技术、机器人技术、生物特征识别技术和专家系统，涵盖了从环境监测到生物识别再到自动化管理和决策支持等多个层面。

机器学习（machine learning，ML）技术：通过算法分析大量数据，能够识别出数据中的规律和模式，并据此进行预测，在海洋牧场中的应用包括分析水流、温度、盐度、溶解氧等参数的变化趋势并进行预测，以及分析生物种群的分布和迁徙模式等。

深度学习（deep learning，DL）技术：在图像和声音识别方面的应用，可以帮助监测海洋生物的生长状况和健康水平。

计算机视觉（computer vision，CV）技术：能够从图片和视频中检测、识别和分类对象，在海洋牧场中的应用主要体现在对海洋生物的自动识别和计数、对海洋生物行为的识别以及对海洋环境的监控。

机器人技术（robot technology）：可以执行水下和水面作业、监测和维护等任务，替代人工，降低人工成本和作业风险，提高工作效率。

生物特征识别（biometric recognition）技术：可以识别和追踪特定的海洋生物，分析其生长、行为、营养和健康状况，对于监测海洋牧场生产过程和生物多样性具有重要意义。

专家系统（expert system）：能够模拟人类专家的决策过程，为海洋牧场的科学养殖、灾害防治和资源管理提供专业建议。

（三）数字赋能智慧海洋牧场建设

数字赋能现代海洋牧场建设，实现数据驱动，将数据作为新型生产要素，发挥其在海洋牧场建设和运营中的价值，通过大数据分析，实现精细化管理和决策支持，形成智能感知—智能作业—智能管控的智慧海洋牧场新范式。运用新一代数字技术，包括物联网、大数据、云计算、AI、区块链等新技术，赋能海洋产业，服务向海经济，提升海洋牧场的智能化水平，推动管理模式的创新。

1. 数字赋能重塑海洋牧场生产管理方式

在环境监测与预测方面，通过对海洋牧场环境、生物资源、养殖过程等全方位、全天候的监测和管理，实时监测海洋环境变化，建立海上综合通信网络，将监测数据无缝传输至智能管控系统。利用 AI 算法，如机器学习和深度学习，可以对海量环境数据进行分析和预测，识别出潜在的环境变化趋势和异常情况，如温度、盐度、溶解氧变化等，提前采取应对措施，保障海洋牧场的健康生产。

在决策与规划方面，利用图像识别和视频分析技术，可以对海洋牧场中的生物进行实时视频监测和行为分析，监控鱼类的数量、种类、营养和健康状况，预测鱼类的生长周期和最佳收获时间，并通过鱼群的游动模式变化、食欲下降等行为，判别海洋牧场生物是否发生病害等。通过对接专业风险决策库，辅助科学规划，优化养殖策略，提前进行养殖病害预警，从而推动重大疫病提前防控、管理高效化、生产透明化，实现对海洋牧场资源的科学规划和合理利用，提升海洋牧场的管理水平和生产效率。

在作业与管理方面，AI 技术与自动化设备相结合，实现对海洋牧场的智能控制。例如，通过自动化水质调节设备，可以根据实时监测数据，自动调节水质参数，保持海洋牧场环境的稳定。此外，利用 AI 技术，无人机和水下机器人可以在海洋牧场中执行巡检、采样和监测任务，这些智能设备可以自主规划路线，避开障碍物，高效、精准地完成监测和管理任务。

2. 数字赋能加快海洋牧场绿色高质量发展

通过海洋牧场高质量环境和资源数据分析，全面评估海洋牧场海域的生态特征，从而在海洋牧场的规划和建设初期就避免对生态环境造成负面影响。基于数据的决策模式，有助于实现对海洋牧场生态系统的深入理解和科学管理，确保海洋牧场与生态环境的和谐共生。

通过大数据等信息技术优化海洋牧场生产流程，从而提高资源的利用效率，并减小对环境的压力。例如，智能投喂系统可以根据监测到的生物生长数据和环境参数，自动调整投喂量和频率，既保证了海洋牧场生物的营养需求，又避免了饲料浪费和水质污染。基于多元化食物网结构和生境数据分析，可系统评估海洋牧场的生物承载力，支撑海洋牧场管理者及时采取措施应对环境和资源的变化，保护海洋牧场的生态平衡。

通过数字化的管理和运营，海洋牧场可以更好地适应环境变化，提高抗风险能力，确保长期的生态效益和经济效益。同时，数字化技术还可以促进海洋牧场与其他产业的融合，如海上新能源、休闲旅游、教育科普等，拓展海洋牧场的功能，实现多元化的经济效益和社会效益。

3. 数字赋能建立健全海洋牧场信息化建设标准

随着技术的不断进步和应用场景的拓宽，构建海洋牧场数字化信息技术标准体系显得尤为重要。数字赋能有助于确立统一的数据采集和处理标准，通过数字化手段，可以规范海洋牧场各类数据的收集、存储和传输，确保数据的准确性和一致性，从而为后续的数据分析和管理决策奠定坚实的基础。

在海洋牧场信息化过程中，数据安全和信息保密至关重要，数字技术的运用可以推动海洋牧场建立起完善的信息化安全防护体系，制定严密的安全标准，确保海洋牧场生产全过程数据的安全。

数字赋能还能促进海洋牧场管理流程的标准化。借助数字化管理系统，可以明确各项管理流程的工作步骤和责任人，形成标准化的工作规范，从而提高海洋牧场管理的效率和规范性。

第二节　海洋牧场环境监测体系

传统海洋牧场监测多采用定点浮标监测与定期调查走航监测相结合的模式，获取的数据多为单点数据，难以及时全面掌握海洋牧场全域的环境资源情况。同时，由于设备维护成本高、观测站点分布密度低、数据采集不连续等，已建成的观测网络信息利用率很低，综合感知能力不足，有关海洋环境的预测预报工作更是无法深入开展。因此，现代海洋牧场建设迫切需要对海洋牧场及周边的海洋环境进行综合性、立体化的监测，基于北斗高精度定位的多水层监测浮标，利用四维变分同化方法以及 AI 技术、三维模拟技术，对海洋牧场环境进行数字化还原，实时接入卫星与无人机遥感对海洋牧场示范区进行全覆盖监测，构建高精度三维环境场，精准刻画海洋牧场水域的复杂地形和岸线，实现海洋环境模拟、环境参数立体透视，全面掌握海洋牧场环境动态变化，构建一个多源信息融合的平台，实现数据的有效应用，为海洋牧场提供基础的数据和信息支持。

本节将围绕海洋牧场环境监测体系展开详细阐述。首先，介绍立体监测网络构建，这是实现海洋牧场环境信息感知的基础；其次，介绍多源异构数据融合，对于通过立体监测网络获取的各类数据，经过集成、归类和处理进行融合；最后，介绍海洋牧场数据管理平台，将数据集成融合后导入平台统一管理，并经过转化、分析和可视化等实现海洋牧场环境展示和应用。

（一）立体监测网络构建

通过集成卫星遥感、无人机、科考船、定点浮标、无人船和水下机器人等多源监测数据，结合数值模式模拟、遥感反演、深度学习等大数据分析挖掘技术，构建精细化的三维立体海洋动力模式，形成海洋牧场"空天地海"一体化的立体化监测网络，可为海洋牧场提供实时的环境观测资料，还可为海洋牧场环境预测预报提供长时序的实测数据。

1. 海洋牧场定点监测

海洋牧场定点监测系统包括浮标、坐底式海床基等，是获取海洋牧场环境实时观测数据的重要工具，定点实测数据是遥感反演和数值模式模拟重要的验证依据。随着技术的进步，更加智能化、高效化的浮标系统开始在我国海洋牧场广泛投入使用。

海洋浮标系统是一种承载各种海洋和大气观测传感器的海上平台，能够实现实时、长期的连续观测，是海洋环境监测最基础、最重要的数据来源。根据在海上所处位置不同，浮标可分为锚定浮标、潜标、漂流浮标等（钱程程和陈戈，2018）。海洋牧场的浮标观测系统通常包括各种传感器、数据采集设备、密封控制箱、数据交换设备、供电系统和浮标标体，监测要素通常包括水文、水质、气象三大类，具体涵盖水深、水温、盐度、叶绿素 a、溶解氧、pH、浊度、气温、气压、风、湿度、波浪、剖面海流等。此外，海面高清视频也是监测内容之一，以实现对海洋牧场海域的实时观察。许多海洋浮标观测系统采用太阳能供电方式，配备太阳能电池板和蓄电池组，确保系统即使在连续阴天也能稳定运行。海洋牧场浮标布放位置的选择，需要综合考虑海洋牧场的需求、环境条件、航道安全、传输网络、维护的方便性等多方面因素。监测数据通过有线或无线网络系统传输至信息平台，进行存储、分析和呈现，一些系统还具备实时数据传输和异常预警功能 [《海洋牧场在线监测系统建设技术规范》（DB12/T 1195—2023）]。

2. 海洋牧场遥感监测

海洋遥感卫星是一种利用所搭载的遥感观测载荷对海面进行光学或微波探测来获取有关海洋水色和海洋动力环境信息的卫星。海洋卫星有效弥补了传统海洋观测手段覆盖面积小的不足，基于多种遥感器对海洋牧场的连续观测，可以提供大范围、高频率的海洋环境数据。

对地观测卫星先后经历了 20 世纪 60 年代的起步阶段、70 年代的初步应用阶段和 80～90 年代的大发展阶段。1960 年，美国成功发射了世界上第一颗气象卫星 TIROS-1，从约 700km 高度的卫星上获得了海表温度场，从而拉开了利用卫星资料开展海洋学研究的序幕。1978 年，美国发射了世界上第一颗海洋卫星 SeaSat，该卫星上装载有第二代海洋水色传感器，地面分辨率达 1.1km，目前仍在运行。20 世纪 80 年代开始，美国陆续发射了多颗海洋水色卫星、海洋地形卫星和海洋动力环境卫星。我国从 2002 年开始陆续发射了海洋一号、二号系列卫星，初步建立了海洋水色和海洋动力环境卫星监测系统。直到近十年来，对地观测卫星中专门用于海洋观测的海洋卫星及具备部分海洋观测功能的卫星开始向高空间分辨率、高时间分辨率、高光谱分辨率、高信噪比和高稳定性等方向发展。截至 2023

年 5 月，全球遥感卫星的数量持续增加，其中美国拥有的遥感卫星数量最多，达到 504 颗，中国紧随其后，拥有 346 颗，中国、美国遥感卫星数量占全球的近七成（林明森等，2019）。

遥感监测技术能够实现对海洋环境的大面积和长周期监测。利用多源卫星遥感手段，可以监测海洋牧场的生物活动、海上目标、水质变化以及生境条件。不同分辨率的遥感卫星影像适用于不同的应用场景，例如，海上设施识别采用空间分辨率较高的哨兵二号卫星（分辨率 10m）和高分二号卫星（分辨率 1m）影像；北京三号卫星影像分辨率高达 0.3m，可对海上养殖筏架等设施进行精细化识别，从而对海洋牧场的生物资源、养殖设施进行评估，了解资源的分布和丰富度，为渔业资源的合理开发和保护提供科学依据。在海洋生态灾害监测方面，采用 500m 空间分辨率、1h 时间分辨率的 GOCI2 卫星影像，监测赤潮、绿潮和海冰等灾害，为企业和政府提供及时预警，保护海洋牧场免受损害。海洋遥感技术还能提供关于海洋物理、化学和生物参数的详细信息，突破海洋动力参量高精度反演、多源资料融合处理、遥感数据空间降尺度等关键技术，提供时效性和分辨率较高的区域水动力参数遥感监测产品。

3. 海洋数值模式模拟

三维立体水动力模式是一种先进的海洋数值模式，是定量描述海洋物理现象及其变化的数值模式，也是海洋与气候研究、预测的核心工具。随着海洋观测的不断投入与积累、对海洋认识的不断深入，特别是在高性能计算机技术的支撑下，海洋数值模式已有了长足进步，正朝着高分辨率和多物理过程的方向发展。海洋数值模式的发展和云计算、大数据与 AI 技术为海洋信息化应用提供了技术手段。三维立体水动力模式能够模拟和预测海洋牧场环境中的多种物理过程，提供海洋水温、盐度、流速等参数的立体化、精细化的长期模拟数据。

目前国际上主流的海洋环流模式包括普林斯顿海洋模式（POM）、区域海洋模式（ROMS）、有限体积海岸海洋模式（FVCOM）、混合坐标海洋模式（HYCOM）等。其中，POM 是普林斯顿大学于 1977 年建立起来的一个三维斜压原始方程海洋数值模式，是国内外应用较为广泛的河口、近岸海洋数值模式。ROMS 是罗格斯大学海洋与近岸科学研究所同加利福尼亚大学洛杉矶分校等单位联合开发的区域海洋数值模式，具有高效易用的特点，可以进行物理、生态、数据同化等多个模块的耦合，常用于海洋环流、潮汐、海浪、海洋生化过程和海洋泥沙等的模拟。FVCOM 是马萨诸塞大学达特茅斯分校和伍兹霍尔海洋研究所联合开发的海洋环流与生态模式，非结构网格设计和有限体积方法使其在近岸高分辨率以及小尺度计算问题上具有显著优势。HYCOM 是在迈阿密大学等密度面坐标海洋模式 MICOM 的基础上发展起来的原始方程全球海洋环流模式，可以实现 3 种坐标的自适应，该模式一般用于全球的业务预报，类似的模式还有欧洲的海洋核心模式（NEMO）和模块化海洋模式（MOM）。

由于 FVCOM 在近岸高分辨率以及小尺度计算问题上具有显著优势，海洋牧场的水动力模式采用了基于 FVCOM 构建的多层嵌套模式。Lu 等（2023）利用真实的地形数据与强迫场等条件，对区域海洋水动力环境进行了全面的立体模拟，实现了对近海区域温度、盐度与洋流等关键要素的精细化数值分析。

以山东近海小区域模式（SDP）为例，在数值模拟过程中，将东海大区域模式（ECS3）输出的逐小时温度、盐度、海流数据作为输入，以驱动其内部计算。这一过程实现了我国东海至北黄海的物理波动传递，称为"东海—北黄海的嵌套过程"。该嵌套模式通过在大区域使用粗网格，而在关键的小区域使用精细网格，能够实现对近海水动力特征的精确计算。此外，这种嵌套方法还有助于处理不同尺度的海洋现象，通过在不同网格上模拟不同尺度的过程，有助于更深入地理解它们之间的相互作用与影响。

4. 海洋牧场水下生物监测

通过水下摄像头、水下监测机器人等监测终端，实时将监测视频传输到岸上，监测生物生长情况和状态。对监测视频进行 AI 分析，自动识别海产品数量，预测其 7 天后的体长数据，对海产品生长状态、行为特征和摄食行为进行监测，从而分析其健康状态。

但是，现有的水下目标识别系统大多基于传统图像处理技术，而这些技术存在水下成像对比度低、纹理模糊等图像质量问题，很难分辨水下生物目标，难以满足多场景、复杂环境下的高精度实时检测要求。因此，需要研究一种准确率和实时性都能满足捕捞机器人要求的水下目标识别技术，并设计易于使用的人机交互界面与捕捞机器人对接。

近年来，深度学习已逐步取代传统方法，成为提高水下生物识别精度的核心驱动力。卷积神经网络（CNN）作为深度学习的关键架构，已被广泛应用于鱼类自动识别任务中。CNN 通过模拟人类视觉系统的处理机制，能够有效地从图像中提取特征并进行分类。例如，顾郑平和朱敏（2018）提出的基于 CNN 的鱼类分类模型，通过结合预训练网络的特征和支持向量机（SVM）算法，显著提升了识别准确率。为应对水下环境的复杂性，吕俊霖等（2024）研究了多阶段特征提取网络（MF-Net），通过多阶段卷积策略和标签平滑损失计算，有效提升了模型对鱼类细粒度特征的提取能力和对类别不平衡的适应性。刘侦龙等（2025）基于改进 YOLOv10s 模型提出了用于海洋牧场水下海参检测的方法，通过设计降噪与多尺度特征提取模块，提升小目标识别能力，采用动态调整感受野的卷积模块处理遮挡问题，结合图像增强技术优化水下图像质量，并改进检测框的定位算法，在保持运行效率的同时显著提升了检测精度。

（二）多源异构数据融合

海洋大数据的特征可概括为典型的 5V，即大量（volume）、高速（velocity）、多样（variety）、真实（veracity）和价值（value）。这 5 个特征体现了海洋数据的庞大规模、迅猛增长、来源多样、真实可信以及价值密度高，反映了海洋领域数据处理的复杂性与挑战性。

通过海洋牧场立体监测网络获取的大量观测数据，以及海洋牧场在生产作业过程中产生的各类生产资源数据，同样具备以上特征。因此，如何高效集成融合，从而应用这些海量多源异构数据，成为海洋牧场数字化过程面临的重要问题。以下围绕该问题，分析海洋牧场的多源异构数据集成、数据集成标准规范以及数据集成方法。

1. 多源异构数据集成

多源异构数据集成包括数据引接、数据清洗、数据融合、数据存储和数据分析等。其中，数据引接是指将数据从源头引入数据处理或存储环境中的过程，涉及数据的收集、整合和分析等多个方面。不同类型的数据，如动态数据、频繁更新数据、定期更新数据、静态数据等，可以通过实时接入、在线获取或二者结合等多种方式实现数据引接。实时接入是指通过特定的接口或协议，将数据源产生的数据实时地传输到数据处理系统中，适用于对时效性要求较高的场景。在线获取则是通过网络服务的形式，从远程服务器或云平台中按需获取数据，这种方式适用于不需要实时处理的数据类型，可以根据实际需求，随时从网络上获取所需数据。对于动态数据，如海洋观测浮标、监测传感器、摄像头等产生的数据，需要通过实时接入的方式传输到数据平台，以便进行实时监控和分析。对于频繁更新数据，如互联网公开共享的数据，通常需要通过在线获取和实时接入相结合的方式来引接。对于定期更新数据，如政府或其他公共机构发布的灾害公报数据、渔业资源普查数据等，可以通过在线获取或实时接入的方式来引接。对于静态数据，如地理信息系统（GIS）中的地图数据、卫星遥感影像、地形地貌信息、红线以及海岸带功能区划等，则可以通过在线获取的方式来引接。

数据清洗旨在剔除错误和冗余的数据，以提升数据质量。数据融合涉及将不同来源的数据整合起来，构建一个更加全面的信息视图。数据存储需要设计合理的数据库结构，确保数据的安全性和可访问性。数据分析则是通过算法和模型，从数据中提取有价值的信息和知识，为决策提供支持。

2. 数据集成标准规范

1）数据分级分类管理

采用分级分类管理的方式，对不同来源的海洋科学数据进行统一分类和编码，方便数据的检索、管理和应用。数据分类依据的基础是数据本身，对于不同领域的数据，根据数据的来源、应用、加工处理过程等属性，可以划分为不同的类别。在海洋领域，数据分类尤为重要。海洋是一门以观测为基础的学科，海洋科学的研究与观测及其数据密切相关。观测的区域、手段、仪器、方法、观测要素等都是数据的基本属性，数据的质量、检索以及应用都与其分类属性密不可分，对数据的管理者和使用者非常重要（任焕萍等，2024）。那么如何对海洋数据进行分类呢？

数据可以根据数据来源、处理过程、共享方式等多种属性进行分类。根据数据的处理过程，将数据分为原始数据（L0）、质量控制数据产品（L1）、基础加工产品（L2）、尺度推绎产品（时间/空间）（L3）和融合分析产品（L4）。其中，L0包括直接通过仪器设备自动采集后形成的可读数值数据、可识别的图像、人工观测记录数据、野外调查记录数据以及实验室测定的数据；L1指基于L0进行筛选、规范化处理和质量检查后得到的数据产品；L2指基于L1进行插补或计算得到的各种数据产品，其数据采集空间范围、观测频率与L1一致；L3指利用L1或L2进行尺度上推所产生的数据产品；L4指基于L1、L2或L3进行模型计算、融合处理等深度加工所产生的数据产品（苏文等，2022）。根据数据的采集来源，可以将数据分为卫星遥感数据、浮标观测数据、航次调查数据、模式数据、国际共享数据、无人装备数据和历史资料等。

2）统一元数据标准格式

设计元数据标准格式，对不同来源的数据进行规范管理。设计统一的元数据模板，通过元数据对数据资源进行详细、深入的介绍，包括数据资源的获取方式、数据基本属性、数据质量和处理方法等细节。此外，在元数据通用信息基础上，增加了扩展信息，以满足浮标观测、航次调查等特殊数据的特性信息记录。元数据信息具体包括8个部分，即数据摘要、基本信息、联系信息、使用声明、详细描述、扩展信息、相关成果和相关文献，其中基本信息包括数据覆盖的时间范围、空间区域、经纬度、分辨率、要素信息、数据格式等，详细描述包括数据源、加工方法、数据质控描述等，方便用户全面了解数据。

3. 数据集成方法

在海洋牧场数据共享存储系统中，数据集成是关键的一环，它涉及将多源数据整合到统一的存储系统中。以下是数据集成中常用的方法。

1）实体识别

实体识别是数据集成过程的第一步，它涉及识别不同数据源中的相同实体。在海洋牧场背景下，实体可能是某个特定的海域、物种或观测站点。通过实体识别，系统能够将不同数据源中关于同一实体的信息准确地关联起来。例如，来自卫星遥感的海洋温度数据和来自浮标传感器的波浪数据可能都与同一海域相关，实体识别确保这些数据能够被正确地关联，以便进行综合分析。

2）数据清洗

数据清洗是数据集成中的重要步骤，它涉及从数据中检测、纠正或删除错误、不完整、不准确或不相关的数据。在海洋牧场数据集成中，数据清洗有助于提高数据质量，从而提升分析结果的可靠性。例如，如果某个传感器故障导致数据异常，数据清洗过程将识别并处理这些异常值，防止它们影响整体分析。

3）数据变换

数据变换是将数据从一种格式或结构转换为另一种格式或结构的过程。在海洋牧场数据集成中，这可能包括将原始观测数据转换为更容易存储和查询的格式，或者将数据标准化处理，以便于跨数据集进行比较。例如，将不同来源的时间序列数据转换为统一的时间和单位格式，使得可以进行跨数据集的趋势分析。

4）数据融合

数据融合是将多个数据源的数据合并到统一的存储系统中。海洋牧场数据融合涉及遥感数据、传感器数据、船舶报告数据和气象数据等不同来源数据的整合，需要定义统一的数据模型和术语，以便不同数据源中的数据能够被正确解释，并且要构建统一的数据库进行集中存储和管理。通过数据融合，可以创建一个综合的海洋环境数据集，其中包含温度、盐度、海流等多个参数，为海洋环境监测提供全面的视角。

5）数据交换和共享标准

为了实现数据的无缝集成，采用通用的数据交换和共享标准至关重要。在海洋牧场数据集成中，这可能涉及遵循现有的国际标准，如科学数据集成遵循NetCDF标准、空间数据集成遵循GeoJSON标准、观测数据集成遵循O&M标准。将这些标准应用于数据交换过程，可确保不同来源和组织之间数据的兼容性，促进数据的广泛共享和集成。

（三）海洋牧场数据管理平台

海洋牧场数据管理平台（又称"数据中台"）的建立是为了整合和管理海洋牧场相关的海量数据，这些数据涵盖海洋生态、资源分布、环境监测、渔业活动等多个方面。平台采用分布式异构混合存储方式，提供数据全生命周期管理，实现海量多源异构数据的接收、转换、处理和分发，打通数据引接、数据质控、数据存储、数据共享等全流程管理，形成海洋环境数据收集、存储、管理、查询、分发和交换的全过程管理体系。

1. 数据管理平台架构

海洋牧场数据管理平台旨在实现海洋牧场多源异构数据的收集、处理、存储、分析和共享。从平台逻辑来看，整个架构由基础设施层、数据资源层、基础平台层、服务层、应用层和用户层组成（图3-1）。

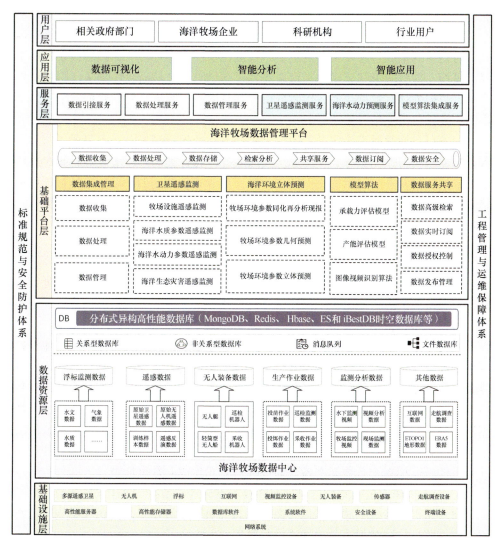

图 3-1　海洋牧场数据管理平台架构

基础设施层主要包括高性能服务器、高性能存储器、数据库软件、系统软件、安全设备等,为上层应用提供安全可靠的服务器及网络环境。该层还包括各类基础感知设备,如多源遥感卫星、无人机、浮标、视频监控设备、无人装备等,全方位获取系统所需的各项数据。

数据资源层围绕浮标监测数据、遥感数据、无人装备数据、生产作业数据、监测分析数据及其他数据,建立海洋牧场数据中心,基于关系型数据库、非关系型数据库、消息队列、文件数据库,建立分布式异构高性能数据库,统一向上层应用提供数据支撑。

基础平台层主要涵盖系统涉及的数据收集与处理、模型算法及数据共享等内容,包括数据集成管理模块、卫星遥感监测模块、海洋环境立体预测模块、模型算法模块、数据服务共享模块。该层将各类基础数据及核心算法集成,围绕数据收集、数据处理、数据存储、检索分析、共享服务、数据订阅、数据安全,为上层应用提供各类数据及算法服务。

服务层包括数据引接服务、数据处理服务、数据管理服务、卫星遥感监测服务、海洋水动力预测服务、模型算法集成服务,为各类场景应用提供服务支撑。

应用层将服务层提供的功能转化为用户可以直接使用的应用,包括数据可视化、智能分析和智能应用。在用户层设计中,这些应用服务于不同的用户群体,包括相关政府部门、海洋牧场企业、科研机构和行业用户。

2. 数据引接与处理

针对海洋观测数据的特点,研究海洋牧场环境综合信息多层次分布式处理方法,对多源数据进行归类和引接,采用结构化数据库、数据文件或图片文件等多种方式存储和整合,实现多源异构数据的融合。

1)建立海洋环境观测数据库,采用结构化存储方式,使用关系型数据库进行存储,并将元数据和实体数据进行分离。设计统一的数据模型和标准结构,实行规范化的数据集中存储和管理。数据集成方式包括实时集成、定期集成和接口集成等多种方式。对于浮标观测数据、传感器监测数据以及定期取样数据等,在数据库层进行直接实时集成或者采用接口集成,构建水质、气象、风、波浪、海流五类数据库并进行数据存储。对于调查走航数据以及 AI 预测数据等,可以使用系统提供的统一模板进行数据准备,通过接口方式集成到数据库中。

2)无人机和卫星遥感数据包括海洋牧场设施遥感数据、海洋水质参数遥感数据、海洋水动力参数遥感数据以及海洋生态灾害遥感数据等,采用非结构化的数据存储方式,按照数据产品的格式进行管理。

3)现场作业数据包括水下生物识别数据、设备信息、生产数据、作业及指令信息,均采用结构化存储方式,使用数据库进行存储和管理。

4）水下视频监测数据包括巡检机器人、采捕机器人、生物监测机器人以及无人艇搭载的摄像头产生的视频数据，直接以视频文件的形式存储，对文件的命名和存储进行统一规范。

由于海洋数据多源异构，针对不同类型数据进行集成和统一管理是关键。一方面，数据集成和统一管理要参照国家相关标准规范，依据学科特点和数据存储格式，构建规范的数据基础结构模型；另一方面，数据集成和统一管理涉及历史数据的整编整合，需通过"自动化读取为主、人工判别为辅"的多源数据结构整合方式，整合各海洋牧场已有监测设备数据资源，同时保证新布放设备的数据资源能够顺利整合，从而最大限度实现海洋牧场多源异构数据的融合存储。

3. 数据分布式存储与管理

海洋牧场数据管理平台采用分布式存储系统，通过高性能服务器集群、分布式文件系统和数据库系统，实现数据的高效存储和快速检索；依托独立磁盘冗余阵列（RAID）技术和数据冗余策略，确保数据的安全性和可靠性。系统架构设计分为四个主要层次，其中最底层是硬件层，由高性能服务器集群构成，每台服务器配备高速磁盘阵列、大内存和多核处理器，以确保数据存储和处理的高效性。其上是存储层，部署了分布式文件系统和数据库系统，实现数据的分级、分类存储。管理层负责存储数据的集中管理和监控，包括资源分配、性能监控、故障检测和恢复等，通过统一的管理界面简化系统维护。应用层提供与存储系统相连的多个应用出口，如数据检索接口、数据分析服务、数据可视化工具等，利用底层的存储和计算资源，为用户提供丰富的数据服务。

根据数据类型和用途不同，经过预处理后将其分类存储到不同的存储系统中，时间序列数据如浮标观测数据等存储在优化的列式数据库中，空间数据如卫星遥感监测数据存储在空间信息数据库中，而大量的栅格数据如海洋环境立体预测模型数据则存储在专门的栅格数据库中。为了加速数据检索，系统为数据建立了多种索引，如空间索引、时间索引和属性索引。最后，通过并行计算框架对存储数据进行深入分析，包括趋势分析、模式识别、预测建模等，分析结果用于海洋环境监测、资源评估、灾害预警等多个领域。

4. 数据分发与应用

在数据分发方面，海洋牧场数据管理平台按照组织管理模式进行区分：对于内部系统，主要通过数据接口实现数据共享与集成，如应用程序接口（API）、文件服务接口、网络地图服务（WMS）接口等，支持系统间高效联通；对于外部用户，则通过数据服务的方式提供数据访问与应用支持，包括通用的数据查询、可视化服务，以及按需定制的数据分析与推送服务，满足多样化的业务需求。其中，数据接口是海洋牧场数据管理平台面向内部系统的基础组件之一，它允许各内部模块按照预定的协议访问和使用数据，提升数据流通效率。数据服务是海洋牧场数据管理平台面向外部用户的数据提供形式，通常基于特定的业务逻辑对原始数据进行加工、封装和集成，并以服务方式交付给用户。数据服务分为公共数据服务和定制数据服务两类。

1）公共数据服务向所有用户开放，提供通用的数据查询、统计分析、可视化展示和标准化报表等服务。例如，在海洋牧场应用中，系统可定期向用户推送环境监测、趋势预测和灾害预警等数据服务。

2）定制数据服务则依据特定用户或业务场景的需求，提供个性化的数据处理与分析方案，满足用户在专题研究、运营决策等方面的定制化数据支持需求。

第三节　海洋牧场数字化智能管控

海洋牧场的数字化转型升级不仅是技术的简单更新，更是一种现代管理方式的革新，核心在于建立一个综合性的智能管控系统，从而实现海洋牧场的高效、精准和数字化管理。如果说环境监测系统像是"眼睛"，不断观察和收集海洋数据，那么智能管控系统就如同"大脑"，运用 AI 技术和机器学习算法来分析和解读这些海量数据，预测未来趋势，并做出精准决策，自动化设备则类似于"四肢"，执行由管控系统下达的具体作业指令，完成海洋牧场巡检、投饵、采收等一系列操作。

本节将首先介绍海洋牧场的智能管控系统建设，然后围绕智能感知与预测、智能决策与规划、智能作业与管理，详细介绍海洋牧场智能管控系统的功能。

（一）智能管控系统建设

海洋牧场智能管控系统通过建立统一的管理平台，有效地整合海洋牧场全生产周期信息资源，解决信息孤岛问题，提升了数据的共享和协同效率。同时，该系统通过对海洋牧场生产作业的全过程监控与管理，从产业规划、生产计划到作业执行各环节实施规范化、数字化管理，不仅提高了作业效率和准确性，还有助于减少对生态环境的破坏，促进资源的可持续利用。主要内容包括三部分：一是智能感知与预测，与环境监测系统集成，基于立体监测和智能分析，实现对海洋环境的实时监测与未来趋势的精准预判；二是智能决策与规划，基于大数据技术和模型分析，提供精准的作业决策支持，优化生产计划和资源分配，构建风险决策知识库，对海洋灾害和风险提供应急处理策略，及时规避和减少损失；三是智能作业与管理，利用生产作业全周期数字化与生产资源环境全息化，实现养殖作业的精细、动态管理，全面提升海洋牧场的智能化运营水平。同时，该系统的建设需要政策支持与标准制定、技术创新与研发的配合，以推动海洋牧场的数字化和智能化转型，为海洋渔业的可持续发展提供支撑。海洋牧场智能管控系统整体架构见图 3-2。

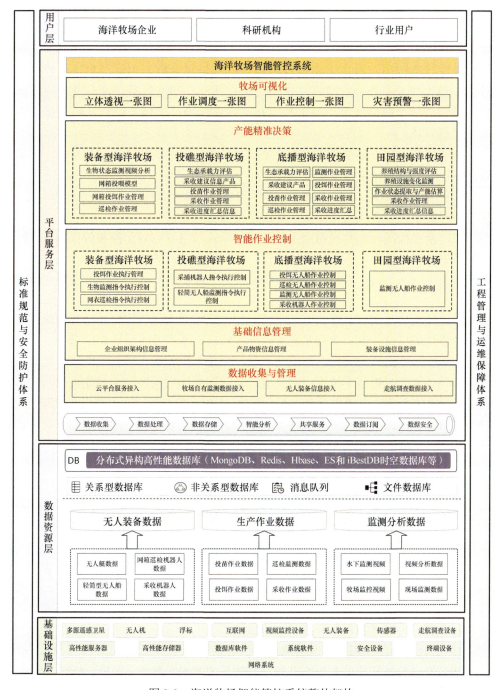

图 3-2　海洋牧场智能管控系统整体架构

海洋牧场智能管控系统包括产能预测、作业计划生成、任务分配与调度、生产全过程闭环模块功能。

产能预测：研究以海洋牧场生物生态健康与产能最大化为准则的精准作业决策方法，建立适用于多类型海洋牧场的生物承载力精细评估模型、产能预测模型和精准投喂模型，对水下生物视频数据进行识别分析，为海洋牧场用户提供投苗、投饵和采收等作业策略。主要功能包括网箱精准投喂策略支持、生态承载力精细评估、海珍品水下定位和识别、海洋牧场产能精准评估、筏架结构强度与产能评估。

作业计划生成：根据产能预测结果，自动生成详细的作业计划和指令，包括投苗、投饵、巡检、监测及采收等各个环节。

任务分配与调度：根据作业计划和资源状况，合理分配任务，下达作业指令，调度相应的无人装备或人员团队，确保作业的顺利进行。

生产全过程闭环：对投苗到采收的每一个环节进行有效监控和管理。通过持续的数据积累和分析，不断寻找改进点，实现生产过程的持续优化。

（二）智能感知与预测

海洋牧场环境的智能感知基于立体监测网络，对海洋牧场环境进行实时、立体、智能化的信息获取，全面掌握海洋环境状况，从而及时采取相应措施。通过多层次、多维度的监测系统，实现对水质、气象、生物等关键参数的实时监控，为海洋牧场管理提供科学依据，并且进一步实现海洋牧场环境的智能预报，为预防灾害、优化渔业生产提供重要支撑。随着 AI 和大数据技术的不断发展，海洋牧场环境智能预报的准确性和时效性得到了显著提升。以下分三部分进行介绍，即立体透视一张网、海洋环境模式预报和 AI 算法预报。

1. 立体透视一张网

海洋牧场在生产过程中构建了部分观测系统，可实现对海洋温度、盐度、溶解氧、海流等要素的观测，但是数据密度低，缺乏长时序高覆盖度的数据信息。海洋牧场对资源和环境监测不足，作业智能化、信息化水平低，依然处于"靠天吃饭"的状态，对极端环境如高温、低氧、强降水、海冰和海洋灾害缺少预测防范能力。通过设计海洋牧场局部海况实时监测、灾害预警与应急处理策略，对海洋牧场环境关键要素（如温度、盐度、溶解氧含量等）的异常变化和海洋生态灾害进行预警，为海洋牧场生产提供环境保障。

1）海洋牧场局部海况实时监测

通过海洋牧场环境监测系统获取海洋牧场实时海况数据（温度、盐度、海流、波浪、硝态氮、叶绿素、浊度等），将数据传输到数据管理平台，运用信息技术手段和数据分析方法，将环境数据实时呈现给用户，并展示环境参数的变化趋势，帮助管理者动态掌握环境状态和变化情况，发现潜在问题，并做出科学决策。

2）海洋牧场局部海况预警

开展海洋环境模拟预测、海洋环境状态监测预警，对海洋牧场高温、低氧等灾害情况提供预警和应急策略决策支持。根据智能预报的结果，对海洋牧场的环境异常提供预警信息，以监测数据为初始输入场，实现未来 3 天的海洋牧场温度、盐度、溶解氧等环境场预报。

基于海洋气象、水文、水质等数据，运用先进的信息技术和数据分析方法，实现对海洋牧场环境、资源、生态等方面的实时监测和智能预报，预测海洋环境的变化趋势，帮助管理者及时掌握海洋牧场的变化动态，发现潜在问题，并做出科学决策，从而确保海洋牧场的稳定运营和可持续发展。通过对灾害数据的分析和挖掘，可以发现灾害发生的规律和趋势，提前预警并采取相应的应对措施，有效减少灾害对海洋牧场的影响。

2. 海洋环境模式预报

高温、低氧、强降水、海冰、海洋灾害等环境变化严重威胁海洋牧场可持续健康发展，因此急需研发高精度的海洋牧场环境预警预报系统，其中准确预报海洋牧场核心区域的温度、盐度和海流是预警预报系统的首要任务。

海洋观测资料往往是稀疏且离散化的，而模式由于分辨率、物理参数化等方面的限制存在局限性，因此采用同化技术将观测数据和模式数据结合，得到实际海洋状态的最佳估计，是海洋模拟中的常用方法。四维变分技术是目前先进的同化技术之一，其优势在于可以考虑模式背景误差协方差随时间的演变和观测随时间的分布，同化效果较三维变分和最优插值等传统方法有显著优势。

国际上先进的全球预报模式主要是 HYCOM 以及 ECCO2。HYCOM 再分析资料基于 HYCOM 模式和美国海军耦合数据同化（NCODA）系统，NCODA 系统采用三维变分方法同化卫星高度计、温盐深测量仪（CTD）、全球海洋观测试验项目（ARGO 计划）和水下滑翔机等多种观测资料，业务化预报全球海洋要素资料，水平分辨率为（1/12）°，垂直方向分为 40 层。国内也有很多利用卫星资料和观测数据资料开展的相关研究，但这些研究尚不能满足更加精细化的实际业务需求。

构建更高分辨率（100m）的中国近海水动力模型，首先需要下载包括风场和热通量在内的国际共享数据，为模式提供初始场数据；收集近海多套高精度海图数据进行数据融合和质量控制；调整并优化现有的网格结构，基于卫星影像获取高分辨率岸线数据，并重点考虑海洋牧场核心区域的精细化建模需求。

结合卫星和浮标观测的温度、盐度、流场等数据，采用更适于近岸地区和中尺度及亚中尺度过程模拟的四维变分同化技术，以 HYCOM 模式数据作为边界条件，以全球预报系统（GFS）数据作为大气强迫场进行预测。模式的初始场结合HYCOM 模式和 GFS 提供的预报场，并加入潮汐强迫，能够对海水温度、盐度和流场进行精细化预测，预测结果将为牧场海域三维水动力环境分析提供信息保障（图 3-3）。根据预测结果，结合历史数据和专家经验，对可能出现的灾害性天气、水质变化、生态灾害等风险进行提早防范。

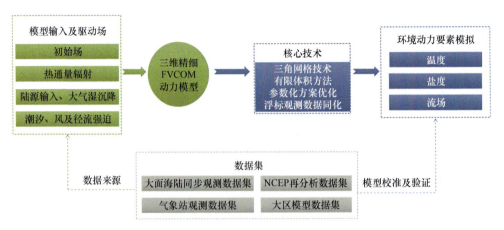

图 3-3 三维温度、盐度、流场预测模型架构图

3. AI 算法预报

随着计算能力的提高和机器学习算法的进步，AI 技术趋于成熟，在海洋环境预报中的应用越来越多。AI 技术预报海洋环境参数的优势在于其能够处理庞大的数据集，识别复杂的模式，并实时更新预测，通过结合先进的 AI 技术和丰富的海洋环境数据，可以更深刻地理解海洋环境的动态变化，从而更准确地预报和理解复杂的海洋现象，对于科学研究和实际应用都具有重要意义。

海洋环境 AI 预报涵盖了多种先进技术和应用，包括利用大数据分析和机器学习对海量海洋数据进行挖掘，揭示海洋环境参数与生态现象之间的复杂关联。通过遥感技术收集海洋颜色、温度、波浪等数据，结合物理模型和数据同化技术，可以实时监测和预测海洋环境变化。使用神经网络和深度学习模型，如卷积神经网络和循环神经网络，可从卫星图像中自动识别和分类海洋特征，进一步运用到海洋环流和气候模式的模拟中。例如，运用长短期记忆神经网络（LSTM）构建预报模型，基于浮标时间序列监测数据可以预测海水温度和溶解氧含量。纯前馈神经网络的时间序列预测模型（Nbeats）同时具备预测性能和可解释性，该模型采用了一种基于基函数的方法，通过学习时间序列的不同基函数的线性组合来进行预测，基函数可以捕捉到时间序列的不同趋势和周期性，可以根据需要自动选择和组合这些基函数。

AI 技术的应用，为海洋环境的实时监测、灾害预警、资源管理和政策制定提供了强大的科学支持，该技术是现代海洋科学研究和实践中不可或缺的工具。

（三）智能决策与规划

智能决策与规划是智能管控体系的中枢，通过集成海洋生态承载力模型及遥感监测模型，实现对海洋环境的实时监控和养殖过程的精准评估；根据产能评估结果，通过智能化算法优化生产计划和作业路径，提高资源配置的效率；通过精准调控投喂量，确保养殖对象的健康生长，提升饲料的利用效率；在面对不可预测的海洋风险时，能够迅速提供应急处理方案，增强海洋牧场的抗风险能力，保障海洋牧场的稳定运行。

1. 产能智能评估

产能智能评估主要是利用区域海洋生态承载力模型及遥感监测模型对海域的养殖产能进行科学评估。这种评估方法综合考虑了海水质量、海流、温度、盐度等参数，以及海域内生物多样性的状况，能够为海洋牧场管理者提供适合养殖的优势品种建议，从而明确海洋牧场生产什么、怎么生产、生产多少。通过这一过程，为海洋牧场管理者提供科学的决策依据，有效指导养殖作业的安排。

在现代海洋牧场管理中，科学化、智能化技术的应用成为提升效率、保障安全及优化资源配置的关键。特别是通过产能评估结果，以及精准投喂等决策模型，结合养殖环境参数预测和预警信息，为海洋牧场管理者提供投饵、采收等作业的决策支持。这种集成的管理方式不仅提高了养殖效率，节省了饲料成本，还极大地提升了资源利用的合理性和环境的可持续性。

2. 生产作业智能规划

传统养殖企业的生产过程，主要依靠人工记录和表格工具进行统计。在现代海洋牧场的生产管理中，需要对生产过程进行数字化管理，实现过程可追溯。通过产能评估结果和智能化算法，科学制定生产计划和作业任务，并根据生物生长状态和环境条件，优化作业流程，制定针对性的作业路径规划。这种有的放矢的方法，确保了资源的合理分配和有效利用，减少了资源浪费，提高了养殖效率。系统还能根据作业计划自动下达作业指令，指导作业生产，从而减轻了管理人员的工作负担，提高了管理效率。

远程监控作业状况是智能管控系统的一个重要功能，根据北斗卫星遥感和导航控制信息，可视化监视投饵、巡检、采收等作业执行状况。这一功能使管理人员能够实时了解作业现场的情况，及时调整作业计划，以应对可能出现的问题。同时，这种监控方式也提高了作业的安全性，确保了作业过程中的风险管理。

目前，深水网箱投喂作业管理以人工投饵或简单的自动投饵机为主。人工投饵主要依赖养殖人员的经验，对养殖经验的要求过高。自动投饵机主要是定时定量投喂，忽略了鱼群摄食规律的变化，容易造成饲料浪费和水质污染等问题。采用 AI 和大数据技术，系统可以集成各种计算机模型，综合水质监测数据、鱼类摄食行为、饲料营养成分和成本等多方面因素，实现精细化投喂决策支持。

智能管控系统还具备强大的数据分析和决策支持功能，它能够通过机器学习等 AI 技术，预测海洋环境的变化趋势，为海洋牧场管理提供科学决策依据。例如，系统可以根据溶解氧含量的变化趋势，自动调整投饵量，确保养殖生物的健康生长。同时，系统还可以根据环境参数的变化，提前预警可能的不利情况，帮助管理人员及时采取措施，减少损失。

3. 风险应对策略

海洋牧场风险应对策略的核心是构建一个科学有效的风险决策知识库。该知识库的内容来自海洋牧场的养殖经验和专家知识的收集与梳理，能够根据环境异常和灾害预警，自动向用户提供决策建议，从而为应对各种紧急情况提供辅助支撑。

在知识库的构建过程中，首先需要收集广泛的数据，包括不同种类养殖品种（如海参、鱼类、对虾、海带、贝类等）在面对环境变化时的应对策略。整合历史处置经验，包括过往案例分析、成功与失败的总结。融合专家建议，根据科学研究和实践经验，制定出一套标准操作程序和应急响应流程。

在智能管控系统中，该知识库与实时数据监控模块紧密结合。系统利用先进的算法，如机器学习和模式识别，能实时分析监测到的数据，如海水温度骤升或盐度突然下降等异常情况，并立即与知识库中的模式进行匹配，一旦检测到潜在的风险，系统将迅速生成针对性的预警信息，并提供一系列预设的风险应对措施。例如，当系统预测到高温即将来袭时，它会自动推送通知给管理人员，并建议采取如池塘换水、暂停饲料投放等具体措施。

必须注重知识库的更新与优化，定期回顾和分析应急处理的效果，总结经验教训，对风险决策知识库进行更新和优化。鼓励用户反馈实际处置结果，不断优化风险决策知识库，提高应急处理策略的有效性。

（四）智能作业与管理

1. 海洋牧场全息化管理

全息化管理旨在集成各种信息和数据，为企业或组织提供全面的视野和洞察力。这种管理方法不是仅仅关注某个方面，而是全方位的管理。全息海洋牧场是三维立体全息展示系统，包括空天地海立体监测、海洋牧场环境态势、海洋牧场养殖结构态势和区域环境灾害态势等内容，为海洋牧场管理者提供全局信息展示。

空天地海立体监测用于展示遥感卫星、无人机、水下机器人以及浮标等海洋环境信息感知装备，并构建海洋牧场观测设备模型库，包括北斗卫星展示、遥感卫星展示、无人机展示、水下机器人展示和浮标展示模型库。

海洋牧场环境态势用于可视化展示海洋牧场环境，接入海洋牧场数据管理平台分发的数据，涵盖浮标监测、空天遥感、无人装备监测、视频监控等的水质、水文、气象参数及生物和设备状态等数据，提供多种形式的数据可视化展示，包括查询检索、图层叠加、图层轮播、多窗口展示和矢量数据粒子化等功能，以实现对海洋牧场环境的三维立体动态感知。

海洋牧场养殖结构态势展示海洋牧场的功能区划分，并针对不同养殖类型的海洋牧场，展示其设施、装备、环境及养殖结构态势，如装备型海洋牧场的大型网箱和海上平台分布、投礁型海洋牧场及底播型海洋牧场的渔礁和沿海池塘分布、田园型海洋牧场的筏架分布情况，以及这些养殖设施的密度及历年变化情况。

区域环境灾害态势用于展示影响海洋牧场安全生产的大面积生态环境灾害的分布和发展趋势，通过卫星遥感反演获取分布和影像面积数据，包括海冰、浒苔、溢油和赤潮等生态灾害模块，为海洋牧场安全管控提供决策支持服务。

2. 海洋牧场生产过程数字化管控

随着海洋牧场产业的不断发展，传统依赖人工的作业和生产方式已难以满足现代海洋牧场对高效、精准、可持续的管理需求。目前，海洋牧场生产过程管理面临信息化系统缺失、作业数据依赖人工记录、历史数据提取困难等问题，这极大地限制了业务分析和管理决策的效率与准确性。同时，由于信息化系统的缺失，海洋牧场难以实现对养殖环境、生物健康等关键参数的实时监控和精准控制，从而影响了养殖效率和产品质量。因此，数字化、信息化是现代海洋牧场发展的必经之路。

海洋牧场围绕养殖全周期作业过程，设计生产计划、执行和反馈业务流程全过程，构建生产各环节数据模型，实现作业过程"可控"。数据模型涵盖从育种育苗到采收捕捞的各个环节，包括育种育苗数据、牧场投放数据、环境监测数据、增养殖生物生长监测数据、投饵数据、巡检视频数据以及采收捕捞数据等。对不同来源业务数据的梳理、加工和处理，实现了对产业链过程的数字化管理。

育种育苗数据包括种质资源、繁殖技术、苗种质量等信息。这些数据可帮助管理者了解苗种的生长状况和遗传特性，为后续的海洋牧场生产活动提供生物资源数据。

牧场投放数据包括养殖物种的选择、投放时间、投放密度、投放区域等信息。这些数据对于确保养殖物种能够在适宜的环境下生长至关重要。同时，环境监测数据为养殖环境的管理提供了实时信息，包括水质、温度、盐度等参数的变化。

增养殖生物生长监测数据记录生物在不同养殖环境中的生长速度、健康状况等信息，帮助管理者掌握生物的生长状况，及时调整养殖策略。投饵数据则包括饵料种类、投饵量、投饵频率等信息，确保养殖生物得到充足且合适的营养供给。巡检视频数据则用于监控养殖过程中的设施状况和生物健康状况，及时发现并处理可能出现的问题。最后，采收捕捞数据记录采收的时间、数量、规格等信息，为产品的销售和市场分析提供了准确的数据支持。

综上所述，通过养殖全周期作业过程数字化管理，不仅可以提高养殖生产效率和产品质量，还增强了对环境的监控和保护能力。

3. 海洋牧场智能管控一张图

海洋牧场智能管控一张图是一个集成的可视化平台，它通过实时更新的图表和地图信息，为管理人员提供了一个全面、直观的管理视图，不仅展示了海洋牧场的整体环境状态，如水质、气象条件、生物健康等关键数据，还实时展示了作业装备的位置、运行路径和状态，所有关键信息集中在同一界面（图 3-4～图 3-7）。

图 3-4　立体透视一张图

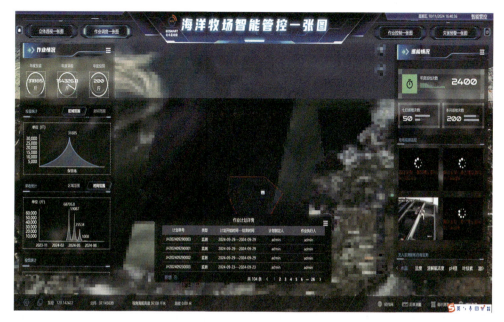

图 3-5 作业调度一张图

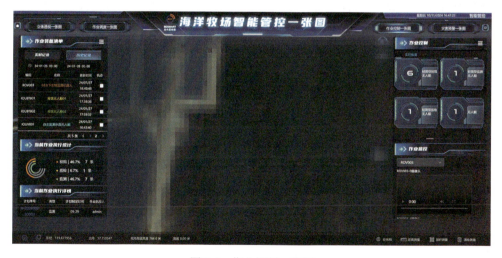

图 3-6 作业控制一张图

图 3-7　灾害预警一张图

海洋牧场智能管控一张图为海洋牧场管理带来了革命性的提升。在传统管理模式下，管理人员需要花费大量时间通过电话沟通，协调不同部门和人员的工作。海洋牧场智能管控一张图简化了这一过程，管理人员可以通过实时更新的可视化信息，随时查看装备的运行状态，了解作业进度，全面掌握生产情况，及时做出决策。该系统不仅简化了管理人员的日常工作，减少了电话沟通的依赖，降低了沟通成本，还提高了信息传递的准确性，提升了作业调度的精确度和响应速度。

此外，智能管控系统可以根据历史与实时数据预测海洋环境的变化，提供科学决策支持，促进了团队协作，并通过快速识别和响应紧急情况增强了危机管理能力。综上所述，海洋牧场智能管控一张图以其高效、精确和灵活的特性，为海洋牧场的可持续发展提供了强有力的支撑。

第四节　海洋牧场数字化应用场景

基于本章前面提到的海洋牧场环境监测体系与智能管控系统，引入实际应用场景，从而更加直观地展示数字赋能海洋牧场的有效路径，加快推动海洋牧场的数字化转型。本节将从三个层面出发，针对海洋牧场建设不同阶段以及不同层面的用户角色提供方案支持。

针对海洋牧场规划和建设阶段，聚焦海洋牧场企业的高层管理人员，通过信息化手段赋能，实现海洋牧场选址、环境评估、设施布局等方面的科学规划与精准建设，为海洋牧场的可持续发展奠定坚实的基础。

针对海洋牧场作业和生产阶段，选取装备型、投礁型、底播型、田园型四类典型海洋牧场进行实际需求分析，通过引入智能装备与数字化信息技术，减少人力投入，提高作业效率，降低生产成本，同时保障生产安全与质量，推动海洋牧场向智能化、高效化方向迈进。

信息驱动的海洋牧场评价和管理部分，则着眼于宏观调控层面，通过构建多维度评价体系，为海洋牧场与政府决策提供科学依据，促进海洋牧场资源的合理配置与高效利用，推动海洋牧场产业的健康发展与生态环境保护相协调。

（一）信息赋能海洋牧场规划和建设

海洋牧场建设和产业发展是实现海洋资源可持续利用的重要途径，对生态环境修复、渔业资源增殖和区域经济发展具有深远意义。然而，在实际操作中确实存在一系列挑战，需要通过科学规划和技术手段来克服。科学规划一方面需要遵循生态学原理，兼顾生态环境保护与经济需求，另一方面离不开数据的支撑，包括整合气象、地质、生物等跨学科多方面的数据信息。

在海洋牧场规划和建设中，环境数据至关重要，要了解牧场建设区域的海底底质类型，要开展建设区域的水动力环境调查、化学环境调查和初级生产力调查。通过了解和掌握区域海洋环境水质的长期变化趋势、分析水动力条件的历时特性、评估典型灾害的风险模式、掌握海洋牧场的详细分布图和数据情况，为决策者提供科学的决策依据，确保海洋牧场的合理规划、有效管理，并推动其可持续发展。

本部分涵盖四个核心内容：水质环境长期变化状况、水动力条件长期变化状况、典型灾害历史变化以及区域海洋牧场分布。

1. 水质环境长期变化状况

掌握水质环境的长期变化是维护海洋生态平衡的关键。持续监控水质参数，如温度、盐度、溶解氧和营养盐，对于预防和应对可能的环境风险至关重要。例如，分析这些水质参数的长周期历史趋势和季节性变化，可以揭示气候变化对海洋生态系统的影响（图3-8），如升温可能导致有害藻华增多，影响水下光照和养殖生物的健康。通过及时调整养殖策略，如改变养殖物种或调整养殖密度，可以有效减轻这些不利影响。此外，环境预测数据可以帮助管理者预测未来的环境变化，制定更加精准有效的管理措施，从而保护海洋生态，确保养殖业的可持续发展。

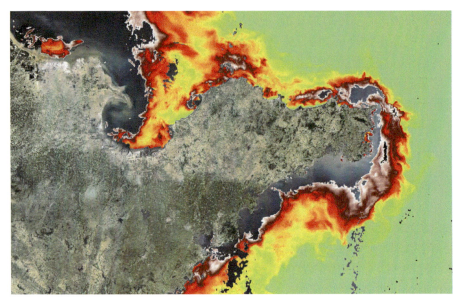

图 3-8　水质参数（浊度）信息产品

2. 水动力条件长期变化状况

　　海流、潮汐和波浪等水动力条件的变化关系到海洋牧场的布局与运作。例如，海流的变化会影响水体中营养盐的分布，进而影响养殖效率和水质。通过长期监测这些因素，并利用数值模拟和统计分析工具，对这些数据进行深入分析和处理，掌握水动力条件的历时特性和空间分布规律，可以更好地理解其对生态系统服务功能的影响，如物质循环和能量流动的变化（图 3-9）。此外，提供水动力条件与

图 3-9　水动力参数（洋流）信息产品

海洋生态环境关系的解释性分析，可帮助决策者更好地理解水动力条件对海洋牧场规划和运营的影响，制定适应这些变化的策略，如调整养殖区域和改进养殖设施的设计，可以减少环境风险并提高生产的可持续性。因此，提供水动力环境的长期监测和预测数据，掌握其变化规律，对于科学制定海洋管理和保护策略具有重要的指导意义。

3. 典型灾害历史变化

在海洋牧场的规划和建设中，考虑历史灾害事件对策略制定至关重要。常见的海洋灾害包括溢油、浒苔、赤潮、海冰等，每一种海洋灾害都对生态系统平衡和养殖生产有重要影响。通过利用地理信息系统（GIS）和历史数据分析工具，可以对典型灾害事件进行空间和时间上的深入分析，为海洋牧场的规划和建设提供科学的依据和参考。

通过 GIS 技术绘制灾害发生的空间分布图，可以帮助决策者识别哪些区域频繁受到特定灾害的影响。时间序列图展示了灾害发生的频率和时间分布，可为海洋牧场位置选择提供避开高风险区域的依据，并揭示灾害发生的周期性和趋势，帮助规避关键养殖期的潜在威胁，如对赤潮灾害进行预警（图 3-10）。基于历史数据可以构建风险评估模型，预测未来灾害发生的概率和可能的影响程度，指导制定有效的防灾减灾策略，确保养殖活动的经济效益与生态安全。综合这些信息，通过对典型灾害的历史变化进行分析，并利用先进的 GIS 技术和风险评估模型，可以为海洋牧场的规划和建设提供坚实的数据支持，从而有效降低灾害风险，保障养殖活动的可持续发展。

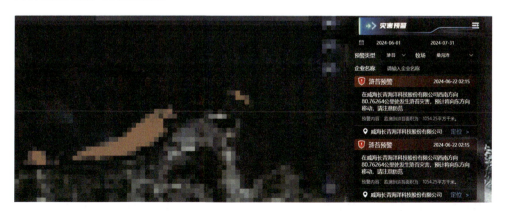

图 3-10　赤潮灾害预警并向海洋牧场企业推送预警消息

4. 区域海洋牧场分布

区域海洋牧场的分布受多种因素的影响，包括地理位置、水文条件和市场需求。通过系统地收集和分析数据，可以优化海洋牧场的分布，提高整体效益与生态平衡。收集现有海洋牧场的位置、规模、养殖物种、生产量等数据，并利用空间分析和地图制作技术创建详细的海洋牧场分布图和数据库（图3-11）。通过对比分析不同海洋牧场的运营情况和生产效益，可以发现其中的成功经验和存在的问题。例如，分散养殖区域可以减轻对局部生态系统的影响，同时提高对自然灾害的抵御能力。因此，科学规划海洋牧场分布，不仅要考虑经济效益，还要充分考虑生态保护和可持续发展的要求。

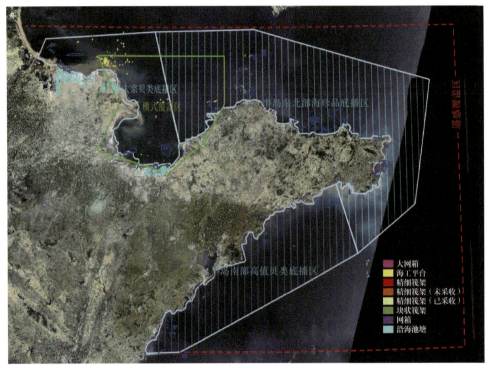

图 3-11　海洋牧场功能区及设施分布

以上水质环境、水动力条件、典型灾害和海洋牧场区域分布四个关键方面的综合分析，可为海洋牧场规划和建设提供全面的数据支持和科学的决策依据。这种多维度的评估确保了海洋牧场的合理布局，有效管理了海洋资源，同时显著降低了对生态环境的影响。随着技术的进步和数据的积累，海洋牧场智能管控体系将在规划和建设中扮演越来越重要的角色，推动海洋牧场向更高效、可持续的方向发展。

（二）智能化、少人化海洋牧场作业和生产

随着现代海洋牧场管理技术的不断进步，智能化、自动化的作业方式正逐渐成为趋势。下面选择四类典型海洋牧场，即装备型海洋牧场、投礁型海洋牧场、底播型海洋牧场和田园型海洋牧场，分析不同海洋牧场的特点，基于监测体系和管控体系针对性地提出个性化的作业生产智能管控方案。

1. 装备型海洋牧场作业生产

在深海网箱养殖领域，由于环境条件复杂且人力不易到达，海洋牧场运营对智能化和少人化技术的需求尤为迫切。智能化技术的应用，如自动化投饵机的使用，不仅提升了作业的自动化程度和准确性，还有效降低了人工成本和环境影响。自动化投饵机需要根据预设的投喂模型，精确控制饵料品种、投喂量、投喂频率和时间，实现精准化管理。这种方式可以显著减少饲料损耗和环境污染，提高了经济效益。

为了防止鱼类的逃逸，深海网箱养殖采用了网箱巡检水下机器人（图 3-12）。这种机器人能够随时检查网衣的破损情况，并及时进行修复，确保网衣的完整性和鱼群的安全。同时，水生生物监测机器人也被广泛应用于深海网箱养殖中，这种机器人能够形成监测视频，运用 AI 算法模型对视频进行即时识别分析，从而更快、更准确地了解网箱养殖鱼类的生长状况。通过智能管控系统将投喂模型、监测视频和分析结果集成展示在一张图上，为养殖户提供针对性的管理建议。

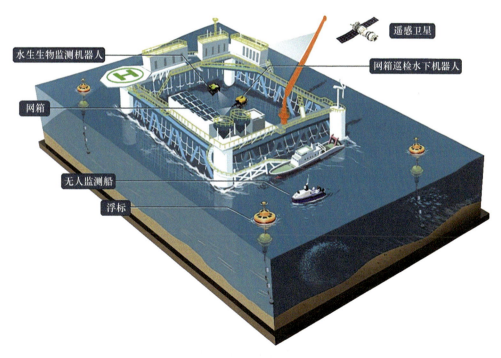

图 3-12 装备型海洋牧场作业生产

相关智能化技术的应用，不仅提高了深海网箱养殖的效率和安全性，还降低了养殖成本，提高了养殖收益。通过减少饲料损耗、防止鱼群逃逸、及时监测健康状况，能够获得更高的生产效率和经济回报。同时，智能化养殖推动了海洋渔业的可持续发展，减少了对环境的负面影响，为未来的海洋牧场管理提供了新的思路和方法。随着技术的不断进步和应用的深入，智能化深海网箱养殖将在未来发挥更加重要的作用，引领海洋养殖业的创新与发展。

2. 投礁型海洋牧场作业生产

在投礁型海洋牧场中，需要投放大量的人工鱼礁，并进行以海参为主的海珍品底播养殖等作业（图3-13），海参采收期及日常看护人力成本高，且传统方式无法对海参的生长状况进行监测，因而难以实现基准采收。无人投饵船、无人海参采捕机器人、自主监测水面无人艇等无人装备的应用，替代了传统的人工潜水员作业方式，这些装备与智能管控系统集成，实现了对海参生长的精准分析和高效作业。智能管控系统提供数字化的生产作业管理，可向装备下达作业指令，实时接收装备作业信息，监控作业执行过程。此外，智能管控系统还能监测水质、气象和海洋生物的健康状况，帮助养殖户实时调整养殖策略，优化资源分配。

图 3-13　投礁型海洋牧场作业生产

自主监测水面无人艇作为一种自动化、智能化的水面作业平台，能够搭载各种传感器和作业设备，对海域进行全方位的监测和作业。在底播海参养殖中，无人艇可以搭载多波束测深系统、水下摄像机等设备，通过智能管控系统接收和分析海水温度、盐度、流速等监测数据，分析海参的生长状况视频，对礁体海参的生长环境进行实时监测和评估。

无人海参采捕机器人是一种水下作业设备，具有更高的灵活性和机动性。它可以搭载摄像头深入水下，对礁体海参的生长情况进行近距离观察，并实时分析视频，发现成年海参，直接捕捞，提高了采收效率。

相比传统的人工潜水员作业方式，自主监测水面无人艇和无人海参采捕机器人具有明显的优势。它们不仅能够在复杂多变的海洋环境中长时间、高效率地工作，还能够避免潜水员因长时间潜水带来的健康风险。同时，通过智能化的数据分析和决策支持系统，可为养殖户提供更加科学、准确的建议，帮助养殖户实现精细化管理，提高养殖效益。

3. 底播型海洋牧场作业生产

在底播型海洋牧场中，底播增养殖的海参、鲍、栉江珧、西施舌等海产品采捕难度大，单位产值能耗和物耗偏高，目前主要依靠人工采收，用人成本高，且水下采捕作业风险高。通过智能管控系统和无人装备的集成应用，底播型海洋牧场实现了高度自动化和精准化作业生产（图3-14）。

图 3-14　底播型海洋牧场作业生产

无人投饵船可以进行一种作业，也可以多种作业协同进行，可搭载多种传感器和作业设备，能够在底播型海洋牧场中自由航行，对养殖区域进行全方位的监测，通过智能管控系统，接收和存储海水温度、盐度、流速等监测数据，对养殖环境数据进行实时查看，对海产品的监控视频进行智能分析，随时掌握海产品的分布和生长状况，从而指导规划作业路径，下达精准作业任务，进行精准监测、投喂和采收，确保海产品获得充足的营养，健康成长。

无人采收水下机器人则是智能化底播型海洋牧场作业生产的另一重要组成部分，主要用于对海参、栉江珧等海产品进行精准采收。通过机械臂和作业工具，无人采收水下机器人搭载摄像头，能够根据中心系统提供的视频分析结果，准确地捕捉海产品位置，并进行高效的采收作业，不仅提高了采收效率，还降低了劳动成本。

4. 田园型海洋牧场作业生产

在田园型海洋牧场中，遥感卫星技术的应用为养殖户提供了前所未有的监控手段（图 3-15）。海带作为重要的海产品，其产量大、价值高，因此对其养殖过程进行智能化、数字化管理显得尤为重要。

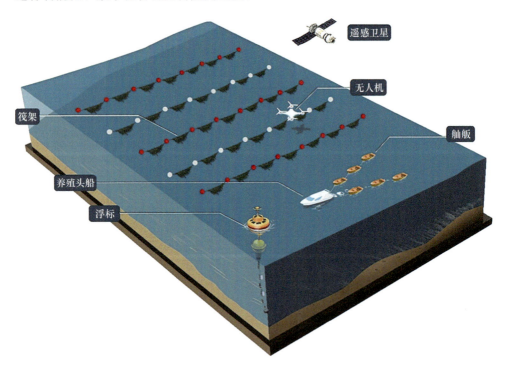

图 3-15　田园型海洋牧场作业生产

利用遥感卫星技术，通过拍摄海面图像并进行反演，能够识别海上筏架设施。以海带养殖为例，在采收季节，通过提供遥感图像识别已采收区域和未采收区域，帮助养殖户对海带的产能进行实时监测和精准评估。基于遥感数据的分析结果，养殖户可以灵活调整养殖密度及海带收割时间等养殖策略，以适应外部环境的变化，优化养殖效果。该技术不仅提高了评估的准确性，还大大缩短了评估时间，为养殖户提供了及时的生产指导。

遥感卫星技术能够实现海水水质和水动力环境参数监测，将监测结果集成到管控系统，可以实现数据的实时更新和长期趋势分析，帮助养殖户了解海洋牧场生产的外部环境条件，更准确地评估养殖产品的健康状况和生长进度。

（三）信息驱动的海洋牧场评价和管理

海洋牧场作为海洋资源可持续利用的重要模式，其评价和管理显得尤为关键。海洋牧场评价指标体系的构建，是确保海洋牧场可持续发展的关键，其不仅能够指导政策制定和资源配置，还能为企业提供决策支持，优化生产流程，提高经济效益。在这一过程中，数字化手段的应用为评价指标体系构建提供了强有力的支撑。通过集成环境监测、资源管理、产出分析等多维度数据，能够构建一个全面、动态的评价指标体系，以信息驱动的方式实现海洋牧场的精细化管理。

1. 海洋牧场渔业产出评价

渔业产出评价是衡量海洋牧场经济效益的关键环节。智能管控系统为渔业产出评价提供了重要的数据支撑，通过实时监测养殖生物的生长状况，包括体重、数量等关键数据，并进一步处理分析，结合市场价格信息，评价渔业产出的经济价值，包括产量和产值。这不仅促进了更精确的渔业产出评价，还为制定科学的养殖计划提供了依据。

通过智能化处理，养殖户可以优化喂食策略、调整养殖密度、动态评价产出价值，并及时调整销售与养殖规模。智能管控系统也通过预测和识别潜在风险因素，提供决策支持，减少资源浪费，并提升资源利用效率。

总体而言，智能管控系统和环境监测系统的应用，为渔业产出评价和环境保护提供了一套全面、高效的解决方案。这些技术的应用使得渔业管理更为精准、及时，生态保护更为科学、有序。展望未来，随着技术的不断进步，这些系统将在渔业产出评价和环境保护中发挥更加重要的作用，促进海洋牧场的可持续发展，保障海洋渔业的经济效益与生态健康并重。

2. 海洋牧场资源养护评价

资源养护评价是确保海洋牧场资源可持续利用的关键步骤，智能管控系统和数字化技术在此过程中发挥着至关重要的作用。智能管控系统通过实时监测海洋环境，记录海水养殖生产过程中的各种信息，提供关于渔业资源状态的精确数据，为资源评价提供了重要的量化依据。这些数据不仅包括生物的数量和分布，还涵盖了水质条件、栖息地变化等环境因素，使得资源养护评价更加全面和准确。

其中，本底调查为渔业资源的基础数据收集提供了全面的数据支持，详细记录了不同种类的数量、分布和生物学特性，这些基础数据是理解渔业资源现状和趋势的起点，为制定合理的管理策略打下了坚实的基础。

生态承载力评估模型用于分析资源的恢复能力和可持续承载量。状态空间模型或系统动力学模型等工具，可以通过模拟不同的捕捞压力、环境变化和生态修复措施对资源的影响，预测资源在不同管理策略下的变化趋势。这些模型的运用对于理解和预测渔业资源的动态变化极为关键，有助于制定科学、合理的资源养护策略。

结合渔业资源调查和生态修复措施，可以有效地保护和养护渔业资源。例如，通过修复受损的栖息地，重新建立生态平衡，或者通过设定科学合理的捕捞配额，防止过度捕捞，确保资源的恢复和再生。这些措施有助于实现海洋牧场资源的长期可持续利用，保障海洋渔业的经济效益与生态健康并重。

3. 海洋牧场环境保护评价

在环境保护评价方面，环境监测系统和智能管控系统的应用显著提升了对海洋环境的监控与保护能力。环境监测系统能够实时、持续地提供水温、盐度、溶解氧含量等关键参数的监测数据。通过风险决策库，系统能够自动识别水质异常现象，并及时发出预警，从而对可能的环境风险做出快速响应，有效减少污染事件的发生。

生物多样性的监测也得益于先进技术的应用。水下摄像和声学探测技术为记录海洋中物种的种类、数量和分布提供了有力支持。基于这些技术，能够深入海底对生物群落进行非干扰式的长期观察，收集关于海洋生物多样性的宝贵数据。结合生物多样性指数进行量化评估，管理者可以更准确地了解海洋生态系统的健康状况，为制定保护措施提供科学依据。

无人机巡检技术在监测海洋垃圾污染方面显示出了高效性，通过高清影像资料和图像识别技术，能够精确统计海洋垃圾的种类、数量和分布情况，为后续的清理与治理工作提供了有力的数据支持。

综上所述，环境监测系统和智能管控系统的应用，为海洋环境保护提供了一套全面、高效的解决方案。这些技术的应用使得环境监测更为精准、及时，生物多样性保护更为科学、有序，同时也为海洋垃圾的治理提供了强有力的技术支持。

第五节 数字海洋牧场发展趋势

随着数字技术的飞速发展，海洋牧场迎来了一场深刻的变革。数字化不仅为海洋牧场的管理和运营带来了新的模式和工具，还为海洋渔业资源的可持续产出开辟了新路径。本节将探讨数字海洋牧场的发展前景，分析在这一转型过程中所面临的挑战，并提出未来发展建议，通过深入分析，为政策制定者、科研人员以及海洋产业从业者提供参考，共同推动海洋牧场的数字化进程，实现海洋经济的可持续发展。

（一）数字海洋牧场的发展前景

1. 技术创新引领未来

物联网、大数据、云计算和 AI 等信息技术正日益融入生产生活，在数字海洋牧场领域，这些技术的引入和应用成为推动其持续创新和发展的强大动力。

物联网技术的深度应用使得人们能够实现对海洋牧场环境的全面、实时监测。通过在关键区域部署的传感器，可以持续收集海水温度、盐度、海流、溶解氧、pH 等关键环境参数，再通过无线传输技术将这些数据实时发送至管理中心。这不仅有助于及时了解海洋牧场的环境状况，更能为后续的决策分析提供准确的数据支持。

大数据技术提供了一种全新的视角来审视和管理海洋牧场资源。通过收集、整合和分析来自各个渠道的数据，人们可以更深入地了解海洋牧场资源的分布、数量和质量，进而做出更为科学合理的评估和管理决策。这不仅提高了资源的利用效率，还有助于及时发现并解决潜在的问题。

云计算技术为数字海洋牧场提供了强大的数据存储和处理能力。通过将数据存储在云端，人们可以随时随地访问和分析这些数据，无须担心数据丢失或损坏的问题。同时，云计算技术还能帮助处理和分析海量的数据，从而挖掘出更多有价值的信息。

AI 技术的应用更是将数字海洋牧场推向了一个新的高度。借助机器学习、深度学习等先进技术，人们可以构建出智能决策系统，实现对海洋牧场的智能化调控和管理，不仅提高了生产效率，还使得整个生产过程更为精准和可控。

2. 数字化管理渐成主流

随着信息技术的不断进步，海洋牧场的数字化管理水平也在持续提升。数字化管理已经成为现代海洋牧场运营的主流趋势，它通过高效的数据处理和精准的信息分析，为海洋牧场的可持续发展提供有力支撑。

数字化管理的核心在于多源异构海洋牧场数据的融合，不仅能够满足海洋牧场各类资源的基础数据收集、存储、管理与分发，还实时更新环境监测、生产活动等相关信息。通过数据共享机制，不同部门和人员可以方便地获取所需数据，从而提高决策效率和准确性。

数字化管理实现了数据的实时更新和查询，这意味着管理人员可以随时掌握海洋牧场的最新动态，包括水质状况、生物资源分布、生产效益等关键指标。这种即时性的信息反馈机制有助于管理者及时调整管理策略，确保海洋牧场的健康稳定发展。

3. 智能化生产是大势所趋

智能化生产是数字海洋牧场的重要发展方向。随着科技的进步，越来越多的智能设备和技术被应用到海洋牧场中，极大地提高了渔业生产的自动化、智能化和精准化水平。

智能养殖设备的引入是实现智能化生产的关键，这些设备能够自动监测和控制水质、投喂饲料、收集数据等，大大减轻了人工操作的负担。同时，智能监测系统能够实时跟踪养殖生物的生长情况，及时发现并处理潜在问题，确保养殖生物健康生长。

通过引入智能决策系统，人们可以根据实时监测到的数据对生产过程进行精准调控，不仅能提高渔业生产的效率和质量，还有助于降低生产成本和减少环境污染，从而实现海洋渔业的可持续发展。

4. 生态化发展至关重要

在追求经济效益的同时，数字海洋牧场越来越注重生态环境保护。通过科学规划和合理布局，实现海洋牧场资源可持续利用和生态环境保护。

为了实现这一目标，人们充分利用现代信息技术手段，如遥感技术、GIS 技术等，对海洋生态环境进行全面、深入的监测和评估。这些技术帮助人们及时发现并解决生态环境问题，确保海洋生态环境的安全和稳定。

与此同时，积极推动生态养殖模式的应用，通过合理控制养殖密度、优化饲料配方等措施，降低养殖活动对生态环境的影响。这不仅有助于保护海洋生态环境，还能提高渔业产品的品质，满足消费者对健康、绿色食品的需求。

（二）海洋牧场数字化面临的挑战

1. 技术应用和基础设施建设落后

海洋牧场数字化转型面临的挑战首先是技术应用和基础设施建设落后。尽管近年来我国在海洋技术和信息技术方面取得了显著进步，但在海洋牧场领域，先进技术的应用和普及程度仍然有限。许多现有的海洋牧场仍然使用传统的管理和监测方法，缺乏现代化的信息收集和处理系统。

数字化转型需要大规模数据收集、传输和处理能力，而现有的基础设施还难以满足这些需求。例如，海洋牧场需要稳定可靠的网络连接来实时传输数据，但在一些偏远海域，网络通信设施并不完善，这严重制约了数字化转型的进程。此外，先进的传感器技术、自动化装备、数据分析软件等也是数字化转型所必需的。然而，这些技术的引进和更新需要大量资金投入，对于许多小型或中型的海洋牧场来说，这是一项不小的经济负担。

2. 海洋牧场从业人员观念需要转变

除了技术和基础设施的问题，海洋牧场从业人员的观念转变也是数字化转型的一大挑战。许多从事海洋牧场工作的人员长期习惯于传统的工作模式，对新技术和数字化管理方式存在一定的抵触心理，认为新技术可能带来操作上的复杂性，甚至可能威胁到工作岗位。

大部分海洋牧场从业人员对数字技术方面了解甚少，缺乏操作先进设备和软件的能力。数字化转型不仅需要引进新技术，还需要培养一支具备数字化技能的队伍。然而，目前针对海洋牧场从业人员的数字化培训和教育资源相对匮乏，制约了数字化转型的推进。为了克服这一挑战，海洋牧场需要加强员工的数字化培训，提高数字化素养。同时，也需要通过沟通和宣传，让海洋牧场从业人员理解数字化转型的重要性和必要性，从而转变观念，积极使用新技术。

3. 数字化转型收益不确定

数字化转型的另一大挑战是收益不确定。虽然数字化转型在理论上可以提高海洋牧场的管理效率、生态环境监测能力以及渔业资源的可持续利用性，但实际收益却难以准确预测。

数字化转型需要大量的初期投资，包括技术引进、基础设施建设、员工培训等方面的费用。然而，这些投资是否能够带来预期的回报，往往存在很大的不确定性。市场需求的波动、技术更新的速度、政策环境的变化等因素，都可能影响数字化转型的最终效果。

数字化转型可能带来一些潜在的风险。例如，数据安全问题、技术故障等都可能对海洋牧场的正常运营造成影响。这些不确定性因素使得许多海洋牧场在数字化转型面前犹豫不决。

为了降低数字化转型的风险和不确定性，海洋牧场需要进行充分的市场调研和风险评估。同时，政府和相关机构也应提供必要的政策支持和资金扶持，助力海洋牧场顺利完成数字化转型。

（三）数字海洋牧场的未来发展建议

加快数字海洋赋能，激活海洋新质生产力的业态模式。搭建综合性的海洋大数据服务平台，涵盖空天地海立体观测网，提升信息服务决策能力。加快海洋牧场数字化、智能化发展，提升海洋产业智能化水平。建立数字海洋牧场建设先行示范区，在数字化建设基础较好的沿海地区，率先进行示范应用，探索可复制、可推广的模式经验。

随着数字海洋牧场的不断发展，产业化发展已经成为其重要的推动力。通过加强产业链整合和协同创新，努力提高海洋牧场产业的附加值和竞争力，推动其向更高层次、更广领域发展。

一方面，积极推动渔业与其他产业的融合发展，如将渔业与新能源、旅游休闲等产业相结合，打造多元化的海洋牧场经济体系。这不仅丰富了海洋牧场的产品和服务种类，还提高了其市场竞争力。

另一方面，加强与上下游企业的合作和协同创新，通过与科研机构、高校等合作，引入先进的技术和管理经验；与下游加工、销售企业合作，共同开发新产品、拓展新市场。这种产学研用一体化的合作模式有助于提升整个产业链的附加值和竞争力。

综上所述，数字海洋牧场在技术创新、数字化管理、智能化生产、生态化发展和产业化发展等方面都呈现明显的趋势，这些趋势不仅推动了海洋牧场的持续创新和进步，还为实现海洋渔业的可持续发展提供了有力保障。未来，随着更多先进技术的引入和应用，数字海洋牧场将迎来更加广阔的发展空间和更加美好的未来。

第六节　本　章　小　结

海洋牧场数字赋能以数据为基础，侧重于构建海洋牧场环境监测体系，研发数字化智能管控系统，实现数字化管理，为海洋牧场规划和建设、生产作业、灾害防控等提供数据支撑和决策支持。本章以海洋牧场智能管控系统为中心，分为五个部分进行介绍。第一部分为数字技术赋能海洋牧场建设，介绍海洋牧场数字化转型的必要性、海洋数字化信息技术、数字赋能智慧海洋牧场建设。第二部分为海洋牧场环境监测体系，介绍立体监测网络构建、多源异构数据融合以及海洋牧场数据管理平台。第三部分为海洋牧场数字化智能管控，分别介绍智能管控系统建设、智能感知与预测、智能决策与规划、智能作业与管理。第四部分为海洋牧场数字化应用场景，分别介绍海洋牧场规划和建设、作业和生产、评价和管理三个主要阶段的数字化应用场景。第五部分为数字海洋牧场发展趋势，主要介绍数字海洋牧场的发展前景、海洋牧场数字化面临的挑战，并对未来发展提出建议，进一步加快数字海洋赋能，激活海洋新质生产力。

参 考 文 献

杜元伟, 曹文梦. 2021. 中国海洋牧场生态安全监管理论框架体系. 中国人口·资源与环境, 31(1): 182-191.

顾郑平, 朱敏. 2018. 基于深度学习的鱼类分类算法研究. 计算机应用与软件, 35(1): 200-205.

贾文娟, 张孝薇, 闫晨阳, 等. 2022. 海洋牧场生态环境在线监测物联网技术研究. 海洋科学, 46(1): 83-89.

林明森, 何贤强, 贾永君, 等. 2019. 中国海洋卫星遥感技术进展. 海洋学报, 41(10): 99-112.

刘侦龙, 王骥, 麦仁贵. 2025. 基于改进 YOLOv10s 的海洋牧场水下海参检测方法. 农业工程学报: 1-9.

吕俊霖, 陈作志, 李碧龙, 等. 2024. 基于多阶段特征提取的鱼类识别研究. 南方水产科学, 20(1): 99-109.

钱程程, 陈戈. 2018. 海洋大数据科学发展现状与展望. 中国科学院院刊, 33(8): 884-891.

任焕萍, 李一凡, 张斌, 等. 2024. 海洋科学数据汇聚共享服务平台建设. 数据与计算发展前沿, 6(3): 92-98.

苏文, 张黎, 郭学兵, 等. 2022. 生态系统长期观测数据产品体系. 大数据, 8(1): 84-97.

杨红生. 2016. 我国海洋牧场建设回顾与展望. 水产学报, 40(7): 1133-1140.

杨红生, 丁德文. 2022. 海洋牧场 3.0: 历程、现状与展望. 中国科学院院刊, 37(6): 832-839.

杨红生, 江春嬉, 张立斌, 等. 2023. 试论数字赋能助力水域生态牧场建设. 水产学报, 47(4): 91-99.

赵鹏. 2022. "十四五" 时期我国海洋经济发展趋势和政策取向. 海洋经济, 12(6): 1-7.

中国信通院. 2022. 5G 应用创新发展白皮书. http://www.caict.ac.cn/kxyj/qwfb/ztbg/202112/P020211207595106296416.pdf.

Hu C Q, Pu Y W, Yang F H, et al. 2020. Secure and efficient data collection and storage of IoT in smart ocean. IEEE Internet of Things Journal, 7(10): 9980-9994.

Huo Y M, Dong X D, Beatty S. 2020. Cellular communications in ocean waves for maritime Internet of Things. IEEE Internet of Things Journal, 7(10): 9965-9979.

Lu J F, Zhang Y B, Cao R C, et al. 2023. Enhanced impact of land reclamation on the tide in the Guangxi Beibu Gulf. Remote Sensing, 15(21): 5210.

Mayer-Schönberger V, Cukier K. 2013. Big Data: A Revolution That Will Transform How We Live, Work, and Think. Boston: Houghton Mifflin Harcourt.

第四章　场 景 驱 动[①]

　　场景是指在特定时间和空间范围内，由环境因素和生物群落共同构成的复杂而具体的生态系统。在探讨海洋牧场资源管理与布局规划时，场景驱动提供了一种全新的视角，成为海洋牧场可持续发展的新质生产力。场景驱动强调对海洋牧场环境的宏观认识，以及将生态系统的动态变化与人类活动的规划紧密结合的重要性。这一过程是多学科交叉的，需要生态学、地理学、环境科学等领域的知识融合，以形成对海洋牧场特定场景最合适的管理和规划策略。在海洋牧场的规划与管理中，场景驱动的理念要求我们深入理解不同自然场景的资源和生态特性，并在此基础上提出相应的规划布局策略。通过这种方式，可以确保海洋牧场的建设和管理既符合生态保护的原则，又能满足经济发展的需求。本章旨在通过对不同场景的资源和生态特性进行深入分析，并在此基础上提出相应的规划布局策略，以促进对海洋牧场宏观布局的理解与规划。通过科学合理地规划布局，能够充分挖掘各区域的独特优势，不仅有助于实现海洋资源的可持续利用，还能促进海洋牧场产业的高质量发展。

第一节　不同场景的生态系统特征

　　根据水产行业标准《海洋牧场分类》（SC/T 9111—2017）、中国水产学会团体标准《海洋牧场建设规划设计技术指南》（T/SCSF 0011—2021）和山东省地方标准《海洋牧场建设规范　第 1 部分：术语和分类》（DB37/T 2982.1—2017），海洋牧场的规划与布局应聚焦河口、海湾、岛礁和深远海四个场景。这些场景分别承载着独特的生态系统和资源禀赋，构成了海洋牧场发展的基石。深入理解这四个场景的生态与资源特性，科学合理地规划布局基于四个场景的海洋牧场，对于确保海洋牧场的建设效果至关重要，既能充分挖掘各区域的独特优势，又能有效维持海洋生态的平衡与稳定。这不仅有助于实现海洋资源的可持续利用，还能促进沿海地区经济社会协调发展，从而推动海洋牧场产业的高质量发展。

一、河口

　　根据《海洋学术语　海洋地质学》（GB/T 18190—2017），河口（estuary）是指

[①] 本章作者：袁秀堂、房燕、刘辉、王旭、于正林、赵业、张洪霞。

河流终端与受水体（海）相结合的地段。河流生态系统和海洋生态系统的生态交错带是融淡水生态系统、海水生态系统、咸淡水混合生态系统、潮滩湿地生态系统、河口岛屿和沙洲湿地生态系统于一体的混合生态系统。我国具有丰富的河口区域，据统计，在我国 32 000km 的海岸线上，分布着大小河口 1800 多个，其中河流全长超过 100km 的超过 60 个，长江口、黄河口、珠江口、辽河口、钱塘江口等都是世界著名河口。河口作为淡水与海水的交界处，是陆地和海洋生态系统互相联系的重要区域，不仅承载着陆地与海洋之间的物质交换，还兼具河流与海洋生态系统的特征。河口因丰富的自然资源和优越的地理位置，已成为人类活动的重要区域。

（一）河口的生态与资源特征

河口场景的生态特征主要受到淡水-海水的进退交混以及入海泥沙沉积的影响，表现出复杂且特有的生态与资源特征，具体表现为水环境异质性高、生物资源丰富、生物耐受性广泛和人类活动影响显著。

1. 水环境异质性高

河口作为河流与海洋的交汇区域，是一个生态和物理化学特性持续变化的场景，环境变化极为活跃，受到淡水注入、潮汐的周期性涨落等的显著影响。淡水注入和潮汐的力量不仅驱动着水体的垂直和水平运动，还促进了营养物质的输送和混合以及形成了渐变的盐度梯度，从而深刻地影响了河口水环境的物理化学特性，包括盐度、温度、溶解氧含量和水体浊度等（Cardoso，2020）。

2. 生物资源丰富

河口作为淡水与海水的交汇点，其生态特征的形成与演变深受淡水与海水的相互作用以及泥沙沉积过程的影响。淡水的输入带来了丰富的营养物质，为生物提供了必要的生长条件，而海水的涌入则带来了盐分和海洋生物，与淡水生物相互作用，形成了独特的生物群落。河口在海洋生态系统中位居生产力最高之列，分布有典型的盐沼湿地或红树林等生态系统，通常拥有多样化和高生物量的底栖藻类、海草、盐沼植物和浮游植物群落等，这些都为鱼类和鸟类的高丰度和多样性提供了初级生产力支撑。此外，河口为当地居民提供了可持续利用的渔业资源，是许多鱼类、贝类以及海珍品的繁殖地和育苗场，具有重要的商业价值（Mitra and Zaman，2016）。

3. 生物耐受性广泛

由于潮汐和水文参数的季节性变化，生活在该栖息地的生物表现出广泛的耐受性，如广盐性、广温性以及耐低氧等。盐度的变化是河口最显著的特征之一，它随着淡水径流和海水潮汐的相互作用而波动。这种盐度梯度为多种生物提供了多样化的栖息地，使得河口成了生物多样性丰富的区域，大多数与河口相关的物种具有很高的广盐性（Elliott and Whitfield，2011）。生活在河口的生物可以分为：①低盐生物，仅能耐受低于 0.5 的盐度，部分生物可以耐受高达 5 的盐度；②河口生物，生活在河口盐度为 5～18 的中心部分，但也能在海洋中生存；③广盐性海洋生物，能够生活在广泛的盐度范围环境中；④狭盐性海洋生物，生活在接近河口处的完全海洋环境中（Cardoso，2020）。

4. 人类活动影响显著

河口生态系统是全球受人类活动影响最显著的系统之一。人口和经济增长以及全球大部分人口固定在沿海地区附近，对河口地区的人为影响在过去几十年中大大增加。当前，可以确定几个主要的河口生态系统人为压力源，主要包括营养物质富集（富营养化）、栖息地丧失和改变、化学污染、气候变化、资源过度开发和物种入侵（Selvaraj et al.，2024），河口的生态环境问题也日益突出：①陆-海-河相互作用显著，冲淤演变剧烈；②气候暖干化趋势明显，淡水资源的依赖性加剧；③互花米草大规模入侵，威胁近海生物多样性；④人类活动的影响加剧，滨海湿地退化严重；⑤陆海生态连通性受损，生态系统服务功能下降（杨红生，2017）。

（二）河口场景多样性

河口处于陆地、河流和海洋的交汇地带，是典型的多重生态界面，其场景具有复杂性和多样性。根据河、海的水动力条件，河口区分为近口段（以河流特性为主）、河口段（河流和海洋特性相互影响）、口外海滨段（以海洋特性为主）3个不同的区段（唐文魁和高全洲，2013）。3 个不同的区段的盐淡水混合过程是河口区水动力过程的重要组成部分（金元欢和孙志林，1992），混合过程引起的盐度变化是河口区域不同水盐场景划分的重要参数。杨红生（2017）依据不同盐土特征，将河口分为盐碱地（盐度<10）、滩涂（盐度 10～20）和浅海（盐度>30）3个不同的水盐场景。此外，从陆域到浅海，分布着池塘、盐沼湿地、滩涂和浅海等不同开发场景。

二、海湾

根据《海洋学术语 海洋地质学》（GB/T 18190—2017），海湾（bay）是指水域面积不小于以口门宽度为直径的半圆面积，且被陆地环绕的海域。海湾的形成与地质构造、侵蚀作用、沉积作用以及冰川活动等自然过程密切相关。地质构造如地壳运动和板块活动会导致地表凹陷，形成海湾；河流侵蚀和沉积作用可以塑造海岸线，形成沙洲和潟湖；冰川活动则能通过冰川侵蚀和融水沉积形成深度不一的海湾。据统计，我国现有不同大小的海湾1467个，其中面积大于$10km^2$的海湾有150多个，海湾岸线长度约占大陆岸线总长度的57%（寇江泽，2020）。海湾是我国最重要的海水增养殖和海洋牧场规划区域之一，养殖面积虽然仅占全国海水养殖总面积的30%左右，但产量约占全国海水养殖总产量的50%以上（杨红生等，2011）。

（一）海湾的生态与资源特征

海湾场景受陆源输入与外海流通的影响，具有丰富且独特的生物多样性和高度的生境复杂性，成为海洋生物重要的产卵、育幼和索饵场地，同时也是受人类活动影响最显著的区域。

1. 水环境复杂多样

海湾通常是半封闭的水体，其水流相对缓慢，潮汐作用显著。由于海湾的平面形态、面积大小、水深和地形地貌存在差异，尤其是与外海的隔离程度和气候条件各不相同，不同海湾的水文特征差别很大。首先，海湾的地理和水文特征决定了其作为栖息地的独特性。由于海湾通常处于小型河流入海口，淡水与海水的混合形成了丰富的营养物质，为多种海洋生物提供了理想的生存环境。例如，多样的沉积物和丰富的有机质为底栖生物提供了丰富的食物来源，提供了多样化的栖息条件。这些因素使得海湾成为生物多样性丰富的生态系统，许多鱼类和其他海洋生物在此繁殖和生长。然而，海湾的半封闭特性也使其容易受到陆源污染物的影响，工业排放废水、农业径流和城市污水等污染源通过河流进入海湾，导致水质恶化，常常面临营养物质过剩、有害藻华暴发等环境灾害问题。这些问题不仅影响海湾的生态系统，还对渔业资源和人类健康构成威胁，因此海湾的环境保护和水质管理显得尤为重要。海湾的水温、盐度、潮汐和海流的相互作用决定了其水文动态。这些因素共同影响海湾的生态系统和资源分布。例如，潮汐的涨落促进海水更新，稀释污染物，改善水质；而海流的作用则有助于营养物质的输送和分布，促进生物生产力的提升。然而，过度养殖和不合理的开发活动可能会破坏这些自然平衡，导致生态系统退化。由此可见，海湾作为重要的海洋生态系统，其规划与管理需要综合考虑水文特征、生物多样性和环境保护等多方面的因素。只有通过科学的研究和合理的管理，才能实现海湾生态系统的可持续发展，确保其生态功能和资源价值得到充分发挥。

2. 生物资源丰富

海湾生态系统在物种组成上与湾外海域保持着很高的相似性，但受水交换和陆源的影响，其相对丰度和多样性会有所不同，有些海湾也有不同于湾外海域的特有种。海湾与毗连海洋生态系统在物种组成上的差别主要与海湾的封闭程度和水交换周期有关，一般浮游生物相似度会高于底栖生物，水交换越强相似度越高。受陆源输入的影响，海湾生态系统最大的特点是营养盐供应充足，初级生产力水平高。丰富的饵料生物使其成为重要的海洋生物产卵场、育幼场和索饵场。海湾特有的栖息地如海草床、海藻场和牡蛎礁，不仅提供庇护场所和食物来源，还具有固碳、防波固岸和水质净化等生态服务功能。这些栖息地是生物多样性丰富的热点区域，维持着海湾的生态平衡和生物资源的可持续利用。

3. 生态价值与经济价值并重

海湾是陆地和海洋之间的重要纽带，凭借高生产力和生物多样性，成为人类最早利用的区域之一。由于具有独特的地理位置和丰富的资源，海湾极易受到人类活动的影响，也是全球生态系统中最有价值和最受关注的区域之一。海湾地处海陆接合部，长期承受海洋和陆地的双重影响，形成了复杂的生态系统。与此同时，海湾蕴藏着大量资源，具有独特的自然环境和明显的区位优势，是人类开发利用最充分的区域，并因此形成了特有的自然景观和人文景观（陈则实等，2007）。在经济和社会发展中，海湾占据重要地位，提供了渔业、养殖业、航运、旅游和娱乐活动的场所。渔业和养殖业依赖于海湾丰富的生物资源，成为沿海地区经济的重要支柱。丰富的水产资源不仅满足了当地居民的食物需求，还为市场提供了大量高价值的水产品。与此同时，海湾的地理位置和天然港湾条件使其成为航运业的理想场所，促进了区域贸易和物流的发展。得益于优美的自然景观和丰富的生态资源，旅游和娱乐活动也在海湾区域蓬勃发展，海湾的独特景观吸引了大量游客，带动了当地的旅游业和相关服务业的发展，为沿海地区创造了就业机会和经济收入。海湾还提供了众多休闲娱乐的场所，如海滩度假、海上运动和生态旅游，进一步提升了经济价值和社会效益。然而，经济活动的繁荣也带来了环境污染和栖息地破坏等问题。工业排放废水、农业径流和城市污水等污染源通过河流进入海湾，导致水质恶化，生物栖息地被破坏，生态系统面临巨大压力。有害藻华暴发、海洋垃圾堆积和过度捕捞等问题更是严重威胁海湾的生态平衡和资源可持续利用。作为陆地和海洋之间的纽带，海湾在生态价值与经济价值上并重。通过科学管理和合理开发，海湾不仅能继续为人类提供丰富的资源和多样的服务，还能在保护生态环境、促进经济发展的过程中发挥重要作用，最终实现资源的可持续利用和平衡发展。

4. 资源环境衰退严重

近年来，由于水域环境污染不断加剧以及长期以来对渔业资源的持续高强度开发利用，我国海湾生物资源和水域环境遭到严重破坏，水域生态荒漠化现象日益严重，珍贵水生野生动植物资源急剧衰退，水生生物多样性受到严重威胁。气候变化引起的海平面上升和温度变化进一步加剧了这些挑战，威胁着海湾生态系统的健康与稳定。《2023中国海洋生态环境状况公报》显示，2023年监测的8处海湾生态系统均呈亚健康状态，个别海湾海水呈重度富营养状态，鱼卵和仔稚鱼密度过低、大型底栖生物密度和生物量低于正常范围。侯西勇等（2016）的研究显示，自20世纪40年代以来，我国海湾岸线的开发利用程度不断增强，岸线结构变化显著，自然岸线的长度和比例急剧减小。保护和修复典型海湾生境，并探索高效增养殖技术是实现资源恢复的重要举措，是区域社会经济发展及生态建设的迫切需要。

（二）海湾场景多样性

海湾通常是半封闭的水体，水流较为缓慢，潮汐作用显著。海湾的水质易受陆源污染物的影响，常常面临营养物质过剩、藻华暴发等环境问题。水温、盐度、潮汐和海流的相互作用决定了海湾的水文动态，这些因素共同影响海湾的生态系统和资源状况。海湾生态系统支持独特而多样的生物种类，包括鱼类、无脊椎动物、海鸟和海洋哺乳动物等。特有的栖息地如海草床、红树林和珊瑚礁，不仅提供庇护场所和食物来源，还具有固碳、防风固沙和水质净化等生态服务功能。这些栖息地是生物多样性的热点区域，维持着海湾的生态平衡和生物资源的可持续利用。众多的海湾，分布在不同的位置，有不同的形态和地貌特征，按照成因可将海湾分为原生型海湾、次生型海湾和混合型海湾三大类，根据规模和形态可将海湾分为大型海湾、小型海湾和潟湖等类型。大型海湾如墨西哥湾，面积广阔，深度较大；小型海湾如澳大利亚的鲨鱼湾，规模较小但同样具有重要的生态功能；潟湖则是海洋被沙洲或珊瑚礁隔开的浅水湾，常常具有高生物多样性。根据水深可将海湾分为浅水湾、中等深度湾和深水湾。浅水湾（水深小于5m）易受潮汐和风浪的影响，水温和盐度变化大，常见于河口和沿海岸线，有丰富的红树林、海草床和滩涂资源。中等深度湾（水深5~10m）水温和盐度较为稳定，水动力适中，适合多种海洋生物生存，生态系统多样性较高。深水湾（水深超过10m）水温和盐度变化小，水动力强，常见于陡峭海岸线和复杂海底地形，生物多样性丰富。

三、岛礁

岛礁（island，本书主要指海岛）是海洋国土的重要组成部分，是国家海洋权益的前沿阵地，是拓展海洋发展空间的重要基点。我国2010年3月1日开始实施的《中华人民共和国海岛保护法》对海岛相关概念作出了规定：海岛是指四面环海水并在高潮时高于水面的自然形成的陆地区域,包括有居民海岛和无居民海岛。作为连接内陆和海洋的桥梁,海岛具有重要的意义。第一,海岛是国家海上防御的第一道防线,对维护国家安全具有极其重要的意义。第二,海岛是国家海洋管辖权和海洋权益的标志和象征,海岛的归属问题决定了众多相关海洋管辖权和资源开发权。第三,海岛拥有独特的自然资源优势(包括空间资源、水域资源、渔业资源和油气资源等)和独特而良好的自然环境,在海洋经济发展中扮演着独特的角色。第四,海岛所具有的地质特征、生态资源和地理优势,使其成为天然的自然保护地和科学研究的天然实验室。

根据《2017 年海岛统计调查公报》,我国共有海岛 11 000 余个,海岛总面积约占我国陆地面积的 0.8%。其中,500m^2 以上的海岛有 6500 个以上,总面积超过 6600km^2,其中 455 个海岛人口达 470 多万。从省份来看,浙江省、福建省和广东省海岛数量位居前三位。我国海岛分布不均,呈现南方多、北方少,近岸多、远岸少的特点。按区域划分,东海海岛数量约占我国海岛总数的 59%,南海海岛数量约占 30%,渤海和黄海海岛数量约占 11%;按离岸距离划分,距大陆小于 10km 的海岛数量约占我国海岛总数的 57%,距大陆 10～100km 的海岛数量约占 39%,距大陆大于 100km 的海岛数量约占 4%。

（一）岛礁海域生态与资源特征

1. 岛礁海域生态环境相对稳定

虽然部分岛礁海域存在工业和航运等开发活动,但相较于近岸海域,旅游业、渔业以及有限的居住活动使得人类对这些区域的干扰相对较小,从而更好地保持了自然演替的状态。沿海地区常见的陆源污染(如工业废水中的重金属、农业径流中的化肥和农药、城市生活污水中的有机污染物等)对岛礁海域的影响相对较小,即使是有工业和航运活动的岛礁,通常也会采取较严格的环保措施以减少污染。同时,由于岛礁大多处于开放海域,受海流、潮汐等自然因素的影响较大,较强的海洋物理过程使得水质保持在较高等级。此外,涉及物种栖息和保护的关键岛礁被划定为自然保护区或海洋保护区,采取严格的生态保护措施,限制渔业、旅游活动并开展定期生态监测,确保生态环境得到更好的保护和恢复。总体而言,岛礁海域由于较少的人类活动和更严格的环保措施,能够更好地保持自然环境,成为生物多样性保护的重要区域。

2. 自然岸线保有率高

自然岸线保有率是指一个地区的自然岸线长度占该地区总岸线长度的比例。自然岸线包括未经过人为改造或破坏的原始岸线形态,如沙滩、岩礁、牡蛎礁和红树林等天然地貌。高自然岸线保有率对海岛生态系统的保护至关重要,能够防止海岸侵蚀、提供栖息地和维持生物多样性、降低风暴潮和海浪对海岛的冲击，减少自然灾害带来的破坏风险。例如，红树林能够防止海岸侵蚀，复杂的根系可以有效捕捉沉积物，净化水质，并为海洋生物提供庇护所和食物来源；牡蛎礁通过滤食作用可有效净化水质，并且能减缓海浪和风暴潮的冲击，起到天然屏障的作用，从而保护海岸线免受侵蚀。海岛自然岸线往往具有特色的社会和文化传统，具备较高的旅游价值。

3. 生物与栖息地多样性

岛礁海域通常可提供多样的栖息地，包括珊瑚礁、海藻场、自然岩礁和潮汐池等。这些栖息地为海洋生物提供了较高异质性的生存条件，使得岛礁海域成为海洋生物多样性的热点区域，包括鱼类、甲壳类、海洋哺乳动物、海鸟等。珊瑚礁是海洋生态系统中最复杂和生产力最高的区域之一，不仅为众多鱼类和无脊椎动物提供了栖息地，还为觅食、繁殖和躲避捕食者提供了理想的环境。珊瑚礁的结构复杂性和高生物量使其成为许多海洋生物的家园，吸引了各种物种在此共存和竞争，形成了丰富的生物多样性。海藻场有助于维持生态平衡，支持复杂的食物网和多样的生物群落。海藻不仅是许多海洋生物的食物来源，还为小型鱼类和无脊椎动物提供庇护和繁殖的场所。自然岩礁和潮汐池则为许多特定的海洋生物提供独特的生存空间。此外，岛礁海域还是许多海洋哺乳动物和海鸟的重要栖息地。

（二）岛礁场景多样性

岛礁海域作为相对独立特殊的生态区域，其场景同样具有复杂性和多样性。根据岛礁海域的环境特点和生态功能，可将岛礁区分为潮间带段（环境要素波动大）、浅水岩礁区（复杂的岩礁生境）、离岛深水区（以海洋特性为主），3 个区域空间相连、生境异质、生物类型具有梯度变化，其中岩礁分布和水深变化是最重要的参数。上述特征在进行岛礁型海洋牧场规划时，需作为保护、修复和开发的依据，结合自然禀赋规划牡蛎礁和珊瑚礁修复区、增养殖区、观光旅游区、渔业养护区等功能区。

四、深远海

渔业、海洋学、地学、政府间组织、政府部门等对深远海的定义不同，《关于加快推进深远海养殖发展的意见》对深远海养殖的定义为：主要指以重力式网箱、桁架类网箱及养殖平台、养殖工船等大型渔业装备为主体，以机械化、自动化、智能化装备技术为支撑，在深远海进行规模化高效水产养殖的方式。其中，桁架类网箱及养殖平台、养殖工船原则上应布设在低潮位水深不小于20m或离岸10km以上的海域，重力式网箱的布设水深不小于15m。基于我国大陆架特征和我国国情，本节提到的深远海智慧渔场和深远海养殖海域以《关于加快推进深远海养殖发展的意见》给出的海域为准，用英文"deeper-offshore"表述较为合适（董双林等，2023）。

近年来，随着海洋牧场理论与实践的不断进步，越来越多的省份，如山东省和广东省等，已将深远海养殖视为海洋牧场建设的重要组成部分。将深远海养殖与海洋牧场相融合，建设深远海智慧渔场标志着海洋资源的可持续利用和海洋经济的创新发展正迈向新的里程碑。

（一）深远海的生态与资源特征

1. 拓展空间广阔

我国有近300万 km^2 的主张管辖海域，沿海大陆架水深20～40m的海域面积有37万 km^2，可利用的海域资源十分充足。以黄海冷水团为例，北起辽东半岛的大连外海，南端延伸至东海，覆盖辽宁、山东、江苏外海海区，占据 1/3 的黄海深层区域，面积约 13 万 km^2（董双林，2019）。

2. 生态承载力巨大

深远海海域水流急、水动力强、水质好，有利于物质输送、生物迁移以及养殖水体的交换和养殖排放物的转移、扩散和净化，不易造成海水富营养化。我国近岸大陆架丰富的沿岸洋流与外海暖流的交汇，携带充沛的海洋能量，持续运输和稀释近海污染，提升深远海自我净化和修复的能力（林鸣，2022）。养殖生物与野生种群的接触少，从而降低了疾病传播的风险，生态承载力巨大。

3. 受人类活动的影响小

深远海远离人口密集的沿海，资源开发难度大、成本高，在此区域的资源开发活动较少，受人类活动的影响较小。深远海的航运密度远低于近海和主要航道，因此航运活动对环境的影响较小。此区域水交换率高，污染物含量低，因此深远海养殖可减轻各种污染对养殖生物的负面影响，为人们提供更优质的水产品。

4. 可再生能源丰富

深远海的风能、波浪能、潮汐能、温差能等可再生能源丰富。根据世界银行的统计数据，全球可利用的海上风能资源总量超过 710 亿 kW，其中深远海的海上风能资源量占比高达 70%以上。然而，这些资源的开发利用率还不足 0.5%，显示出巨大的开发潜力。国家气候中心的最新评估结果显示，我国深远海风能资源的技术可开发量超过 12 亿 kW，未来发展潜力巨大（张继红等，2021）。

5. 深远海养殖理论与技术体系尚未成熟

适合深远海的养殖技术、养殖物种的遗传育种、营养饲料与投饲、疾病防治、养殖产品的保鲜与加工、全链条冷链物流等尚未成熟（麦康森等，2016）。目前深远海养殖的养殖种类单一，北方海区缺乏普适性的养殖品种，深远海与近岸网箱养殖的许氏平鲉不具有市场竞争价格优势，仅黄海冷水团区域适合养殖大西洋鲑；南方海区开展了卵形鲳鲹、石斑鱼、海鲈、军曹鱼、大黄鱼等的深远海养殖。综合来看，深远海养殖亟待开发适于不同海区的养殖品种和技术。

大型养殖装备如抗风浪网箱、大型围栏、坐底式网箱和深远海养殖平台等是深远海养殖的必需载体，其自动化、信息化、智能化、抗灾害能力有待进一步提升。清洁能源、饮用水和新鲜食品供给等配套供给设施尚需技术创新和落地应用。深远海养殖相关法律法规体系需要综合研究，如深远海养殖与远洋捕捞的配合、与国际水产贸易衔接等。

（二）深远海场景多样性

深远海开发场景相对单一，参考不同的水深，从海面到海底的垂直空间较大，亟待研发深远海场景营造技术，开发深远海智慧渔场构建模式。通过资料收集和现场调查，掌握海域生态环境和生物资源状况，了解鱼类洄游通道、产卵场、索饵场、越冬场的分布情况，借助生态型产卵育幼设施、生境修复设施、资源养护设施等，有效开展野生渔业资源保护。同时，针对不同海域的水文、底质特点，选择适于该海域环境的养殖鱼类、底播贝类和海参等。根据海域潮汐、海浪、海流、台风等海况，设计适宜的养殖装备，依托大型养殖装备开展深远海养殖。充分利用深远海光照、风力和水动力资源，实现太阳能、风能、波浪能和潮汐能等清洁能源与深远海智慧渔场的融合，确保能源安全保障。有机融合景观建设，发展文旅产业，布局以深远海智慧渔场为核心的跨界融合产业链条，构建产业多元融合发展模式（杨红生和丁德文，2022）。

第二节　场景规划布局的理论基础与关键技术

一、场景规划布局的理论基础

（一）景观生态学

景观生态学强调空间格局与生态过程之间的相互作用，即在不同尺度上空间异质性的成因与后果。异质性、尺度、模式-过程关系、层次性、干扰、耦合的生态-社会动态以及可持续性等是景观生态学中的关键概念（With，2019），而景观生态学是海洋牧场场景规划布局的重要支撑理论来源。例如，如何将空间异质性与海洋牧场的生态过程关联，海洋牧场的空间异质性如何影响有机体、物质和能量的流动，海洋牧场景观格局如何影响诸如疾病、灾害和物种入侵等干扰的传播，空间异质性如何帮助改善生物多样性的保护规划和管理，以及如何开发和维护海洋牧场可持续的景观等问题均是景观生态学可以解决的问题。海洋牧场场景规划布局依赖景观生态学研究通常使用的由野外调查、航空摄影的卫星遥感等技术手段获得的空间信息，以及模式指数、空间统计和计算机模拟建模等，以了解海洋牧场形成空间异质性的原因、机制和后果，为海洋牧场场景规划布局提供可持续景观生态。

（二）生境适宜性

生物体、种群或生物群落所栖息的区域及其环境称为生境，它涵盖了所有必要的生存资源和对生物有影响的生态要素，适宜的栖息环境能促进海洋牧场生物种群的持续生存。海洋牧场生境适宜性描述了生境支持特定物种的能力，描述生境适宜性的一个简单方法是确定一个生境的自然程度，生境越是接近自然状态，物种居住在其中就越适宜，相关工具包括生态系统服务与权衡的综合评估模型（InVEST）、生态位模型（ENM）和生境适宜性指数模型（HSIM）等（Muhammed et al.，2022）。开展不同场景的生境适宜性评估可有效揭示海洋牧场场景生境质量，为海洋牧场不同场景可持续发展规划提供基础数据支撑。

二、场景规划布局的关键技术

（一）生态安全均衡规划

当前，我国海洋牧场建设过程中普遍存在的问题，如单一追求经济效益、缺乏全面的可行性分析、环境影响评估不充分以及生境适宜性考量不足等，已对海洋生态安全构成了严重威胁。在此背景下，运用地理信息系统（GIS）和遥感技术对海洋牧场进行科学规划和建设显得尤为重要，这也促使了相关计算机系统的发展。过去，海洋牧场功能区的划分往往需要经历烦琐的数据处理过程，并依赖复杂的 GIS 理论及软件操作，这不仅增加了工作的难度，还导致功能区的划分缺乏科学性和准确性。

海洋牧场生态安全均衡规划技术可实现理想规划与现状评估功能，旨在为尚未开发的海域提供基于生态安全的科学空间规划，同时对现有海洋牧场的功能区划分进行评估，以识别存在的问题，并为未来的功能区调整提供科学依据和参考。这一技术方案强调了在海洋牧场场景规划布局中，实现生态安全与生态平衡的重要性，指明了通过科技手段，如 GIS 和遥感技术，实现海洋牧场生态安全均衡规划的现实与必要性。通过这种方法，不仅可以有效避免盲目建设带来的负面影响，还能确保海洋牧场建设的长期可持续性和生态环境的健康。

（二）景观格局指数

景观格局是由自然或人为形成的一系列大小、形状各异且排列不同的景观要素共同作用的结果，是各种复杂的物理、生物和社会因子相互作用的结果。景观格局指数可用于量化土地覆盖特征的空间格局，有助于将景观生态学的概念应用于海洋牧场景观监测和规划，客观地描述了景观结构和模式的不同方面（Zhou and Li，2015）。

国内外对景观格局的研究始于 20 世纪 50 年代，以欧美国家为代表，主要关注景观格局的空间及时空演化特征与功能机制、景观格局与景观多样性的关系、景观格局与城市动态的联系、景观格局的预测以及景观格局转变对生态系统构建的影响，主要方法包括逻辑回归模型、土地变化模型等。例如，景观格局演化与模拟，使用土地利用状态转移模拟；构建缓冲区，采用层次分析法或景观格局的尺度效应；建立驱动因素库，研究景观动态变化，并进行模拟预测；景观格局优化，借助最小累积阻力模型构建多级生态网络；景观格局与生态风险结合，使用景观生态风险指数模型（Liu et al.，2023）。

当前，景观格局指数具有数量丰富、类型多样的特点。常用的景观格局指数有：①表征面积的指数，包括斑块类型面积（CA）、斑块面积所占景观面积的比例（PLAND）和最大斑块指数（LPI）；②表征斑块形状和密度的指数，包括斑块数（NP）、斑块密度（PD）、景观形状指数（LSI）、面积-周长分维数（PAFRAC）和平均斑块面积（MPS）；③表征分离性的指数，包括蔓延度指数（CONTAG）和散布与并列指数（IJI）；④表征多样性的指数，包括香农多样性指数（SHDI）、丰度（PR）和香农均匀度指数（SHEI）（张馨艺，2013）。

（三）物种分布模型

物种分布模型（species distribution model，SDM），也称为栖息地适宜性模型和生态位模型，是一种通过统计关系描述物种丰度或发生率与生物和非生物环境之间关系的模型。SDM 基于生态位理论，利用物种和环境因子数据来建模，预测物种的适宜生境（丛佳仪等，2024）。近年来，SDM 已成为生态学和进化生物学研究的重要工具，成功应用于生物地理学相关问题揭示、物种分布驱动因素的阐明、评估物种对气候变化的响应等方面。随着人类活动的加剧，SDM 也被广泛用于预测物种对气候变化的响应、搜寻濒危物种种群、评估栖息地破碎对物种分布的影响等，为生物多样性保护和物种灭绝风险评估提供了重要信息。SDM 可对每个组成物种进行单独分析，也可对多个物种的整合分布数据进行联合分析。这些模型在生态学、进化生物学、生物地理学等领域有着广泛的应用。

基于 SDM 开展研究的典型步骤包括：①选择一个或多个适用的 SDM 模型，并将其拟合到数据中；②评估模型的拟合效果和预测能力；③选择最佳模型来解释环境与物种分布的关系；④检验最佳模型的参数估计，了解物种分布背后的驱动因素；⑤使用最优模型来预测物种在未调查地点或不同环境条件下的分布。

SDM 主要分为相关模型和机理模型两大类。相关模型适用于拟合物种分布与环境因子之间的关系，并预测物种的适宜分布范围；而机理模型将物种的形态、行为、生理特征等信息与环境数据结合，预测物种能够生存和繁殖的区域。生物分布与种间相互作用紧密相关，在生物地理分布研究中常常需要考虑这种相互作用。得益于现代统计学和计算能力的进步，相关学者提出了研究多物种分布的方法，即联合物种分布模型（joint species distribution model）。该模型可以将环境梯度分析和种间关系的研究相结合，以统计学模型的方式表现出来。JSDM 在生态学领域有很好的应用前景，如研究集群过程，从非生物影响中分离生物影响、估计种类关联网络以及群落分布的预测等。

（四）生境适宜性评估

栖息地适宜性评估是评估生物栖息地适宜性程度的重要方法之一。生态适宜性评估是以特定海域范围内的生态系统类型作为基本评估单元，根据研究区域海洋自然资源与环境的空间分布和开发利用特点，分析区域特征中涉及的生态系统敏感性与稳定性，筛选具有代表性的生态特性因子进行量化。在建立区域海洋生态适宜性评估指标体系的基础上，对研究区域海洋自然和社会属性开展空间定量评估，划定基于海洋生态保护和修复的海洋生态系统适宜性等级下的功能分区，识别区域海洋资源的生态潜力和对区域可持续发展可能产生的制约因素。栖息地适宜性模型可以为自然资源管理、生态系统评估和生态系统恢复提供决策支持，对于保护规划的实现具有关键作用。

栖息地适宜性模型根据目标变量类型可分为分类模型和回归模型两种类型。分类模型适用于响应变量为存在、缺失或离散数据的情况，而回归模型适用于响应变量为连续数据的情况。栖息地适宜性模型的方法包括简单的栖息地适宜性指数模型、基于回归算法的线性回归模型、广义加性模型和多元判别分析，以及机器学习等非参数方法。其中，栖息地适宜性指数模型和回归方法原理简单、易于理解，但处理复杂关系的能力有一定局限性。相对地，机器学习方法可以灵活地处理复杂关系，在预测能力方面常优于回归类方法，但缺乏直观解释。近年来，增强回归树、随机森林、最大熵和遗传算法等模型方法的发展为评估海洋生物栖息分布提供了有力工具。

第三节 不同场景的海洋牧场规划布局策略

一、河口场景规划布局策略

（一）场景宏观规划布局

由于河口生态系统的复杂性，其场景多种多样，且盐度变化是河口不同场景的主要差异因素，因此河口场景的海洋牧场规划布局主要依据不同的水盐场景（盐碱地、滩涂和浅海），合理进行宏观布局：在盐碱地场景构建盐碱地生态农场，在滩涂场景构建滩涂生态农牧场，在浅海场景构建浅海生态牧场（图4-1）。首先，开展盐碱地、滩涂和浅海场景系统的调查研究及资源承载力的综合评估，通过综合考虑各类场景的类型、生态功能以及农牧渔业资源的特性，科学制定适应不同场景需求的海洋牧场规划建设方案。其次，依托多样化的水盐环境条件，结合卫星遥感技术和北斗卫星导航系统等现代技术手段，秉持"边开发边保护，边保护边开发"的理念，设计集保护、修复与重建于一体的海洋牧场规划布局。再次，运用系统性原理，将各水盐场景作为统一体，实现河口海洋牧场盐碱地-滩涂-浅

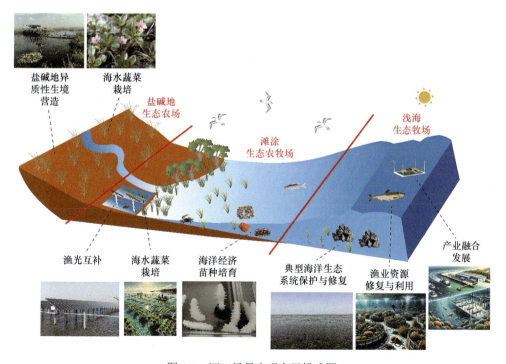

图4-1 河口场景宏观布局模式图

海一体化发展。最后,通过大数据平台与指挥调度体系等解析河口不同水盐场景的动态性,提升大数据技术在规划布局、承载力评估、环境预测以及疾病防治等领域的应用,实现海洋牧场的数字化管理。

(二)盐碱地场景规划布局

依据不同盐土特征,将河口盐度<10的区域作为盐碱地场景。该场景是河口重要的水盐场景之一,本身并无海水覆盖,是河口重要的淡水循环区,具有河口营养盐储存、陆源污染物迁移等重要生态功能,同时也是耐盐植物的重要分布区(杨红生等,2020a)。盐碱地场景海洋牧场建设应依据水盐动态与植物盐渍适应机制,聚焦盐碱地异质性生境营造、耐盐植物的选育种植等关键技术,整合生态保护、种养结合、特色产品开发与休闲旅游,创新构建盐碱地生态农场新模式,致力于提升河口盐土的质量与产能,同时确保生态环境的安全与可持续性(杨红生等,2022)。

1. 盐碱地异质性生境营造

基于异质性生境营造技术构建生境岛,通过盐碱地异质性生境营造技术、盐碱地土壤快速脱盐和地力培育技术以及耐盐经济植物培育技术等,打造水生-湿生-旱生多样化生境,既满足生态保育功能,又可为发展多样化生产模式提供基础。生境岛顶面土壤盐度异质性较大,可依据植物耐盐能力在不同盐度地块筛选种植物种,如高盐度地块选育种植黑果枸杞(*Lycium ruthenicum*)和小果白刺(*Nitraria sibirica*)等高耐盐经济植物,而中盐度地块可选择种植海滨木槿(*Hibiscus hamabo*)、枣(*Ziziphus jujube*)与海马齿(*Sesuvium portulacastrum*)等。

2. 耐盐植物的选育种植

种业是盐碱地生态农场的"芯片",选育耐盐碱作物品种、发展盐碱地种业是构建盐碱地生态农场的关键环节。赵可夫和冯立田(2001)以盐生植物被利用的特点,将盐生植物分为6类22种,包括食用盐生植物、饲用盐生植物、药用盐生植物、工业用盐生植物、保护和改造环境盐生植物以及濒危盐生植物。例如,枸杞(*Lycium chinense*)、海蓬子(*Salicornia europaea*)、海马齿等植物不仅具有耐盐性,同时还是海水蔬菜,因营养丰富、口味独特而深受大众喜爱(Wang et al.,2024;Yan et al.,2023);羊草(*Leymus chinensis*)等饲用盐生植物的种植可为河口畜牧业提供充足的饲料(Yan et al.,2023);野大豆(*Glycine soja*)、白刺、柽柳(*Tamarix chinensis*)和罗布麻(*Apocynum venetum*)等盐生植物具有重要的药用价值,极具开发潜力(刘谦等,2023)。此外,耐盐植物新品种的培育对盐碱地生态农场具有重要意义。目前,耐盐植物的培育技术主要有转基因技术、选择育种技术、常规杂交技术和诱变育种技术。

（三）滩涂场景规划布局

滩涂场景是指河口盐度为 10～20 的区域。滩涂具有区域面积大、区位条件好、分布相对集中、农牧渔业综合开发潜力大等特点，同时也是被海水和陆地覆盖的滨海动植物的重要栖息地和索饵场，是水产养殖和农业生产的重要基地。同时，滩涂拥有盐碱湿地、红树林等典型生态系统，具有重要的生态服务功能（杨红生等，2020a）。滩涂养殖是滩涂开发利用的重要类型，多元化和高效化的养殖模式是当前滩涂养殖的重点研究方向。滩涂场景海洋牧场建设应在陆海统筹的前提下科学规划，通过农渔综合种养、渔光互补、海洋经济苗种培育等手段，研发柽柳-木芙蓉（*Hibiscus mutabilis*）种植、海蓬子-海参综合种养殖、海马齿-银鲑综合种养殖以及海参-光伏发电融合发展等技术，构建滩涂生态农牧场，实现滩涂生物资源的合理保护和利用（杨红生，2017）。

1. 海水蔬菜栽培

海水养殖过程中累积的饵料残渣和排泄物会导致水体富营养化，引发严重的生态问题和经济损失。水体富营养化不仅会导致水体中有害藻类的过度生长，还可能导致水生生物的缺氧死亡，进而破坏整个生态系统的平衡。此外，养殖尾水如果未经处理直接排入海洋，将会对海岸和海洋生态系统造成更大的污染威胁。研究表明，植物浮床技术是一种有效的水体净化方法，可以显著改善养殖水域的水质。以海水蔬菜（如海蓬子、海马齿等）为主的植物浮床，不仅能吸收富营养化水体中的氮、磷等养分，还能通过其根系和表面微生物共同作用，分解和转化有机污染物，实现生态修复。这种技术在沿海养殖中具有提升养殖尾水处理效率、避免海岸水污染、促进粮食生产多样化等多重优点，因而正逐步被推广应用。在海参养殖池塘中，布置海水蔬菜浮床不仅能净化水质，还能实现池塘水体遮阴降温。夏季高温是海参死亡的主要原因之一，植物浮床能够通过遮挡阳光降低水温，从而减少高温对海参的危害。此外，海水蔬菜对氮、磷等营养元素的有效去除，不仅使水质更加清洁，有利于海参的健康生长，还为银鲑等经济鱼类的养殖创造了良好的环境条件。通过这种方式，可以实现海参和经济鱼类的综合养殖，进一步提升养殖池塘的经济效益。发展海水蔬菜与海洋经济物种的综合种养殖，不仅具有显著的生态效益，还具有明显的经济效益。一方面，海水蔬菜的种植和收获可以作为一种新的经济来源，促进沿海地区的农业多样化和可持续发展；另一方面，改善的水质和适宜的生境条件能够显著提高海洋经济物种的产量和质量，增加养殖业的收益。这种双重经济效益的模式，有望在未来得到更广泛的应用和推广。随着技术的不断优化和推广，这种生态友好型的养殖方式将为沿海地区提供一个可持续发展的新路径。

2. 渔光互补

渔光互补是一种创新性的渔业模式，通过在养殖池塘水面上方架设光伏板阵列，同时在水下进行海洋经济物种养殖，形成"上可发电、下可养殖"的双重利用模式。该模式可充分利用我国东部沿海的滩涂海水养殖池塘，实现光伏发电与海洋经济物种养殖兼顾，提高养殖池塘的空间利用效率，不仅可以提高经济效益，还可以避免东部沿海地区光伏产业发展的用地冲突问题。

滩涂生态农牧场可以利用生态位互补和营养物质循环利用的原理，构建多营养层次的综合养殖模式。例如，在海水池塘中，可以采用"水面光伏+海参""参菜共生""海参+鱼类""海参+鱼类+贝类"等多种组合方式，实现资源的高效利用和生态系统的平衡发展。这不仅能够提高养殖效率，还能有效减少养殖过程中产生的废弃物，维持生态环境平衡。"水面光伏+海参"模式通过光伏板为池塘水体提供遮阴效果，降低水温，减少高温对海参的影响；"参菜共生"模式则利用海水蔬菜吸收水体中的富营养化物质，提高水质，促进海参的健康生长；"海参+鱼类""海参+鱼类+贝类"等组合模式利用不同物种的生态位和营养需求，使得整个养殖系统更具稳定性和可持续性。总之，渔光互补模式不仅能够有效解决东部沿海地区光伏产业发展的用地冲突问题，还能通过综合利用养殖池塘的空间资源，提升资源利用效率和经济效益。通过科学组合和管理，这一模式有望在未来成为东部沿海地区渔业与光伏产业协调发展的重要路径，推动区域经济的可持续发展。

3. 经济苗种培育

海洋经济苗种培育应以原种保护、良种培育和苗种繁育这三方面为主要途径。首先，立足原种保护，改善生物多样性。开展滩涂场景原种资源遗传多样性评估，更好地筛选利用优质原种，如黄河三角洲滩涂的文蛤（*Meretrix meretrix*）、西施舌（*Coelomactra antiquata*）和近江牡蛎（*Magallana ariakensis*）等；加大滩涂场景原种场建设，如黄河三角洲中华绒螯蟹（*Eriocheir sinensis*）、刀鲚（*Coilia nasus*）等。然后，强化良种培育，提升产业原动力。滩涂场景聚焦鱼类、虾蟹、贝类、海参等经济物种，培育抗逆、抗病、抗盐碱等优良性状的新品种，如耐高温刺参等优质、高产品种选育。最后，推进苗种繁育，提高良种覆盖率。分场景、分物种，建设原种、良种苗种高效扩繁和生态化健康培育示范基地，构建规模化、生态化的健康苗种繁育体系。

（四）浅海场景规划布局

浅海场景是指河口盐度在 30 以上的区域。浅海场景既有典型的海洋生态系统特点，又受到陆地生态系统的显著影响。典型的浅海生态系统（如牡蛎礁、海草床）物种丰富，是浅海场景海洋牧场发展不可或缺的部分。浅海场景海洋牧场建设不宜开展大规模投礁建设，应以植物修复和生物资源恢复为主。因此，浅海场景海洋牧场建设应进行典型海洋生态系统的保护与修复，重点开展海草床保护与修复、天然牡蛎礁保护与养护等；采取增殖放流和有效的资源管理策略，进行渔业资源修复与利用；推动加工利用、旅游休闲等相关产业的发展，构建第一、第二、第三产业融合发展的浅海生态牧场（杨红生，2017）。

1. 典型海洋生态系统的保护与修复

浅海场景具有牡蛎礁和海草床两种重要的近海生态系统，具有重要的生态服务功能和修复潜力。牡蛎礁是由牡蛎聚集生长形成的生物礁结构，不仅为人类提供丰富的牡蛎资源，还具备水质净化、提供生物栖息地、促进物质循环和能量流动等多种生态服务功能。海草床生态系统在水质净化、护岸减灾、栖息地保障和营养循环方面起着至关重要的作用，还具有丰富的海洋生物资源，是许多国家珍贵的渔业基地。牡蛎礁修复方法包括牡蛎增殖放流、构建人工礁体等；海草床的修复方法主要采用移植法和种子法，其中种子法可提高海草床的遗传多样性，而且收集种子对海草床造成的干扰相对较小，因此利用种子进行海草床修复逐步发展成为海草床生态修复的重要手段。此外，互花米草等入侵物种对浅海场景的海草床产生巨大危害，采用物理防治、生物防治、生物替代和化学防治等综合防治技术解决互花米草入侵问题也是浅海生态牧场的重要工作。

2. 渔业资源修复与利用

浅海场景渔业资源修复与利用是一项具有重要生态意义的和经济意义的任务，旨在通过科学的方法和管理措施，恢复和提升浅海生态系统的生产力和生物多样性，主要途径包括原种保护、良种培育和浅海经济物种资源养护。首先，原种保护是渔业资源修复与利用的基础。浅海场景中重要的原种资源，如黄河口浅海中的花鲈（*Lateolabrax japonicus*）、鮻（*Liza haematocheila*）和大银鱼（*Protosalanx hyalocranius*）等物种，都是生态系统中不可或缺的一部分。保护这些原种资源不仅可以维持生态平衡，还能提供丰富的渔业资源。具体措施包括建立原种保护区、实施禁渔期制度以及监测和评估原种资源的动态变化，确保原种资源的可持续利用。然后，良种培育是提升渔业资源质量和产量的重要途径。通过科学的良种培育技术，可以培育出适合浅海场景的优质高产经济物种。例如，淡水鱼耐盐驯化技术可以将一些优质的淡水鱼物种引入浅海生态系统，增加其种类和数量，从而提高渔业资源的多样性和经济效益。在良种培育过程中，需要注重基因多样性的保护和选择，确保培育出的良种具有较强的适应性和抗病能力。最后，浅海经济物种资源养护是实现渔业资源可持续利用的关键。建立浅海经济物种生境适宜性评估指标体系，是科学管理和保护渔业资源的重要手段。通过构建生境适宜性评估模型，可以评估不同物种在浅海生态系统中的适宜性，制定科学的增殖放流计划。增殖放流是一种有效的资源养护措施，可以显著增加浅海经济物种的生物量，促进渔业资源的恢复和可持续利用。具体而言，增殖放流需要根据生境适宜性评估结果，选择适宜的物种和放流地点，控制放流密度，确保放流效果。在放流过程中，还需要加强监测和管理，确保放流物种能够成功适应环境，实现种群的稳定增长。通过科学的增殖放流，可以提高浅海经济物种的资源量，满足市场需求，同时也为渔民提供更多的就业机会和经济收入。总之，浅海场景渔业资源修复与利用需要综合考虑原种保护、良种培育和浅海经济物种资源养护等多方面因素，采用科学的方法和管理措施，才能实现渔业资源的可持续利用。通过保护原种资源，培育优质高产的经济物种，建立科学的生境适宜性评估体系，实施增殖放流等措施，可以有效恢复和提升浅海生态系统的生产力和生物多样性，实现生态效益和经济效益的双赢。

3. 产业融合发展

浅海生态牧场是一种创新性的综合产业模式，旨在利用海洋资源的同时保护海洋生态系统，实现可持续发展。牧场的第一产业主要集中在海洋生态系统的保护与修复。例如，海草床作为海洋生态系统的重要组成部分，不仅可以净化海水、提供栖息地，还能防止海岸侵蚀。通过种植和保护海草床，可以有效维护海洋生态平衡，并为渔业资源提供良好的生长环境。天然牡蛎礁同样是海洋生态系统中的重要构成部分，能为多种海洋生物提供栖息地，同时起到净化海水的作用。通过保护和养护牡蛎礁，既能保护生物多样性，又能保证渔业资源的可持续利用。在第二产业方面，浅海生态牧场将重点放在生物制品和食品精深加工、保健品开发以及功能肥料开发上。其中，生物制品和食品精深加工能够提高海产品的附加值，通过先进的加工技术和工艺，将海洋资源转化为高质量、高附加值的产品，满足市场需求，同时创造更多的就业机会；保健品开发则利用海洋生物资源中的丰富营养成分，研发出一系列有益健康的产品，满足人们对健康生活的追求；功能肥料开发利用海洋资源中的有机物质和微量元素，生产出高效、环保的农业肥料，提高农业生产效益，促进农业可持续发展。在第三产业方面，浅海生态牧场着重发展河口生态旅游、休闲渔业和文化产业。其中，河口生态旅游不仅可以让游客近距离观赏和体验海洋生态系统的美丽，还能提高公众的环保意识，通过生态旅游，游客可以了解海洋生态保护的重要性，进一步推动海洋环境的保护；休闲渔业则为人们提供了一种新型的休闲方式，让人们在放松心情的同时体验捕捞的乐趣，促进人与自然的和谐相处；文化产业则通过挖掘和展示与海洋相关的文化元素，推出一系列具有地方特色和文化内涵的产品和服务，丰富旅游体验，提升文化价值。总之，浅海生态牧场通过第一产业的生态保护与资源利用，第二产业的高附加值产品开发，第三产业的旅游与文化融合，实现了三产融合发展。这种模式不仅促进了经济增长，同时还保护了海洋生态环境，实现了经济效益和环境效益的双赢。

二、海湾场景规划布局策略

（一）场景宏观规划布局

海湾型海洋牧场是在海湾内，通过投放人工鱼礁、种植海藻、建设养殖设施等方式，营造适合海洋生物生长繁殖的环境，从而提高海洋资源产出，保护海洋生态系统。海湾型海洋牧场建设首先要综合生态效益、经济效益、社会效益等因素，确定海洋牧场的建设目标，搜集规划区域的历史自然资源与生态环境条件、社会经济与渔业发展状况及相关规划等资料，在拟建设海域开展地形地貌、地质、水文、水质、沉积物和生物资源等本底调查，分析研判面临的突出海洋生态环境问题及人为活动影响根源，因地制宜开展陆海污染防治、生态保护修复以及与海洋自然状态相协调的环境整治等综合治理。基于 GIS 技术与生物栖息地适应性评估确定海洋牧场建设的海域地理位置、功能区划分和空间布局，功能分区主要基于关键指标及权重，叠加不同指标的重分类数据，通过 GIS 叠合分析后，最终给出最适宜至最不适宜 5 个等级的分析结果，还可通过叠加社会经济指标，得到综合结果。进一步通过 GIS 结合环境数据和模型进行环境评估和风险分析，帮助评估海洋牧场建设对周边环境的影响和潜在风险。

根据海域的自然资源、环境状况，分别开展不同功能区的生物承载力评估，确定生境营造、增殖放流、设施装备布设等建设内容的建设规模，提高对自然环境养分、能量的利用效率，有效避免水体富营养化、赤潮的发生。根据生境营造的类型和规模、增殖放流的种类和数量、配套设施装备等估算投资额度，从生态、经济、社会三方面进行效益分析，实现生态保护和经济效益协同发展。

根据《海洋牧场建设规范 第 1 部分：术语和分类》（DB37/T 2982.1—2017），将海湾型海洋牧场划分为 6m 以浅水域和 6m 以深水域。6m 以浅水域主要包括滩涂底播养殖区、海草床区、海藻场区、牡蛎礁区等，与近岸滨海旅游业相结合，开展观光潜水活动。6m 以深水域主要包括人工鱼礁区、筏式养殖区、增殖放流区、融合发展区，可设置垂钓平台进行垂钓运动或渔事体验、休闲垂钓等休闲渔业活动（图 4-2）。

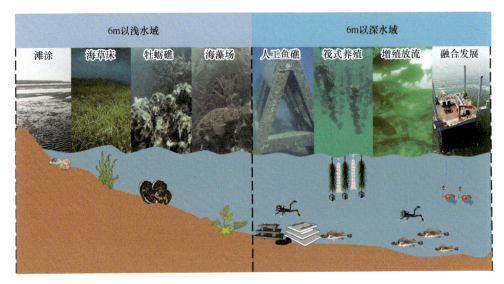

图 4-2　海湾场景宏观布局模式图

（二）6m 以浅水域规划布局

1. 滩涂底播养殖区

滨海滩涂是重要的海岸带生态系统类型，主要包括泥质滩涂、沙滩和基岩海岸 3 种类型，且以泥质滩涂为主。滩涂地带承载了大量的动植物，包括底栖无脊椎动物、鱼类、鸟类以及各种微生物。由于滩涂区域在潮汐作用下周期性淹没和暴露，生物群落具有较强的适应能力，能够在动态变化的环境中生存繁衍。滩涂底播养殖是一种利用沿海滩涂区域进行水产养殖的方法，具有以下几个特点：其一，滩涂底播养殖充分利用自然滩涂的生态环境和资源，通过将苗种直接播撒在滩涂底部，依靠自然条件养殖生物，减少了对环境的破坏和资源的浪费，降低了对人工设施的依赖，有助于保持生态平衡；其二，滩涂底播养殖操作简单，投入成本低，可以在大面积滩涂区域内实现高密度养殖，特别适于养殖贝类、蟹类等底栖生物，能够实现高效生产；其三，滩涂底播养殖利用滩涂区域的潮汐作用和丰富的营养物质，促进养殖生物自然生长，充分利用自然饵料资源，提高养殖的生态效益；其四，滩涂底播养殖有利于维护和改善滩涂生态环境，通过养殖活动可以增加滩涂的生物多样性和生态稳定性。然而，滩涂底播养殖也存在一定的风险，如极端天气、污染和病害等可能对养殖生物造成影响。因此，进行滩涂底播养殖时需要加强管理和监测，以确保养殖的可持续发展。

2. 海草床区

海草是海洋生态系统中重要的初级生产力来源，为海洋生物提供索饵、繁衍及栖息生境，同时具有明显的水质改善作用。海草床是海洋生态系统的基石，其在海洋牧场建设技术研究中扮演着不可或缺的角色。海草床的修复主要包括移植法和种子法两种方法（周毅等，2020）。其中，移植法是在适宜生长的海域直接移植海草苗或者成熟的植株，通常是将海草成熟的单个或多个茎枝与固定物（枚钉、石块、框架等）一起移植到新生境中，使其在新的生境中生存、繁殖下去，最终建立新的海草床的方法，该方法的优点是成活率较高，缺点是人工成本较高；种子法是提前将海草种子收集，在建立新的海洋牧场时，将海草种子种到新的适宜环境中，让其在新环境中生长成成熟的海草，再不断繁殖形成海草床的方法。利用种子来恢复和重建海草床，可以提高海草床的遗传多样性，同时海草种子具有体积小、易于运输的特点，收集种子对海草床造成的危害相对较小，因此宜利用种子进行海草床修复并逐步发展成为海草床生态修复的重要手段。

3. 海藻场区

海藻场，又称为海藻床，是栖息于近海硬底质上的大型底栖海藻群体和其他海洋生物类群（如附着生物、游泳动物和底栖动物）共同构成的一种近岸海洋生态系统（Okuda，2008）。影响海藻场的最主要因素是水体温度和水体透明度，前者既决定了海藻场的主导植物种类，又决定了海藻场的纬度分布。海藻场的水深分布取决于水体透明度，在水体透明度高的海区，海藻场可以在20～30m水深处形成。此外，海藻场的形成分布还受水流、底质、营养物质等理化因素的影响。目前，海藻场修复或重建的主要技术手段有：孢子体播种法、海藻幼苗或成体移植法和人工藻礁构建法（Okuda，2008）。其中，孢子体播种法是指收集的海藻雌雄配子体受精后产生的萌发孢子体，将其播种到自然或人工底质上，通过增加补充量的方式达到修复目的；海藻幼苗或成体移植法是指将海藻幼苗或成体直接捆绑固定在海底自然底质上，以增加藻类生物资源量；人工藻礁构建法是在水下自然海藻群体附近构建缓坡底质或投放人工混凝土模块，改善海洋底质环境，为藻类的幼苗提供附着和生长基质。在人工礁体上，底栖海藻群落的形成、发展和成熟过程主要经历了绿藻→红藻→褐藻的演替顺序。通常，礁区中出现大量褐藻标志着海藻群落趋于稳定，成为顶级群落。

4. 牡蛎礁区

依据中国水产学会团体标准《海洋牧场牡蛎礁建设技术规范》（T/SCSF 0015—2022），牡蛎礁是海洋牧场的重要生境之一。牡蛎是一种广温广盐生物，主要分布在潮间带和浅潮下带地区，有些种类可以在50m以深区域分布。牡蛎有群居的生活习性，新一代会在活牡蛎或死去的牡蛎壳上固着，同一代的牡蛎彼此生长在一起，随着个体体积增大，只得共同向上或向外伸展，逐渐扩展礁体空间结构。在许多自然生境中，海底逐年堆积的牡蛎壳和大量活着的个体共同构成了牡蛎礁。通常而言，牡蛎礁衰退的原因不是补充受限就是底质受限，或二者共同作用（Brumbaugh and Coen，2009），需要进行辅助再生或生态重建。当面临补充受限时，需要人为在礁体上添加牡蛎产卵亲体或幼苗，可以利用浮筏或网箱养殖成体，待成熟后移植到修复区域，增加礁区的亲体数量；更常见的做法是补充牡蛎幼体，幼苗来源于人工育苗场或采集自高补充量地区，待幼苗附着后连同附着基转移至修复礁区。对于缺乏附着基底的环境，需要根据当地的生物和非生物环境，选择合适的材料设计和投放附着基质（杨红生等，2020b）。礁体的设计应最大限度地构造出复杂的三维生境（如缝隙空间、礁体规格、表面粗糙度等），以增加生态空间的多样性，为无脊椎动物和鱼类提供适宜栖息和繁殖的结构和场所。

（三）6m 以深水域规划布局

1. 人工鱼礁区

投放人工鱼礁的目的是在原有生境退化的情况下改善海域生态环境，营造生物栖息的良好环境，为鱼类等提供繁殖、生长、避敌和索饵的场所，保护和增殖渔业资源，提高渔获量。人工鱼礁一般指放置于天然海域的人为构造物，它能改变原有海底的底质类型，为不同生物提供良好的栖息环境，借助生态系统自我恢复能力，达到修复生境和生物资源养护的效果。人工鱼礁可使周围流场发生改变，产生的上升流能促进底层与表层水体的交换，将底层营养物质带至表层，有利于浮游植物等基础饵料生物的生长与繁殖，提高了人工鱼礁区的初级生产力水平；并且人工鱼礁的存在限制了底层拖网等破坏性网具的使用，更有利于生物资源的恢复（Lima et al.，2020）。海洋牧场的功能逐渐由诱集鱼类、提高捕捞效率向着生态修复和养护资源的方向发展。这就要求在建设人工鱼礁时首先要考虑采用生态友好型材料建设礁体，同时通过多样化的设计和布局提高原有生境的空间异质性，为生物生存提供更有利的空间。

2. 筏式养殖区

筏式养殖是一种广泛应用于海洋和淡水水域的养殖方式，具有以下几个显著特点：其一，筏式养殖充分利用水体的上层空间，通过浮筏、网箱等设施悬挂养殖生物，有效避免了底栖生物和底泥的干扰，最大限度地增加养殖密度和产量；其二，筏式养殖具有较高的灵活性和可操作性，可以根据水域条件和养殖需求进行调整和移动；其三，养殖环境相对开放，能够充分利用自然水流和潮汐，有利于水体流通和养殖生物的营养交换，减少水质污染的风险，提高生长速度和品质；其四，筏式养殖适应性广，可以用于多种养殖对象，包括贝类、鱼类、藻类等。其五，筏式养殖设施投资相对较低，维护简便，只需定期检查和维护浮筏及养殖设施,减少了人工干预和降低了劳动强度。其六,筏式养殖有助于保护自然生态环境,减少对海底和岸线的破坏,实现可持续发展的目标,但养殖过程中需要定期监控水质和防范恶劣天气带来的风险。此外,开展筏式养殖要选择本地物种,避免带来生物入侵风险。

3. 增殖放流区

资源增殖在改善渔业资源种群结构、提高质量以及促进近海渔业的可持续发展方面发挥着极其重要的作用。进行增殖放流首先要选择健康的苗种,根据《水生生物增殖放流管理规定》,放流苗种应为本地种的原种或子一代,所用亲本应当依法经检验检疫合格,确保健康无病害、无禁用药物残留,禁止使用外来种、杂交种、转基因种以及其他不符合生态要求的水生生物物种,避免破坏当地物种的遗传多样性。进行增殖放流还要制定一定的规划。在增殖放流前,需要评估海洋牧场区增殖放流对象的生存适宜度和生态承载力,限制捕捞活动,清除敌害生物,添加海上网箱中间育成环节,保证放流后的成活率;在放流后,通过声音驯化自动投饵技术,提高鱼类摄食率和生长率,针对定居性鱼类和趋礁性鱼类,通过生境构建营造其喜好的流场流速、饵料生物等环境因子,利用鱼类对环境的需求控制其活动;针对一些游泳能力不强且对饵料需求大的鱼类,通过声响、光照与投饵相结合的方式诱集;针对游泳能力特别强的目标物种,通过构建围栏气泡幕、大型自动控制网栏等装置围隔鱼群,控制其分布范围;通过标志放流技术评估放流效果,利用海域监测评估设备进行长期监测。

4. 融合发展区

海洋牧场主要效益体现在生态系统保护和资源养护两方面,但目前存在海洋牧场发展模式较为单一且经济效益低的问题。将休闲渔业与海洋牧场建设结合在一起,不仅可以充分发挥海洋牧场资源养护和生态系统保护的功能,提高海洋牧场的开发效率,还可以带动相关旅游产业发展,促进渔业产业结构调整,增加经济效益和社会效益。休闲渔业可与近岸滨海旅游业相结合,优化海洋牧场增养殖设施布局,营造清洁绿色的生产环境,形成海面增养殖景观;可设置垂钓平台进行垂钓运动或渔事体验、休闲垂钓等休闲渔业活动,有港口和码头的区域可设置近岸亲水观景台、渔家乐、水族观赏等项目,综合提升区域海洋经济价值。在适宜海域还可开展海上风电与海洋牧场的融合发展,海上风电设施为海洋牧场提供必要的能源支持,而海洋牧场则为风电场增加生态价值,两者相互促进,共同构建生态友好、经济高效的海洋产业综合体(杨红生等,2019)。此外,这种融合模式还涉及技术创新和集成,需要对海洋环境进行综合管理和风险评估,以确保海洋生态系统的健康和可持续发展。

综上所述，海湾型海洋牧场的底质特点多样且复杂，对生态系统的健康和生物多样性具有重要影响，在建设和管理海洋牧场时，需充分考虑底质特征，采取适当的管理和改良措施，以优化生物栖息环境，促进海洋资源的可持续利用。

三、岛礁场景规划布局策略

（一）场景宏观规划布局

在规划岛礁海洋牧场时，应全面考虑岛礁海域的环境、生态及社会状况，并在环境适宜性、增养殖最大产量、生态承载力和社会承载力等方面进行详尽的调研和论证。其中，环境适宜性评估是建设岛礁海洋牧场的首要步骤，这一过程涉及海洋地质学、物理海洋学和海洋生态学等多学科，包括对水质、底质和海洋生物适宜生存环境等因素的评估。增养殖最大产量是指从重要经济物种的增养殖角度出发，岛礁海域能够支持的经济物种的最大可收获产量，这与海域的饵料状况、养殖模式、生物个体生长规律及种群动态密切相关。生态承载力是指岛礁海域生态系统能够维持其结构和功能的最大负荷能力，包括生物多样性、生态平衡和生态服务功能等方面。生态承载力的破坏会导致生态系统退化、生物多样性减少，甚至生态系统崩溃。社会承载力是指岛礁海洋牧场建设在社会经济活动中的最大负荷能力，涵盖了当地社区的接受度、社会经济效益、文化习俗和法律法规等因素。如果社会承载力过载，可能引发社会矛盾、利益冲突，并影响当地居民的生活方式和传统文化。

基于岛礁海域生态及景观的梯度变化，多在潮间带、近岛岩礁水域、离岛开放水域设置不同的功能区。考虑到离岛开放水域的环境特点，其规划可参考深水海洋牧场和海湾型海洋牧场的规划。近岛岩礁水域可根据本底生物类群，设置海藻场、牡蛎礁、珊瑚礁等保护和修复区以及高经济价值物种的适度增养殖区，还可设置渔业资源养护、休闲垂钓以及科研文化等功能区，离岛开放水域则可适度设置筏式、网箱等养殖区（图4-3）。

（二）岛礁潮间带牡蛎礁区规划布局

牡蛎礁是指由聚集的牡蛎和其他生物及环境组成的复合生态系统，有改善水体环境、提供栖息地、稳定海岸线等功能，对维持生态系统稳定发挥着重要作用。当前我国北方自然牡蛎礁面积减少明显。河北唐山曹妃甸-乐亭海域自然牡蛎礁分布于滦河口海域和捞鱼尖海域，以长牡蛎（*Crassostrea gigas*）为主，还包括侏儒牡蛎（*Nanostrea exigua*）和巨牡蛎属未知种（*Crassostrea* sp.），总面积约15km^2，是目前我国面积最大的自然牡蛎礁（全为民等，2022）。山东东营垦利牡蛎礁分布特征为斑块分布比较集中，以近江牡蛎（*Crassostrea ariakensis*）为主，总面积为

0.24km²。随着国内外对蓝色碳汇重要战略意义的认可,牡蛎礁生态系统中碳的源汇过程、碳汇核算体系及增汇策略也受到广泛关注(王桃妮等,2024)。根据《海洋牧场牡蛎礁建设技术规范》(T/SCSF 0015—2022),海洋牧场牡蛎礁建设涉及本底调查、礁区选址、构建方式、基质设计与投放、牡蛎移植、监测与评估、维护与管理等环节,其中不同海域适宜移植的牡蛎种类见表4-1。礁区选址应根据牡蛎的生物学特性开展,并根据野生牡蛎补充量选择基质投放、移植牡蛎幼贝或牡蛎成贝的牡蛎礁建设方式。

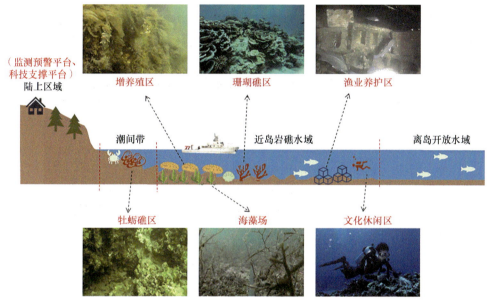

图 4-3 岛礁海洋牧场宏观布局模式图

表 4-1 海洋牧场牡蛎礁建设不同海域适宜移植的牡蛎种类

海洋牧场建设海域	适宜种类
渤海	长牡蛎(*Crassostrea gigas*)、近江牡蛎(*Crassostrea ariakensis*)
黄海	长牡蛎(*Crassostrea gigas*)、熊本牡蛎(*Crassostrea sikamea*)、近江牡蛎(*Crassostrea ariakensis*)
东海	福建牡蛎(*Crassostrea angulata*)、近江牡蛎(*Crassostrea ariakensis*)、熊本牡蛎(*Crassostrea sikamea*)、香港牡蛎(*Crassostrea hongkongensis*)
南海	香港牡蛎(*Crassostrea hongkongensis*)、近江牡蛎(*Crassostrea ariakensis*)、福建牡蛎(*Crassostrea angulata*)、熊本牡蛎(*Crassostrea sikamea*)

资料来源:《海洋牧场牡蛎礁建设技术规范》(T/SCSF 0015—2022)。

(三)近岛岩礁区规划布局

由于岛礁独特的地形地貌和陆海延伸规律,近岛海域多分布有岩礁、砾石等地质地貌，支撑了海藻场、牡蛎礁及珊瑚礁等重要生境的形成，为岩礁性海洋生物提供栖息、索饵和产卵环境，形成独特的食物网结构和能流特点。伴随着全球海洋生态环境的变化和人类活动的加剧，部分岛礁海域出现资源破坏和衰退现象。对于近岛海域应坚持以本地渔业物种资源的保护和修复为主，兼以适宜物种的增殖优化食物网结构，进而提升生态系统的稳定性和经济产出。

1. 海藻场

海藻场是指大型底栖海藻附着在岩礁等硬底质上形成的自然生态系统，是岛礁型海洋牧场中重要的初级生产力来源，也为海洋生物提供产卵场、索饵场、育幼场等。海洋牧场中海藻场建设和修复的适宜种类包括马尾藻属、裙带菜属和海带属等。通过移植成藻或种苗进行海藻场的恢复和重建工作，如泼洒孢子水、固定孢子袋、藻礁绑缚苗绳投放及移植附苗礁块等方法。随着全球气候变化和人类活动的影响，海藻场出现衰退现象，对岛礁生物群落及食物网结构带来直接影响。为防止海藻场继续衰退，山东、浙江、福建、广东等沿海省份均实施了不同规模的海藻场修复工作，为岛礁海洋牧场海藻场建设和修复提供了案例参考。比较典型的海藻场包括山东省长岛大型海藻场、浙江省南麂列岛大型海藻场、浙江省枸杞岛铜藻场及瓦氏马尾藻场、福建省平潭坛紫菜海藻场以及大亚湾马尾藻场等。此外，海藻养殖是否可替代天然藻场并发挥相应的生态功能是个值得讨论的问题。

2. 珊瑚礁区

珊瑚礁是以造礁石珊瑚等造礁类生物为框架生物而形成的生态系统，分布面积占全球海域面积的不足0.25%，却养育了全球超过1/4的海洋生物，被誉为"海洋中的热带雨林"（刘胜，2024）。在全球气候变化背景下，海水异常升温会导致珊瑚白化，当周热度≥4℃/12周可见明显白化，从而极大地影响着珊瑚礁生态系统的健康（马静和余克服，2023）。珊瑚礁退化对渔业生物存在巨大威胁，据报道，西沙群岛、中沙群岛和南沙群岛珊瑚礁盘渔场近年来也出现渔获量下降的趋势（田思泉等，2024）；西沙群岛共发现珊瑚礁鱼类777种，其中有50种鱼类被列入《世界自然保护联盟濒危物种红色名录》（王腾等，2023）。中国水产学会团体标准《海洋牧场珊瑚礁建设技术规范》（T/SCSF 0010—2021）指出，海洋牧场珊瑚礁建设包括本底调查、建设选址、建设类型和建设规模、技术方法、检测与评估以及维护与管理。珊瑚与礁栖生物的恢复力研究、珊瑚礁生态系统保护策略及其服务功能的评估、珊瑚礁生态修复技术研发等是未来发展的主要方向（黄晖等，2024）。

3. 文化休闲区

休闲渔业是以渔业生产为载体，通过资源优化配置，将休闲娱乐、观赏旅游、生态建设、文化传承、科学普及以及餐饮美食等与渔业有机结合，实现第一、第二、第三产业融合的一种新型渔业产业形态，主要包括休闲垂钓、渔家乐、观赏鱼、渔事体验和渔文化节庆等类型。岛礁海洋牧场建设区域往往具有丰富的陆上和水下景观以及独特的文化旅游资源，比如海蚀崖、海蚀洞、海蚀柱、象形礁、彩石岸、球石等地质地貌景观和地质构造现象以及历史遗迹、传统民俗等景观。适宜打造多元化的旅游景点和活动，结合现代旅游趋势，开发多样旅游项目和网红打卡地，提供深度休闲体验并提高区域知名度和吸引力。

4. 增养殖区

岛礁海域是自然岩礁生境和礁栖生物为主的区域，往往是生态多样性的热点区域，也是高经济价值岩礁性生物类群的适宜增养殖区域。在养殖模式方面，应基于生物适宜性评估筛选合适的养殖品种，建立高效生态的综合养殖模式，提高海域利用效率和经济效益。基础设施建设包括养殖网箱、浮标和养殖平台等，并安装水质监控和生态监控系统，实时监测环境变化，确保养殖环境的稳定。岛礁毗邻养殖海域应注重生态管理和生产管理，定期进行海洋生态系统健康的监测和评估，提高养殖效率和产品质量，建立养殖物种疾病防控体系。在市场营销方面，需建立海洋牧场品牌，提高产品知名度和市场竞争力，拓展销售渠道，发展电商平台和线下销售网点，增加市场覆盖率。在法规与政策方面，需争取政府政策支持，包括资金、技术和政策优惠，确保项目顺利实施。同时，严格遵守相关法律法规，确保海洋牧场的合法合规运营，为可持续发展奠定基础。

5. 渔业养护区

养护和合理利用水生生物资源，对于促进渔业高质量发展、维护国家生态安全、保障粮食安全具有重要意义。岛礁海域作为岩礁性鱼类等生物的重要栖息地，是进行渔业养护和管理的重要区域。在岛礁海域进行渔业养护区域规划，需要综合考虑生态、社会和经济多方面的因素。基于翔实的海洋环境和生态评估，了解岛礁海域的生物多样性、关键栖息地和物种分布情况。选择生物多样性高、生态系统功能重要且易于管理和监测的区域作为养护区域，优先保护濒危物种的栖息地和幼鱼育成场所。通过制定相关管理措施，限制渔业活动，比如在养护区域实施严格的捕捞限制，禁止或限制使用破坏性捕捞工具，确保鱼类和其他海洋生物的自然恢复和繁殖。根据不同物种的繁殖周期，制定季节性禁渔期，保护鱼类在繁殖季节不受干扰。同时，与当地企业、渔民社区合作，开展培训和教育项目，提高涉海人员的环保意识和管理技能。对渔业养护区建立长期监测计划，定期评估养护区的生态状况和渔业资源变化，引入水下摄像、渔业声学等长时间序列监测技术，实时监控渔业生物种群变动并调整管理措施，确保养护区的有效性和可持续性。

（四）岛礁陆区规划布局

1. 监测预警平台

建设以信息化和智能化为特色的智慧海洋牧场，融入北斗卫星导航、人工智能、清洁能源、5G 通信等先进技术，搭建空、天、地、海一体化通信网络，实现多源异构数据的高性能采集与存储，建立海洋牧场资源与环境大数据库及立体智能监测平台。建立海洋牧场生物图像和视频数据库，加强岩礁性鱼类、大型无脊椎生物的视频识别、跟踪和测量技术研发，突出视频测量技术的可视化且可测量。测定海洋牧场不同生物类群的声学响应特征，增加多频声学方法、成像声呐等技术在礁区多物种识别、规格和生物量测量方面的应用，发挥水声学监测范围大、效率高的优势，提高海洋牧场生物的精细化监测技术水平。突破基于海洋大数据的高温低氧等极端环境灾害的预警防控技术，建立智能专家决策系统，实时保障海洋牧场生态安全。

2. 科技支撑平台

对于岛礁海域独特的保护和开发模式，在规模适中、场景适宜的条件下建立关键科技支撑平台，对海洋牧场高质量发展具有较强的支撑和产业辐射意义。从不同的支撑角度来看，科技支撑平台可包括集中优势科研团队的科研平台、关键技术研发和组织实施的保障平台等。例如，依托国家级、地方科研机构设立专门针对岛礁海洋牧场的研究机构，强化海洋生态文明建设和相关领域所需人才的培养。针对岛礁的独特生境，建立科技大数据库及智慧功能，针对性地采集生态环境、人文和经济的长期数据，实现对岛礁海洋牧场"人-陆-岛"耦合的复杂系统的深刻理解和预测预警，完善基于资源环境承载力评估的各环节优化措施等；建立重要海洋牧场种质资源保护平台，保障岛礁海域的重要种质资源，维持生物多样性和生态环境的可持续发展。

四、深远海场景规划布局策略

（一）场景宏观规划布局

近年来，国家提出深远海养殖智能化发展的要求，建设深远海智慧渔场可在保护海洋生态的前提下，实现高效、可持续的智能化渔业生产。深远海智慧渔场可投放大型人工鱼礁，进行野生经济鱼类资源养护与增殖；可进行贝类、刺参等海珍品底播增殖；可与装备型深远海养殖相融合，布置深海养殖工船和大型网箱等；可与新能源装备融合，共享海上空间资源，提高综合开发整体收益。拓展思路，创新深远海渔旅融合模式，开发利用深远海休闲渔业资源。依据不同水深，按照从海水表层到海底的垂直梯度对深远海智慧渔场进行布局（图4-4）。

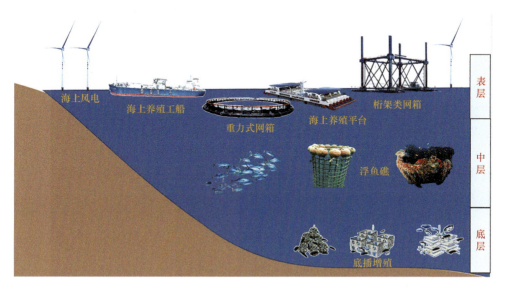

图 4-4 深远海智慧渔场布局模式图

（二）深远海水体规划布局

1. 深远海表层

在深远海表层，可进行养殖装备与新能源装备的融合，布置机械化、自动化、信息化、智能化的大型养殖平台以及桁架类网箱、重力式网箱、海上养殖工船等。其中，深远海大型养殖平台有机融合海洋工程装备与工业化养殖技术，依托海洋生物资源开发与加工应用，通过系统集成与模式创新，集海上规模化养殖、名优苗种规模化繁育、渔获物卸载与物资补给、水产品分类贮藏等多功能于一体（麦康森等，2016）；桁架类网箱由坚固的桁架结构组成，可以在水层中提供巨大的养殖空间，通过锚链或缆绳固定，以保持其在水层中的稳定位置；重力式网箱可在20m水深的湾口开放海域中稳定养殖，是深远海养殖的成熟模式；养殖工船通过在不同的水层中移动，找到最适合养殖物种生长的环境条件。依托大型养殖装备，开展深远海科教、文化和旅游等项目。

海洋能源与养殖的融合发展具备集约用海、立体用海的优势，海上风电场供电系统可就近为养殖提供电力，海上风电场的结构设施可以为养殖提供安全遮蔽支持（阳杰等，2024）。海上风电场通信系统可为养殖提供远程监测、自动控制等智能化服务。可以通过"海上风电+人工鱼礁""海上风电+贝类藻类""海上风电+养殖网箱""海上风电+休闲渔旅"等融合方案，进行海上风电与养殖的共场域融合。也可以通过固定式基础融合和漂浮式基础融合等方案，进行海上风电与养殖的共结构融合。同样地，海洋牧场与光伏、潮汐能、波浪能等能源产业的融合发展也是未来海洋资源综合开发利用的新方向、新形势、新机遇。

2. 深远海中层

浮鱼礁作为人工鱼礁的一种类型，不受水深限制，在水深较大的中上层鱼类养护中具有得天独厚的优势。将浮鱼礁布置在深远海智慧渔场中上层，可有效养护野生鱼类资源。基于诱鱼器理念的浮鱼礁对中上层渔业资源的聚集作用可以为蓝圆鲹、鲐、竹荚鱼和沙丁鱼等中上层鱼类资源的养护与增殖提供助力。

海南大学海洋牧场研究团队针对海南三亚蜈支洲岛海洋牧场海域特点，设计投放了可以与潜水等休闲渔业相结合的中层景观悬浮鱼礁，集鱼效果显著，对中上层鱼类资源聚集效果明显，饵料供应效果好（冯博轩，2023）。

另外，可以布置深水网箱进行养殖，深水网箱可以放置在深水层中，以利用深层水流的稳定性和较低的水温。这些网箱通常通过重力锚或海底锚固定，以确保其在水层中的位置稳定。

3. 深远海底层

沉性鱼礁是一种设计用于沉降到海底，为海洋生物提供栖息地的人工结构。通过对结构的重新改良设计，沉性鱼礁可以与浮鱼礁结合，综合利用水体空间，营造立体栖息生境，对底层生物资源和中上层生物资源同时进行养护，提升资源养护效果（冯博轩，2023）。依托沉性鱼礁，开展刺参、海胆、深水贝类等底播增殖和养护。依托鱼礁的形状和布局，开发旅游观光、休闲度假、海底探险等深远海旅游、文化产品。

深远海环境条件恶劣，包括强烈的海流、波浪作用以及高盐度和高压力。因此，人工鱼礁需要使用耐腐蚀、耐压的材料，如高强度混凝土、耐腐蚀金属或复合材料，以确保其长期稳定性和耐久性。设计时可能需要考虑流体力学和生物附着特性，鱼礁的形状和结构应能够抵抗深远海的海流和波浪冲击，同时应有利于海洋生物的附着，提供足够的空间、粗糙的表面、缝隙和洞穴，以利于海洋生物的附着和生长。这可以通过在鱼礁表面设计特定的纹理或添加生物附着促进材料来实现。鱼礁的设计和部署应避免对航运、海底管道和其他海洋设施造成干扰。同时，材料和结构应尽量减少对海洋环境的负面影响，如避免释放有害物质。为了评估人工鱼礁的效果，应设计便于监测和维护的结构，如安装传感器和标记。这有助于工程师了解鱼礁的稳定性和生物多样性的变化。远海人工鱼礁的布放需要专业的技术和设备，如大型起重船和精确的定位系统。确保鱼礁能够准确、安全地放置到预定位置。在设计和部署人工鱼礁时，需要遵守相关的国际和国内海洋环境保护法规，确保项目的合法性和可持续性。通过综合考虑这些因素，沉性鱼礁可以有效地适应深远海的环境，为海洋生物提供重要的栖息地，同时促进海洋生态系统的恢复和生物多样性的增加。

第四节　本 章 小 结

场景是复杂而具体的生态系统，而场景驱动在海洋牧场自然资源管理与环境规划过程中提供了全新的视角和扮演了重要的角色。本章依据水产行业标准《海洋牧场分类》（SC/T 9111—2017）和山东省地方标准《海洋牧场建设规范　第 1 部分：术语和分类》（DB37/T 2982.1—2017），聚焦河口、海湾、岛礁及深远海四种不同的海洋牧场建设场景，共分为三个部分。第一部分为场景生态系统特征分析，主要介绍河口、海湾、岛礁及深远海不同场景的生态系统特征。第二部分为场景规划布局的理论基础与关键技术，主要厘清适用于各场景的规划布局关键技术。第三部分为海洋牧场规划布局策略，提出河口、海湾、岛礁及深远海不同场景的规划布局策略。本章旨在宏观上把握场景驱动规划的整体脉络，理论上试图构建场景驱动的框架，实践中为海洋牧场规划提供明确的指导。

参 考 文 献

陈则实, 王文海, 吴桑云, 等. 2007. 中国海湾引论. 北京: 海洋出版社.

丛佳仪, 李新正, 徐勇. 2024. 物种分布模型在海洋大型底栖动物分布预测中的应用. 应用生态学报, 35(9): 2392-2400.

董双林. 2019. 黄海冷水团大型鲑科鱼类养殖研究进展与展望. 中国海洋大学学报(自然科学版), 49(3): 1-6.

董双林, 董云伟, 黄六一, 等. 2023. 迈向远海的中国水产养殖: 机遇、挑战和发展策略. 水产学报, 47(3): 3-13.

冯博轩. 2023. 浮鱼礁鱼类资源养护效果评价. 海口: 海南大学.

侯西勇, 侯婉, 毋亭. 2016. 20 世纪 40 年代初以来中国大陆沿海主要海湾形态变化. 地理学报, 71(1): 118-129.

黄晖, 俞晓磊, 黄林韬, 等. 2024. 珊瑚礁生态学研究现状和展望. 热带海洋学报, 43(3): 3-12.

金元欢, 孙志林. 1992. 中国河口盐淡水混合特征研究. 地理学报, 47(2): 165-173.

寇江泽. 2020. 建设 1467 个美丽海湾. 人民日报, 2020 年 07 月 31 日 04 版.

林鸣. 2022. 发展大规模深远海养殖: 问题、模式与实现路径. 管理世界, 38(12): 39-60.

刘谦, 刘红燕, 窦家聪, 等. 2023. 山东省黄河三角洲水生耐盐药用植物资源调查与特色药用植物开发利用. 中国现代中药, 25(2): 244-251.

刘胜. 2024. 珊瑚礁生态系统研究的发展、挑战与希望. 热带海洋学报, 43(3): 1-2.

马静, 余克服. 2023. 大规模白化对珊瑚礁生态系统的影响研究进展. 生态学杂志, 42(9): 2227-2240.

麦康森, 徐皓, 薛长湖, 等. 2016. 开拓我国深远海养殖新空间的战略研究. 中国工程科学, 18(3): 90-95.

全为民, 张云岭, 齐遵利, 等. 2022. 河北唐山曹妃甸-乐亭海域自然牡蛎礁分布及生态意义. 生态学报, 42(3): 1142-1152.

唐文魁, 高全洲. 2013. 河口二氧化碳水-气交换研究进展. 地球科学进展, 28(9): 1007-1014.

田思泉, 柳晓雪, 花传祥, 等. 2024. 南海渔业资源状况及其管理挑战. 上海海洋大学学报, 33(3): 786-798.

王桃妮, 张子莲, 全为民. 2024. 牡蛎礁生境: 海岸带可持续发展的潜在碳汇. 生态学报, 44(7): 2706-2716.

王腾, 石娟, 于洋飞, 等. 2023. 西沙珊瑚礁鱼类研究进展和保护建议. 生态学杂志, 42(7): 1755-1763.

阳杰, 张建华, 马兆荣, 等. 2024. 海上风电与海洋牧场融合发展趋势与技术挑战. 南方能源建设, 11(2): 1-16.

杨红生. 2017. 海岸带生态农牧场新模式构建设想与途径——以黄河三角洲为例. 中国科学院院刊, 32(10): 1111-1117.

杨红生, 丁德文. 2022. 海洋牧场 3.0: 历程、现状与展望. 中国科学院院刊, 37(6): 832-839.

杨红生, 茹小尚, 张立斌, 等. 2019. 海洋牧场与海上风电融合发展: 理念与展望. 中国科学院院刊, 34(6): 700-707.

杨红生, 王德, 李富超, 等. 2020a. 海岸带生态农牧场创新发展战略研究. 北京: 科学出版社.

杨红生, 许帅, 林承刚, 等. 2020b. 典型海域生境修复与生物资源养护研究进展与展望. 海洋与湖沼, 51(4): 809-820.

杨红生, 张涛, 周毅, 等. 2011. 典型海湾生境修复与增养殖技术研究. 烟台: 海洋资源科学利用论坛.

杨红生, 赵建民, 韩广轩. 2022. 黄河三角洲生态农牧场构建原理与实践. 北京: 科学出版社.

张继红, 刘纪化, 张永雨, 等. 2021. 海水养殖践行"海洋负排放"的途径. 中国科学院院刊, 36(3): 252-258.

张馨艺. 2013. 景观生态学中景观格局指数的研究. 黑龙江科技信息, (4): 271.

赵可夫, 冯立田. 2001. 中国盐生植物资源. 北京: 科学出版社.

周毅, 徐少春, 张晓梅, 等. 2020. 海洋牧场海草床生境构建技术. 科技促进发展, 16(2): 200-205.

Brumbaugh R D, Coen L D. 2009. Contemporary approaches for small-scale oyster reef restoration to address substrate *versus* recruitment limitation: a review and comments relevant for the olympia oyster, *Ostrea lurida* Carpenter 1864. Journal of Shellfish Research, 28(1): 147-161.

Cardoso P G. 2020. Estuaries: dynamics, biodiversity, and impacts// Leal Filho W, Azul A M, Brandli L, et al. Life Below Water. Cham: Springer International Publishing: 1-12.

Elliott M, Whitfield A K. 2011. Challenging paradigms in estuarine ecology and management. Estuarine, Coastal and Shelf Science, 94(4): 306-314.

Lima J S, Atalah J, Sanchez-Jerez P, et al. 2020. Evaluating the performance and management of artificial reefs using artificial reef multimetric index(ARMI). Ocean & Coastal Management, 198: 105350.

Liu X J, Huang J, Liu W, et al. 2023. Research on the coastal landscape pattern index in the district of Nansha. Sustainability, 15(4): 3378.

Mitra A, Zaman S. 2016. Estuarine ecosystem: an overview//Mitra A, Zaman S. Basics of Marine and Estuarine Ecology. New Delhi: Springer India: 21-52.

Muhammed K, Anandhi A, Chen G. 2022. Comparing methods for estimating habitat suitability. Land, 11(10): 1754.

Okuda K. 2008. Coastal environment and seaweed-bed ecology in Japan. Kuroshio Science, (2): 15-20.

Selvaraj P, Bharathidasan V, Murugesan P, et al. 2024. Assessing benthic ecological status of Kaduvaiyar estuary, southeast coast of India-Biotic indices approach. Total Environment Advances, 10: 200097.

Wang D J, Zhu J Y, Lv J, et al. 2024. Structural characterization and potential anti-tumor activity of a polysaccharide from the halophyte *Salicornia bigelovii* Torr. International Journal of Biological Macromolecules, 273: 132712.

With K A. 2019. An introduction to landscape ecology: foundations and core concepts//With K A. Essentials of Landscape Ecology. Oxford: Oxford University Press: 1-13.

Yan K, Zhi Y B, Su H Y, et al. 2023. Salt adaptability of wolfberry(*Lycium chinense*) in terms of photosystems performance and interaction. Scientia Horticulturae, 321: 112317.

Zhou Z X, Li J. 2015. The correlation analysis on the landscape pattern index and hydrological processes in the Yanhe watershed, China. Journal of Hydrology, 524: 417-426.

第五章 种业牵引[①]

发展养殖，种业先行。种业是推动养殖业发展最活跃、最重要的引领性要素和基石，是农业领域科技创新的前沿和主战场。根据多部委联合发布的《主要农作物良种科技创新规划（2016～2020 年）》中"夯实种业研究基础、突破育种前沿技术、创制农作物重大产品、培育种业新兴产业、引领现代农业"的战略目标，亟待构建种质资源保护、精准高效育种、创新应用苗种扩繁等技术体系。本章围绕海洋经济物种原种和良种资源的保护，不同经济性状良种的选择培育，良种性状评价体系的构建，原种和良种苗种规模化高效扩繁技术，以及生态化健康养殖模式的构建等技术进行分节介绍。通过构建高效可控、功能完善的"保、育、测、繁、推"一体化现代渔业发展模式，保障现代化海洋牧场的健康可持续发展。

第一节 海洋牧场关键种选择标准与应用

根据不同海域的生态特点和环境条件，选择适宜的养殖品种和关键种对海洋牧场进行科学规划和合理布局。品种的选择要以科学研究为基础，充分考虑生态适应性、经济效益和社会效益。为减缓海洋牧场对海洋生态系统的影响，在海洋增养殖过程中，关键种选择的实用原则至关重要。海洋牧场关键种选择应因地制宜，以经济实用为主，并结合苗种生态培育与人工采苗、增殖放流技术，以及基于海水养殖的增殖活动来进行。

一、海洋牧场关键种选择原则

在海洋牧场的设计与建设方面，资源关键种适宜性评价就是评定海域环境对于关键种养殖是否适宜以及适宜的程度，是进行海域利用决策、科学编制海域利用规划的基本依据。根据资源关键种对自然、社会环境因子的需求，确定适宜的海域进行海洋生态牧场的构建，将有助于提高所在开发海域的经济效益、生态效益和社会效益，更好地改善环境。为了尽可能地利用生态系统中的生态过程，提高由初级生产至资源关键种的能量转换效率，需要根据水域的生态条件选择增殖放流资源关键种。在增殖放流之前，必须对目标海域的水环境、生物环境和渔业

---

① 本章作者：赵欢、孙丽娜、刘石林、邢坤、于宗赫。

资源现状进行本底调查，以评价增殖放流的适宜性。一般在自然繁殖和人工培育的基础上，选择适宜的种类，在适宜的区域，采用放流的方法，有效地提高种群的资源量，以实现资源恢复的目标。

关键种的选择要满足技术可行、生物安全、生物多样性和兼顾效益的要求。技术可行是指关键种在人工繁殖、暂养和增殖放流技术上是可行的，放流地环境适合；生物安全是指海域自然分布的本土物种，不会给其他种类带来伤害，适宜放流的幼体应当是野生亲本的子一代或者子二代苗种，从而保证遗传多样性的稳定、可靠和纯净，防止增殖放流品种造成该区域自然种群和群落的遗传污染和遗传漂变；生物多样性是指就地保护自然生境，在物种的自然环境中维持一个可生存种群，在选择放流种类时，应首先考虑资源衰退较严重或者濒危灭绝的物种，有较大经济价值但是自然种群密度较高的物种，不应作为首选对象；兼顾效益就是关键种本身要有一定的经济价值，实施增殖放流后能产生较好的经济效益、生态效益和社会效益。要结合海区生物资源特点和海况实际，对放流海区生态容纳量和生物间的相容性、苗种环境适应和栖息地等问题，制定标准技术规范，实行多种类综合开发，充分发挥水域的生态效益。

海洋牧场中的增殖放流活动应以提高海区的生物多样性、保障生态服务功能和促进受损栖息地修复为重点，故而海洋牧场关键种应选择具有如下几方面特征的物种。

1. 本地生态适应性高的物种

选择适应当地环境条件的物种，以减少对生态系统的干扰和压力。

2. 经济价值高的物种

考虑市场需求和经济回报，确保养殖活动的经济可行性，选择具有较高市场价值和稳定市场需求的物种。

3. 抗病能力强、生长速度快和饲料转化率高的物种

选择抗病能力强的物种，以减少疾病的传播和养殖过程中的药物使用。优先选择生长快、饲料利用效率高的物种，以提高生产效益和资源利用效率。例如，选择生长迅速且饲料转化率高的鱼类、贝类或虾类。

4. 环境友好型物种

选择环保型养殖物种和有助于生态系统修复的养殖物种（如贝类和海藻），以减少养殖活动对自然生态系统的负面影响。海洋牧场增殖物种选择首先应考虑对环境压力较小的物种，如海藻和软体动物等非投喂物种，不仅可以减轻对自然栖息地和野生鱼类种群的压力，还可以提供生态系统服务和营养食物。其中，具有环境修复功能的物种（如牡蛎和贻贝），不仅能够提供食物，还可以直接吸收水体中的营养盐或过滤水体中的有机颗粒物以净化水体，增强海洋生态系统的健康和稳定。另外，选择容易养殖且不依赖于野生鱼类作为饲料的非投喂物种，替代以鱼粉为饵料来源的肉食性鱼类，可以缓解对野生鱼类种群的捕捞压力。例如，增殖适于生活于浅海海藻场、海草床和红树林等生态环境中，且不依赖鱼粉和鱼油作为饲料的草食性鱼类，可减少对野生鱼类的捕捞需求。

二、我国海域增养殖经济物种

1. 黄渤海

渤海是我国唯一内海，是黄渤海乃至东海多种经济鱼虾类的主要产卵场、索饵场和幼体繁育区，是开展海洋增殖放流的理想水域。渤海适宜放流的海域包括辽东湾、渤海湾和莱州湾三大海湾。黄海中南部外海是多种洄游性重要经济种类的越冬场，夏季由于黄海北部冷水团和黄海中部冷水团的影响，该区冷温性种类生物资源丰富。

目前，黄渤海进行增殖放流的主要经济鱼类包括褐牙鲆（*Paralichthys olivaceus*）、半滑舌鳎（*Cynoglossus semilaevis*）和红鳍东方鲀（*Fugu rubripes*）（图 5-1）。

a. 褐牙鲆（*Paralichthys olivaceus*）

b. 半滑舌鳎（*Cynoglossus semilaevis*）

c. 红鳍东方鲀（*Fugu rubripes*）

图 5-1　黄渤海增殖放流的主要经济鱼类

图片来源：国家动物标本资源库

中国明对虾（*Fenneropenaeus chinensis*）曾盛产于渤海湾渔场，目前该物种广泛用于增殖放流和养殖。软体动物中，主要进行底播增殖的有菲律宾蛤仔（*Ruditapes philippinarum*）和虾夷扇贝（*Patinopecten yessoensis*）等经济贝类物种。辽宁和山东分别完成了毛蚶（*Scapharca subcrenata*）（图 5-2a）和魁蚶（*Scapharca broughtonii*）（图 5-2b）的人工繁育技术研究，并优化了二者的底播增殖技术，辽宁在锦州近海进行了毛蚶的人工育苗及中间暂养，并在盘锦蛤蜊岗开展了浅海增殖放流活动；在黄海北部长海县海域进行了魁蚶的越冬培育，并在附近的庄河海域进行了底播增殖。另外，原本广泛分布于我国沿海地区的文蛤（*Meretrix meretrix*）商业性人工养殖活动依靠人工育苗和在局部海区进行人工增养殖，目前黄渤海地区的主要增殖产地位于盘锦蛤蜊岗。

a. 毛蚶（*Scapharca subcrenata*）
图片来源：《辽宁省水生经济动植物图鉴》

b. 魁蚶（*Scapharca broughtonii*）
图片来源：《辽宁省水生经济动植物图鉴》

c. 海蜇（*Rhopilema esculentum*）
图片来源：青岛水族馆官网（http://www.qdaqua.com/）

图 5-2 渤海主要经济贝类及腔肠动物

在 1970 年以前，海蜇（*Rhopilema esculentum*）（图 5-2c）由于经济价值不高，只是沿岸小型渔船的兼捕品种，20 世纪 70 年代以后，海蜇的加工品出口，打入国际市场，经济价值大幅度提升，形成了时间集中、专捕性强的海蜇渔业。由于近海渔业资源的衰退，近 20 年来，由于人工增殖放流，海蜇成为黄渤海地区能够形成鱼汛的主要品种，由此海蜇渔业成为辽东湾当地渔民的重点支柱产业。

黄渤海可养殖的浅海和滩涂面积高达 380 万 hm²。水产养殖对象主要包括菲律宾蛤仔（*Ruditapes philippinarum*）、仿刺参（*Apostichopus japonicus*）、皱纹盘鲍（*Haliotis discus hannai*）、凡纳滨对虾（*Litopenaeus vannamei*）、海湾扇贝（*Argopecten irradians*）、太平洋牡蛎（*Crassostrea gigas*）和光棘球海胆（*Strongylocentrotus nudus*）等高经济价值海产品。黄渤海也是我国重要的海藻养殖区域，其独特的地理和气候条件适合多种海藻生长和养殖，主要养殖物种包括海带（*Laminaria japonica*）和裙带菜（*Undaria pinnatifida*）。

2. 东海

东海从 20 世纪 80 年代初期开始开展增殖放流工作，每年在沿海重要水域开展经济物种和珍稀濒危物种的增殖放流。目前以大黄鱼（*Larimichthys crocea*）、小黄鱼（*Larimichthys polyactis*）、条石鲷（*Oplegnathus fasciatus*）和黑棘鲷（*Acanthopagrus schlegelii*）为主要增殖对象，其他被列入东海人工增殖放流物种名录的鱼类物种主要包括半滑舌鳎（*Cynoglossus semilaevis*）、黄姑鱼（*Nibea albiflora*）、日本黄姑鱼（*Nibea japonica*）、鮸（*Miichthys miiuy*）、梭鱼（*Liza haematocheila*）、鲻（*Mugil cephalus*）、日本鬼鲉（*Inimicus japonicus*）、褐菖鲉（*Sebastiscus marmoratus*）、真鲷（*Pagrus major*）、黑棘鲷（*Acanthopagrus schlegelii*）、黄鳍棘鲷（*Acanthopagrus latus*）、条石鲷（*Oplegnathus fasciatus*）、四指马鲅（*Eleutheronema tetradactylum*）、银鲳（*Pampus argenteus*）、蓝点马鲛（*Scomberomorus niphonius*）、赤点石斑鱼（*Epinephelus akaara*）、青石斑鱼（*Epinephelus awoara*）等，以及珍稀濒危物种，如中华鲟和文昌鱼。近年来，仅浙江进行近海增殖放流的海洋鱼类物种就有 16 种，包括洄游性鱼类，如大黄鱼（*Larimichthys crocea*）（图 5-3a）、小黄鱼（*Larimichthys polyactis*）（图 5-3b），以及岩礁性鱼类，如条石鲷（*Oplegnathus fasciatus*）、褐菖鲉（*Sebastiscus marmoratus*）和赤点石斑鱼（*Epinephelus akaara*）等（陈欣怡等，2023）；东海主要增殖甲壳物种包括日本囊对虾（*Marsupenaeus japonicus*）、三疣梭子蟹（*Portunus trituberculatus*）、锯缘青蟹（*Scylla serrata*）、刀额新对虾（*Metapenaeus ensis*）等，用于人工增殖放流的软体动物物种包括曼氏无针乌贼（*Sepiella maindroni*）、厚壳贻贝（*Mytilus coruscus*）、泥蚶（*Tegillarca granosa*）、毛蚶（*Scapharca subcrenata*）、青蛤（*Cyclina sinensis*）、等边浅蛤（*Gomphina aequilatera*）、文蛤（*Meretrix meretrix*）、斧文蛤（*Meretrix lamarckii*）、管角螺（*Hemifusus tuba*）、细角螺（*Hemifusus ternatanus*）、缢蛏（*Sinonovacula constricta*）、尖刀蛏（*Cultellus scalprum*）；东海也进行了海蜇（*Rhopilema esculentum*）增殖放流活动，主要集中在东海的象山湾一带。

a. 大黄鱼（*Larimichthys crocea*）   b. 小黄鱼（*Larimichthys polyactis*）

图 5-3 东海主要经济鱼类

图片来源：国家动物标本资源库

根据《2023 中国渔业统计年鉴》，东海的海水养殖物种主要有凡纳滨对虾（*Litopenaeus vannamei*）、斑节对虾（*Penaeus monodon*）、大黄鱼（*Larimichthys crocea*）、眼斑拟石首鱼（*Sciaenops ocellatus*）、黑棘鲷（*Acanthopagrus schlegelii*）、花鲈（*Lateolabrax japonicus*）、真鲷（*Pagrus major*）和卵形鲳鲹（*Trachinotus ovatus*）等，还包括斑鰶（*Konosirus punctatus*）等试验性养殖对象。在海藻人工养殖方面，条斑紫菜（*Porphyra yezoensis*）是东海重要的养殖藻类，具有较高的经济价值和广泛的市场需求。此外，养殖对象还包括江蓠（*Gracilaria* spp.）和礁膜（*Monostroma* spp.）等。

3. 南海

南海是我国面积最大的海域，岸线狭长、港湾遍布，是适宜开展水生生物增殖放流的海域。南海增殖放流工作始于 20 世纪 80 年代，已开发出适于该海域增殖放流的水生经济物种和保护物种苗种，放流地点集中在南海的北部湾、珠江口、柘林湾等重点海域。目前南海主要增殖甲壳类包括长毛对虾（*Penaeus penicillatus*）、墨吉对虾（*Penaeus merguiensis*）、刀额新对虾（*Metapenaeus ensis*）、锯缘青蟹（*Scylla serrata*）、斑节对虾（*Penaeus monodon*）等虾蟹类；放流的软体动物物种主要有华贵栉孔扇贝（*Chlamys nobilis*）、文蛤（*Meretrix meretrix*）和波纹巴非蛤（*Paphia undulata*）；南海主要增殖放流石斑鱼、鲷、笛鲷等鱼类经济物种（图 5-4，图 5-5），包括紫红笛鲷（*Lutjanus argentimaculatus*）、黑棘鲷（*Acanthopagrus schlegelii*）、卵形鲳鲹（*Trachinotus ovatus*）、中国花鲈（*Lateolabrax maculatus*）、青石斑鱼（*Epinephelus awoara*）、点带石斑鱼（*Epinephelus coioides*）、军曹鱼（*Rachycentron canadum*）、大黄鱼（*Larimichthys crocea*）、红鳍笛鲷（*Lutjanus erythropterus*）、星斑裸颊鲷（*Lethrinus nebulosus*）、真鲷（*Pagrus major*）、平鲷（*Rhabdosargus sarba*）、黄鳍棘鲷（*Acanthopagrus latus*）、棕点石斑鱼（*Epinephelus fuscoguttatus*）等。南海的人工增殖放流除了补充自然资源，还用于保护和恢复濒危物种，如卵形鲳鲹（*Trachinotus ovatus*）、大珠母贝（*Pinctada maxima*）和中国鲎（*Tachypleus tridentatus*）等。

a. 青石斑鱼（*Epinephelus awoara*）

b. 赤点石斑鱼（*Epinephelus akaara*）

c. 点带石斑鱼（*Epinephelus coioides*）

d. 棕点石斑鱼（*Epinephelus fuscoguttatus*）

图 5-4 南海石斑鱼主要增殖放流种类

a. 平鲷（*Rhabdosargus sarba*）

b. 黑棘鲷（*Acanthopagrus schlegelii*）

c. 红鳍笛鲷（*Lutjanus erythropterus*）成鱼

d. 红鳍笛鲷（*Lutjanus erythropterus*）幼鱼

e. 紫红笛鲷（*Lutjanus argentimaculatus*）成鱼

f. 紫红笛鲷（*Lutjanus argentimaculatus*）幼鱼

g. 黄鳍棘鲷（*Acanthopagrus latus*）

图 5-5　南海鲷、笛鲷主要增殖放流种类

图片来源：《海洋牧场增殖放流技术规范 第 2 部分：鱼类》（DB 46/T 657.2—2024）

依据《2023 中国渔业统计年鉴》，南海的海水养殖物种主要有凡纳滨对虾（*Litopenaeus vannamei*）、斑节对虾（*Penaeus monodon*）、眼斑拟石首鱼（*Sciaenops ocellatus*）、石斑鱼（*Epinephelus* spp.）、笛鲷（*Lutjanus* spp.）、花鲈（*Lateolabrax japonicus*）、白姑鱼（*Argyrosomus argentatus*）等。广东和广西人工养殖的马氏珠母贝（*Pinctada martensii*）是南海重要的珍珠贝类，养殖技术成熟，用于珍珠养殖和贝壳收获。此外，广东也人工养殖日本鳗鲡（*Anguilla japonica*），用于出口和本地供应。

三、海洋牧场生态系统的关键建群种

（一）海草床

海草是一类单子叶草本植物，广泛分布于温带、亚热带和热带浅水域的潮下带、浅滩、潟湖、河口等区域，是海洋中唯一开花的被子植物，在水中完成生活史。海草通常大面积地聚集性生长，甚至可形成面积达数百万亩[①]的海草床，构成一个庞大的海草床生态系统，亦有"海底草原"之称。海草床是滨海三大典型生态系统之一，具有强大的生态功能，对生态环境改善和生物资源养护发挥着极其

———————————

① 1 亩≈666.7m²。

重要的生态作用。

中国现有海草 4 科 10 属 22 种，海草种数约占全球海草种数的 30%（郑凤英等，2013）。海草属于海洋高等植物，对生态环境的要求较高，特别是透明度、营养盐、温度、水流和底质类型等关键生态因子对海草的存活、生长和扩繁均具有显著影响，在选择海草床建设区域时，必须充分考虑这些关键因子的适宜性。

不同海区的海草床建设应综合考虑海草生物学特性、分布现状和生态修复技术成熟度等，移植适宜的物种，重点考虑透明度、营养盐、温度、水流和底质类型等关键因素，以适合海草的生长和扩繁。黄渤海海草床建设宜选择鳗草（*Zostera marina*）、日本鳗草（*Zostera japonica*）等，南海海草床建设宜选择泰来草（*Thalassia hemprichii*）、海菖蒲（*Enhalus acoroides*）、喜盐草（*Halophila ovalis*）、日本鳗草（*Zostera japonica*）等。

（二）海藻场

海藻场是指海底附着基上附着生长的大型海藻群落，是一种由大型底栖海藻为支撑物种，在中低潮带和潮下带区域所形成的近岸海洋生态系统，它包括系统内的鱼类、甲壳类等海洋生物，以及水流、光照等物理环境。海洋牧场区域海藻场的建设目的主要是提供初级生产力、饵料来源、卵附着基、幼体养护所和敌害躲避场所等生态功能。

海藻场建设以实现海洋牧场中生物资源增殖养护为目标，其建设程序中首先是在海洋牧场区设置特定功能海藻场区，明确海藻场的功能定位，摸清建设海域的环境特点，并开展本底调查，筛选属于本地气候水温区系的物种为建群藻种，其次根据本地现有优势藻种，确定适宜海藻场建设的目标藻种，最后通过专业建设技术对目标藻种进行培育和移植。

海藻场建设区域应选择周边海域有自然分布的目标藻种，无大量淡水注入、无悬浮泥沙来源、岩礁基质表面无大量沉积物且海水交换较好、敌害生物少的海域。黄渤海海藻场建设宜选择海黍子（*Sargassum muticum*）、海带（*Laminaria japonica*）、裙带菜（*Undaria pinnatifida*）等，东海海藻场建设宜选择瓦氏马尾藻（*Sargassum vachellianum*）、铜藻（*Sargassum horneri*）、羊栖菜（*Hizikia fusiforme*）、龙须菜（*Gracilaria lemaneiformis*）、鼠尾藻（*Sargassum thunbergii*）、裙带菜（*Undaria pinnatifida*）等，南海海藻场建设宜选择亨氏马尾藻（*Sargassum henslowianum*）、匐枝马尾藻（*Sargassum polycystum*）、麒麟菜（*Eucheuma denticulatum*）等。

（三）牡蛎礁

牡蛎礁是由大量牡蛎不断固着于包括牡蛎壳在内的硬基质表面所形成的一种生物礁体，通过建设海洋牧场牡蛎礁，促进牡蛎礁礁体中牡蛎密度和生物量的提升、礁体高度和礁体面积的稳定或增长，从而发挥牡蛎礁水体改善、生物多样性保护、渔业增殖、海岸带防护等生态功能。海洋牧场牡蛎礁建设区域的选择应根据牡蛎的生物学特性，重点考虑温度、盐度、饵料丰度和底质类型等关键因素，以适合牡蛎的生长和扩繁。

首先，牡蛎礁建设应考虑牡蛎礁的历史分布范围，即选择残存有礁体或礁床或者可能提供天然幼苗补充的牡蛎高生物量区域，同时应靠近其他结构化生态系统，以助于加强生态系统连通性和物种库供给，促进海洋牧场牡蛎礁生态系统的稳定。温度、盐度和饵料丰度是影响牡蛎生长的关键因素，底质类型的优劣决定了牡蛎礁是否能健康发育。因此，选择牡蛎礁建设区域时应重点考虑环境因素是否适合牡蛎的生长和扩繁，以实现建设后牡蛎幼苗的持续自我补充。

其次，牡蛎礁建设所选用的牡蛎应为本地种，需避免引入其他牡蛎品种，影响建设海域生态系统的稳定性。当前已查明的我国牡蛎礁主要造礁牡蛎均为巨蛎属物种，如天津大神堂海域牡蛎礁主要造礁牡蛎为太平洋牡蛎（Crassostrea gigas），江苏海门蛎岈山牡蛎礁主要造礁牡蛎为近江牡蛎（Crassostrea ariakensis）和熊本牡蛎（Crassostrea sikamea），山东莱州湾牡蛎礁主要造礁牡蛎为太平洋牡蛎（Crassostrea gigas）和近江牡蛎（Crassostrea ariakensis），福建深沪湾牡蛎礁主要造礁牡蛎为福建牡蛎（Crassostrea angulata）和近江牡蛎（Crassostrea ariakensis）等。黄渤海牡蛎礁建设宜选择太平洋牡蛎（Crassostrea gigas）、近江牡蛎（Crassostrea ariakensis）、熊本牡蛎（Crassostrea sikamea）等，东海和南海牡蛎礁建设宜选择近江牡蛎（Crassostrea ariakensis）、熊本牡蛎（Crassostrea sikamea）、福建牡蛎（Crassostrea angulata）、香港牡蛎（Crassostrea hongkongensis）等。

（四）珊瑚礁

珊瑚礁生境是维持海洋生物多样性的基础，同时也是热带岛礁型海洋牧场建设倚重的基石，当前珊瑚礁生态系统的退化主要表现为造礁石珊瑚数量的下降，珊瑚礁建设以恢复造礁石珊瑚种类、数量以及覆盖率为主。

南海珊瑚礁生态系统严重退化，所以在南海岛礁海洋牧场建设中珊瑚礁生境和资源的修复是基础和关键。珊瑚移植区域的选择宜根据其生物学特性，重点考虑原生造礁石珊瑚种类、底质类型、台风影响程度等关键因素，以适合珊瑚的生长和扩繁。区域选择是珊瑚礁生境营造中非常关键的一项工作。造礁石珊瑚移植地点的水文水质状况是很重要的选择依据，尽量选择水动力作用相对平静以及不易受到台风影响的水域，强烈的风浪不利于底播造礁石珊瑚的固定，还会造成底质碎屑的剧烈移动，从而对底播造礁石珊瑚造成物理性损伤。不过在避免过强的海浪时，选择具有适当的水流和良好的水体交换的地点有助于移植造礁石珊瑚存活。

造礁石珊瑚移植地点的光照强度、水温、盐度、营养盐、沉积物等因素必须适合造礁石珊瑚的生长和繁殖，其年际变化尽量不超过造礁石珊瑚的耐受限。其中，光照强度、水深及沉积物有很大的关联，尽管移植造礁石珊瑚在水深处受到风浪等的影响更小，从而有利于其生长和存活，但是水深处的光照强度会降低，再者水体中的沉积物也会降低海床的光合有效辐射强度，从而不利于移植造礁石珊瑚的生长，因此在选择时必须从三者中做出权衡。水体沉积物沉积速率以及沉积物组分也是必须考虑的因素，沉积速率过高、沉积物粒径大时沉积物会直接将底播造礁石珊瑚掩埋，使珊瑚窒息，还可以改变造礁石珊瑚附生微生物的群落结构，导致造礁石珊瑚生长受到抑制和组织的直接坏死。例如，移植到洁净海水和硬底质环境下的鹿角杯形珊瑚生长良好，而其在浑浊的海水和沙质底质上几乎不生长。由沉积物带来的负面影响一般发生在近岸和河口海域，因此应尽量避免在近岸和河口海域沉积物含量高的区域进行底播移植。同时，造礁石珊瑚移植地点不应位于或接近航道区、军事禁区、拖网捕鱼区以及油气管道和通信电缆铺设区，更不能接近清淤、河口、排污口等污染源，总之应尽量选择不受人类活动干扰的地点。

南海适宜移植的造礁石珊瑚种类包括鹿角珊瑚科（Acroporidae）、滨珊瑚科（Poritidae）、菌珊瑚科（Agariciidae）、真叶珊瑚科（Euphylliidae）、木珊瑚科（Dendrophylliidae）、杯形珊瑚科（Pocilloporidae）、叶状珊瑚科（Lobophylliidae）、裸肋珊瑚科（Merulinidae）等。

第二节　原种保护技术

水产生物种质资源是渔业发展的基础，也是维护生态安全的重要物质基础。《国务院办公厅关于加强农业种质资源保护与利用的意见》强调了农业种质资源保护的重要地位。本土优质的种质，作为水产种业的"芯片"，是保障海洋牧场可持续发展、提高渔业产业竞争力的重要基础（杨红生等，2022）。通过构建海洋牧场种质资源库，系统构建种质长期、安全保存等关键技术，形成较为完善的海洋牧场种质资源保护技术，为海洋牧场的绿色发展提供保障。水产种质资源保护技术主要包括个体、细胞以及 DNA 三个层次。

一、活体种质保存技术

活体种质保存可称为个体保存，按照生长环境不同可以分为就地保护和异地保护两种方式。就地保护也称为自然生态库保存，是指在生物生长和繁殖的原栖息地，通过对生态系统和栖息地环境的保护来进行种质资源保护。异地保护也称为人工生态库保存，是指在原种栖息地之外的人工环境中对具有生物多样性的群体、家系或个体进行保存。

按照国家海洋水产种质资源库活体保存规定,在进行原地保护野生种时,如果选择在国家或地方划定的保护区,按保护区的相关规定进行保存,在除保护区之外的区域进行原种保存要尽量选择在其产卵场、索饵场进行保存,并且保存地应避免人为干扰。对于进行异地保护的物种,包括野生种、培育品种、引进种,可以在人工可控的环境中进行保存。野生种的异地保护应该保证人工环境和野外的生态环境一致或相近,养殖环境因子要根据其最适生活条件进行设定,养殖密度应采用最适生长密度。在开展相近种、杂交种的活体保存时,要严格隔离保存,不同批次的原种要进行单独操作,进水、排水系统不能交叉。为保证活体保存的群体达到有效种群数量,一般要求野生种的保存数量保持在 4000 尾以上,培育品种、迁地保护种类的保存数量保持在 2000 尾以上。

为保证活体种质保存的效果,在原种活体培育中要加强培养管理。在人工池塘中进行保种养殖的,每日要观察水体的水温、溶解氧含量等水质因子,根据需求投喂饲料,进行增氧,定期对养殖池塘进行消毒。在天然海域中进行保种养殖的,须选择饵料丰富、水质优良的海域进行,随时关注天气情况及海况,观察海域水质是否正常。

对于不同种类的鱼类活体种质,要适时测量其生长情况,记录其相应生长参数、存活率等,并定期检查笼体,以免保存物种逃逸或因养殖密度过高而引发疾病。对于贝类种质资源,须每月观察并对贝壳上的附着生物进行处理。对于藻类种质资源,须每年进行一次藻种的纯化和活化。

二、良种配子和胚胎保存与激活应用技术

生殖细胞及胚胎冷冻保存技术是人工授精技术的主要组成部分,作为生物种质资源保护的重要技术,目前已被广泛开发并成功应用于哺乳动物、鱼类及一些无脊椎动物。通过种质冷冻保存技术,将具有经济价值的海洋生物的配子及胚胎有效保存,再通过解冻获取良种配子和胚胎进行人工繁育,为海洋牧场原种保护及资源有效利用提供了有效途径。

根据冷冻保存技术的方式不同,将目前常用的生殖细胞冷冻方法分为慢速冷冻法和快速冷冻法(Mandawala et al.,2016)。慢速冷冻法也称为慢速程序化冷冻,是指将细胞置于冷冻保护剂中,利用程序冷冻仪或不同温差的冰箱进行分阶段降温。该技术的原理是利用细胞外溶液中的水分结冰使溶液的浓度升高,从而引起细胞内的水分透过细胞膜向外渗出,细胞体积收缩,使得细胞内液的浓度与渗透压增加,冰点下降;随着温度的下降,上述过程持续进行,到一定的温度时细胞内液结冰,并在此温度下长期保存。采用慢速冷冻法保存时,在细胞内液结冰过程中,溶液凝结初期会形成小冰晶,但是后期小冰晶由于表面势能的增加而聚合形成大冰晶,从而对细胞结构产生一定损伤。也就是说,慢速冷冻技术在细胞冷

冻和解冻过程中会产生冷冻损伤。为了降低冰晶对细胞的损伤，在慢速冷冻过程中通过添加一定浓度的保护剂，同时控制程序降温条件来减少冰晶的形成。慢速冷冻过程对生殖细胞的损伤较小，保存时间长，但是慢速冷冻过程程序降温一般对设备要求较高，不能随时随地开展，因而影响了该技术的大规模推广。

快速冷冻法是目前常用的生殖细胞冷冻方法，其中玻璃化冷冻（vitrification）技术是较为常用的技术。玻璃化冷冻技术是指使高浓度的冷冻保护剂在超低温环境下迅速凝固，形成不规则的玻璃化样固体，从而对细胞结构及胞内组分起到保护作用，实现对细胞的低损伤冷冻保存（Mayer，2019）。玻璃化样固体是液体在快速超低温冷冻过程中，连续地固化形成的无晶形、呈高度黏稠状态的玻璃体团块，玻璃化通过快速降温和高浓度冷冻保护剂，避免了细胞内冰晶的形成，从而有效地保护了细胞结构。由于快速冷冻法较慢速冷冻法操作简便（图5-6），目前

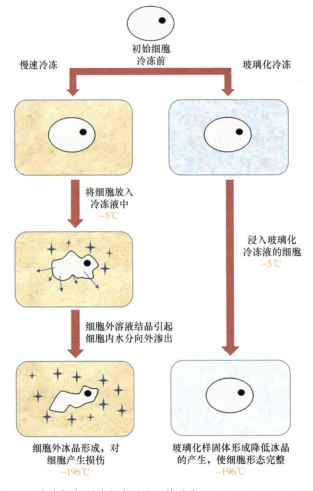

图 5-6　冷冻保存两种方式对比（修改自 Mandawala et al.，2016）

其已成功在不同种类生物的配子和胚胎冷冻保存中得到了应用和推广。由于快速冷冻过程中添加的高浓度冷冻保护剂对细胞的毒性作用较大，开展冷冻保护剂浓度和冷冻速度的优化研究成为快速冷冻保存的研究热点。

（一）精子低温冷冻保存技术

精子具有体积小、单层膜等独特特征，有利于水分和冷冻保护剂的渗透，这些特点使得精子超低温冷冻保存技术得以快速发展。精子超低温冷冻技术通过在精子中按照一定比例加入稀释剂和冷冻保护剂，以达到精子内外渗透压的平衡，降低冰点，抑制精子运动，进而使精子处于休眠状态。精子冷冻保存过程包括精液采集及质量评估、稀释剂和冷冻保护剂的制备、精子与冷冻保护剂的混合、冷冻降温处理、液氮保存、解冻复苏、精子活力检测。其中，冷冻保护剂的种类及浓度、稀释剂的浓度和降温平衡的条件是影响精子冷冻的关键因素。

为保证超低温冷冻的效率，首先需对收集到的新鲜精液进行精子活力检测，通常选取活力大于 80%的精子进行超低温保存。在显微镜下统计样品中运动精子的百分比是测定精子活力的常规方法，以自主进行机械运动的精子数占视野中总精子数的比例进行判定（Mizuno et al., 2019）。但是精子被激活后运动速度快，并且寿命短暂，利用传统显微观察分析存在主观人为和外界环境因素的影响，结果误差相对较大。利用计算机辅助精子分析系统（computer-aided sperm analysis，CASA）测量精子的运动能力，可以精准、快速并且客观地评估精子的多种运动参数，从而量化分析精子的生理特性，目前 CASA 成为主流的精子活力检测方法。

稀释剂是精子保存环境 pH、渗透压的调节剂，通过增加溶液的黏性，可一定程度抑制冰晶的产生，从而起到保护细胞的作用。精子稀释剂一般对精子没有毒性，主要由盐类（NaCl、KCl、NaHCO$_3$）、葡萄糖或磷脂等与蒸馏水按照不同比例混合而成。在海洋鱼类和软体动物精子冷冻保存过程中，常使用无 Ca^{2+} 的 Hank's 平衡盐溶液作为稀释剂，其具有抑制精子活化和优化精子渗透压的能力，有利于在冷冻前节省精子中的能量，从而保持精子的质量。但稀释剂的选择也存在较大的种间差异性。

冷冻保护剂在精子超低温冷冻过程中至关重要，其可以降低溶液冰点和电解质浓度，减少冰晶的形成，从而达到抗冻的目的。冷冻保护剂分为渗透性抗冻剂（CPA）和非渗透性抗冻剂（co-CPA）。在鱼类精子冷冻保存中一般选择渗透性抗冻剂，较为常用的包括二甲基亚砜（dimethyl sulfoxide，DMSO）、甘油（glycerine，GLY）、丙二醇（propylene glycol，PG）、乙二醇（ethylene glycol，EG）、甲醇（methanol，METH）等。渗透性抗冻剂可以增强细胞的膜流动性，导致细胞凝固点降低，从而减少细胞内冰晶的数量，但是其本身对精子具有毒性作用，且不同鱼类精子细胞膜对于渗透性抗冻剂的通透性存在差异，因此需要对特性对象进行条件优化应用。二甲基亚砜作为渗透性抗冻剂，对大菱鲆（*Scophthalmus maximus*）、半滑舌鳎（*Cynoglossus semilaevis*）、褐牙鲆（*Paralichthys olivaceus*）等海水经济鱼类精子具有较好的保存效果，10%的丙二醇对云纹石斑鱼（*Epinephelus moara*）精子能起到很好的保存效果，用15%的乙二醇冷冻保存许氏平鲉（*Sebastes schlegelii*）精子的效果优于二甲基亚砜（崔广鑫，2021）。非渗透性抗冻剂也称为膜外保护剂，包括糖类如葡萄糖（GLU）、海藻糖（TRE）、蔗糖（SUC），以及一些高分子化合物如蛋黄（Yolk）、甘氨酸（Gly）、聚乙二醇（PEG）和胎牛血清（FBS）等。非渗透性抗冻剂无法穿过精子细胞膜，其主要通过提高细胞外渗透压，来维持细胞膜的稳定性，非渗透性抗冻剂的添加可以改善精子冷冻保存效果，在配制精子冷冻保护剂时，将渗透性抗冻剂与非渗透性抗冻剂组合搭配进行使用，可以有效保持细胞膜的完整性，提高精子的活力（Wu et al.，2015）。选择抗冻剂时优先选择低毒性抗冻剂，同时使用过程中尽量缩短抗冻剂和精子的接触时间，添加过程中可以考虑分步添加，以免毒性过大引起精子死亡。选择和配制抗冻剂时，尽量根据以下几个原则来优化执行：①选择对精子无毒或低毒的抗冻剂；②抗冻剂对于精子不能有激活效果；③抗冻剂应具有营养性，可增强精子的抗冷性能；④抗冻剂成分要简单易配。

除了冷冻保护剂和稀释剂会显著影响精子冷冻保存率，降温速率及步骤的优化也在整个过程中具有举足轻重的作用。一般而言，降温包括慢速降温、2 步法降温和 3 步法降温 3 种形式，其中 2 步法降温和 3 步法降温是目前较为常用的方式。当降温后精子能够在液氮中长期保存，复温的过程就显得极其重要，一般降温速度快的话，复温的速度也需要相应地加快。复温一般是将样品从液氮中取出，置于特定温度条件下水浴解冻，轻轻摇动使温度均匀，待只剩少量固体时立即取出，在空气中继续摇动使其完全融化。

冷冻精子经解冻后应对其质量进行评价，评价精子质量的参数包括运动活力、形态变化、受精率、孵化率、细胞器完整性及代谢机能。对冷冻精子进行全面系统的质量评价，并对比新鲜精子的相关参数，有利于进一步研究冷冻保存对精子的损伤程度和相关机制。

（二）卵子和胚胎低温冷冻保存技术

由于卵子和胚胎具有细胞膜渗透性低以及直径大等特殊性，因此其低温保存技术与精子低温保存技术差异较大。当卵母细胞和胚胎暴露于高浓度的冷冻保护剂时，会因为细胞毒性和渗透而遭受破坏，这种毒性作用的大小与细胞暴露于冷冻保护剂的持续时间、细胞在冷冻保护剂中的平衡温度、温度下降速度以及卵母细胞和胚胎本身的大小等因素密切相关。因此，确定使用合适浓度的冷冻保护剂是卵母细胞和胚胎低温冷冻保存的关键。筛选合适的冷冻保护剂成为推动卵子和胚胎冷冻保存的突破口，而近年来新型抗冻剂和水通道蛋白的利用、显微注射等技术的出现，推动了鱼类胚胎和卵细胞冷冻保存技术的发展。

抗冻蛋白是一类具有热滞效应、冰晶形态效应和重结晶抑制效应的蛋白质，目前已报道了抗冻糖蛋白（AFGPs）、Ⅰ型抗冻蛋白（AFPI）、Ⅱ型抗冻蛋白（AFPII）、Ⅲ型抗冻蛋白（AFPIII）和Ⅳ型抗冻蛋白（AFPIV）5种抗冻蛋白。抗冻蛋白与冷冻保护剂的混合使用可以降低冷冻保护剂对胚胎和鱼卵的毒性效应，从而提高冷冻保存的存活率。

显微注射技术可以将冷冻保护剂注入胚胎体内，这样可以减小卵黄合胞体对抗冻剂进入细胞的阻碍，从而降低冰晶对胚胎的损伤。此外，为了减小显微注射对细胞膜和结构的损伤，近年来也有学者开始尝试用飞秒激光脉冲和超声波空化技术提高鱼卵和胚胎细胞冷冻保存的成功率（沈蔷等，2013）。

三、鱼类生殖干细胞移植技术

目前鱼类精子的低温保存技术已经趋于完善，但是由于鱼类卵子和胚胎卵黄含量高，以及膜通透性较低的问题，鱼类卵子和胚胎冷冻保存技术并未建立起来。仅仅通过鱼类精子无法进行鱼类的正常繁殖，因此生殖干细胞移植技术（germ cell transplantation，GCT）成为获得鱼类功能性配子，进而获得源自供体后代的有效途径。鱼类生殖干细胞移植技术是指将鱼类生殖干细胞移植到同种或异种受体鱼中，最终供体细胞在受体体内分化、成熟，获得生殖系嵌合体鱼，进而产生源于供体配子的技术（赵雅贤等，2017）。Takeuchi等（2003）将虹鳟（*Oncorhynchus mykiss*）的原始生殖细胞（primordial germ cell，PGC），移植到相近物种大麻哈鱼（*Oncorhynchus masou*）体内孵化，最终产生供体来源的配子，经过受精产生虹鳟后代，这是海洋经济鱼类GCT的首次尝试。

在鱼类中PGC的数量很少，已有报道证明在硬骨鱼中精原细胞（spermatogonium，SG）和卵原细胞（oogonium，OG）在整个生命周期中始终具有自我更新和分化的能力，所以近年来鱼类GCT供体细胞类型已经从PGC逐渐扩展到SG和OG。Okutsu等（2006）将虹鳟（*Oncorhynchus mykiss*）幼鱼精巢细胞悬液分别移植到同种异体的雌雄受体鱼中，这些嵌合体鱼成熟后生成了源自供体的功能性卵子和精子，这证明细胞悬液中的鱼类SG具有与PGC类似的干细胞特征。由于SG的分离提取较为简便，这极大地推动了鱼类生殖干细胞移植技术的发展。

在鱼类生殖干细胞移植研究的最初阶段，为了减少外源生殖干细胞与受体鱼自身内源细胞之间的竞争排异，一般选择初孵仔鱼作为受体鱼。近年来，利用如三倍体、注射白消安处理或生殖基因敲除等方法获得成熟不育体作为受体，可以短时间内在受体鱼性腺中生成源于供体的功能配子，这既节约受体成长时间，也具有迅速形成生殖系的优势。另外，由于同一物种的生殖干细胞发育调控机制相对一致，目前鱼类生殖干细胞的同种移植是成功率最高的一种 GCT 类型。而利用生殖干细胞进行异体移植，将一些成熟周期长的经济鱼类生殖干细胞转移至体型小、成熟快、易饲养的近缘物种，可以作为一种新型方式解决种质资源保存方面的一些养殖难题。目前对于异种移植已在部分经济鱼类中获得成功。Lee 等（2013）将三倍体大麻哈鱼（*Oncorhynchus masou*）作为受体，从冷冻保存的整个虹鳟（*Oncorhynchus mykiss*）精巢中分离 SG 作为供体细胞进行移植，成功获得了来源于供体的功能性配子。Xu 等（2019）将箕作黄姑鱼精巢生殖干细胞移植入雌性箕作黄姑鱼与雄性银姑鱼（*Pennahia argentata*）杂交的不育体成鱼中，成功产生供体来源精子。但目前利用不育体受体进行 GCT 尚存在操作复杂、移植效率低等问题，寻找合适的不育体受体是推进 GCT 发展的重要途径。

四、海洋动物细胞系构建技术

除了配子和胚胎的冷冻保存技术，建立海洋动物细胞系，进而进行冷冻保存也是海洋生物种质资源保护的有效途径之一。海水鱼类细胞系的建立主要采取哺乳动物的细胞培养方法，首先选取分裂潜能较大的组织进行原代培养，在培养过程中构建适合的培养体系，最终通过测定细胞生长曲线、染色体计数与核型分析、特异性抗体等对细胞系进行鉴定。鱼类细胞原代培养的组织来源有很多，胚胎组织和幼鱼的各种组织都是原代培养的主要组织来源。成鱼的性腺、肾脏、心脏、鳔、脾脏、鳍条、吻端等组织是常用的原代培养材料。自 1962 年 Wolf 和 Quimby 建立第一个鱼类细胞系——虹鳟鱼生殖腺细胞系至 2018 年，已建立的鱼类细胞系达到 826 株，其中海水鱼类的种类和数量明显增加，虹鳟的细胞系数量最多，为 73 株，其他报道的海水鱼类及咸水鱼类有 32 科 81 种，具体如斑石鲷（*Oplegnathus punctatus*）、大菱鲆（*Scophthalmus maximus*）、大黄鱼（*Larimichthys crocea*）的脑组织细胞系，松江鲈（*Trachidermus fasciatus*）、赤点石斑鱼（*Epinephelus akaara*）、半滑舌鳎（*Cynoglossus semilaevis*）、卵形鲳鲹（*Trachinotus ovatus*）的肾脏细胞系，以及褐牙鲆（*Paralichthys olivaceus*）、条斑星鲽（*Verasper moseri*）的性腺细胞系等多种不同组织的海水鱼类细胞系（景宏丽等，2023）。

与海洋鱼类相比，关于海洋无脊椎动物细胞的研究还处在原代培养阶段，虽然在海洋经济贝类细胞培养方面国内外学者进行了长期的探索，但目前没有成功案例。海洋无脊椎动物永生细胞系的建立，一种方法是直接获取海洋无脊椎动物的成体干细胞，但是海洋无脊椎动物中成体干细胞数量很少，这一定程度上限制了海洋无脊椎动物细胞系的建立；另一种方法是通过体细胞诱导形成多能干细胞，利用细胞融合、特定转录因子诱导等方法进行细胞重编辑，可以一定程度上实现干细胞诱导。细胞融合是指两个不同基因型的细胞或原生质体在自发或人工诱导下融合形成一个杂种细胞，从而具有两种细胞的生物学特性。Puthumana 等（2015）采用猿猴病毒 40-T 抗原和腺病毒 12S-E1A 基因两种癌基因分别转染斑节对虾（*Penaeus monodon*）淋巴细胞，发现增殖细胞存活 90d 以上，但未实现永生化。目前在海洋经济无脊椎动物中没有建立起克隆化的永生细胞系。

五、原种种质资源遗传信息库构建技术

遗传信息库也称为基因库，是保存种质最根本的信息载体。近年来，随着全基因组测序技术的不断更新，对渔业主要养殖品种开展全基因组测序及重测序工作，建立目标物种的基因组序列图谱，分析不同个体基因组间的结构差异并形成电子基因库，成为原种种质资源保护的另一重要途径。自 2012 年起，我国相继对太平洋牡蛎（*Crassostrea gigas*）、半滑舌鳎（*Cynoglossus semilaevis*）、大黄鱼（*Larimichthys crocea*）、仿刺参（*Apostichopus japonicus*）、中国明对虾（*Fenneropenaeus chinensis*）、褐牙鲆（*Paralichthys olivaceus*）、虾夷扇贝（*Patinopecten yessoensis*）等多个海洋水产物种的全基因组序列进行了破译。为了实现数据的安全保存和开放共享，基于国家海洋水产种质资源库以及国家基因库生命大数据平台，如中国科学院北京基因组研究所的国家基因组科学数据中心（National Genomics Data Center，NGDC）和深圳国家基因库 CNGBdb 等数据中心，构建了数据平台。NGDC（https://bigd.big.ac.cn/）除了支持组学原始数据归档，参考基因组及基因注释信息存储和查询，还建立了甲基化数据库、单核苷酸多态性数据库等多组学数据库系统，以及以表观组关联分析为代表的综合数据系统。

通过构建重要养殖种类的分子标记和条形码技术，建立了重要水产生物种质鉴定和评价技术体系。深化基因型与表型的因果关系研究，形成"表型-基因型大词典"等工具书，完成单核苷酸多态性（single nucleotide polymorphism，SNP）及基因组结构注释等工作，为种质创新利用积累基础数据，不断完善种质资源遗传信息库（胡红浪等，2023）。

第三节　育种新技术

发展民族种业，实施生物育种是关键，创新种业科技、突破前沿育种技术、完善重大品种供给对于打赢种业翻身仗，确保国家粮食安全具有重要意义。生物育种面临诸多挑战，目前我国种业已完成多方面基础研究，发展多项生物育种技术，探索现代化种业创新体系构建，基因编辑、性别控制、全基因组选择等生物

技术已应用于水产经济动物育种。

一、复杂经济性状的遗传解析技术

数量性状基因座（quantitative trait locus，QTL）是影响复杂性状表型变异的遗传区域，通常通过相互之间和环境之间的遗传相互作用来识别（VanOoijen，2009）。经济性状遗传解析的手段主要包括开发大量分子标记、构建中高密度遗传图谱并应用连锁分析进行 QTL/L/eQTL 定位，以及应用关联分析法进行 QTL 精细定位，如候选基因关联分析、混合分组分析（bulked segregation analysis，BSA）、连锁不平衡分析（linkage disequilibrium analysis，LDA）和全基因组关联分析（genome-wide association study，GWAS）等。数量遗传学、分子遗传学、结构和功能基因组以及遗传标记技术的发展（图 5-7），极大地促进了水产动物经济性状遗传调控机制的研究。

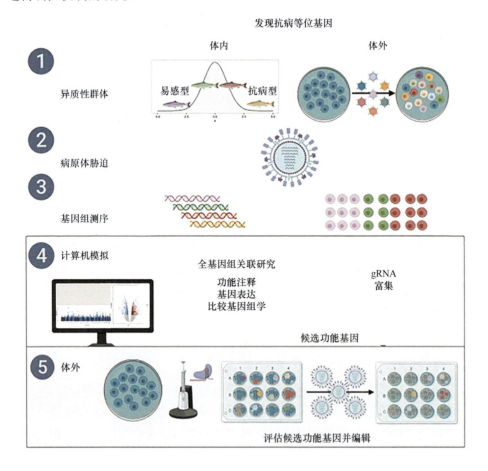

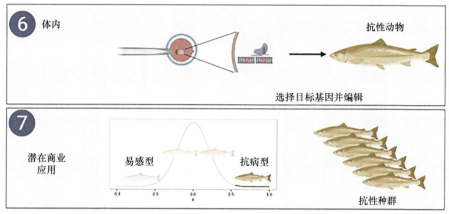

图 5-7　结合体内及体外方法对抗病基因进行解析（修改自 Gratacap et al.，2019）

分子遗传标记是进行经济性状遗传解析的重要工具之一，其中 DNA 分子标记如限制性片段长度多态性（restriction fragment length polymorphism，RFLP）、随机扩增 DNA 多态性（random amplified polymorphic DNA，RAPD）和扩增片段长度多态性（amplified fragment length polymorphism，AFLP）、微卫星（microsatellite）或简单重复序列（simple sequence repeat，SSR）相继开发及应用。目前第三代 DNA 分子标记 SNP 因分布广泛、数量多、易分型等成为水生动物经济性状 QTL 定位和关联分析的主要工具。

1988 年，首张水产动物遗传连锁图谱—罗非鱼遗传连锁图谱发表，此后其他海洋水产动物如褐牙鲆（*Paralichthys olivaceus*）、大黄鱼（*Larimichthys crocea*）、中国明对虾（*Fenneropenaeus chinensis*）、虾夷扇贝（*Patinopecten yessoensis*）、太平洋牡蛎（*Crassostrea gigas*）、大珠母贝（*Pinctada maxima*）、仿刺参（*Apostichopus japonicus*）（Cui et al.，2021）等遗传连锁图谱相继发表（图 5-8）。

二、高效全基因组选择育种技术

全基因组选择（genomic selection，GS）技术于 2001 年提出（Meuwissen et al.，2001），该技术基于全基因组覆盖的高密度分子标记，结合统计模型构建基因组育种值（genomic breeding value，GBV），从而预测个体的遗传潜力。利用该技术，能够在育种早期快速、准确地筛选出具有优良性状的个体，大幅度提高育种效率和精度（图 5-9）。此外，全基因组选择还可以克服传统育种方法中表型选择的局限性，更好地捕捉和利用微效基因，优化种群结构，最终实现优良水产品种的培育和推广。

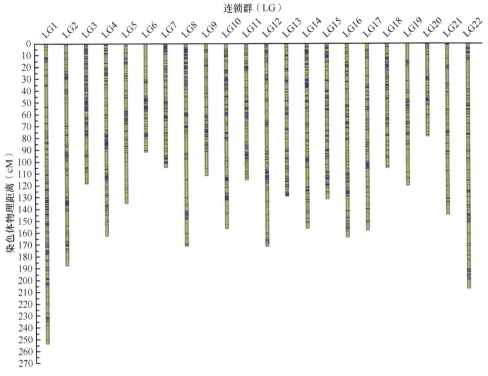

图 5-8　刺参遗传连锁图谱。蓝色条带代表 SNP；左边刻度代表遗传距离，单位：cm
（centimorgans，cM）（Cui et al.，2021）

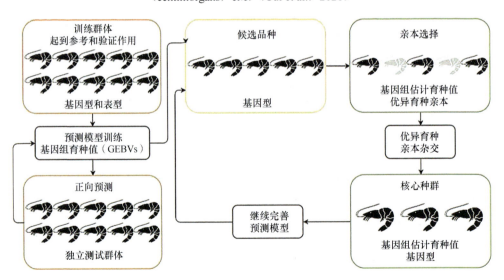

图 5-9　全基因组选择示意图（修改自 Zenger et al.，2019）

首个水产动物红鳍东方鲀（*Takifugu rubripes*）基因组测序完成（Aparicio et al.，

2000）拉开了代表水产动物基因组破译时代的帷幕。目前我国相继破译了多种重要海洋水产养殖生物的全基因组序列，包括太平洋牡蛎（*Crassostrea gigas*）、半滑舌鳎（*Cynoglossus semilaevis*）、大黄鱼（*Larimichthys crocea*）、褐牙鲆（*Paralichthys olivaceus*）、虾夷扇贝（*Patinopecten yessoensis*）、华贵栉孔扇贝（*Chlamys nobilis*）、凡纳滨对虾（*Litopenaeus vannamei*）（Zhang et al.，2019）、仿刺参（*Apostichopus japonicus*）（Sun et al.，2023）等。基因组的破译为解析生物学特性，鉴定生长和发育、生殖和性别、抗病和抗逆等重要经济性状相关的分子标记、功能基因或分子模块，以及遗传改良提供了重要数据和技术支撑。我国已针对栉孔扇贝（*Chlamys farreri*）、虾夷扇贝（*Patinopecten yessoensis*）、海湾扇贝（*Argopecten irradians*）、南美白对虾（*P. vannamei*）、小黄鱼（*Larimichthys polyactis*）、褐牙鲆（*Paralichthys olivaceus*）、半滑舌鳎（*Cynoglossus semilaevis*）、尼罗罗非鱼（*Oreochromis niloticus*）等养殖品种建立了全基因组选择技术。

基于全基因组选择技术，目前成功培育出栉孔扇贝"蓬莱红 2 号"、牙鲆"鲆优 2 号"、罗非鱼"壮罗 1 号"、半滑舌鳎"鳎优 1 号"（图 5-10）等高产抗病

a. 栉孔扇贝"蓬莱红2号"
（品种登记号：GS-01-006-2013）
图片来源：中国海洋大学海洋生命学院
（https://cmls.ouc.edu.cn/2018/0129/c12143a172004/page.psp）

b. 牙鲆"鲆优2号"
（品种登记号：GS-02-005-2016）
图片来源：中国水产科学研究院
（https://www.cafs.ac.cn/info/1437/26332.htm）

c. 罗非鱼"壮罗1号"
（品种登记号：GS-01-004-2018）
图片来源：青岛晚报
（https://epaper.qingdaonews.com/html/qdwb/20190520/qdwb1271673.html）

d. 半滑舌鳎"鳎优1号"
（品种登记号：GS-01-005-2021）
图片来源：中国水产科学研究院
（https://www.cafs.ac.cn/info/1437/38723.htm）

图 5-10 栉孔扇贝"蓬莱红 2 号"、牙鲆"鲆优 2 号"、罗非鱼"壮罗 1 号"、半滑舌鳎"鳎优 1 号"

新品种。此外，还开发了具有自主知识产权、使用成本较低的液相芯片，应用在鱼类和贝类的选育中（Lv et al.，2018；Wang et al.，2023；Liu et al.，2022），为全基因组选择技术的产业化推广应用奠定了基础。在大西洋鲑（*Salmo salar*）的育种过程中，通过全基因组选择技术，获得性状相关的分子标记并进行应用，显著提高了生长速度和抗病性（Aslam et al.，2020）。在尼罗罗非鱼的育种过程中，利用分子标记辅助选择，成功筛选出具有抗病基因的个体，提高了抗病能力（Sarker et al.，2023）。

三、快速规模化基因编辑技术

基因编辑技术的发展为生物育种带来了革命性变化，特别是在水产养殖领域，快速规模化基因编辑技术的应用具有重要意义。该技术不仅能精准修改目标基因，还能在较短时间内对大规模群体进行编辑，从而提高育种效率和效果。

基因编辑技术包括多种方法，如CRISPR/Cas9、TALENs和ZFNs等（图5-11），CRISPR-Cas9因高效性和易操作性成为应用最广泛的基因编辑工具。通过指导RNA（gRNA），CRISPR-Cas9能够在基因组特定位点引入双链断裂，随后通过细胞自身的DNA修复机制实现基因的插入、缺失或替换。

设计高效且特异性强的gRNA序列、使用双gRNA以及对gRNA进行化学修饰，有助于提高基因编辑的效率。在水产育种中，常常需要同时编辑多个基因位点以实现综合性状改良。可以通过构建多重成簇规律间隔短回文重复序列（CRISPR）系统，即同时引入多个gRNA，靶向不同基因位点，实现多基因同时编辑；结合CRISPR-Cas9与其他基因编辑工具，如TALENs，实现更复杂的基因组改造进行多位点编辑。除了完成基因编辑过程，还需要快速筛选成功编辑的个体，目前可以通过聚合酶链式反应（PCR）和高通量测序技术、分子标记，以及使用自动化筛选设备等实现大规模筛选。目前已对大西洋鲑（*Salmo salar*）、半滑舌鳎（*Cynoglossus semilaevis*）、尼罗罗非鱼（*Oreochromis niloticus*）、虹鳟（*Oncorhynchus mykiss*）、太平洋蓝鳍金枪鱼（*Thunnus orientalis*）、褐牙鲆（*Paralichthys olivaceus*）、真鲷（*Pagrus major*）、凡纳滨对虾（*Litopenaeus vannamei*）、太平洋牡蛎（*Crassostrea gigas*）等海洋水产经济动物建立了全基因组编辑技术，鉴定了一系列与性别、生长、生殖、体色密切相关的功能基因。

四、雌核发育与性控育种技术

水产养殖业中，控制性别比例以提高产量和质量是重要的育种目标。雌核发育（gynogenesis）与性控育种技术在这方面展现出巨大潜力。通过这些技术，可以实现性别控制、优化种群结构、提高繁殖效率，从而提升水产养殖的经济效益。

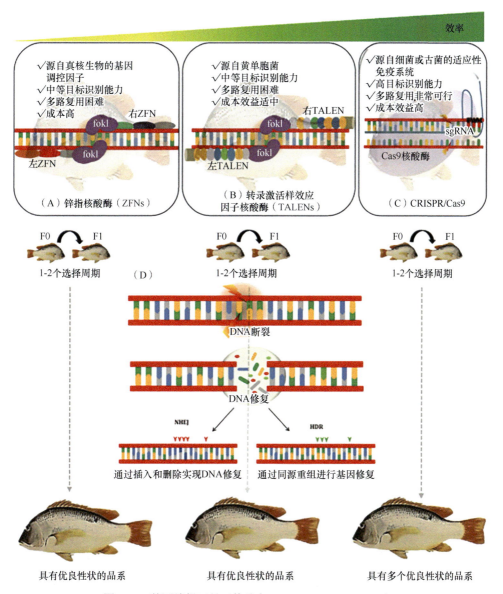

效率

√源自真核生物的基因调控因子
√中等目标识别能力
√多路复用困难
√成本高

右ZFN

fokl
fokl

左ZFN

（A）锌指核酸酶（ZFNs）

√源自黄单胞菌
√中等目标识别能力
√多路复用困难
√成本效益适中

右TALEN

fokl
fokl

左TALEN

（B）转录激活样效应因子核酸酶（TALENs）

√源自细菌或古菌的适应性免疫系统
√高目标识别能力
√多路复用非常可行
√成本效益高

sgRNA

Cas9核酸酶

（C）CRISPR/Cas9

F0 F1

1-2个选择周期

（D）

F0 F1

1-2个选择周期

F0 F1

1-2个选择周期

DNA断裂

DNA修复

NHEJ

HDR

通过插入和删除实现DNA修复

通过同源重组进行基因修复

具有优良性状的品系

具有优良性状的品系

具有多个优良性状的品系

图 5-11 基因编辑工具（修改自 Puthumana et al.，2024）

我国在鱼类性别异形和性别决定的遗传基础研究以及性控育种技术方面取得了许多重大突破。性控育种技术包括生殖内分泌调控、人工诱导雌核发育、种间杂交、性别分子标记辅助选育以及基因编辑（图 5-12）等（Suntronpong et al.，2022）。这些技术在提高养殖效益、控制繁殖、优化养殖管理等方面具有广泛应用，不仅提高了养殖鱼类的生产效率，还在性别决定与分化机制的研究中起到了重要作用。

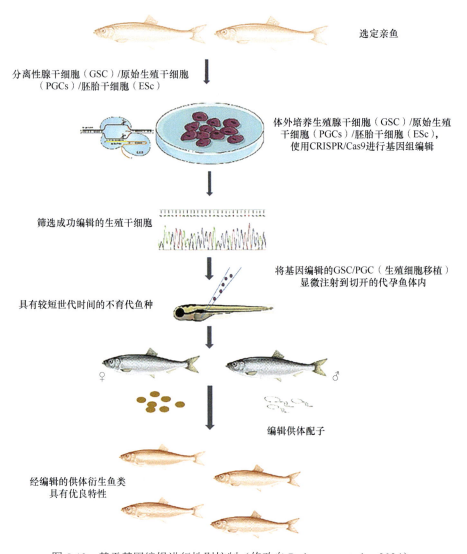

图 5-12　基于基因编辑进行性别控制（修改自 Puthumana et al.，2024）

　　雌核发育是指在没有雄性遗传物质参与的情况下，雌性个体的卵细胞通过人工诱导发育成新个体的过程。这种技术在水产育种中被广泛应用，特别是在培育全雌群体时具有重要意义，因为许多水产动物的雌性个体生长速度快、体型大、生产性能更好。雌核发育的实现依赖于卵细胞激活和抑制第二极体排出。通过物理方式（如温度、压力变化）或化学方式（如药物处理）激活卵细胞，使其开始细胞分裂，而不需要雄性精子的参与。在激活卵细胞后，抑制其第二极体的排出，保持雌性个体的双倍体基因组，确保新个体的遗传物质完全来自母体（Manan et al.，2022）。人工诱导雌核发育技术已成功应用于海水鱼类，如真鲷（*Pagrus major*）等。

生殖内分泌调控是利用外源性激素来干预鱼类的性别分化过程。通过使用雄性激素如 17α- 甲睾酮 （17α-methyltestosterone） 或雌性激素如 17β- 雌二醇 （17β-estradiol），可以实现性别逆转，从而生产出单性鱼群。此技术应用广泛，已实现了多种鱼类的性别控制。

种间杂交是通过不同物种间的杂交实现性别控制的一种方法，主要应用于罗非鱼（*Oreochromis* spp.）的研究。将尼罗罗非鱼（*Oreochromis niloticus*）和奥尼亚罗非鱼（*Oreochromis aureus*）杂交，获得的杂交后代主要为雄性，并且具有更快的生长速度和更好的抗病性。通过优化杂交亲本，进一步提高了杂交后代的性别控制效果，目前成功培育出单性罗非鱼新品种，如全雄新品种罗非鱼"粤闽 1 号"（图 5-13）。

a. 尼罗罗非鱼（*Oreochromis niloticus*）
图片来源：Tolentino et al.,2020

b. 奥尼亚罗非鱼（*Oreochromis aureus*）
图片来源：USGS
（https://nas.er.usgs.gov/queries/factsheet.aspx?SpeciesID=463）

c. 罗非鱼"粤闽1号"（GS-04-001-2020）
图片来源：中国水产科学研究院
（https://www.cafs.ac.cn/info/1437/38732.htm）

图 5-13 尼罗罗非鱼（*Oreochromis niloticus*）、奥尼亚罗非鱼（*Oreochromis aureus*）、罗非鱼"粤闽 1 号"

性别分子标记辅助育种是通过分子生物学技术鉴定鱼类的性别决定基因，以选择性别特定的育种个体。通过高通量测序和比较基因组学方法，可以筛选出与性别密切相关的标记基因及相关分子标记。例如，尼罗罗非鱼的性别决定基因 *amhy* 已经被成功鉴定并应用于育种实践。

基因编辑技术，如 CRISPR/Cas9 和 TALENs，能够精确地修改目标基因，从而控制鱼类的性别。例如，通过敲除尼罗罗非鱼的性别决定基因 *dmrt1*，可以实现性别逆转（Cui et al.，2017）。此类技术在性别控制育种中展现出巨大的潜力，尤其是在提高养殖效率和优化品种特性方面。

五、优异种质筛选和配套杂交的种质聚合技术

优异种质筛选是水产育种的基础，可筛选出具有优良性状的个体或群体，便于进一步开展育种工作。优异种质通常是指在生长速度、抗病性、环境适应性等方面表现突出的个体。筛选方法主要包括表型筛选和分子标记辅助筛选。

表型筛选是基于个体或群体的外在表现，如生长速度、体型等指标进行选择。这种方法简单直接，但受到环境因素的影响较大，需要在多个环境条件下重复试验，以确保筛选结果的可靠性。

分子标记辅助筛选基于分子生物学技术进行筛选，通过检测与目标性状相关的分子标记，进行种质的筛选。与表型筛选相比，这种方法更加准确和高效。分子标记包括 RFLP、SSR、AFLP、SNP 等。这些标记能够反映个体的基因组成，从而实现对目标性状的早期选择。

将不同优异性状的个体进行杂交，可以获得综合性状更优良的后代。杂交的方法主要包括杂交育种和群体选育。杂交育种是将不同品种或种类进行杂交，以期获得具有杂种优势的后代。这种方法在水产育种中应用广泛。群体选育是指在一个大群体中，通过连续选择和繁殖，逐步积累优良性状，最终获得优良品种。这种方法适用于那些没有明显杂种优势的品种。通过在每一代中选择表现突出的个体进行繁殖，可以逐步积累整个群体的优良性状。

通过一系列育种手段，可以将多种优良性状聚合到同一个品种或个体中。这个过程包括优异种质的筛选、杂交组合的设计、后代的选择和评价等环节，最终目标是培育出具有多种优良性状的新品种。

第四节　种质评测新技术

在现代水产养殖中，优良种质资源的选育和推广离不开科学的评测技术。水产育种评测技术作为现代种业的核心组成部分，通过系统的遗传评估、生理指标测量、环境适应性测试和生长性能评估等方法，全面掌握养殖品种的特性和优劣。近年来，随着分子生物学和基因组学技术的快速发展，水产育种评测技术也在不断创新。同时，环境模拟和大数据分析技术的引入，为水产育种评测提供了新的思路和方法。这些先进技术的综合应用，不仅提高了评测的科学性和可操作性，还为水产养殖业的可持续发展提供了有力保障。科学的育种评测不仅能选育出高生长速率、抗病强、适应性广的优良品种，还能在一定程度上减少养殖过程中的

环境污染和资源浪费，实现绿色、环保的水产养殖目标。

一、高通量表型精准鉴定技术

育种选择需要精确挑选具有理想性状的精英个体，但大多数表型性状是由遗传和环境因素以及它们的相互作用决定，具有一定的复杂性，识别具有优越表型的精英个体具有挑战性。水产经济物种重要性状包括生长、肉质、抗病性、抗逆性等，其中大多数性状的表型数据通常以目视或手动方式记录，这既费时又容易出错（Li et al.，2019）。尽管目前可以通过分子标记、基因分型等手段预测并筛选个体的性状，但精确、高通量的表型鉴定仍是育种过程中面临的重大挑战（Ventura et al.，2020）。

表型组学（phenomics）是大规模收集和分析表型数据的科学，具有高通量、低成本以及精确鉴定表型的优点，在选择育种中扮演着重要角色。表型组学与基因组学相似，但不同之处在于，基因组学通过测序和详细注释可以实现对基因组或转录组的完全表征，而表型组学则难以详细描述所有重要性状的表型。近年来，表型组学平台在植物和家畜中已经得到了一定程度的发展和应用，但在水产养殖中，这些平台的开发和应用仍处于起步阶段（图 5-14），目前已开发了一些高通量、非侵入性的表型测量技术，包括机器视觉、深度学习和物联网技术等（Rahman et al.，2015）。

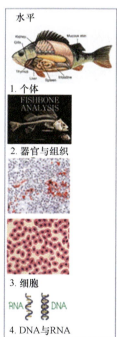

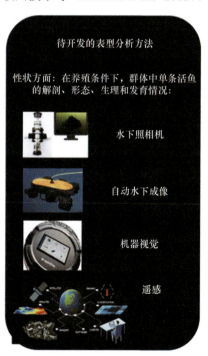

图 5-14 水产养殖所需的表型分析平台示意图（修改自 Fu and Yuna，2022）

　　自动成像技术已经被用于获取鱼类的生长和体色等表型数据。通过自动成像可以同时测量鱼的多个性状（图 5-15），极大地提高了测量效率（Wang et al.，2021）。无源集成应答器（passive integrated transponder，PIT）标签和二极管框架的集成技术能够实时监控约 1000 条鱼的生长情况，大大提高了监测效率（Difford et al.，2020）。在尼罗罗非鱼研究中，使用计算机视觉和深度学习网络开发了自动系统，建立线性模型，通过提取鱼体面积成功预测了体重和胴体重（Fernandes et al.，2020）。电化学生物传感器可用于激素分析，检测生物的各种激素，有助于确定与性别相关的生理状态（Cifrić et al.，2020）。

a. 水平矩形　　　　　　　　　　　　　b. "最佳"矩形

c. 中心线

图 5-15　图像分析确定鱼体长度（修改自 Gümüş et al.，2021）

图 5-16　赛默飞（Thermo Fisher）近红外光谱仪
图片来源：赛默飞
（https://www.thermofisher.cn/cn/zh/home.html[2025-5-20]）

　　近红外光谱技术作为一种非破坏性、快速且高效的分析工具，利用分子基频振动的倍频和合频吸收带位于近红外区域（700～2500nm），能够提供丰富的有机分子含氢基团信息。其原理是基于分子振动从基态向高能级跃迁时产生的吸收，反映了分子中含氢基团（如 C—H、O—H、N—H 等）的振动特征。通过近红外光谱仪检测样品，可以获取样品成分和结构信息，进行定性和定量分析（图 5-16）。

　　在水产育种中，近红外光谱技术的应用主要集中在两个方面：遗传育种和育种效能评估。首先，近红外光谱技术能够快速、无损地分析水产动物的肉质成分和营养价值。在对大黄鱼（*Larimichthys crocea*）的研究中，通过近红外光谱技术分析其肌肉中的水分、蛋白质、脂肪和灰分含量，快速评估其生长性能和营养价值。这一技术的优势在于可以对大量样品进行高效筛选，而无须传统化学分析方法的烦琐前处理，极大提高了工作效率。

近红外光谱技术还被用于评估水产动物的遗传多样性和选择性育种。通过对水产动物不同个体的近红外光谱数据进行比较，能够揭示其遗传背景的差异。例如，在对虹鳟（*Oncorhynchus mykiss*）的研究中，利用近红外光谱技术分析不同品系虹鳟的肉质特征，发现某些光谱特征与生长速度和抗病能力密切相关。这些信息对筛选出具有优良经济性状的品种具有重要意义。

近红外光谱技术的另一个重要应用是环境适应性评估。水产动物的生长环境对其生理和生长性能有重要影响，通过近红外光谱技术，可以实时监测水质参数和环境条件。例如，在对虾类养殖中，近红外光谱技术被用来检测水体中的营养成分和有害物质含量，从而指导养殖环境的优化调整。通过对水样进行近红外光谱分析，可以快速获得水质中氨氮、磷酸盐和重金属离子的浓度，确保养殖环境的安全和健康。

此外，通过近红外光谱技术对太平洋牡蛎（*Crassostrea gigas*）的糖原和蛋白质成分进行快速预测，建立了可靠的分析模型。这种方法不仅提高了检测效率，还为进一步的遗传改良提供了科学依据。同样地，在对尼罗罗非鱼（*Oreochromis niloticus*）的研究中，近红外光谱技术被用来评估其肌肉中的蛋白质和脂肪含量，快速筛选出了高产、优质的品系。

近红外光谱技术还应用于饲料成分的检测和质量控制。在水产养殖中，饲料的品质直接影响养殖动物的生长和健康。通过近红外光谱技术，可以快速测定饲料中的水分、粗蛋白、粗脂肪和纤维含量，从而确保饲料的营养均衡和质量稳定。例如，在对鱼粉和豆粕等常用饲料的研究中，利用近红外光谱技术建立的预测模型能够高效、准确地分析其氨基酸成分，有助于优化饲料配方，降低生产成本。

二、种质资源评价技术

当前，水产种质资源的评价主要包括形态学评价、生理学评价以及分子生物学评价等多种手段，逐步形成了系统化、科学化和标准化的评价体系。

形态学评价是最基本的种质评价方法，通过观察和测量个体的外部特征，如体长、体重、鳍的形态等，来评估种质的优劣。这种方法直观且易于操作，但由于形态特征易受环境因素的影响，需要与其他方法结合使用。例如，在尼罗罗非鱼（*Oreochromis niloticus*）的育种研究中，通过测量其体长、体重和体色等形态特征，初步筛选出表现优异的个体，随后结合生理学和分子生物学评价进一步确定其育种价值。

生理学评价通过测量个体的生理指标，如呼吸率、代谢率、耐盐性和耐寒性等，来了解种质的生理适应性。这些指标能够反映个体在不同环境条件下的生存和生长能力，对于筛选适应性强的优良种质具有重要意义。例如，在大黄鱼（*Larimichthys crocea*）的研究中，通过测定其在不同盐度和温度条件下的生理反应，筛选出耐盐性和耐寒性强的品种，从而提高了养殖效率和成活率。

分子生物学评价是当前最为先进的种质评价手段，通过分析 DNA、RNA 和蛋白质等生物大分子的结构和功能，来揭示种质的遗传背景和多样性。例如，高通量测序技术能够快速、全面地解析水产动物的基因组，为种质资源的深入研究提供了大量数据支持。在中华鲟（*Acipenser sinensis*）的研究中，利用高通量测序技术，成功解析了其全基因组序列，发现了多个与生长、繁殖和抗病性相关的重要基因，为该物种的保护和利用提供了重要的基因组信息。

环境 DNA 技术通过检测水体中的 DNA 片段，能够无损、快速地监测水生物种的种质资源，特别适用于大规模的生态监测和保护工作。例如，在对我国南海珊瑚礁生态系统的研究中，通过采集和分析水样中的环境 DNA（图 5-17），成功检测了多种珊瑚鱼类和无脊椎动物的生存情况，为生态系统的保护和管理提供了科学依据。

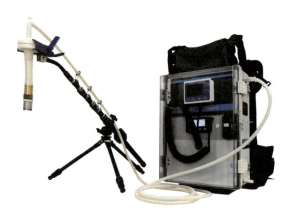

图 5-17　三模式 eDNA 采样器

图片来源：https://www.ebiotrade.com/newsf/2024-3/20240328064550311.htm[2025-5-20]

我国在水产种质资源评价方面已取得了一系列重要成果。例如，利用分子标记技术对大口黑鲈（*Micropterus salmoides*）进行遗传分析，筛选出了生长速度快、抗病能力强的优良品种。这些品种在实际养殖中表现出良好的适应性和高产性，显著提高了经济效益。

三、基因编辑新种质生态安全评价技术

基因编辑水产物种可能给生态系统带来一系列影响，因此对新种质进行全面的生态安全评价是确保其可持续应用的前提（Duensing et al.，2018；Fan et al.，

2020；Robinson et al.，2024；Gordon et al.，2021；Bilba et al.，2023）。生态安全评价主要包括以下几个方面（Devlin et al.，2015）：一是基因流动，评估基因编辑个体与野生种群之间的基因流动情况，以确定新基因是否会扩散到自然种群中；二是生态竞争，研究基因编辑个体在自然环境中的竞争力，评估其是否会对现有物种构成竞争压力；三是环境适应性，分析基因编辑个体的环境适应能力，评估其在不同生态条件下的生存和繁殖情况；四是食物链影响，评估基因编辑个体对食物链的潜在影响，包括其作为捕食者或被捕食者的角色变化。

生态安全评价技术包括实验室试验、放流试验和生态模型模拟等多种方法。这些技术手段相辅相成，共同构建较全面的安全评价体系。

实验室试验是生态安全评价的初步步骤，通过控制环境变量，可以准确评估基因编辑个体的生物学特性和行为。利用分子标记技术（如 SSR、SNP 等）检测基因编辑个体与野生种群之间的基因流动情况。在模拟环境中观察基因编辑个体与野生种群之间的竞争关系，评估其生态竞争力。通过控制实验条件，研究基因编辑个体在不同环境中的生存率和繁殖能力。

放流试验是在自然或半自然环境中进行的试验，旨在评估基因编辑个体在真实生态条件下的表现。将基因编辑个体放入自然水域，观察其行为、存活率和繁殖情况。研究基因编辑个体在自然环境中的生态位，包括其栖息地选择、食物资源利用等。对基因编辑个体及其后代进行长期监测，评估其对生态系统的长期影响。

生态模型模拟是一种基于计算机模型的技术，通过模拟生态系统的复杂互动，预测基因编辑个体的潜在生态影响（Fernández-Cisternas et al.，2021）。模拟基因编辑个体与野生种群的种群动态变化，预测基因流动和种群竞争结果。综合考虑多个生态因子，模拟基因编辑个体对生态系统结构和功能的影响。建立综合风险评估模型，量化基因编辑个体的生态风险，并提出管理建议。

四、基因改良种质遗传评价技术

基因改良技术在水产养殖中被广泛应用，以提高养殖品种的生长速度、抗病能力、环境适应性等优良性状。然而，要确保基因改良的效果和安全性，遗传评价技术至关重要。遗传评价技术不仅有助于确定基因改良的成功率，还能提供基因改良个体的遗传背景信息，为进一步的育种工作提供科学依据。基因改良种质遗传评价技术主要包括表型评价、分子标记辅助选择、基因组选择和基因功能研究等。这些技术综合应用，能够全面评估基因改良种质的遗传特性和育种潜力。

表型评价是遗传评价的基础，通过观察和测量个体的形态、生理和生长等特征，评估基因改良的效果。在水产领域，常见的表型评价指标包括生长速度、体型、抗病性和繁殖能力等。通过定期测量体长、体重等指标，评估基因改良个体的生长性能。观察体型特征，如体高、体宽等，以确定改良效果是否符合预期。通过人工感染病原体，评估基因改良个体的抗病能力。通过繁殖试验，观察改良个体的繁殖表现，如产卵量、受精率等。

基因功能研究旨在揭示基因在控制目标性状中的作用机制。通过基因编辑、转基因和 RNA 干扰等技术，解析关键基因的功能。利用 CRISPR-Cas9 等基因编辑技术，验证目标基因在性状调控中的作用。通过构建转基因个体，观察目标基因的表达和功能。利用 RNA 干扰技术，抑制目标基因表达，分析其对性状的影响。

第五节　苗种扩繁新技术

一、亲体选择与人工促熟

苗种繁育是指在掌握某种生物繁殖习性的基础上，为了满足人工养殖或增殖放流的苗种需求，在人工控制的条件下开展的生物繁殖，也称繁育、人工育苗或苗种扩繁。苗种繁育分为全人工繁育和半人工繁育，全人工繁育是指将人工繁殖的苗种培育至性成熟并进行繁殖后代的生产过程，半人工繁育是指利用自然群体中的个体培育至性成熟而进行繁殖后代的生产过程。优点是能够按照生产计划进行，苗种规格整齐、健康，缺点是对技术要求较高且成本相对较高。

用于苗种繁育的性成熟的鱼、虾、蟹、贝、参等称为亲体（亲本）。亲体是苗种繁育生产之本，只有健壮的亲体，才能培育出健壮的苗种，只有健壮的苗种，才能保证养殖、放流的成功，所以健壮的亲体是健康养殖和增殖放流的基础。亲体培育不仅可避免捕捞天然亲体对资源的破坏，还是解决异地引种问题的必要手段，只有通过亲体培育，才能使异地种类持续地繁育下去。人工培育亲体，还可根据生产需要，提早或推迟其繁殖期，以便进行多批次或周年繁育。亲体培育也是选种育种的重要手段之一，通过连续多代的选育，培育出更加适宜不同条件的优良品种。但是，由于近亲繁殖等，连续多代地培育也会造成种质退化。因此，建议通过异地亲体配对解决近亲交配问题。此外，通过连续数代的人工选择，种质肯定会变异，再通过人工选择，取优淘劣，失去的将会是它的野性，获得的则是更适于环境条件的遗传特征，从而选育出优良品种。因此，从引种、选种育种、资源保护和发展养殖的角度来看，人工培育亲体具有重要的现实意义。

1. 亲体来源

亲体来源有三：一是从本地或外地海域捕捞尚未成熟的成体，该方法的优点是健壮、个体大，缺点是破坏天然资源，有时满足不了生产需要，如大泷六线鱼，目前的亲体主要来源于海捕群体，受环境温度的影响，在大连和青岛地区的亲体繁殖期分别为每年的 11 月初和 12 月初（张弼等，2023）；二是从人工养成群体中选择个体大、健壮无病的成体，这也是人工选种方法之一，经过连续多代的选择，可培育出更适应环境条件的人工品种，该方法的优点是能选择抗逆性强、生长快的亲体（图 5-18）；三是专门养殖亲体，该方法可解决一般养殖群体中成体规格偏小、数量不足的问题，人工培养大规格的健壮亲体，进行亲体的专门养殖。亲体专养与普通养殖方法基本相同，只是为使亲体规格大、体格壮，放养密度要小，最大限度提供优良的养殖环境条件和优质饲料，从而培养出符合要求的大规格亲体。

图 5-18　仿刺参（李静拍摄）和大菱鲆（张黎黎拍摄）亲体选择

2. 亲体选择原则

亲体选择可根据鱼、虾、蟹、贝、参等不同种类的繁殖生物学特性分类进行，总的要求是从个体规格与数量、健康状况、发育阶段、雌雄比例等方面综合考虑。

（1）个体规格与数量：亲体的规格应大于种类的最小生物学特性，如中国对虾雌虾应达到 15～16cm，雄虾应在 12cm 以上；个体越大，交配率越高，怀卵量越大，遗传品质越好。亲体的年龄须在性成熟年龄的范围内，亲体的数量取决于生产规模、繁育池面积、繁育技术水平等因素，一般要求其数量略大于计划需求量，确保生产顺利进行（季文娟，1998）。

（2）健康状况：亲体应健康、活力强、摄食良好，体型规整、体色正常、体表完好无外伤、无附着异物等，严格避免带病亲体入池，从外观上难以辨别时，最好通过生化或分子诊断技术检测，以避免将病毒、细菌或寄生虫等有害病原带入繁育系统。

（3）发育阶段和雌雄比例：亲体选择在满足上述条件时，应首先选择发育同步、达到性成熟年龄的个体，便于促熟、交配、产卵。为避免近亲交配引起的种质退化，亲体可由不同来源的雌雄相互交换，如使用 A 来源的雄性亲体与 B 来源的雌体交配，反之亦然。

在遗传育种过程中，还需要根据育种目标对亲体进行选择，如速生性状、抗病性状、耐温性状、体色性状等（图 5-19），从而获得显著的选育效果。

图 5-19 脊尾白虾"科苏红 1 号"（品种登记号：GS-01-004-2017）（张成松拍摄）和扇贝"青农金贝"（品种登记号：GS-02-003-2017）（王春德拍摄）

3. 亲体培育

亲体培育的质量好坏直接影响子代的健康状况。其中，营养对水产动物亲体的繁殖性能具有重要作用，水产动物的性腺发育能力、繁殖力、配子产生、受精率、受精卵孵化率和胚胎发育能力及幼体的存活率和质量与饲料中营养物质的来源和含量密切相关，适当的营养可对繁殖性能起到促进作用，而营养过量或营养不足则会降低其繁殖能力，甚至导致其死亡（石立冬等，2020；Harrison，1997）。虾蟹类配子的质量是决定其人工育苗生产中繁育成败的主要因素，虾蟹类的配子质量、亲体性成熟、性腺发育能力、生殖力、受精率、受精卵孵化率，以及其后续自营养阶段幼体的存活率和质量等均与亲体性腺发育期营养的累积和性成熟密切相关（季文娟，1998）。对于鱼类而言，生殖期的营养供给对亲鱼的性腺发育、配子质量和幼鱼的生长具有重要影响，亲鱼的性腺发育、性成熟、受精率、受精卵孵化率及苗种存活率和质量等均与饲料营养状况密切相关。

亲体培育过程中，掌握良好的水质条件极为重要，其中水温是最重要的因素，因为它会直接影响亲体的代谢和生长发育，因此整个培育过程水温应控制在各发育阶段的最适水温范围内。对于刺参等无脊椎动物而言，环境对其季节性繁殖具有重要影响，其中最主要的因素为温度和食物。在非繁殖季节，通过控制饲养温度能诱导贝类的配子发生。因此，确定最有利于刺参性腺发育的培育水温是亲参人工促熟培育的必要步骤，适宜的水温可以诱导配子的发生，但亲体的繁殖力主要受摄入食物数量和质量的影响。

亲体培育过程大体可以分为饲育期、越冬期、促熟期和产卵期四个阶段。在我国南方沿海，亲体培育饲育期、越冬期可以在室外池或自然海区进行，促熟期和产卵期应移入室内繁育池或专用产卵池；而在我国北方沿海，亲体培育四个阶段均可在室内连续进行，对进入成熟年龄的亲体，应加强促熟期和产卵期的管理，如水质管理、充足的溶解氧、光照调控，特别是要进行营养强化，以利于性腺发育和产卵质量的提高。在培育过程中要及时检查亲体性腺发育状态，及时调整培育措施，确保苗种繁育生产的顺利进行。

4. 人工促熟与催产

生产中为了能够按照计划进行苗种繁育，当亲体培育临近性成熟时，在产卵前有必要时需要对繁育用亲体采取促熟或催产措施。常用的促熟措施主要有温度控制、营养强化、光照调节、流水刺激及促熟剂注射等。鱼类催产措施主要是催产激素〔如鱼类脑垂体（PG）、地欧酮（DOM）、促黄体生成素释放激素类似物（LRH-A）、绒毛膜促性腺激素（HCG）、黄体生成素释放激素（LH-RH）、促排卵素（LHRH-A2）等〕的应用。棘皮动物刺参催产措施是通过注射神经肽NGIWY-NH2获得成熟的卵母细胞（谭杰等，2020）。催产激素的使用与否主要取决于繁育的鱼类种类、性腺发育程度等因素，可以单独使用，但通常配合使用，使用配伍与计量参照相关说明。虾蟹类催产措施主要是温度调控。贝类催产措施则有变温刺激、流水刺激、阴干刺激、含氨海水刺激、紫外线照射海水刺激等措施。刺参催产措施主要有阴干刺激、流水刺激和升温刺激等，多种方法配合使用效果更好。以上所有刺激过程都需要在性腺发育良好的基础上进行，否则会影响子代苗种的质量和健康状态（于建华和李树国，2010），刺参成熟期的性腺颜色如图 5-20 所示。

 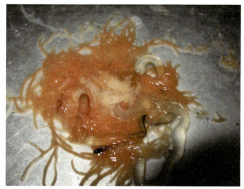

a. 雄性　　　　　　　　　　　　　　　　　b. 雌性

图 5-20　刺参成熟性腺（刘石林拍摄）

亲体发育至性腺成熟时即进入产卵、受精与孵化阶段。鱼类的产卵通常有两种形式,一种是自然产卵,实施人工培育的亲鱼,如果性腺发育良好,在适宜的温度等环境条件下,经催产或不经催产,亲鱼可自然产卵受精;另一种是人工诱导挤卵,当发现卵巢的卵接近成熟时,可采用催产剂进行诱导产卵,一般注射催产剂 1~2d 便可进行采卵、取精和人工授精。虾蟹类产卵有两种方式,一种是直接将卵产于海水中,纳精囊同时排出储存于此的精子,精卵在水中受精并开始胚胎发育,如中国对虾、日本囊对虾(*Marsupenaeus japonicus*)等;另一种是抱卵,即将产出的卵受精后直接附着在雌体腹部附肢的刚毛上,由亲体保护胚胎发育,直至孵出幼体,如三疣梭子蟹(*Portunus trituberculatus*)、拟曼赛因青蟹(*Scylla paramamosain*)等。目前,虾蟹类病害较多,许多疾病是通过亲体的排泄物将病毒和病原菌等传给后代,应切断亲体与幼体之间的疾病传播途径,洗卵或卵子消毒是行之有效的措施。以中国对虾为例,洗卵是将收集的卵子先用 30 目网筛(网孔为 516μm)滤除残饵和粪便,再清洁或用消毒海水冲洗 3min,冲洗去水中的病毒和细菌,再进行孵化;为了彻底消灭附着在卵上的病原体,将清洗过的卵子再进行消毒处理,既能杀死病原体,又不影响卵子质量的消毒剂有氯制剂 [漂粉精,有效氯($5\sim10$)$\times10^{-6}$,2min]、碘液(有效碘 2×10^{-4},1~2min)和碘伏 [有效碘($15\sim20$)$\times20^{-6}$,1min],消毒的受精卵最好在消毒海水中孵化。贝类产卵后,精卵在水中受精,精子的受精能力随时间延长而减弱,且与水温相关。当受精过程完成,受精 60~90min,受精卵全部下沉后,即可利用自动洗卵器、流水或过滤方法进行洗卵,目的是清除多余的精子(于建华和李树国,2010)。

在苗种繁育过程中经常会出现孵化率过低,甚至不孵化的现象,其原因是多方面的。第一,从内因来说,亲体体质不佳、患病或营养不良均会影响卵子质量;第二,在亲体捕捞、运输和入池环节中,温度、盐度、pH 等环境因子变化幅度过大,均会影响进入大生长期卵子营养物质的积累,即使产了卵也难以正常发育,多因出现畸形胚胎而停止发育;第三,水体某些指标超出适宜范围、亲体饲养过密或产卵时亲体密度过大造成自身污染,均会影响卵子的受精和发育,降低孵化率;第四,设施中含有有毒物质,溶到水中致使受精卵不孵化;第五,海水中含有有毒的生物,如裸甲藻等大量繁殖时会使受精卵不孵化。引起受精卵不孵化的原因很多且复杂,甚至有些还是未知的,遇到这种情况应综合分析考虑并通过实验验证以查明原因,有针对性地采取措施加以解决。

二、苗种培育设施与技术创新

水产苗种,是指用于繁育、增养殖生产和科研试验、观赏的水产动植物的亲本、稚体、幼体、受精卵、孢子及其遗传育种材料。苗种作为水产养殖业的重要投入要素之一，是开展水产养殖生产的重要物质基础与保障。苗种的质量在一定程度上决定了水产养殖业的生产效率，关系到整个养殖业的发展前景，而苗种培育所需的饵料、设施和培育技术是决定苗种质量的关键因素。

1. 苗种培育饵料

水产饵料是鱼虾类及其他水生动物的食物，是水产养殖业的重要物质基础。饵料的主要营养成分包括蛋白质、脂肪、碳水化合物、无机盐类和维生素。这些营养物质为动物体提供热能，维持动物的生命活动或构成新的物质，不仅是鱼类、虾类等维持生命所必需的物质，还是它们生长、繁殖、育肥不可缺少的重要物质。

饵料投喂是培育幼体获得营养物质的主要来源，饵料应选择营养全面、易于消化吸收的适口配合饲料。投饵量应根据培育幼体的数量和水体量两方面因素来确定，原则是做到精准投喂，既保证有充足的饲料供培育对象摄食，避免投饵不足导致生长不齐的现象发生，又不能因过量投喂产生剩余残饵，导致水质和底质的污染，依据培育对象自身的摄食节律分成多次投喂。投饵后应定时观察摄食情况，根据摄食速度和残饵量及时调整投喂量，提高饵料的利用率。饵料主要分为生物饵料和人工饵料两大类。

1）生物饵料

水产动物增养殖的发展，首先必须解决苗种的供应问题，而苗种供应面临的关键问题之一就是苗种繁育过程中的开口饵料问题。鱼、虾、蟹、贝等的受精卵完成胚胎发育即进入孵化阶段。初孵幼体由于种类不同，其形态、食性、生活习性等也各不相同，但共同点就是突破卵膜，从相对稳定的内部环境来到复杂多变的外部环境。随着初孵幼体所携带的卵黄囊等内源性营养物质耗尽，消化系统逐步完善，营养方式发生转换，需要从外界摄取营养物质，提供幼体生长发育的能量和营养，及时获取适口、足量、营养丰富的饵料成为新生命发育的关键所在。

目前，最好的开口饵料是生物饵料，如单细胞藻类、微型动物轮虫等。生物饵料是苗种繁育生产中不可或缺的物质基础，至少目前尚无法被人工配合饲料完全替代。生物饵料具有营养丰富、易消化吸收、可人工规模化培育等优点，单细胞藻类除了可以作为饵料，还可以净化和稳定水质。随着渔业科技的发展，为满足水产动物幼体发育的需要，根据鱼、虾、蟹、贝等幼体发育的营养需求，设计出了不同品种、不同发育阶段的饵料配方，采用现代加工工艺和模拟生物饵料制成的微颗粒饲料，虽然能够基本满足幼体生长发育的需要，但并非生物饵料，而是人工配合饲料，在选择和投喂时应慎重（丁理法和叶婧，2008）。

生物饵料是自然生长的饵料，如海参摄食的细菌、有机碎屑，鲢、鳙等滤食性鱼类苗种阶段滤食的浮游生物、有机碎屑和细菌絮凝体，虾蟹类摄食的卤虫、桡足类等小型动物，以及一些草食性鱼类摄食的水生维管植物和禾本科植物。早期的刺参浮游幼体饵料以单细胞藻类为主，如牟氏角毛藻、金藻、盐藻、小新月菱形藻等（图5-21），在变态附着后，主要以附着基上培养的底栖硅藻为食，随着对刺参发育生物学研究的深入，单细胞藻类逐渐被食用酵母、海洋红酵母等替代，同时简化了苗种培育流程，降低了投入成本。鱼类的仔稚鱼期间投喂的生物饵料主要包括轮虫、卤虫无节幼体等，生物饵料的培养及质量关系到苗种培育的成功与否，因此在投喂生物饵料前，要利用单细胞藻类（如海水小球藻、扁藻、微绿球藻等）对轮虫和卤虫无节幼体进行营养强化，并确保新鲜、足量的生物饵料供应，以保证苗种培育的顺利进行。虽然单细胞藻类是轮虫最理想的饵料，但是单细胞藻类的培养需要大量的水泥池或其他培养水槽（图 5-22），需要投入大量的设备和人力，而且用单一藻类培养的轮虫密度较低，难以满足生产性苗种培育的需求。

图 5-21　主要天然藻类饵料

图 5-22　单细胞藻类规模化培育设施

图片来源：上海光语生物科技有限公司

在海水鱼类苗种的生产过程中，酵母以使用方便、成本低廉而成为大规模轮虫培养的首选饵料。但是研发发现，酵母培养的轮虫存在营养缺陷，会导致育苗营养不良，特别是高度不饱和脂肪酸二十碳五烯酸（EPA）、二十二碳六烯酸（DHA）的缺乏，会造成大量的仔稚鱼出现白化症甚至死亡。卤虫体内高度不饱和脂肪酸含量的提高，对提高卤虫作为饵料的营养价值非常重要。根据轮虫和卤虫无选择性滤食的摄食特点，通过控制摄食饵料的组成，在其中添加富含高度不饱和脂肪酸物质，提高轮虫和卤虫作为饵料的营养价值，最终有效提高水产动物育苗的生长速度、抗病能力和成活率，从而达到营养强化的目的。

2）人工饵料

人工饵料是人工种植、培育的动植物或农业、畜牧业以及制药、食品等工业的产品和副产品，经加工而成的饵料。人工饵料因种类多和可塑性大，是人工配合饵料开发和研究的重点。

在人工饵料的研发过程中，生物技术起到了关键作用。生物技术也称生物工程技术，主要包括基因工程、细胞工程、酶工程和微生物工程等，不仅用于构建具有预期性状的生物新品种或品系，还用于开发饲料源，扩大蛋白质饲料来源，提高饲料的营养价值和利用率，促进养殖业的持续健康发展。从人工饵料加工与饲喂过程看，2010 年以前人工饵料来源经历了杂鱼、自制料到现代配合饲料，如大西洋鲑人工配合饵料（图 5-23），得益于工程技术的进步和成熟，对饲料的原料配伍、熟

图 5-23 大西洋鲑人工配合饵料
（吴乐乐拍摄）

化、成形、膨化度、密度、水稳定性等有了进一步的调控，膨化饲料的使用率不断增加，投喂模式也从基于经验的自动化向基于配方、环境、生长期、摄食节律、行为等因素建模决定投喂量与投喂频率的电脑程序化，使苗种培育过程更加科学合理。

2010 年以前，水产动物营养的研究集中在对营养素需求方面，主要以苗种在最适实验环境中的需求作为研究对象，大幅度提高了饲料的利用效率，但对实际养殖应用及养成期的需求研究很少。2010～2020 年，水产动物营养的研究主要集中在对鱼粉、鱼油等的替代应用方面，推动了对新型饲料添加剂的需求，但饲料系数没有出现显著的下降，而且饲料也不能无限制地提高转化效率。全球的鱼粉、鱼油在水产养殖中的使用量于 2005～2010 年达到峰值，这意味着通过捕捞获得优

质原料供应量的增加将十分困难，未来饲料行业必将面临激烈的原料竞争。因此，人们不得不寻找新型蛋白源，使用更多非鱼蛋白制作水产饲料，这也将导致使用的添加剂越来越多，水产饲料配方越来越复杂。生产实践证明，正是大量的传统鱼粉、鱼油替代物的使用，导致了一系列养殖问题的出现，因此国内外提出了"功能性饲料"的概念，即需要重新通过添加营养性和非营养性添加剂，弥补或消除因使用鱼粉、鱼油替代物所造成的影响（刘乐丹和赵永锋，2021）。

为了解决替代物使用可能产生的问题，水产业提出了"精准营养、精准投喂管理"的要求，国家也立项相关研究计划开展水产动物营养调控和精准饲料技术研发。随着研究的深入，未来将会更加关注应用精准养殖原理，将苗种培育过程从主要由经验驱动的过程转变为由知识驱动的过程，使用实时信息技术，以监测水产动物的摄食行为，将生物信息学和系统信息学相结合，提高水产养殖的精准控制，真正做到精准营养和精准养殖，发展智慧渔业，带动水产养殖业持续健康高效发展。

2. 苗种繁育设施

我国传统的水产苗种繁育设施随着养殖品种的规模化发展而形成并逐渐发展起来。苗种培育设施是在人工控制条件下培育鱼（或虾、蟹、贝、参）苗的装置，又称工厂化人工育苗设施，传统的苗种培育设施主要由育苗池、饵料池及水处理系统（包括蓄水池、沉淀池、砂滤池、消毒池等）、增氧和加温设备等组成，如刺参苗种繁育用的附着基和大菱鲆苗种繁育用的循环水培育池（图 5-24）。自 20 世纪 50 年代以来，我国在研究青鱼、草鱼、鲢、鳙、对虾、河蟹、海带、扇贝等的高密度育苗工艺和装置方面取得了重大的进展，其主要特点是：①设施化程度低，繁育生产受地理、水文和气象条件的限制和影响，只具备简易的厂房、鱼池、充气设备、

a. 刺参苗种繁育用附着基（刘石林拍摄）　　　　b. 大菱鲆苗种繁育用循环水培育池（吴乐乐拍摄）

图 5-24　苗种繁育设施

进排水设施等基本条件；②生产系统主要依赖水源的水质条件，缺少水质监控设备和措施，鱼卵受精率、孵化率和苗种的成活率无法得到保证；③配置了水体加温系统，可适当调节生产周期，但运行成本高，生产效益低；④生产过程主要依靠劳力，机械化程度低；⑤生产方式主要依靠传统经验，管理水平落后。这些传统的苗种繁育设施和管理方式，与"优质、高效、生态、安全"的社会发展要求严重相悖，亟待进行生产方式转变，从而实现"健康养殖、资源节约、环境友好、生产高效"的发展目标。

与传统的苗种繁育技术相比，现代苗种繁育技术从本质上讲就是使用工厂化苗种繁育系统进行亲鱼产卵、孵化、苗种培育和鱼苗暂养的技术。工厂化苗种繁育系统是以繁育环境模拟与控制为核心，集生物学、生物工程学、化学、机械、电子、仪器仪表和土建工程等现代科技于一体的工业化、节能型的高效苗种繁育模式。相对于传统的苗种繁育方式，采用循环水技术结合先进的水质自动在线监测和电气控制技术的全人工控制的封闭式循环水繁育技术可有效减少对外部环境条件的依赖，避免不利因素的影响，为鱼类苗种的繁育提供最佳的生长环境条件，提高繁育效率和苗种质量。同时，还可以实现提早繁育或反季节繁育，延长生产时间，为获取更大的经济效益创造了有利条件。此外，工厂化苗种繁育系统具有耗水量小和对环境排放的污染物少等突出优点，对于节约宝贵的水资源和保护我们赖以生存的自然环境意义重大。按照我国现代水产种业"育-繁-推"一体化发展模式的要求，建立符合工业化发展要求的水产苗种繁育设施，是提高规模化繁育生产效率的重要前提与基本保障。在我国水产领域研究学者的共同努力下，经过多年的科技攻关和生产实践，现代水产苗种繁育设施研究已经取得了许多重要的进展，包括温度、光照强度、溶氧水平、pH、水流条件等环境因素的可控性，繁育系统的自动化程度，疾病预防和治疗的有效控制，以及幼苗一般行为学的研究等方面，初步构建了我国现代水产种业苗种繁育设施模式，其主要特点是：①以循环水养殖技术为核心的繁育环境工程化构建；②以机电一体化技术为核心的繁殖条件自动化调控；③以数字化技术为核心的繁殖过程精准化监控；④以信息化技术为核心的繁育环节物联网构建；⑤以规范化技术为核心的繁育生产标准化体系建设。

与养成环节相比，鱼、虾等苗种的生长发育和体态变化过程较多，营养需求较高，饵料种类较复杂，免疫系统和肠道功能不健全，对环境因子变化更加敏感，对病害的抵抗能力更弱，规格小，体质量轻，游泳和主动摄食能力相对较差，这些都是苗种培育设施搭建需要考虑的重要因素，也是目前循环水育苗领域的研究重点。在高密度工厂化苗种培育过程中，水质处理是关键环节，主要是去除或排放由苗种的排泄物和残饵在水中造成的水溶性有机化合物、氨化合物和固态污物等有害物质，以达到育苗的水质标准。

3. 中间培育设施

在苗种的中间培育阶段，种类不同设施也不尽相同，主要的培育设施有室内外水泥池、网箱、浮筏、滩涂及池塘等。中间培育的条件参照苗种繁育的要求执行。

（1）鱼类中间培育：主要采用水泥池和海上网箱培育，水泥池培育即在鱼苗培育的基础上，降低培育密度，强化水质和饵料管理，通过一段时间的培育达到大规格苗种标准。海上网箱培育主要是根据海区水环境条件及培养鱼类的适应能力，经过一定时间的培养，达到中间培育的要求。海上网箱培育除了强化饵料投喂，关注点主要在生产安全。鱼类中间培育目标通常是使育苗规格达到5cm以上，并使其抗逆能力提高。

（2）虾蟹类中间培育：多采用水泥池、土池和网箱培育，网箱多设置在较大面积的土池中，也可以设置在内湾中。虾类中间培育规格应达到2cm以上，蟹类规格应达到Ⅳ～Ⅴ期幼蟹。

（3）贝类中间培育：埋栖性贝类如缢蛏（*Sinonovacula constricta*）、文蛤（*Meretrix meretrix*）、杂色蛤和蚶等的中间培育是将工厂化培育的稚贝移至滩涂或池塘中进行再培育，附着性和固着性贝类如扇贝、贻贝、鲍和牡蛎等的中间培育是挂在海区的筏架上出库培育。贝类苗种的中间培育无论采用何种方式，对海区的选择是关键，要求水质清洁、肥沃，生物饵料丰富，水流适宜，底质适宜，敌害生物少。贝类中间培育不同种类的规格要求也不尽一致，通常定为1～2cm，甚至更大。

（4）棘皮类中间培育：棘皮类如仿刺参、糙海参、小疣刺参、海胆等的中间培育是将工厂化培育的稚幼参和海胆幼体进行稀疏培养，刺参的中间培育一般选择在车间、池塘网箱进行（图5-25），其间集中投喂稚幼参饵料或配合饵料，以达到符合池塘或海区底播养殖的规格。依据养成环境不同，经过中间培育的刺参苗种一般可达100～500头/kg以内，确保养成过程的成活率较高。

图 5-25　刺参浅海养殖用网箱（刘石林拍摄）

三、中间培育与野化驯化

1. 苗种的中间培育

在苗种繁育场幼体达到出苗规格的苗种一般偏小，可供池塘放养。由于刚出繁育池的幼体体质幼嫩，摄食能力、适应能力及抗病能力都比较弱，必须有适宜的生长环境和良好的饲养管理，才能使苗种正常生长发育，达到养殖生产和增殖放流的规格与质量要求，提高养殖成活率。因此，通过中间培育可使苗种快速达到生产规格要求，优点主要体现在以下几点：①中间培育池较小，便于彻底清池，水质易控制，可提高放流苗种的成活率；②经过中间培育的苗种规格大、质量好，对环境适应能力提高，成活率相对稳定，可为合理投饵、正常生长奠定良好基础，降低饵料系数；③中间培育密度大，投饵集中，饵料的利用率高；④中间培育推迟了养成池内苗种放养的时间，使养成池内饵料生物生长和繁殖时间延长，提高饵料生物的培养效果，更好发挥池塘的天然生产力；⑤由于缩短了在养成池中的养殖期，减轻了对养成池的污染，有利于养成后期苗种的生长；⑥室内中间培育池可进行多次苗种培育，提高了设备利用率。

2. 苗种的野化驯化

驯化是指外来动植物通过改变其性状以适应新环境的过程，或将其从野生状态改变为家养或栽培的过程。针对鸟类、哺乳动物等高等动物，驯化是动物个体后天获得的行为，在动物先天的本能行为基础上建立的人工条件反射，主要的行为驯化方法有：早期发育阶段的驯化、个体驯化与集群驯化、直接驯化与间接驯化以及性活动期的驯化。

海洋牧场资源生物以鱼、虾、贝、参等低等动物为主，采取高等动物的驯化方法成效较低，需综合考虑资源关键种的行为生态学特性和海洋环境特点，设计出适用于海洋生物的行为驯化方法及设施。

在水产领域，主要涉及引种驯化，是指将鱼类等水生生物移植到与原产地自然条件不同的新水域，移植生物在一定程度上改变原本的形态结构、生理特性以适应新的水域环境，一般包括饵料驯化、盐度驯化、温度驯化等。引种驯化可分两个时期，第一个时期为单生命周期，从对当年鱼进行移植开始，到当地发现新生的当年鱼为止。单生命周期又可分为存活阶段、繁殖阶段和后代成活阶段，其中存活阶段是生理适应阶段，如果移植鱼无法繁殖，驯化也将就此中止。例如，将鲢、鳙、草鱼移植于没有大型河流的湖泊、水库中，繁殖成功率极低，该移植方式只能算作育肥饲养或阶段放养。繁殖阶段某些鱼类可以在新水域中正常产卵，但产出的卵难以存活。例如，鲢、鳙、草鱼在大中型水库产出的卵由于河道过短、产卵场距离河口过近等，很快就会流入静水中，因溶氧不足或被泥沙掩埋而死亡。

后代成活阶段的移植鱼类可以正常生存、繁殖，后代也能够存活。例如，放养团头鲂于有水草的湖泊水库，团头鲂一般能够繁殖可成活后代；放养产漂流性卵的鱼类也偶有后代成活。第二个时期为多生命周期，是指移植驯化工作不仅获得了生物学效果，还形成了稳定且经得起捕捞的鱼群，移植驯化的目的是产生渔业效应，被称为顺化（naturalization）。

第六节　增殖放流新技术

中国是一个有14亿多人口的大国，解决好吃饭问题、保障粮食安全，要树立大食物观，既向陆地要食物，也向海洋要食物，耕海牧渔，建设海上牧场、"蓝色粮仓"。现代化海洋牧场建设是落实粮食安全战略、践行大食物观的重要举措，是推动经济高质量发展的重要突破口，是推进"百县千镇万村高质量发展工程"促进城乡区域协调发展的有力抓手。海洋牧场是基于生态学原理，充分利用自然生产力，运用现代工程技术和管理模式，通过生境修复和人工增殖，在适宜海域构建的兼具环境保护、资源养护和渔业持续产出功能的生态系统。建设海洋牧场，就是打造海上"绿水青山""金山银山"。增殖放流可有效增加天然水生生物资源量，提高水域生产力，改善生物群落结构，修复水域生态环境。增殖放流是国内外公认的养护水生生物资源最直接、最有效的手段之一，也是海洋牧场建设的核心手段之一。

一、藻类增殖技术

海藻是地球上最原始的植物，也是海洋中最主要的植物，根据规格大小可分为大型海藻和海洋微藻。海藻的生物多样性十分丰富，大型海藻有近1万种，主要为绿藻（1500多种）、褐藻（1800多种）和红藻（6000多种）；而海洋微藻物种数量更为庞大，据估计海洋微藻物种数量高达20万~80万种。作为高效利用转化并贮存太阳能的最原始生命形态，海藻生长速度快、适应能力强、营养物质及生物活性成分含量高，具有极高的开发利用价值，但是目前被规模化开发利用的海藻只有数十种（张偲等，2016）。用于海洋牧场建设的藻类主要是大型海藻，大型海藻是海洋牧场建设的关键功能种，开展大型海藻资源的调查、保护与增殖对现代化海洋牧场建设意义重大。

由于形态特征和生活习性的差异，针对不同种类大型海藻的增殖保护技术及策略各不相同。构建海藻场（图5-26）是海洋牧场大型海藻的主要增殖技术。在海洋牧场，通过人工或半人工的方式，恢复或重建正在衰退或已经消失的天然海藻场，或构建新的海藻场，从而在短期内形成具有一定规模和较为完善的生态体系并能够独立发挥生态功能的生态系统，这样的综合工程即海藻场生态工程。海藻场的修复方式大致分为三种：第一，移植母藻，需要进行母藻的采集、保活、陆基室内培育以及海上移植；第二，人工洒播藻液或藻胶，需要进行藻液或藻胶的制备和洒播；第三，投放人工藻礁，需要制备带有营养盐和苗种的礁体，并对其进行运输和投放（张偲等，2016）。

图 5-26 马尾藻场（于宗赫拍摄）

对海藻场进行保护和修复，有助于改善海洋牧场生态环境、降低富营养化程度、治理海底荒漠化以及恢复渔业资源，对维护海洋牧场生态系统的健康、促进海洋生物多样性的保护以及维持水域生态平衡和资源可持续利用具有积极作用，具体的实施步骤如下。

1. 现场调查与评估

通过定期野外调查，明确目标海域的基本水文水质、底质、物种多样性与丰富度等状况。对于重建或修复型海藻场生态工程而言，须实地采样勘察，明确海藻的种类、生物量、密度、分布范围和生命周期等生物学特性，以及其在不同生命阶段的形态变化和适宜其生长的自然条件。此外，还需结合实地调查结果和原海藻场的情况，分析导致海藻场衰退乃至灭绝的原因。据此，建立科学合理的评估体系，并设计营建海藻场生态工程的具体方案。

2. 物种选择

对于重建或修复型海藻场生态工程，尽量根据原海藻场的情况，选择原生海藻作为海藻场的支持物种。对于营造型海藻场生态工程，须实地勘察目标海域的荒漠化程度，调查海域海洋藻类生态分布与优势种类，然后根据实际需要移植培育适宜的海藻种类。在引入新物种前需要经过严格论证。

3. 基底整备

基底整备包括沙泥岩比例调整、底质酸碱度调节、基底坡度整备等。一般来说，多数海藻都需要坡度较缓、水深较浅的硬质底以满足其生存空间、能量和营养需求。

4. 培育

对于通过移植母藻的方法实现的海藻场生态工程，培育工作主要是母藻的保土保活及陆基室内培育。对于通过人工洒播藻液或藻胶进行"播种"的方法实现的海藻场生态工程，培育工作主要是藻液或藻胶的制备。对于通过投放人工藻礁实现的海藻场生态工程，培育工作主要是含有营养盐和苗种的礁体制备。

5. 移植与播种

对于通过移植母藻的方法实现的海藻场生态工程，可以在退潮时在潮间带直接将移植的母藻植入底质，或通过潜水作业在目标海域直接沉放。对于通过人工洒播藻液或藻胶进行"播种"的方法实现的海藻场生态工程，可以将藻液或藻胶通过潜水作业直接均匀地洒播于目标底质。对于通过投放人工藻礁实现的海藻场生态工程，移植与播种工作主要是含有营养盐和苗种的礁体在陆基厂的制备及适应性培养、运输、投放等。

6. 养护

养护工作包括定期监测未成熟的海藻场生态系统，及时补充营养盐等，估算生态系统的各级生产力，通过人工、半人工方式进行生态系统的病害防治和种质改良等，同时做好近岸底播所形成的生态系统的善后工作，通过自然生态系统本身或人工干预逐步增加生态系统的生物多样性和丰富度。海洋生物的底播增殖是近岸底播生态工程手段之一，也是海藻场生态工程的有效补充，后期养护工作包括在人工海藻场生态系统进行贝、藻、参、胆等多种组合方式的嵌套混养，以此促进人工海藻场生态系统的良性循环，也可因养殖对象品质的提高而获取更高的生态效益和经济效益（安鑫龙等，2006）。

二、游泳动物放流技术

目前我国针对海洋渔业资源衰退现状，实施了一系列的措施来恢复资源，其中增殖放流是最直接、最根本的渔业资源恢复措施。增殖放流是一种通过向天然水域投放鱼、虾、蟹、贝等各类渔业生物的成体、幼体或卵子来达到恢复或增加渔业资源种群数量的目的。在海洋牧场建设中，游泳动物的增殖放流对于渔业资源的恢复能够起到立竿见影的效果。

游泳动物放流的效果不仅与放流的种类有关，还与苗种质量、生态容纳量、放流策略以及放流后期的管理等因素有关。

1. 苗种质量

苗种质量是实施海洋渔业资源增殖放流前非常重要的可控因素之一。人工繁殖和苗种培育技术的发展不仅极大地促进了水产养殖业的发展，同时还为实施人工增殖放流奠定了基础。优质亲本培育产生优质受精卵，优质受精卵孵化出优质幼体（梁君，2013）。

育苗期间，环境条件、营养状况和健康程度对苗种质量的影响较大，与苗种死亡率和回捕率直接相关（梁君，2013）。育苗场亲体数量要足够多，否则容易造成子代基因多样性退化，增加苗种发生基因变异的概率，并导致放流海域野生种群遗传结构改变。

除了遗传因素，育苗期间疾病控制也非常重要。对放流苗种实施疾病防控，不但能提高苗种的成活率，而且有利于放流群体、野生群体及与之关系密切种类的生存与发展。

2. 生态容纳量

资源增殖的首要目标是在不损害野生资源的前提下增加种群的规模和提高种群的生长率，但是不合理的增殖或盲目移植会导致天然水域生态系统遭到破坏，渔业资源逐渐衰退。开展增殖放流，应查明目标水域生态系统的结构和生态容纳量。增殖放流的对象并非越多越好，一般放流的数量与产量不完全成正比关系。放流数量过小，达不到应有的资源恢复效果；放流数量过大，则会导致海洋动物栖息空间变小、代谢产物污染环境以及饵料生物密度降低，进而影响放流种群的生长和生存。因此，必须根据目标水域的生态容纳量来确定合理的放流数量，多放不但无益，反而会增加成本，也增加了对放流水域生态环境的压力。

生态容纳量直接与环境有关，是衡量种群生产力大小的一个重要指标。因此，有必要科学评估放流海域栖息地的生态容纳量，并且在进行任何规模的放流前严谨考察目标种群的生态位（唐启升，1996）。不同海区生态容纳量各不相同，在放流项目执行前后，均需对目标种群的密度、生物量和分布等进行监测。另外，对放流对象成活率与生长进行监测对了解放流目标种的生态容纳量非常重要。

3. 放流策略

利用合适的放流策略可以保证目标物种增殖放流成功，其中放流种类、放流地点（生境）、放流时间（季节）、放流规格、中间培育（暂养）和放流方式均属于放流策略的范畴，对增殖放流效果至关重要。

1）放流种类

放流种类对增殖放流效果和水域生态环境都会产生影响，因此选择适宜的放流种类是增殖放流的重要工作。目前，东海放流种类选择的原则包括技术可行、生物安全、生物多样性、兼顾效益。国外为了减少在选择物种时固有的偏见，采用了一种半定量方法来确定选择标准，该方法包括四个步骤：①开展研讨会确定选种标准并按重要性排序；②社会调查，征求当地对选择标准的意见，并制定物种清单；③咨询当地专家，根据标准对候选物种进行排序；④二次开会确定最终选种结果。

2）放流地点（生境）

资源增殖成功与否首先取决于放流幼体成活率的高低，其次就是环境和生物因素。增殖放流幼体在一片海域能很好地生存，但并不能保证其在其他海域同样能存活。大多数水生生物幼体对生境有特殊要求，包括食物来源、沉积物类型、生物资源（如海草和珊瑚）等，将幼体放流在适宜的生境，会大幅度提高其存活率（梁君，2013）。

3）放流时间（季节）

影响放流效果的另外一个重要因素是放流时间（季节）。研究表明，放流时间对放流大西洋鲑成活率有较大影响，其中春季放流成活率较高，放流后的回捕率（放流对象的回捕率可作为放流成功与否的标志）达到23%，而秋季放流的回捕率仅为14%（Mckinnell and Lundqvist，2000）。莱州湾潍河河口中国对虾回捕实验表明，放流相同规格的对虾幼体（体长46～50mm），6月底放流回捕率为0.33%，7月中旬为0.48%，而7月底增至1.29%（Wang et al.，2006）。

4）放流规格

一般放流个体越大，成活率越高。然而，更大的放流规格必然延长中间培育的时间，增加生产成本，所以资源增殖项目需要在高成活率和低成本之间进行权衡，以确定最优放流规格。放流对象的规格与适应能力成正相关关系。例如，110mm以上的对虾尚未发现被鲈鱼幼体、黄姑鱼等捕食，究其原因，一是个体大的对虾具有较强的运动能力，二是个体大的对虾能游向较深海域，离开敌害鱼类分布较为密集的区域（唐启升等，1997）。

5）中间培育（暂养）

暂养也称中间暂养、中间培育。苗种因某些主客观因素或经过标志操作后暂时不适宜放流，暂养过程就显得相当重要。暂养的目的主要是适应性驯化或野化，短期的暂养过渡有利于苗种快速适应放流环境，提高放流效果。

6）放流方式

放流方式也是决定放流效果的关键因素之一。应当指出的是，放流方式并非只是机械地将苗种放流入海，而是具有更广泛的内涵，包括一系列放流策略，包括苗种放流前的条件、放流时间和放流过程（如高密度放流到一个站点或覆盖大面积的分散放流）。不同种类适用不同的放流方式。例如，暂养后的虾苗普遍采用提闸放水出苗，而牙鲆通常采用塑料袋装海水充氧密封，转移至放流点散布放流。此外，还要注意放流对象的数量，当放流个体数量超过生态容纳量后，生存空间变小、饵料生物限制等因素会影响个体的存活率，进而影响放流的整体效果。因此，大规模的增殖放流反而可能会进一步压缩已有野生群体的生存条件，达不到资源增殖的目的。

4. 放流后期的管理

增殖放流后，需要配套相应的渔业监督管理措施，避免出现"上游放，下游捕"的情况。放流后期的科学管理是确保增殖放流成效的关键环节，直接影响放流个体的存活率、资源补充效果及生态安全。长期监测与适应性管理是确保放流可持续性的关键。通过标志重捕、声学追踪、环境 DNA（eDNA）监测等技术，可评估放流群体的分布、生长及对野生种群的遗传贡献（Taylor et al.，2017）。若监测发现放流效果不佳（如存活率低、生态影响负面），应及时调整放流策略，如优化放流规格、调整放流时间或更换放流地点，以提高资源恢复效率。此外，公众参与和渔业社区共管能够增强放流管理的执行力。通过科普宣传和渔民合作，减少非法捕捞，提高社会对增殖放流的支持度，从而保障放流效果的长期稳定。

三、底栖动物增殖技术

大型底栖动物因较高的经济价值和生态价值而备受关注。目前，在海洋牧场进行增殖放流的底栖动物以贝类和海参为主。

1. 贝类增殖技术

贝类在我国海水养殖中占有重要地位。贝类不仅有较高的经济价值，其强大的滤水功能和固碳作用还可以有效地改善海域生态环境（张继红等，2013）。贝类增殖是指在一定水域内，通过人工措施，创造适于贝类繁殖和生长的条件，使贝类资源量不断增加的技术方法。目前，海洋牧场贝类增殖的主要技术如下。

1）滩涂增殖技术

在贝类滩涂增殖初期，选择合适的海域并进行封滩护养，采取耕耙、整滩、投砂等措施对滩涂沉积物进行改造,避免污染物和底质老化对贝类的影响。在生产过程中还要精准评估海区容纳量,并根据增殖贝类的生态习性,及时调整养殖密度与养殖规模,优化养殖结构和布局。根据贝类生长和繁殖特点,合理规划采捕时机、采捕规格以及捕捞强度,以维持海洋牧场增殖贝类资源的可持续开发利用。

2)浅海增殖技术

在选择浅海贝类增殖场时,应避开受污染的海区,并积极采取措施改善海区环境,构建健康的海域生态系统。构建人工鱼礁是浅海贝类增殖的有效措施,人工鱼礁可以为贝类和其他海洋动物提供良好的栖息场所,还能促进藻类生长,为贝类提供丰富的食物来源。此外,人工鱼礁还有助于提高海水的营养物质含量,进一步促进贝类的生长和繁殖。人工鱼礁材料多样,包括钢筋混凝土、钢制、石料、玻璃钢、竹制、木制、塑料以及废弃物等鱼礁。然而,早期人工鱼礁使用的一些废弃物材料,如轮胎、汽车和船体等,若处理不当,会对海洋环境构成潜在威胁。近年来,贝壳礁作为一种新型环保人工鱼礁,不仅有效解决了贝壳堆积带来的土地占用和环境污染问题,还为开展海洋牧场生态修复和渔业资源保护工作提供了新的思路,建设贝壳礁已成为修复天然牡蛎礁海岸生态的关键措施,在海洋生态保护与修复中得到了广泛的应用。对于浅海增殖的贝类,应采取合理的采捕策略,避免过量捕捞,并采取封海养护等措施促进资源恢复(王莲莲等,2015)。

3)亲贝移植和苗种放流技术

亲贝移植是将经济贝类亲贝移植到资源不足的海区,以促进该海区贝类资源增长的方法。在进行亲贝移植时,要对增殖场的环境条件进行详细调查,同时了解移植贝类的生活史、生理和生态习性,选择与海区环境条件相匹配的贝种,以保证移植取得明显成效。苗种放流技术是指将特定规格的贝类苗种底播到滩涂或浅海海域,从而达到增加贝类资源量的目的。增殖放流的贝类苗种应健康活跃,规格整齐,壳面清洁(王昭萍和郑小东,2024)。

4)防灾除害技术

防灾除害是为了防止贝类遭受自然灾害和敌害生物的侵袭。贝类的敌害生物种类繁多,如肉食性鱼类、蟹类(图5-27)、螺类、海星类、涡虫类、赤潮生物等,应采取多种措施来应对这些敌害和灾害。诱捕和设置障碍是常见的物理防治方法,通过诱捕器或障碍物,可以减少敌害生物对贝类的威胁。生物防除也是一个有效的选择,通过引入天敌或利用某些生物制剂来抑制敌害生物的生长和繁殖。在生产中,建议在滩涂挖排洪沟、修筑防洪坝等,以有效地减少自然灾害对贝类养殖的影响;加强监控和预警,及时发现和处理潜在的风险,避免淤泥沉积和油污引起海区大面积缺氧。通过科学的管理和有效的防控，可以最大限度地减少自然灾害和敌害生物对增殖贝类的影响。

图 5-27　日本蟳捕食底播的海湾扇贝（于宗赫拍摄）

2. 海参增殖技术

海参为大型底栖动物类群中重要的组成部分，在海洋牧场生态系统中发挥着重要作用（高菲等，2022）。海参资源衰竭会影响海洋系统的恢复力，显著降低系统的生产力，并减缓食物链的能量传递效率。海洋牧场中增殖海参完全依靠自然海区饵料，无须进行人工投饵，可大幅度减少人力物力，所养殖的海参生长快、品质佳、经济效益好。目前，我国海洋牧场增殖放流所使用的海参种类仍以温带的仿刺参为主，热带海参如玉足海参（图 5-28）和花刺参等种类的增殖放流尚处于起步阶段。海参的增殖放流需要考虑综合海区环境、苗种质量、敌害生物、苗种投放时间以及投苗方法等多种因素。

图 5-28　珊瑚礁型海洋牧场增殖放流的玉足海参（于宗赫拍摄）

1）海区环境

海区环境对海参底播增殖效果至关重要，在人工增殖之前，必须结合海洋牧场自然环境，选择底质坚硬、流速适宜且没有陆源污染的海区，通过投放海珍礁的方式进行底质环境改良，为刺参营造底播环境。在增殖区域，按照顺流方向，以田字形布局投放海珍礁；在藻类繁殖季节，选择适宜时机将成熟的孢子叶投放到礁体上用于增殖海藻，所增殖主要藻类为裙带菜（*Undaria pinnatifida*）、鼠尾藻（*Sargassum thunbergii*）、江蓠（*Gracilaria* spp.）和石莼（*Ulva lactuca*）等。

2）苗种质量

海参苗种的规格是关系到海参产量的重要因素之一，在海洋牧场礁区投放的海参苗种最好为大规格苗种，苗种个体越大，其在礁体上附着能力越强，一般投放 20～100 头/kg 的海参苗成活率较高。海参苗种质量也是关键因素之一，一定要选择健康、活力强的苗种进行投放，尽量避免向礁区投放体弱或有化皮吐肠等现象的苗种。

3）敌害生物

人工鱼礁海参增养殖过程中，对敌害生物要加以清除和防范，尤其是在海参苗种阶段，其中海星和蟹类能够大量捕食小规格海参苗种，对海参苗种成活率有很大影响。在生产过程中，可以用地笼网清除海星和蟹类等敌害生物，或者由潜水员直接捞除，以提高海参苗种的成活率。

4）苗种投放时间

一般最佳投苗时间 3～5 月和 9～10 月，此时正是海参苗种生长旺盛阶段，其环境适应能力也较强，投放成活率较高。若选择在水温较高的夏季投放，海水温度超过 20℃时海参会进入夏眠状态，苗种活力较弱，甚至会被海流冲出礁区，不仅会失去掩蔽物和基础饵料，还可能会被泥沙直接掩埋造成死亡。

5）投苗方法

海参苗种投放时需要将其装入网袋中，每袋 10kg 左右，由潜水员将苗种准确地投放到礁体上，让海参苗种逐步适应海区环境并自行爬出网袋，如此可以大幅度提高苗种成活率。反之，由于运输过程中干露时间较长，参苗附着力下降，如将苗种直接投放到海区，很容易被海流冲出礁区，导致苗种成活率降低，直接影响海参增殖效益。

投放时机对增殖效果影响显著，应该根据潮汐规律掌握好苗种投放时间，选择海流较小的时段进行投放。另外，还要掌握好潮流的流向，涨潮时应在潮流下方投放苗种，落潮时应在潮流上方投放苗种，这样才能将海参苗种投放到理想的位置。

四、增殖放流标记技术

增殖放流标记技术是研究水生生物生活史及其资源时空分布格局的常用方法，通过标记-回捕可以掌握放流对象的生长、生存及移动分布情况，这是目前评估放流效果最精确、最直接的方法，为海洋牧场渔业资源养护和管理提供科学依据（Lorenzen et al., 2010）。增殖放流标记技术不仅应用于鱼类、甲壳类，还应用于贝类及棘皮动物等海洋生物，标记方法和技术日益引起各国学者的重视，已经成为海洋资源调查中重要的研究内容之一。目前海洋牧场增殖放流标记技术有几十种，既有简单的物理标记，也有复杂的分子标记，主要应用对象是鱼类和甲壳类。常用的标记技术包括以下几种。

1. 挂牌法

挂牌法作为一种常用的物理标记技术，最大的优势在于能够通过标记牌上的编号，为个体生物提供易于辨认的标记，进而为估算各生物群体的自然生长特性和渔具选择等提供可靠的数据支持。挂牌法之所以受到广泛应用，不仅因为其标记对象易于发现、回捕率高，还因为该方法无须复杂的检测装置、成本低廉，适合大规模使用。挂牌法所使用的材料通常具有耐腐蚀、质地轻、颜色明亮等特点，分为体外标记和体内标记两种形式。

1）体外标记

在体外标记中，标记牌的固定位置至关重要。对于鱼类，标记牌通常被固定在背鳍、尾鳍基部附近以及鳃盖处；对于虾类，则需要确保标记不影响其蜕皮行为，如穿刺型标记应穿刺于虾的第一腹节，而悬挂型标记则适宜悬挂于第六腹节的尾肢处；对于海参，相关学者开发了石灰环嵌套法标记技术（图 5-29），该技术标签保存率达 93.3%。目前，挂牌法被广泛地应用于鱼类标记，而虾类具有蜕壳和潜沙等习性，体外标记仍需进行深入研究和验证。

图 5-29　海参石灰环嵌套法标记技术（许强等，2013）

体外标记的效果与操作技术密切相关，特别是对于需要贯穿身体的"彼得逊"标志物，操作必须十分谨慎，一旦操作不当就会增加伤口愈合难度、导致标志物脱落，甚至引发局部炎症和组织坏死。在标记过程中，使用适当的麻醉剂如间氨基苯甲酸乙酯甲烷磺酸盐和季戊醇等，有助于减轻标记生物的痛苦，确保标记过程的顺利进行。

2）体内标记

体内标记可以在一定程度上弥补体外标记对个体行动的影响。但是，体内标记个体在捕获时难以直接观察，因此应选用传导性高的金属材料，便于电磁设备检测。体内标记是目前甲壳动物尤其是蟹类的主要标识方法，虾类蜕皮不会导致体内标记丢失，但为了方便识别，建议与染色液注射同时使用。

2. 断伤标记法

早期通常会切除鱼鳍或部分组织进行标记放流，该方法节省费用，操作简便迅速。然而，在处理稚鱼时，必须格外小心并迅速，以避免因操作不当而导致死亡率上升。为了提高鱼类标记效果，科学家发展了一种方法，即同时切除任何两鳍的一部分，如背鳍和脂鳍的片段，或者部分背鳍和一个腹鳍。该方法不仅有助于准确识别标记个体，还能有效区分不同批次的标记鱼类。由于小型鱼体的鳍条再生能力强，保留鳍条切除痕迹的时间短，因此切除鳍条时要将基骨一并除去，以防止鳍条重新生长。对于虾蟹类，切除尾扇或部分体肢可能会对生物体的生理机能产生负面影响，阻碍其正常生长，部分切除的组织会在一段时间后恢复，从而使标记失去意义（高焕等，2014）。

3. 被动式整合雷达标记法

被动式整合雷达标（PIT 标）在鱼类研究中的应用始于 20 世纪 80 年代，该标记系统包括标、励磁系统和信号接收与处理单元。每个 PIT 标都对应一个唯一的由字母数字组成的编码，通过专用注射器将其注入鱼体肌肉或腹腔而实现标记，可直接用便携式检测器扫描确认。PIT 标记鱼类的存活与生长情况和标记保留率是评价该方法效果的重要指标。PIT 标记死亡个体一般规格偏小，标记保持率与鱼类大小密切相关，标记后一段时间内鱼类会出现生长抑制现象，但随后的补偿生长能弥补前期生长的不足。

4. 荧光色素标记法

1）体表荧光颜料标记

利用专门的注射器将特制的荧光颜料注射到鱼类的表皮层下，该颜料生物包容性好，对鱼体无害且不易褪色，标记保存率较高，时间可达 3 年以上。颜料有多种配色可选，可用于不同批次标记，注射入鱼类体表后，便凝固成固体，不被机体吸收，在可见光和紫外灯下辨识度高。该方法操作复杂，多适用于较大规格的鱼体标记。

2）耳石荧光标记

耳石标记采用与钙具有亲和性的荧光化合物在标记对象耳石作用，形成的沉积能够在荧光显微镜下成为可检测的标志。该标记保留率高，保存时间长，对标记对象伤害小，但检测较为复杂，多用于标记数量较多而规格较小的放流个体。

5. 分子标记法

传统物理标记放流法存在操作复杂、价格昂贵、标记易脱落以及损伤鱼体等缺点。随着分子标记技术的发展，利用分子标记溯源分析替代传统物理标记来鉴别标记个体，已成为渔业生物增殖放流评估的一种可行途径。微卫星分子标记因在基因组中具有分布广泛、多态性高、共显性遗传等特点，是目前进行个体或系谱溯源跟踪的理想分子标记，其可靠性已在鱼类亲子溯源鉴定中得到证实（鲁翠云等，2005；杨钟等，2009）。目前，国内外已经利用分子标记技术对褐牙鲆（*Paralichthys olivaceus*）、黑棘鲷（*Acanthopagrus schlegelii*）以及大黄鱼（*Larimichthys crocea*）等的增殖放流效果进行了评估（吴利娜等，2021）。

五、增殖放流效果评估技术

增殖放流效果评估是海洋牧场增殖放流工作体系的核心环节之一，针对特定的增殖放流活动，应在放流后的一段时间内及时进行增殖放流效果评估。放流个体标记和回捕率分析是增殖放流效果评估的主要方法。放流工作完成后，放流个体将与野生个体在放流海域相互混杂。两者从鱼体形态上难以区分，需要借助个体标记方法，才能将两者准确辨别。物理标记、分子标记是目前应用于海洋生物增殖放流的主要标记方法。回捕率分析技术可用来计算生物量并对增殖效果进行评估。在增殖放流海区，通过定点调查和渔民调查访问的方式获得数据，同时结合地方渔业部门的统计数据，计算回捕率，对放流海域的放流生物各指标进行统计，进而评估放流效果。

现代化海洋牧场建设已成为国内外解决海洋生态环境恶化问题和缓解近海渔业资源衰退的重要举措，增殖放流效果评估对恢复或促进海洋渔业可持续发展具有重大作用，也是评价海洋牧场建设是否成功的重要环节之一（曹容玮，2023）。在实践中，一般从经济效益、生态效益和社会效益三个方面对海洋牧场增殖放流效果进行评估。

1. 经济效益

经济效益反映了增殖放流的成本收益情况，是评价增殖放流效果最直观的指标。经济效益由放流投入资金、管理成本、捕捞成本和回捕收入等综合计算。在放流投入资金、管理成本和捕捞成本稳定时,回捕收入直接关系经济效益的好坏,而回捕收入主要由放流种类的回捕率和生长率决定。

放流种类的回捕率和生长率是决定增殖放流经济效益的关键指标,但同一增殖放流物种在不同放流海域的回捕率和生长率会出现明显差异。研究发现,苗种质量、增殖容量、放流策略和放流后管理是影响放流群体回捕率和生长率的关键因素。因此,挑选优质增殖放流苗种、合理估算增殖容量、科学规划放流策略以及严格管理放流海域生态环境,才能够确保回捕率和生长率,进而增加回捕收入,从而达到有效提升经济效益的目的。

2. 生态效益

成功的增殖放流可以取得较好的经济效益、社会效益和生态效益,反之不仅经济效益低下,还会导致放流后的水域生态失衡、种间关系破坏、原有生物群落受到胁迫等负面生态效应。国内外海洋牧场渔业资源增殖放流的生态效应主要从种群、群落和生态系统三个层面进行综合评估。

放流群体可通过食物竞争、生殖竞争、栖息地竞争以及产卵场地竞争等生态竞争方式影响野生群体,影响程度与放流量和增殖水域野生种群数量之间的相对关系有关。放流群体通过与野生种群杂交影响其遗传多样性和生态适合度。基因交流是放流群体影响野生种群遗传多样性的主要方式,如果放流群体与野生种群之间存在一定的遗传差异,当放流群体与野生种群发生基因交流时,基因渐渗作用会使野生种群面临近交或远交衰退的威胁,从而造成野生种群的地方适应性和适合度降低,表现为形态、行为变化,以及生长减慢、抗病力下降等。

放流群体还可通过疫病传播影响野生种群的健康状况。在人工繁育和养殖条件下,受养殖密度过高、养殖水体污染以及其他胁迫因素的影响,放流群体携带细菌、病毒和寄生虫的概率通常会增高,进入增殖水域后传播疾病的概率也会升高,进而影响野生水生生物的健康。

增殖放流群体进入增殖水域后通常会和与其处于相同生态位的野生群体在食物或栖息地空间方面发生竞争,从而对后者的群落结构和种群规模产生不利影响。

增殖放流对整个海洋牧场生态系统的影响是增殖放流群体,特别是高营养级的肉食性鱼类通过竞争和捕食作用引起生物群落的串联反应,不仅会引起各生物类群种群结构的改变,还可能导致水质恶化,从而对整个生态系统的结构和功能造成负面影响。

科学合理的增殖放流不仅能够带来可观的经济效益,还能起到维持海洋牧场生态平衡的作用。生态效果反映于放流群体和野生种群是否能够和谐共生、共同协作,是否能增加物种多样性、维持群落结构和扩大种群规模、改善海洋牧场的生态环境。

3. 社会效益

海洋牧场增殖放流的社会效果评价分为渔业资源综合管理能力决策水平、社会对自然资源的生态保护意识、服务生态文明建设和乡村振兴等国家政策三个方面。

从渔业资源综合管理能力决策水平层面分析，增殖放流既是渔业管理部门的行政管理工作，也是一项公益性事业。管理部门通过掌握放流-监测-评估等增殖放流过程，不断优化调整增殖放流措施，完善渔业资源增殖放流计划，从而实现高效保护和利用渔业资源。

从社会对自然资源的生态保护意识层面分析，通过开展增殖放流活动、举行增殖放流仪式、强化增殖放流宣传报道等多种公众宣传方式，使公众了解我国水生生物资源的现状，理解水生生物资源的重要性，意识到增殖放流工作的必要性，唤起公众自觉保护水生生物资源和参与增殖放流活动的热情，在渔业管理部门的指导下科学合理地开展长期、有序、有效的增殖放流活动。

从服务于生态文明建设和乡村振兴等国家政策层面分析，合理开展增殖放流有利于海洋生态修复和水环境改善，增强海洋牧场生态和景观功能，是国家生态文明建设的重要抓手。同时，通过开展增殖放流，能实现渔业"三产"融合、加快推进乡村全面振兴。

第七节　本章小结

种业是现代农业发展的基础，强大的种业推动了我国海水养殖鱼、虾、贝、藻、参五次产业浪潮。海洋牧场种业涵盖遗传育种与繁殖技术、种质资源与种苗工程等研究方向，加强种业创新攻关，选育一批适宜现代化海洋牧场的良种，因地制宜探索增养殖模式以及高效健康养殖技术，可以为海洋牧场提质增效以及质量安全提供良种支持。本章以"保、育、测、繁、推"一体化现代渔业发展模式为中心，分6个部分介绍。第一部分为海洋牧场关键种选择标准与应用，主要介绍海洋牧场关键种选择原则，以及我国不同海域及不同生态系统的主要增养殖经济种。第二部分为原种保护技术，从个体、细胞及DNA三个水平介绍了近年来水产种质保护相关技术。第三部分为育种新技术，主要介绍了基因编辑、性别控制、全基因组等水产育种中的新技术。第四部分为种质评测新技术，介绍了常规评测技术以及随基因组学、大数据分析而出现的新型评测技术。第五部分为苗种扩繁新技术，介绍了亲体选择、人工促熟、苗种培育设施、中间培育等苗种扩繁的技术和最新进展。第六部分为增殖放流新技术，分别介绍了藻类、游泳动物、底栖动物的增殖技术，并对增殖放流效果评价进行概述。

参 考 文 献

安鑫龙, 周启星. 2006. 水产养殖自身污染及其生物修复技术. 环境污染治理技术与设备, 7(9): 1-6.

曹容玮. 2023. 钱塘江(兰溪-富阳段)赤眼鳟增殖放流效果评估. 上海: 上海海洋大学.

陈欣怡, 徐开达, 李鹏飞, 等. 2023. 浙江近海海洋鱼类增殖放流现状分析. 海洋开发与管理, 40(9): 128-135.

崔广鑫. 2021. 许氏平鲉精子超低温冷冻保存、人工授精技术开发及高密度遗传连锁图谱构建. 上海: 上海海洋大学.

丁理法, 叶婧. 2008. 生物技术在水产动物营养与饲料研究中的应用. 水产科技情报, 35(5): 229-232.

高菲, 许强, 李秀保, 等. 2022. 热带珊瑚礁区海参的生境选择与生态作用. 生态学报, 42(11): 4301-4312.

高焕, 阎斌伦, 赖晓芳, 等. 2014. 甲壳类生物增殖放流标志技术研究进展. 海洋湖沼通报, 36(1): 94-100.

鲁翠云, 孙效文, 梁利群. 2005. 鳙鱼微卫星分子标记的筛选. 中国水产科学, (2): 192-196.

胡红浪, 韩枫, 桂建芳. 2023. 中国水产种业技术创新现状与展望. 水产学报, 47(1): 1-10.

季文娟. 1998. 高度不饱和脂肪酸对中国对虾亲虾的产卵和卵质的影响. 水产学报, 22(3): 240-246.

辽宁省海洋与渔业厅. 2011. 辽宁省水生经济动植物图鉴. 沈阳: 辽宁科学技术出版社.

景宏丽, 孔玉方, 袁向芬, 等. 2023. 鱼类细胞系研究现状. 水产学杂志, 36(3): 120-127.

梁君. 2013. 海洋渔业资源增殖放流效果的主要影响因素及对策研究. 中国渔业经济, 31(5): 122-134.

刘乐丹, 赵永锋. 2021. 我国水产饲料的发展及新型蛋白源研究进展. 科学养鱼, (12): 20-23.

沈蔷, 章海敏, 胡军祥. 2013. 新技术在鱼类胚胎冷冻保存中的应用. 浙江农业科学, (6): 734-736, 740.

石立冬, 任同军, 韩雨哲. 2020. 水产动物繁殖性能的营养调控研究进展. 大连海洋大学学报, 35(4): 620-630.

谭杰, 李凤辉, 陈四清, 等. 2020. 不同培育水温和饲料对刺参人工促熟效果的影响. 渔业科学进展, 41(1): 96-103.

唐启升. 1996. 关于容纳量及其研究. 海洋水产研究, (2): 1-6.

唐启升, 韦晟, 姜卫民. 1997. 渤海莱州湾渔业资源增殖的敌害生物及其对增殖种类的危害. 应用生态学报, 8(2): 199-206.

王莲莲, 陈丕茂, 陈勇, 等. 2015. 贝壳礁构建和生态效应研究进展. 大连海洋大学学报, 30(4): 449-454.

王昭萍, 郑小东. 2024. 海水贝类增养殖学. 北京: 科学出版社.

吴利娜, 张凝鎏, 孙松, 等. 2021. 微卫星分子标记技术在大黄鱼增殖放流效果评估中的应用. 中国水产科学, 28(9): 1100-1108.

许强, 孙璐, 张立斌, 等. 2013. 一种适用于刺参的体外长效标记方法: CN103141418A. 2013-06-12.

杨红生, 等. 2022. 现代渔业科技创新发展现状与展望. 北京: 科学出版社.

杨钟, 史方, 阙延福, 等. 2009. 胭脂鱼微卫星富集文库的构建及其应用前景展望. 水生态学杂志, 30(2): 107-112.

于建华, 李树国. 2010. 虾蟹类营养繁殖研究进展. 水产科技, (3): 12-15.

张弨, 张齐, 蒲红宇. 2023. 大泷六线鱼工厂化育苗技术. 水产养殖, 44(12): 65-67, 78.

张偲, 金显仕, 杨红生. 2016. 海洋生物资源评价与保护. 北京: 科学出版社.

张继红, 方建光, 唐启升, 等. 2013. 桑沟湾不同区域养殖栉孔扇贝的固碳速率. 渔业科学进展, 34(1): 12-16.

赵雅贤, 周勤, 于清海, 等. 2017. 鱼类生殖细胞移植技术的发展及应用前景. 中国水产科学, 24(2): 414-423.

郑凤英, 邱广龙, 范航清, 等. 2013. 中国海草的多样性、分布及保护. 生物多样性, 21(5): 517-526.

Aparicio S, Chapman J, Stupka E, et al. 2002. Whole-genome shotgun assembly and analysis of the genome of Fugu rubripes. Science, 297(5585): 1301-1310.

Aslam M L, Boison S A, Lillehammer M, et al. 2020. Genome-wide association mapping and accuracy of predictions for amoebic gill disease in Atlantic salmon(*Salmo salar*). Sci Rep, 15；10(1): 6435

Bai Y L, Wang J Y, Zhao J, et al. 2022. Genomic selection for visceral white-nodules diseases resistance in large yellow croaker. Aquaculture, 559: 738421.

Cifrić S, Nuhić J, Osmanović D, et al. 2020. Review of electrochemical biosensors for hormone detection// Badnjevic A, Škrbić R, Gurbeta Pokvić L. CMBEBIH 2019: Proceedings of the International Conference on Medical and Biological Engineering, 16-18 May 2019, Banja Luka, Bosnia and Herzegovina. Cham: Springer International Publishing: 173-177.

Cowx, I. G. 1999. An appraisal of stocking strategies in the light of developing country constraints. Fisheries Management and Ecology, 6(1): 21-34.

Cui W, Huo D, Liu S L, et al. 2021. Construction of a high-density genetic linkage map for the mapping of QTL associated with growth-related traits in sea cucumber(*Apostichopus japonicus*). Biology, 11(1): 50.

Cui Z, Liu Y, Wang W, et al. 2017. Genome editing reveals dmrt1 as an essential male sex-determining gene in Chinese tongue sole(*Cynoglossus semilaevis*). Sci Rep, 7: 42213.

Devlin R H, Sundström L F, Leggatt R A. 2015. Assessing ecological and evolutionary consequences of growth-accelerated genetically engineered fishes. BioScience, 65(7): 685-700.

Difford G F, Boison S A, Khaw H L, et al. 2020. Validating non-invasive growth measurements on individual Atlantic salmon in sea cages using diode frames. Computers and Electronics in Agriculture, 173: 105411.

Duensing N, Sprink T, Parrott W A, et al. 2018. Novel features and considerations for ERA and regulation of crops produced by genome editing. Frontiers in Bioengineering and Biotechnology, 6: 79.

Fan Z Y, Wu T W, Wu K, et al. 2020. Reflections on the system of evaluation of gene-edited livestock. Frontiers of Agricultural Science and Engineering, 7(2): 211-217.

Fernandes A F A, Turra E M, de Alvarenga É R, et al. 2020. Deep learning image segmentation for extraction of fish body measurements and prediction of body weight and carcass traits in *Nile tilapia*. Computers and Electronics in Agriculture, 170: 105274.

Fernández-Cisternas I, Majlis J, Avila-Thieme M I, et al. 2021. Endemic species dominate reef fish interaction networks on two isolated oceanic islands. Coral Reefs, 40(4): 1081-1095.

Fu G H, Yuna Y N. 2022. Phenotyping and phenomics in aquaculture breeding. Aquaculture and Fisheries, 7(2): 140-146.

Gordon D R, Jaffe G, Doane M, et al. 2021. Responsible governance of gene editing in agriculture and the environment. Nature Biotechnology, 39(9): 1055-1057.

Gratacap R L, Wargelius A, Edvardsen R B, et al. 2019. Potential of genome editing to improve aquaculture breeding and production. Trends in Genetics, 35(9): 672-684.

Gümüş E, Yılayaz A, Kanyılmaz M, et al. 2021. Evaluation of body weight and color of cultured European catfish(*Silurus glanis*) and African catfish(*Clarias gariepinus*) using image analysis. Aquacultural Engineering, 93: 102147.

Harrison K E. 1997. Broodstock nutrition and maturation diets//D'Abramo L R, Conklin D E, Akiyama D M. Crustacean Nutrition. Baton Rouge: The World Aquaculture Society: 390-408.

Lee S, Iwasaki Y, Shikina S, et al. 2013. Generation of functional eggs and sperm from cryopreserved whole testes. Proceedings of the National Academy of Sciences of the United States of America, 110(5): 1640-1645.

Li B J, Zhu Z X, Gu X H, et al. 2019. QTL mapping for red blotches in Malaysia red tilapia(*Oreochromis* spp.). Marine Biotechnology, 21(3): 384-395.

Li X Y, Gui J F. 2018. An epigenetic regulatory switch controlling temperature-dependent sex determination in vertebrates. Science China Life Sciences, 61(8): 996-998.

Li Y L, Sun X Q, Hu X L, et al. 2017. Scallop genome reveals molecular adaptations to semi-sessile life and neurotoxins. Nature Communications, 8(1): 1721.

Liu J Y, Peng W Z, Yu F, et al. 2022. Genomic selection applications can improve the environmental performance of aquatics: a case study on the heat tolerance of abalone. Evolutionary Applications, 15(6): 992-1001.

Liu S J, Luo J, Chai J, et al. 2016. Genomic incompatibilities in the diploid and tetraploid offspring of the goldfish × common carp cross. Proceedings of the National Academy of Sciences of the United States of America, 113(5): 1327-1332.

Lorenzen K, Leber K M, Blankenship H L. 2010. Responsible approach to marine stock enhancement: an update. Reviews in Fisheries Science, 18(2): 189-210.

Lu S, Zhu J J, Du X, et al. 2020. Genomic selection for resistance to *Streptococcus agalactiae* in GIFT strain of *Oreochromis niloticus* by GBLUP, wGBLUP, and BayesCπ. Aquaculture, 523: 735212.

Luo H R, Feng K, Chen J, et al. 2020. Telophase of the first cleavage is the key stage for optimally inducing mitotic gynogenesis in rice field eel(*Monopterus albus*). Aquaculture, 523: 735241.

Lv J, Jiao W Q, Guo H B, et al. 2018. HD-Marker: a highly multiplexed and flexible approach for targeted genotyping of more than 10, 000 genes in a single-tube assay. Genome Research, 28(12): 1919-1930.

Manan H, Hidayati A B N, Lyana N A, et al. 2022. A review of gynogenesis manipulation in aquatic animals. Aquaculture and Fisheries, 7(1): 1-6.

Mandawala A A, Harvey S C, Roy T K, et al. 2016. Cryopreservation of animal oocytes and embryos: current progress and future prospects. Theriogenology, 86(7): 1637-1644.

Mayer I. 2019. The role of reproductive sciences in the preservation and breeding of commercial and threatened teleost fishes//Comizzoli P, Brown J L, Holt W V. Reproductive Sciences in Animal Conservation. Cham: Springer International Publishing: 187-224.

McKinnell S M, Lundqvist H. 2000. Unstable release strategies in reared Atlantic salmon, *Salmo salar* L. Fisheries Management and Ecology, 7(3): 211-224.

Meuwissen T H E, Hayes B J, Goddard M E. 2001. Prediction of Total Genetic Value Using Genome-Wide Dense Marker Maps. Genetics, 157(4): 1819-1829.

Mizuno Y, Fujiwara A, Yamano K, et al. 2019. Motility and fertility of cryopreserved spermatozoa of the Japanese sea cucumber *Apostichopus japonicus*. Aquaculture Research, 50(1): 106-115.

Ohama M, Washio Y, Kishimoto K, et al. 2020. Growth performance of myostatin knockout red sea bream *Pagrus major* juveniles produced by genome editing with CRISPR/Cas9. Aquaculture, 529: 735672.

Okutsu T, Shikina S, Sakamoto T, et al. 2015. Successful production of functional Y eggs derived from spermatogonia transplanted into female recipients and subsequent production of YY supermales in rainbow trout, *Oncorhynchus mykiss*. Aquaculture, 446: 298-302.

Okutsu T, Suzuki K, Takeuchi Y, et al. 2006. Testicular germ cells can colonize sexually undifferentiated embryonic gonad and produce functional eggs in fish. Proceedings of the National Academy of Sciences of the United States of America, 103(8): 2725-2729.

Palaiokostas C, Houston R D. 2018. Genome-wide approaches to understanding and improving complex traits in aquaculture species. CABI Reviews, 12(55): 1-10.

Puthumana J, Chandrababu A, Sarasan M, et al. 2024. Genetic improvement in edible fish: status, constraints, and prospects on CRISPR-based genome engineering. 3 Biotech, 14(2): 44.

Puthumana J, Prabhakaran P, Philip R, et al. 2015. Attempts on producing lymphoid cell line from *Penaeus monodon* by induction with SV40-T and 12S EIA oncogenes. Fish & Shellfish Immunology, 47(2): 655-663.

Rahaman M M, Chen D, Gillani Z, et al. 2015. Advanced phenotyping and phenotype data analysis for the study of plant growth and development. Front. Plant Sci., 6: 619.

Robinson N A, Østbye T K K, Kettunen A H, et al. 2024. A guide to assess the use of gene editing in aquaculture. Reviews in Aquaculture, 16(2): 775-784.

Roy S, Kumar V, Behera B K, et al. 2022. CRISPR/Cas genome editing: can it become a game changer in future fisheries sector? Frontiers in Marine Science, 9: 924475.

Sarker B S, Sabuz M S R, Azom M G, et al. 2023. Genotype responsive growth performance and salinity tolerance of tilapia hybrid(*Oreochromis niloticus* × *O. mossambicus*). Aquaculture, 575: 739729.

Sun L N, Jiang C X, Su F, et al. 2023. Chromosome-level genome assembly of the sea cucumber *Apostichopus japonicus*. Scientific Data, 10(1): 454.

Suntronpong A, Panthum T, Laopichienpong N, et al. 2022. Implications of genome-wide single nucleotide polymorphisms in jade perch(*Scortum barcoo*) reveals the putative XX/XY sex-determination system, facilitating a new chapter of sex control in aquaculture. Aquaculture, 548: 737587.

Takeuchi Y, Yoshizaki G, Takeuchi T. 2003. Generation of live fry from intraperitoneally transplanted primordial germ cells in rainbow trout. Biology of Reproduction, 69(4): 1142-1149.

Taylor M D, et al. 2017. Fisheries enhancement and restoration in a changing world. Fisheries Research, 186: 407-412.

Tolentino L K S, de Pedro C P, Icamina J D, et al. 2020. Weight prediction system for Nile tilapia using image processing and predictive analysis. International Journal of Advanced Computer Science and Applications, 11(8): 399-406.

Ventura R V, Silva F F, Yáñez J M, et al. 2020. Opportunities and challenges of phenomics applied to livestock and aquaculture breeding in South America. Animal Frontiers: the Review Magazine of Animal Agriculture, 10(2): 45-52.

VanOoijen J. 2009. MapQTL® 6, Software for the Mapping of Quantitative Trait Loci in Experimental Populations of Diploid Species; Kyazma BV: Wagening, The Netherlands, Volume 64.

Wang J Y, Miao L W, Chen B H, et al. 2023. Development and evaluation of liquid SNP array for large yellow croaker(*Larimichthys crocea*). Aquaculture, 563(4): 739021.

Wang L, Sun F, Wan Z Y, et al. 2021. Genomic basis of striking fin shapes and colors in the fighting fish. Molecular Biology and Evolution, 38(8): 3383-3396.

Wang Q Y, Zhuang Z M, Deng J Y, et al. 2006. Stock enhancement and translocation of the shrimp *Penaeus chinensis* in China. Fisheries Research, 80(1): 67-79.

Wang S, Zhang J B, Jiao W Q, et al. 2017. Scallop genome provides insights into evolution of bilaterian karyotype and development. Nature Ecology & Evolution, 1(5): 0120.

Wang Y D, Yang C H, Luo K K, et al. 2018. The formation of the goldfish-like fish derived from hybridization of female koi carp× male blunt snout bream. Frontiers in Genetics, 9: 437.

Wu Z Y, Zheng X B, Luo Y M, et al. 2015. Cryopreservation of stallion spermatozoa using different cryoprotectants and combinations of cryoprotectants. Animal Reproduction Science, 163(3): 75-81.

Xu Y, Zhou Y, Wang F Z, et al. 2019. Development of two brain cell lines from goldfish and silver crucian carp and viral susceptibility to Cyprinid herpesvirus-2. In Vitro Cellular & Development Biology-Animal, 55(9): 749-755.

Zenger K R, Khatkar M S, Jones D B, et al. 2019. Genomic selection in aquaculture: application, limitations and opportunities with special reference to marine shrimp and pearl oysters. Frontiers in Genetics, 9: 693.

Zhang X J, Yuan J B, Sun Y M, et al. 2019. Penaeid shrimp genome provides insights into benthic adaptation and frequent molting. Nature Communications, 10(1): 356.

Zhong W R, Tao B B, Xu W, et al. 2024. Cytological study on artificially induced gynogenesis and optimization of induced parameters in loach(*Misgurnus anguillicaudatus*). Acta Hydrobiologica Sinica, 48(2): 334-341.

第六章 牧养互作[①]

　　牧养互作模式是现代海洋牧场发展进展中最重要的模式之一。牧养互作过程必须突破和创新一系列前沿技术，包括人工鱼礁设计与建造、养殖设施设计与建造、牧养空间布局优化以及物种搭配策略等多个关键领域。新技术的引入，为海洋牧场建设注入了强大的动力，显著提升了效率、可持续性和生态效益。人工鱼礁设计与建造新技术通过创新设计理念和材料应用，增强了鱼礁的耐用性和生态功能，促进了海洋生物多样性的增加，为海洋生物提供了更加适宜的栖息环境；养殖设施设计与建造新技术引领了海洋牧场发展的新方向。抗风浪设计、大型化趋势以及自动化、智能化技术的应用，提高了养殖设施的稳定性和安全性，实现了养殖过程的精细化管理和高效运营。生态养殖模式的推广，有效缓解了水域生态系统的压力，提升了环境承载力。在牧养空间布局方面，新技术推动实现了多元化布局。通过将鱼类、贝类养殖与海藻种植等产业有机结合，形成了一个高效利用海洋资源的综合产业体系。科学的空间布局和精细化的管理手段，确保了养殖生物的健康生长和高品质产出，为市场提供了丰富的海产品；物种搭配新技术的运用，有效提升了海洋牧场的生产力和环境友好性。通过因地制宜地选择抗逆性物种和功能性物种进行搭配养殖，提高了经济效益，增强了整个海洋生态系统的稳定性和抗压能力。牧养互作系列新技术在现代海洋牧场建设中展现出了巨大的潜力和价值，推动了海洋牧场向更加高效、可持续和生态友好的方向发展，为海洋渔业的可持续发展提供了有力的技术支持和战略指导。

第一节　人工鱼礁设计与建造新技术

　　人工鱼礁是人为制造并设置于水底，模拟自然鱼礁功能的结构（Baine，2001）。人工鱼礁可以增加海底的结构复杂性，为鱼类和其他海洋生物提供栖息地、产卵地和捕食场所。人工鱼礁主要由各种耐水材料制成，包括混凝土、石块、金属或非金属、沉船等。近年来，联合传感器、虚拟现实（VR）技术和增强现实（AR）技术、3D打印技术、自动化和智能化机器人等逐渐应用于人工鱼礁的设计与建造，为海洋牧场建设提供新策略。

[①] 本章作者：林承刚、霍达、刘笑源、杨刚。

一、人工鱼礁设计新技术

(一)联合传感器在人工鱼礁设计中的应用

联合传感器又称组合传感器,是指两个或多个不同类型的传感器结合到一起的系统,用于提供比单一传感器更丰富的信息(Reyns et al.,2002)。这些传感器通过一个集成的接口工作,可以提供更加复杂或者详细的测量结果(图6-1),其优势在于能够同时监测多个参数,提高了监测的精准度和效率。这种类型的传感器在各种领域如精密农业、环境监测、医疗健康以及工业控制中有广泛的应用(Kong et al.,2020)。在人工鱼礁中嵌入传感器等设备,有望实时监测鱼礁周边的生物多样性、水质和其他重要的环境参数,以优化鱼礁的设计和管理,实时监测其效果。

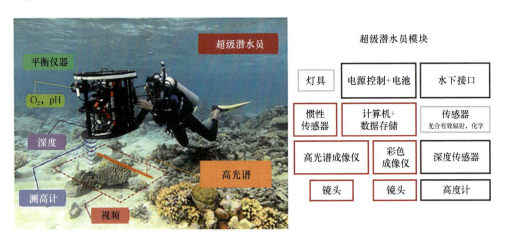

图6-1 高光谱成像和地形测量综合仪器 HyperDiver(Chennu et al.,2017)

在人工鱼礁设计中应用联合传感器具有许多优势。联合传感器可以同时测量多个水质参数,如温度、盐度、水流等,有助于综合评估环境条件,从而优化鱼礁设计以满足特定海域的要求(Glasgow et al.,2004)。结合使用的各种传感器可以实时监控海洋环境的变化,为鱼礁的长期维护和环境影响评估提供依据。通过融合不同传感器收集的数据,突破单一传感器的性能限制,提高数据的准确性和可靠性(马华东和陶丹,2006)。不同传感器的数据可以相互核对,以减少数据采集的偶发误差。例如,多个温度传感器可以验证温度读数的一致性。联合传感器可以在相同的时间点收集数据,避免时间差异导致不准确的可能性,同时也能在鱼礁设计不同地点进行空间上的连续监测,确保数据的空间代表性。Tassetti 等(2015)使用多波束声呐技术来监测人工鱼礁,并借此映射鱼礁的特征及其对环境的作用。这种结合传感器技术的应用有助于了解鱼礁的结构和效果,并提供了改善设计的策略（Tassetti et al.，2015）。

　　联合传感器可用于监测人工鱼礁周围的生态变化，包括生物多样性和种群数量等，为评估鱼礁对生态系统产生的影响提供数据支持（图6-2）。Maslov等（2018）在关于人工鱼礁的创新监测策略研究中使用了联合传感器，显示出了其在增强混合混凝土-钢结构之类的复杂设计中的优势（Maslov et al.，2018）。González-Rivero等（2020）的研究展示了联合传感器与人工智能技术用于珊瑚礁监测的潜力。通过结合水下摄像机采集的图像与自动图像注释技术，可提高监测的效率和成本效益，这种方法同样可以用于人工鱼礁的设计和监测。

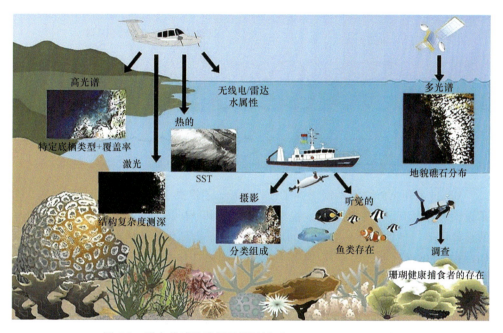

图6-2　联合传感器应用场景示例（Foo and Asner，2019）

　　联合传感器及其与其他技术的结合，可以更好地监控和设计人工鱼礁。从成本效益角度考虑，联合传感器的初始投资可能较高，但鉴于联合传感器的综合性和多个单一传感器的需求减少，从长远来看可以降低监测成本。联合传感器所提供的精准数据，使设计者能更好地理解海洋环境与人工鱼礁之间的相互作用，提升预期设计结果的准确性，从而使人工鱼礁更能满足既定的生态和环境需求，为海洋牧场现代化建设过程中的设计决策提供坚实的科学支撑。

（二）虚拟现实技术和增强现实技术在人工鱼礁设计中的应用

　　虚拟现实（VR）和增强现实（AR）是两种备受关注的前沿技术，两者在技术原理和体验上有明显的差别（图6-3）。VR技术通过创建一个全面的模拟环境，让用户通过头戴显示设备和其他传感器沉浸其中，同时屏蔽对真实世界的感知。AR 技术与此不同，它通过在用户看到的真实世界景象中增添计算机生成的图像、音频和其他感知数据，增强用户对现实世界的感知。VR 技术和 AR 技术的核心优势在于它们各自独特的互动性和沉浸感，目前多应用于游戏娱乐、专业教育、医疗和工业设计等（Chen et al.，2019；Halarnkar et al.，2012）。随着技术的持续进步和性能的优化，这些技术在多个领域的应用前景越来越广阔。

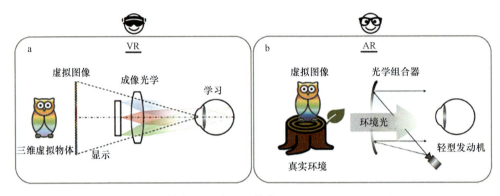

图 6-3　VR 技术（a）与 AR 技术（b）（Yin et al.，2022）

　　VR 技术和 AR 技术不仅增强了设计体验，还提高了设计质量，应用在人工鱼礁设计领域具有一系列的优势。首先，VR 技术和 AR 技术可为设计人员提供互动的设计环境，使他们能够以三维的形式直观地审查和优化鱼礁结构（图 6-4）。例如，Templin 等（2022）利用 VR/AR 技术支持内陆和沿海水域安全导航的研究表明，这两种技术能够强化设计者对空间关系和环境影响的理解，从而提升设计的准确性和创新性。此外，VR 技术和 AR 技术可以模拟人工鱼礁在海洋环境中的表现，包括海流、生物沉积和其他生态过程的影响。Rambach 等（2021）在研究中借助 VR 和 AR 技术，让参与者沉浸式体验大堡礁生态环境，并探究不同环境因子对珊瑚礁生态系统的影响。该方法有助于预测鱼礁的生物多样性效益并优化设计以适应特定的环境条件。在现场建造和维护方面，通过使用 VR 技术和 AR 技术，工程师可以更精确地遵循设计规范，进而减少错误并确保工程质量。AR 技术可以实现鱼礁设计元素与现实环境的叠加观察，为地理位置的准确性和结构的安装提供了额外的保障（Berman et al.，2023）。de Oliveira 等（2022）开发了一款移动应用，结合了增强现实和 3D 摄影测量技术，用于冷水珊瑚礁和深水栖息地的可视化（图 6-5）。该项目证明了 VR 技术和 AR 技术在提高设计精度和强化用户体验方面的巨大潜力，特别是在复杂的海洋环境中（de Oliveira et al.，2022）。

　　VR 技术和 AR 技术在人工鱼礁设计领域的应用有助于提高设计的精度和促进创新，提升建造的效率，增强设计者和用户的沉浸体验。这两种技术在海洋牧场建设过程中展现出巨大的潜力。

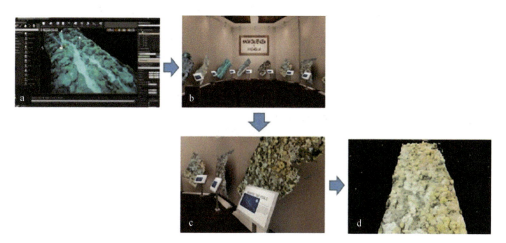

图 6-4　VR 设计应用（Cristobal et al.，2020）

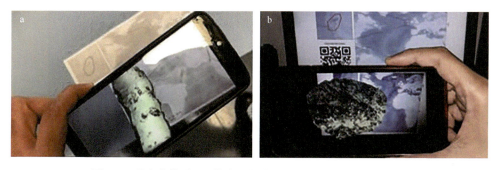

图 6-5　珊瑚礁模型 AR 技术可视化（de Oliveira et al.，2022）

二、人工鱼礁建造新技术

（一）3D 打印技术在人工鱼礁建造中的应用

3D 打印技术也称为增材制造技术或快速成型技术，通过逐层堆叠材料来打印三维物体（Shahrubudin et al.，2019）。这种技术能够快速、低成本地在桌面上制作概念模型和零件，并且可以快速实现多种设计的原型制作。3D 打印技术已经被探索应用于机器人、汽车部件、医学、航空等领域。3D 打印技术在人工鱼礁的建造中具有巨大的潜力。

3D 打印技术的关键优势之一是能够制造复杂的几何形状，这在设计和制造人工鱼礁时尤其有用（图 6-6），可将人工鱼礁设计成具有特定的孔隙率和纹理，以模拟自然珊瑚礁的环境，从而为海洋生物提供栖息地（Berman et al.，2023）。利用 3D 打印技术可以创造出具有高粗糙度和多孔性表面的人工鱼礁，有助于提高生物附着性，吸引更多的海洋生物，如藻类、贝类和鱼类（沈璐等，2022）。3D 打印技术也可以集成多种功能，如设计鱼礁中用于监测海洋环境的传感器安装位置。3D 打印技术还可以在特定生态系统要求的基础上定制人工鱼礁，从而让鱼礁更贴合所在水域的生物多样性和环境特性（图 6-7）。这种个性化的途径确保了鱼礁的生态兼容性和最大的生物效益。3D 打印技术还能够打印复杂逼真的珊瑚礁，应用于海洋生态系统修复（Riera et al.，2018）。

| 小悬挂物 | 大悬挂物 | 小悬挂物 | 大悬挂物 |

a. 立方体的　　　　　　　　　　　b. 不规则的

图 6-6　4 种 3D 打印的人工鱼礁模型（Yoris-Nobile et al.，2023）

a. 投放现场情况　　　　　　　　　b. 海底浸没后的情况

图 6-7　3D 打印的人工鱼礁模型（Yoris-Nobile et al.，2023）

与传统的制造方法相比，3D 打印可以降低生产成本，尤其是在制造复杂形状和结构的人工鱼礁时，3D 打印技术能够按需打印材料，减少浪费，从而优化材料使用。因此，3D 打印的人工鱼礁需要维护或修复时，可以更容易地进行局部更新或替换，而不必更换整个结构。这种加性制造过程不仅提高了经济效率，还减少了对环境的影响。3D 打印过程可以自动化，减少人工操作，提高生产效率。Yoris-Nobile 等（2023）的研究强调了系统化设计、材料选择和人工鱼礁的 3D 打印制造过程，显示了 3D 打印在可持续性方面的潜力。水泥砂浆具有更适合 3D 打印的人工鱼礁应用的特性（Yoris-Nobile et al., 2023）。此外，可以选择环境友好型材料进行 3D 打印，如使用低熟料水泥、地质聚合物或陶土（图 6-8），减少对环境的影响。与传统模板建造工艺相比，3D 打印在建造成本以及工期方面分别节省和缩短了 12.21% 和 26.00%（张清芳等，2022）。以辽宁省大连市大长山岛附近海洋牧场示范区的人工鱼礁一期投放工程作为实例，3D 打印人工鱼礁混凝土施工成本相较于传统水泥基材料的施工成本降低了 21.37%；同传统水泥基材料建设工程相比，3D 打印人工鱼礁混凝土施工现场人员减少了 37.5%，工程进度缩短 21%，人力成本显著下降，其养护时间也比传统水泥基材料建设工程大幅度缩减（张年华，2022）。

图 6-8　利用陶土进行人工鱼礁 3D 打印（Levy et al., 2022）
a. 礁石 3D 模型图像；b. 扫描的 3D 模型；c. 模型结构；d. 以陶土为原材料进行 3D 打印；e. 模型 AR 图像

　　3D 打印工艺可能存在一些局限性，如打印速度、材料选择和打印质量等，3D 打印混凝土技术的建造方式可能会导致后期收缩性较大，这些因素都可能限制其在人工鱼礁领域的应用（任何东等，2018）。3D 打印使用的某些材料可能需要进行生命周期评估，以确定其对环境的长期影响。

　　总之，利用 3D 打印技术制造出更复杂、更精细的人工鱼礁结构，更容易模仿自然礁石的多样性和复杂性，并为更多种类的海洋生物提供栖息地，同时促进海洋生态系统的恢复和保护，可降低成本、减少人工，可为海洋牧场现代化建设提供有力的技术支持。但 3D 打印人工鱼礁技术尚处于起步阶段，可能需要更多的研究和开发来克服现有的技术挑战和提高其可靠性。

（二）自动化和智能化机器人在人工鱼礁建造中的应用

随着科学技术的进步，海洋牧场建设正朝向自动化、智能化方向发展。自动化和智能化机器人集成了先进的自动化技术与人工智能算法系统，在人工鱼礁建造过程中如鱼礁的组装、修复及清洁等环节展现出了巨大的潜力，能显著提高海洋牧场建设的效率和质量，同时降低建造和维护的成本（图6-9）。

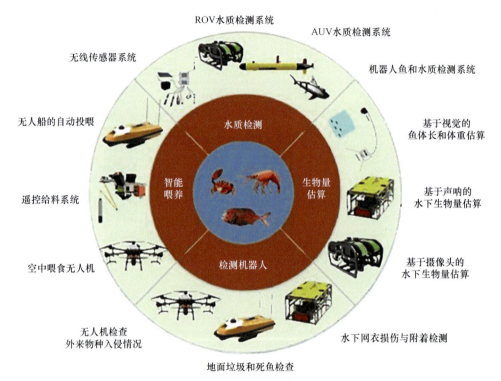

图6-9　水产养殖智能装备（Wu et al.，2022）

自动化和智能化机器人在人工鱼礁建造过程中具有多方面的优势。从空间角度考虑，水下机器人可以深入人类潜水员难以到达的深海区域进行施工，承担结构搭建、精确定位等任务，自动化机器人可以通过集成全球定位系统（GPS）和声呐定位系统进行精确定位（图6-10），确保鱼礁结构被正确地放置在预定位置，保证设计的正确实施，从而提高鱼礁的结构稳定性和生态效益（Kelasidi and Svendsen，2023）。从使用场景考虑，机器人不受天气和水下能见度等不利条件的影响，可以在极端环境（如深水、夜间或恶劣天气条件下）中连续工作而无须休息，提高了作业的连续性和效率。使用机器人进行施工还能降低人类在深水和危险环境中工作的风险，极大地提升了安全性（Khalid et al.，2022）。从成本效益角度考虑，机器人可以节约大量的人工成本及相关潜水操作的支持系统成本，并缩短项目总体的建设时间和降低建设成本。由于机器人的操作基于预先设定的参数和算法，因此可以减少人为操作过程中可能出现的错误。相比人工施工，计算机控制可以保证作业过程的一致性和重复性，从而提高作业质量，降低重复成本（Lv et al.，2021）。利用机器人可以减少人员在危险环境中工作的需要，进而降低事故风险和相关的健康安全成本。

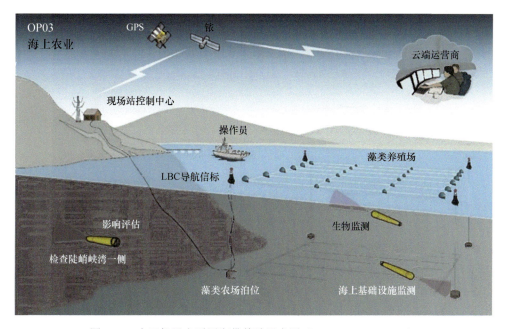

图 6-10　水下机器人适用海带养殖示意图（Stenius et al.，2022）

从建设效率角度考虑，智能化机器人可以收集施工过程中的大量数据，利用机器学习和人工智能技术分析数据，以此来优化建造策略和流程，进一步提升施工的效率和质量。自动化机器人可以同时执行多项任务，比如同时进行定位、搬运和监控，从而缩短工程建设时间，提高整体工作效率（Wang et al.，2021）。从建设预期效果角度考虑，机器人可以实时监控施工状态和环境条件，如遇问题可以及时调整操作以适应变化，或在必要时发出警告，确保施工过程平稳进行（图 6-11）。鱼礁部署后期，机器人可以搭载摄像头和传感器收集数据，对海洋牧场建设效果进行监控和评估，通过收集数据来优化鱼礁的设计和布局，分析鱼礁的生态效应，以便确定其对生物多样性及生态系统的贡献。智能化机器人还可以监测鱼礁造成的环境影响，减少负面影响（Avila et al.，2021）。例如，Vogler 等（2019）的研究在放置和监测鱼礁的过程中使用了自动机器人，利用高分辨率的

3D 监测系统对人工珊瑚礁进行了重建。此外，Vogler（2022）提出的一个设计框架包含了在人工鱼礁构建过程中从设计到监控后期的自动化流程。

图 6-11　自主水下航行器 Coral AUV 进行深水珊瑚礁数据调查（Dobson et al.，2024）

虽然自动化和智能化机器人在人工鱼礁建造过程中可以提供精准、高效的服务，但其也存在一定劣势。首先，机器人的成本较高，不仅包括购买成本，还需要考虑维护和修理的成本，这对于预算有限的海洋牧场建设可能是一大负担。其次，机器人的操作需要高技能的工程师来进行编程和维护，对操作人员的技术要求较高，并不适合人力资源有限的海洋牧场建设区域（Chen et al.，2022）。再者，自动化设备的引入可能受到当地法规和环评标准的限制，其推广应用面临一定的政策阻碍。在技术层面，机器人故障诊断和修复需要专门的技术支持和时间，可能会导致整个工程的暂停。另外，自动化技术在数据连接和信息传输方面可能面临安全问题，如数据泄露或者被恶意攻击。

综上所述，应用自动化和智能化机器人的技术在人工鱼礁建造和维护方面是前沿领域，有助于实现海洋牧场建设的自动化和智能化。随着技术的发展，可以预见这类机器人在未来的海洋牧场建设中会扮演越来越重要的角色。

第二节　海洋养殖设施设计与建造新技术

一、海洋养殖设施的发展方向

（一）抗风浪设计

随着养殖海域向深远海拓展，养殖设施需要承受更大的风浪和潮流作用。针对海洋环境中常见的风浪、潮流等自然因素，需对海水养殖设施进行特殊设计和改造，以提高其抗风浪能力，确保养殖活动的稳定和安全。抗风浪网箱（图 6-12）养殖区别于传统近海网箱、围栏等养殖，适合发展高经济价值的鱼类养殖，为缓解近海养殖压力、拓展深远海养殖空间提供了设施条件（石权等，2024）。养殖设施抗风浪设计的好处体现在多个方面，包括提高稳定性与安全性、提供优良水质、扩大养殖区域与增加种类和增强环境适应性。

图 6-12　新型复式抗风浪网箱设计图（石权等，2024）

1. 提高稳定性与安全性

抗风浪设计能有效提高养殖设施的结构强度和锚泊能力，降低风浪、潮流等自然因素造成的设施损坏或翻沉的风险，有效提高养殖设施的稳定性和安全性。这既保障了养殖生物的生存环境，又可避免设施损坏带来的经济损失。

2. 提供优良水质

优良的水质环境对养殖生物的健康生长至关重要。抗风浪设计通过减少环境波动，远离近海污染，为养殖生物提供了一个适宜的生长环境，有利于其生长。

3. 扩大养殖区域与增加种类

传统的海水养殖设施往往受风浪等自然因素的限制，只能布设在相对平静的海域。而抗风浪设计则能够突破这一限制，使得养殖活动能够扩展到更广阔的海域，甚至包括一些风浪较大的区域。同时，这种设计也使得一些对环境有特定要求的种类的养殖成为可能。

4. 增强环境适应性

随着全球气候变化的影响日益明显，海洋环境的不稳定性也在增加。抗风浪设计使得海水养殖设施能够更好地适应这种变化，减少环境变化带来的养殖风险。

因此，抗风浪设计成为深远海养殖设施设计的重要考虑因素。例如，采用重力式网箱、钢结构桁架类网箱、碟形网箱、锚拉式圆柱网箱、升降式网箱等各种形式的网箱系统，以及优化网箱结构和锚泊系统等措施，提高网箱的抗风浪能力。

（二）大型化

随着全球对海产品的需求不断增长，海水养殖需要不断扩大规模以满足市场需求。大型化的海水养殖设施可以容纳更多的养殖生物，提高养殖密度和产量，从而满足市场需求；还可以采用更先进的养殖技术和管理模式，提高养殖效率，降低养殖成本。

传统的近海养殖大都集中在风浪较小的浅海内湾，受陆源污染和自身污染的影响较大。深远海大型化养殖设施远离岸线，海域开阔、水体交换好，可有效减轻养殖给海域环境带来的影响。大型化的海水养殖设施需要更高的技术和管理水平，可以推动海水养殖产业的升级和转型。通过先进的设施装备、研制技术和管理模式，提高养殖业的科技含量和附加值，推动海水养殖业向高端、智能化方向发展。

截至目前，我国已建成并投入使用的大型桁架类养殖网箱、平台等已超过 50 个。资料显示，我国适合新型大型桁架类网箱养殖的海域面积约为 16 万 km^2，其中南海海域水深为 45～100m 且适合开展深远海养殖的海域面积约为 6 万 km^2（韩立民等，2013）。自 20 世纪 90 年代起，大型深远海养殖网箱和移动式养殖平台成为欧美国家、日本等渔业发达国家的研发重点。目前，世界各国已经拥有了十几种自动化程度很高的大型深远海网箱类型。挪威是世界上海洋产业最完备的国家之一，萨尔玛公司的"Ocean Farm 1"半潜式大型深远海网箱养殖水体达 25 万 m^3，养殖大西洋鲑产量可达 6000t 以上（纪毓昭和王志勇，2020）。我国以黄海冷水团为环境条件，利用"深蓝 1 号"大型网箱养殖鲑鳟鱼已获得初步成效，目前"深蓝 2 号"也已投入使用（图 6-13）。

（三）自动化、智能化和绿色化

随着信息技术和人工智能技术的发展，海水养殖设施的自动化和智能化水平不断提高。自动化技术的应用将极大提升海水养殖设施的运行效率。例如，通过引入自动化投喂系统，可以根据养殖生物的生长阶段和需求，精确控制饲料的投放量，减少浪费并降低养殖成本。自动化水质监测和调控系统能够实时监控水质指标，确保养殖环境稳定，提高养殖生物的存活率和生长速度。自动投饵系统、

图 6-13　"深蓝 2 号"大型智能深海养殖网箱（梁孝鹏，2024）

鱼群监控系统、水体监测系统、活鱼转运系统等技术的应用，实现了养殖过程的自动化控制和智能化管理。智能化技术的应用将推动海水养殖设施向更高层次发展。通过引入物联网技术，可以将养殖设施内的各种设备连接起来，实现数据的实时传输和分析。这不仅可以提高养殖管理的精细化程度，还能够为养殖决策提供更为准确的数据支持。此外，人工智能技术的应用也将为海水养殖设施带来革命性的变化。例如，通过深度学习算法，可以预测养殖生物的生长趋势，提前发现疾病风险，从而采取相应措施进行干预。这将极大提高海水养殖的可持续性和环境友好性。这些技术不仅可以提高养殖效率，还可以减少人工干预，降低养殖成本，提高养殖产品品质。

海水养殖网箱是一种离岸养殖设施，为确保网箱上搭载的自动化和智能化装备能够顺利运行，需要大量持续的能源供给，而采用常规的城市用电作为网箱养殖系统的能源供给难度较高，不仅会显著增加系统的运行成本，同时还会带来极大的隐患。为促进网箱养殖系统的绿色化发展，目前大部分离岸网箱在设计时需配备太阳能发电板（图 6-14）或风电装置以实现能源自给自足（张逸飞，2023）。

图 6-14　养殖网箱上的太阳能发电板

二、生态养殖技术

为了减少人工对养殖生物的外加干预以及养殖过程对海洋环境的污染和破坏，生态养殖技术成为海水养殖的重要发展方向。生态养殖的优势体现在几个方面，包括提高养殖效益、保护环境资源、促进生态平衡、提高产品品质和推动产业转型升级。

（一）提高养殖效益

生态养殖注重养殖生物与环境的和谐共生，通过模拟自然生态环境，为养殖生物提供最佳的生长条件。这不仅能够提高养殖生物的存活率，还能够促进其快速生长，从而提高单位面积的产量。同时，生态养殖还能减少养殖过程中的疾病发生，降低养殖风险，提高整体养殖效益。

（二）保护环境资源

传统的海水养殖方式往往会对海洋生态环境造成一定的破坏，如水质污染、底质恶化等。而生态养殖则注重养殖与环境的协调发展，通过合理利用海洋资源，减少对环境的负面影响。

（三）促进生态平衡

生态养殖强调生物多样性，通过引入不同种类的养殖生物，构建复杂的生物群落，有利于维持海洋生态系统的平衡。这不仅能够提高养殖生态系统的稳定性，还能够增加养殖生物的种类，增强海洋生态系统的整体功能。

（四）提高产品品质

生态养殖注重养殖生物的自然生长，避免了传统养殖中大量使用化学药物和添加剂的问题。因此，生态养殖的产品往往更加天然、健康，符合现代消费者对高品质海产品的需求。

（五）推动产业转型升级

生态养殖作为一种新型的养殖模式，需要引入先进的养殖技术和管理理念。这将推动海水养殖业的转型升级，提高产业的科技含量和附加值，增强产业的竞争力。

2003 年，蒂埃里·肖邦研发出零排放的生态养殖模式——多营养层次综合养殖（IMTA）模式（图 6-15），现在渐渐成为可持续养殖业的潜在代言词，这项技术由近海鲑鳟鱼养殖业推动，演化成一套十分特别的模型，利用不同生物之间的生态关系，实现养殖废弃物的资源化利用。这项技术不仅可以减少养殖对海洋环境的污染，还可以提高养殖效益和可持续性。

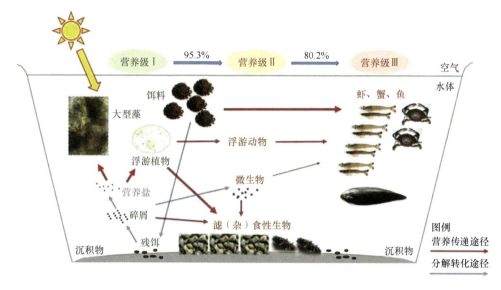

图 6-15 多营养层次综合养殖示意图（Chopin，2009）

从 20 世纪 60 年代开始，我国桑沟湾率先开展浅海海带养殖工作，80 年代开展了虾夷扇贝、栉孔扇贝和牡蛎等贝类的筏式养殖，并建立了贝类和海带的间养技术，扇贝和海带的综合养殖模式能够极大地增加养殖产量（毛玉泽等，2018）。21 世纪初，桑沟湾海水清洁生产进一步发展，开发了鲍-海带混养的综合清洁生产技术，该技术的最大优势是可以使用养殖的海带直接喂养鲍，因此减少了人工投饵造成的环境污染等问题（方建光等，2016）。截至目前，考虑到桑沟湾的养殖承载力、海区生态环境条件、各营养层次养殖物种的需求及互补等因素，已经成功开发了多种综合清洁生产模式，包括海带和扇贝、牡蛎或鲍的混养以及鱼贝藻混养等模式。

三、牧养互动设施研制与应用

（一）人工鱼礁

自 20 世纪 60 年代开始，国内外学者围绕人工鱼礁功能、特性开展了相关的基础研究和应用技术研究，主要从水动力学、生物学和空间几何学等方面展开。日本学者设计了对角型、圆筒型、四角型鱼礁模型，通过水槽模型试验定量研究了礁体模型周边流场的变化及影响范围，得到上升流范围及分布特点。我国学者结合近年来东南沿海投放人工鱼礁的初步尝试试验，提出了礁体设计的原则和应当考虑的重要因素，设计原则包括确保可行性、不同高度的礁体配合投放、良好的镂空性、增大礁体的表面积、良好的透水性等，重要因素包括基底承载力的验算、整体滑移验算、整体倾覆验算、礁体周围局部的冲淤分析。

鱼礁的构造越复杂，其诱集鱼类的种数和生物量越大。此外，鱼类所喜欢的鱼礁构造还会因种类不同和生长阶段不同而变化，不能单一地使用一种礁型或是形状简单的礁体。附着生物既是人工鱼礁最主要的生物环境因子，又是人工鱼礁渔业对象的主要饵料生物，因此在礁体设计的过程中不仅应充分考虑礁体的复杂性，给予附着生物足够的生存空间，还应考虑礁体的形状所引起的水流改变对鱼类及附着生物聚集产生的影响。在浙江三横山海域，人工鱼礁生境中可采捕到大黄鱼和曼氏无针乌贼，而泥地生境中没有发现。

礁体的工程设计和结构优化需要从制礁材料、结构设计、建造成本以及功能等方面综合考虑。目前常用的制礁材料有钢材、木材、煤渣和混凝土等。国内鱼礁构筑材料在海水中容易发生化学反应，如钢铁等金属材料制成的礁体因受到海水腐蚀而解体。韩国在钢制鱼礁的制造中采用了铝合金双极电解方式进行防腐蚀焊接，有效维持了礁体的抗腐蚀性和结构稳定性。综合分析近年来不同材质鱼礁的使用情况，钢制鱼礁的底栖生物附着率比聚氯乙烯（PVC）以及混凝土材质的鱼礁高出 1/3 左右，PVC 材料鱼礁的附着率比混凝土鱼礁高 5%（图 6-16）。

图 6-16　混凝土人工鱼礁（a）和鱼巢式生态型人工鱼礁（b）

人工鱼礁的布放需要考虑礁群的流场效应，国内外有关人工鱼礁流场效应的研究主要涉及流场特点和鱼礁投放后的上升流与背涡流规模、大小及湍流强度。在水流速度高的环境中，结构复杂的礁体可以为鱼类提供更好的庇护场所。研究发现，相比其他形状或结构的人工鱼礁模型，内部结构复杂的三角型鱼礁周围聚集的许氏平鲉幼鱼最多。

（二）养殖筏架

传统的木材和塑料材料在海洋环境中易被损坏，从而产生污染，不利于海洋生态的保护。因此，一些新型环保材料如高密度聚乙烯（HDPE）、不锈钢等开始被广泛应用于海水养殖筏架（图6-17）的制造。这些材料不仅耐腐蚀、耐磨损，还能够减少对海洋环境的污染。

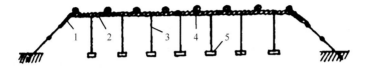

图6-17　海水养殖筏架示意图（王经坤等，2008）
1. 缆索；2. 浮梗；3. 苗绳；4. 浮子；5. 沉石

随着物联网、大数据等技术的发展，海水养殖筏架的智能化管理也成为可能。通过安装传感器和智能监控设备，海水养殖筏架可以实时监测水质、水温、盐度等关键指标，以及养殖生物的生长情况。这些数据可以通过网络传输到云端平台进行分析和处理，为养殖者提供科学的管理建议，提高养殖效率和产量。

现代海水养殖筏架不再仅仅局限于单一的养殖功能，而是集多种功能于一体。例如，一些筏架上除了养殖鱼类、藻类和贝类等海洋经济生物，还安装了太阳能发电板、风力发电机等设备，实现了能源的自给自足；同时，还可以结合旅游业的发展，建设观光平台、休闲垂钓区等，增加筏架的综合利用价值。

（三）养殖网箱

随着深远海养殖的发展，适合深远海养殖的网箱成为渔业发展必不可少的养殖设施。挪威开发了几乎涵盖整个深水网箱养殖领域的装备技术，在"创新发展许可证"政策推动下研制了大型深远海养殖装备"Hex Box 养殖网箱"和"Havfarm 养殖网箱"，而 BYKS AS 公司研发的海洋球型网箱的容量更是达到了4 万 m³。此外，挪威的深水网箱养殖场普遍配置了养殖管理软件，实现了精准和高效管理。挪威的 HDPE 网箱周长可达 160～200m，网深 25～40m，构建出大型的养殖水体，每箱产鱼量可达 1000t 以上。20 世纪末，中国通过对挪威 HDPE 框架重力式网箱的引进与再创新，研发出更能适应中国特定海况的重力式深水网箱。近年来，随着国家对深远海养殖业发展的重视，重力式深水网箱建设规模也得到了迅速扩大，到 2023 年底，全国深水网箱养殖水体达 5660 万 m³，养殖产量达 47.28 万 t，主要分布在水深 15m 以内的半开放和开放海域。

以金属型材构建的桁架类网箱与重力式深水网箱相比，具有更为安全、不易变形的刚性箱体，更适宜构建养殖水体，加以配备操作装备，就能设置在更深、更远的海域。2017 年由中国船厂承建的挪威"Ocean Farm 1"半潜式大型深远海网箱交付运营，带动了桁架类网箱在中国的研发热潮，先后出现了全潜式、半潜式、浮式和坐底式等各种桁架类网箱。

"澎湖号"渔旅融合桁架类网箱（图 6-18）是集成波浪能发电的半潜式桁架钢结构养殖旅游平台，养殖水体可达 1.5 万 m^3，设计产能为 150t/a，主养鱼种包括卵形鲳鲹、石斑鱼等。该平台集成了养殖、绿色能源、管理服务和智能生产 4 个功能区，配置了 20 人居住舱室以及养殖自动投饵、伤残死鱼收集、养殖平台数据采集与监控等装备，能够实现鱼类生长过程中全程智能化监控与风险预警，于 2019 年 8 月投放至离岸 20n mile、水深 17m 的珠海桂山岛海域。在"澎湖号"试验示范的基础上，强化养殖功能，又设计建造了"闽投 1 号""普盛海洋牧场 1 号""普盛海洋牧场 3 号"等。

图 6-18　半潜式波浪能养殖平台"澎湖号"（李靖君和王振鹏拍摄）

（四）养殖工船

养殖工船是建立在船舶平台上的养殖系统，基本功能包括养殖舱室、水质管控、养殖作业、饲料仓储、人员居住、船舶航行等，能根据水质、水温的要求在海上游弋或锚泊，可以主动躲避台风、赤潮等危害性海况的影响，使深远海养殖具有更高的鱼类生长效率和系统安全性。养殖工船建设方案最早在 20 世纪 90 年代由欧洲提出，中国系统性研发始于 2008 年以后，2012 年提出了具有自主知识产权的"船载海洋养殖系统"，2019 年完成了 10 万 t 级大型养殖工船的技术研究与功能研发，构建了基础船型，开启了养殖工船的生产实践。

全球首艘 10 万 t 级深远海大型养殖工船"国信 1 号"（图 6-19a）于 2022 年 5 月在青岛交付运营。"国信 1 号"封闭型大型养殖工船总长 250m、型宽 45m、型深 21.5m，最大排水量为 13 万 t，设置有 15 个养殖水舱，养殖水体达 8 万 m^3，设计大黄鱼养殖产能为每年 3700t。该养殖工船为全封闭舱养结构，抽取下层海水补充溶氧开展可管控的高密度养殖，配置了环境监测、溶氧调控、自动投饵、舱壁清洗、机械化聚捕、船载加工以及船岸一体化智能管控等高效作业装备，采用了先进的船舶电力推进技术和减震工艺，养殖水体的声学指标已达到静音级科考船水平，全船设置 2108 个信息测点，对 15 个养殖舱内水、氧、光、饲、鱼以及船舶航行情况进行实时监测与集中控制。2022 年 9 月首批舱养大黄鱼起鱼上市，市场反响良好。

图 6-19 "国信 1 号"养殖工船（a）和"民德号"养殖工船（b）

"民德号"养殖工船（图 6-19b）是利用 8000t 级散货船改装而成，将两个货舱改为养殖舱，采用舱壁与海贯通方式，将表层海水引入养殖舱，于 2020 年 10 月投入使用，实现了北方鱼苗入舱、游弋到南海开展养殖试验。该养殖工船养殖水体达 6650m³ 试验达到了预期效果，验证了通海型工船可以开展鱼类养殖。与封闭式舱养工船相比，通海型养殖工船属于类似网箱的开放型养殖系统，养殖密度相对较低、养殖病害防控较难。

第三节 牧养互作的空间布局新技术

一、海洋资源利用的多样化布局

海洋牧场空间布局以海草（藻）床、牡蛎礁、珊瑚礁修复和生态礁体建设为基础，突破了典型海域生境营造和优化新技术；以优化生态系统结构与功能为重点，突破了以承载力评估为基础的关键物种扩繁和资源增殖技术；以提升安全保障能力为目标，突破了海洋牧场环境监测、评价和预警预报技术。在内陆通过渔光互补、生态浮床打造淡水生态牧场，从源头控制水质；在滩涂修复红树林、柽柳等耐盐碱植物，构建滩涂生态牧场，实现放浪固堤及消减污染的功能；在近海通过投放人工鱼礁，开展牡蛎礁、珊瑚礁修复，并开展海草床、海藻场修复，营造近海生态牧场，为发展休闲垂钓、潜水观光提供必要条件；在深远海大力发展桁架式网箱、重力式抗风浪网箱、养殖工船等大型养殖装备，拓展牧场发展空间，并与海上风电、波浪能发电等清洁能源相结合，实现融合发展（图 6-20）。

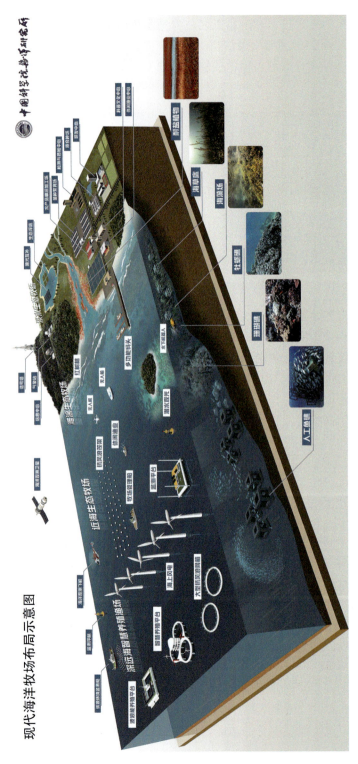

图6-20 现代海洋牧场布局示意图（杨红生等，2017）

网箱养殖区：设立专门的网箱养殖区域进行各种鱼类的养殖，包括经济价值高的深海鱼类、沿岸常见的养殖鱼类以及适合特定水域环境的鱼类品。根据海洋环境条件、水深、底质等因素，选择合适的区域布放养殖网箱，保证其具有适宜的鱼类生长环境。在选择养殖鱼类品种时，应充分考虑市场需求、生长速度、适应性及抗病性等因素，优先选择经济价值高、生长周期短、适应海洋牧场环境的品种。此外，还应注意保持生物多样性，避免单一品种养殖可能带来的生态风险。为确保鱼类在海洋牧场中安全、健康地生长，需构建完善的养殖设施，包括网箱、围栏、浮标等基础设施，以及投饵机、吸鱼泵、水泵、增氧机等设备。设施构建应遵循安全、稳固、环保的原则，确保鱼类在舒适的环境中生长。饵料投喂管理是鱼类养殖的关键环节，根据鱼类的生长阶段和营养需求，制定科学的投喂计划，选择优质、适口的饵料，确保鱼类获得充足的营养。同时，注意投喂量的控制，避免饵料浪费和水质恶化。水质是影响鱼类生长的重要因素。因此，在海洋牧场中，需定期监测水质指标，如温度、盐度、溶解氧含量、氨氮含量等。根据监测结果，及时调整养殖环境，确保水质符合鱼类生长要求。同时，采取有效措施防止污染源的入侵，保持养殖区域的水质清洁。在鱼类养殖过程中，疾病防治工作至关重要，应建立完善的疾病防控体系，包括定期检疫、免疫接种等措施。同时，加强养殖区域的清洁消毒工作，防止病原体的滋生和传播。一旦发现鱼类出现疾病症状，应立即采取隔离治疗措施，防止病情扩散。合理的养殖周期安排有助于提高养殖效益，应根据鱼类的生长速度和市场需求，制定适宜的养殖计划。在养殖过程中，密切关注鱼类的生长情况，根据实际情况对养殖周期进行适当调整。同时，做好养殖记录，总结养殖经验，为以后的养殖工作提供参考。在养殖周期结束后，需要对养殖鱼类进行收获和销售。根据市场需求和鱼类品质，制定合理的销售策略。通过与其他渔业企业合作、拓展销售渠道等方式，实现养殖鱼类的有效销售。同时，关注市场动态，根据市场变化及时调整销售策略，确保养殖效益最大化。综上所述，海洋牧场鱼类养殖区的管理涉及多个方面，需要在实践中不断探索和完善。通过科学的养殖管理，可以有效提高鱼类的产量和品质，促进海洋渔业的可持续发展。

开放养殖区：除了封闭的网箱养殖区域外，还可以利用海洋牧场的一部分开放区域进行贝类、藻类、海参、海胆等水产品增养殖。贝类养殖包括牡蛎、扇贝、蛤蜊等，以满足市场对海鲜贝类的需求。海洋牧场贝类养殖涵盖了多种贝类，如扇贝、牡蛎、蛤蜊等。这些贝类具有丰富的营养价值，肉质鲜美，富含蛋白质和多种微量元素。同时，贝类具有生长迅速、适应性强等特点，适合在适宜的海域环境下进行规模化养殖。选址是贝类养殖成功的关键。一般而言，养殖区应选在海水水质优良、流速适中、潮差明显的海域。这样的环境有利于贝类的生长和繁殖，同时也有助于养殖废弃物的排放和海水自净。此外，养殖区还应避开工业污染和船舶交通频繁的区域，确保养殖贝类的质量安全。贝类养殖主要采用笼养、底播和浮筏等方式。笼养是通过将贝类放在笼子里，悬挂在海中，利用海水的流动为贝类提供充足的氧气和食物。底播则是将贝类直接撒播在海底，利用海底的生态系统进行自然生长。浮筏养殖则是通过搭建浮筏，将贝类养殖在浮筏下方的笼子里。无论采用何种方式，都需要配备相应的养殖设备，如养殖笼、浮标、绳索等。贝类的饲料主要来源于海水中的浮游生物和有机碎屑。为了提高贝类的生长速度和品质，也可以适当投喂人工饲料。在营养管理方面，要根据贝类的生长阶段和海域环境特点，合理调配饲料种类和投喂量，确保贝类获得充足的营养。病虫害防治是贝类养殖的重要环节。为了预防病害的发生，应定期检测养殖水质和贝类的生长状况，及时发现问题并采取措施。对于已经发生的病害，应根据病害类型采取相应的治疗措施，如药物治疗、更换养殖环境等。同时，要加强养殖区的日常管理和维护，减少病害的发生和传播。贝类的收获方式主要取决于养殖方式和贝类的种类，一般而言，笼养和浮筏养殖的贝类可以通过起笼或起筏的方式进行收获，而底播养殖的贝类则需要进行潜水捕捞或利用网具捕捞。收获后的贝类需要进行初步处理，如清洗、分类等，然后进行加工和销售。加工方式主要包括煮熟、烘干、冷冻等，根据市场需求和消费者喜好进行选择。随着人们对健康饮食的追求和海鲜市场的不断扩大，贝类产品的市场需求不断增长。优质的贝类产品具有较高的市场价格和经济效益。通过合理的养殖管理和市场营销策略，海洋牧场贝类养殖区可以获得良好的经济效益和实现可持续发展。贝类养殖区常常成为旅游景点，可以提供观光、科普教育和体验活动，吸引游客前来参观和体验，增加旅游收入。贝类养殖还可为科学研究提供丰富的素材和实验基地，有助于推动海洋生物学、环境科学和养殖技术的研究和发展。除此之外，贝类养殖还可以净化水质、维护生态平衡和维持生物多样性。贝类通过滤食作用去除水中悬浮颗粒和污染物，提高水体质量，并为其他海洋生物提供栖息地。同时，贝类养殖还可以促进当地渔业产业的发展和渔民收入的增加，为地方经济作出贡献。综上所述，海洋牧场贝类养殖区涵盖了多个方面的内容，从贝类种类到养殖技术再到市场营销都需要精心管理和规划，通过不断提高养殖技术和管理水平，可以有效提升贝类养殖的经济效益、社会效益、生态效益以及科研效益，为海洋资源的可持续利用和渔业产业的健康发展作出贡献。

海藻养殖包括海带、裙带菜和紫菜等海藻类的养殖，以满足食用、制药和生物能源等多个领域的需求。在海洋牧场中，海藻养殖区占据了重要位置。在海藻养殖中需要根据地理位置、水质条件等因素选择适宜的海藻种类。常见的海藻包括海带、紫菜、裙带菜等，它们各自具有独特的生长习性和营养价值。海藻作为海洋生物资源，具有生长迅速、吸收营养能力强等特性，对于改善海洋环境、促进生态平衡具有重要作用。海藻的养殖对环境条件有一定要求，一是水体要清澈、无污染，含有适量的营养盐类，以支持海藻的生长；二是水温、光照、潮汐等自然因素也需适宜，以保证海藻的正常生长。在选择养殖区域时，应充分考虑这些因素，并避免养殖活动对周围环境造成负面影响。海藻养殖技术与方法多种多样，包括种子培养、苗种移植、养殖设施构建等。在种子培养阶段，需要选择合适的培养基和光照条件，促进种子的萌发和生长。苗种移植时，应注意移植时间和方法，确保海藻幼苗在养殖区能够顺利生长。同时，养殖设施构建也是关键，需要确保设施稳固、安全，并提供适宜的生长环境。在养殖过程中，需要对海藻的生长情况进行定期监测和管理。通过观察海藻的生长速度、颜色变化等指标，了解海藻的生长状况，及时调整养殖措施。同时，还需要关注养殖区的水质变化，定期进行水质检测和调控，确保海藻生长环境的稳定。海藻作为一种丰富的生物资源，具有广泛的应用价值，不仅可以用作食品、饲料和肥料的原料，还可以提取出多种生物活性物质，用于医药、化妆品等领域。因此，在海洋牧场中，可以根据市场需求和海藻的特性，合理利用海藻资源，实现其经济价值的最大化。除此之外，海藻通过光合作用吸收 CO_2，帮助缓解气候变化，并将碳固定在其生物质中，还能吸收水中的营养物质，如氮和磷，减少富营养化，改善水质等。在海藻养殖过程中，需要高度重视生态保护与可持续发展。一方面，要合理规划养殖区域和规模，避免过度开发对海洋环境造成破坏。另一方面，应推广环保养殖技术和管理措施，减少养殖活动对环境的负面影响。同时，还应加强生态监测和评估，确保养殖活动符合生态环保要求，实现海洋牧场的可持续发展。海藻养殖区作为海洋牧场的重要组成部分，不仅具有显著的经济效益，还具有重要的社会和生态服务价值，通过科学合理的养殖管理和资源利用，可以提高海藻的产量和品质，增加养殖业的收入。同时，海藻产业的发展还可以带动相关产业链的发展，促进就业和区域经济的繁荣。此外，海藻的环保特性和广泛的应用领域也使其在社会发展中发挥着越来越重要的作用。综上所述，海洋牧场中海藻养殖区的管理和发展是一个复杂而重要的过程，需要充分认识海藻的特性和价值，合理规划养殖区域和规模，采用先进的养殖技术和管理方法，实现海藻资源的可持续利用和海洋牧场的健康发展。

海洋生态旅游区：将部分海洋牧场区域开发为海洋生态旅游区，吸引游客参观和体验，同时通过教育宣传，增强公众对海洋环境保护的意识。

海洋科研试验区：在海洋牧场中留出部分区域用于海洋科研和试验，开展海洋生态环境保护、养殖技术改进等方面的研究工作，推动海洋产业的创新发展（Ortiqova，2020）。

在海洋牧场的布局中，结合不同区域的水文地理特点、养殖需求和市场需求，合理划分各类养殖区域，实现海洋资源的多样化利用，最大限度地提高海洋牧场的经济效益和生态效益（Clarke et al.，2004）。

二、环境适应性布局

海洋牧场的布局应考虑到海洋环境的特点，选择海区底质、流速适宜，水质相对较好的海域进行建设（Du and Wang，2021），同时结合增养殖对象生物特点和潮汐、季风等自然条件，合理规划海洋牧场的位置和规模（Du and Gao，2020）。

（一）水质状况评估

在海洋牧场的水质状况评估中，水质参数的监测是基础而关键的一环。主要监测的水质参数包括溶解氧、pH、氨氮、硝酸盐、磷酸盐等，这些指标能够直接反映水体的营养状况及污染程度。通过定期定点采样和在线监测相结合的方式，可以全面掌握水质参数的变化情况。污染物含量分析是评估水质状况的重要组成部分。通过测定水体中重金属、石油类污染物、有机污染物等的含量，可以判断海洋牧场是否受到陆源污染或船舶活动的影响。同时，还需要关注污染物的来源和传输途径，以便制定有效的防控措施。海洋生物的健康状态是水质状况的直观反映，通过观察海洋牧场中鱼类、贝类、海藻等生物的生长状况、行为特征以及病理变化，可以间接推断出水质的优劣（Nakamura and Yamada，2005）。例如，生物体色异常、活力下降或死亡率增加可能意味着水质存在问题。微生物种群状况对于水质评估同样具有重要意义，通过分析水体中细菌、浮游病毒等微生物的种类、数量和活性，可以了解水体的自净能力和生物稳定性。微生物种群的失衡可能导致水质恶化，进而影响海洋牧场的生态环境和养殖效益。水体透明度是评估水质清澈程度的重要指标，通过测量水体的光学性质，可以了解水体中悬浮物、浮游生物和溶解有机物的含量。水体透明度的降低可能意味着水体污染加重或富营养化现象加剧，这将对海洋牧场的生态环境产生负面影响。水温及盐度是影响海洋牧场水质状况的关键因素（Nakamura and Yamada，2005），通过监测水体的温度和盐度变化，可以了解水体的物理性质及其对海洋生物的影响。适宜的水温和盐度是海洋生物生长繁殖的必要条件，而异常的水温和盐度可能导致生物生长受阻或死亡（Du and Wang，2021）。针对海洋牧场的水质状况评估结果，我们需要提出相应的水质改善措施建议。首先，应加强陆源污染的防控，减少污染物进入海洋牧场的可能。其次，可以通过投放生物制剂、增加水体交换等方式改善水质条件。此外，还应加强对海洋牧场生态系统的保护和管理，促进生物多样性的恢复和维持（Lee and Zhang，2018）。综上所述，海洋牧场的水质状况评估是一个综合性的过程，需要综合考虑多个方面的因素。通过科学有效的评估手段和方法，我们可以及时发现问题并采取相应措施加以解决，确保海洋牧场的生态环境和养殖效益得到保障。

（二）海洋生态环境保护要求

保护海洋牧场的水质是首要任务，需要建立严格的水质监测体系，定期检测溶解氧、pH、营养盐、重金属等关键指标，确保水质符合海洋生态环境保护的标准（Qin et al.，2020）。同时，采取措施防止陆源污染、船舶排放等对海洋牧场水质的破坏，确保水质的清洁与安全。

海洋牧场拥有丰富的生物资源，必须采取措施加强其保育，包括：控制捕捞强度，防止过度捕捞；保护珍稀濒危物种，建立自然保护区（Yu and Zhang，2020）；加强生物多样性监测，评估生物资源状况，为科学管理和合理利用提供依据。在此基础上，合理规划和实施养殖活动，选择适宜的养殖品种和方法，避免对生态环境造成负面影响。

在海洋牧场运营过程中，会产生一定量的废弃物。我们必须制定严格的废弃物管理策略，如垃圾分类、减量化和资源化利用等。同时，加强废弃物收集和处理设施的建设，防止废弃物对海洋生态环境造成污染（Qin et al.，2021）。此外，养殖过程中产生的废弃物也需要妥善处理，避免对水质和生态系统的污染。

根据海洋牧场的特点和需求，科学合理地划分海域，并制定相应的管理措施，包括：明确各区域的用途和功能，限制非法占用和破坏行为（Albayrak and Ekiz，2005）；加大海域巡查和执法力度，确保海域的合理利用和保护，尤其是区分养殖区和保护区，确保养殖活动不会干扰自然生态系统。

三、生态保护与可持续发展布局

海洋牧场作为海洋资源开发的重要模式，其生态保护与可持续发展布局是确保海洋资源永续利用的关键（Dörre，2012）。以下从生态现状评估、生态保护策略、养殖区合理规划等方面，探讨海洋牧场生态保护与可持续发展的实践路径（Kirkpatrick et al.，2004）。

在进行海洋牧场建设前，需要对所在海域的生态环境现状进行全面评估，包括水质状况、生物群落结构、生物多样性等方面的调查与分析。通过生态现状评估，可以明确海域的生态特点和存在的问题，为制定针对性的生态保护策略提供科学依据。基于生态现状评估结果，制定并实施生态保护策略是海洋牧场可持续发展的重要保障。生态保护策略包括建立生态红线，严格限制开发活动范围；实施生态补偿机制，对受损生态系统进行修复和补偿；加强生态监管，确保生态保护措施得到有效执行。养殖区的合理规划是实现海洋牧场可持续发展的关键环节（Zhou et al.，2019）。在规划过程中，应充分考虑海域的生态承载能力和养殖容量，避免过度开发。同时，应优化养殖布局，减少养殖活动对周围环境的影响（Yang and Ding，2022）。通过合理设置养殖区域和养殖密度，实现海洋牧场生态与经济的双赢。资源循环利用是提高海洋牧场可持续发展水平的重要途径。在养殖过程中，应充分利用养殖废弃物和副产品，如将废弃饵料、生物排泄物等转化为有机肥料或生物能源，实现资源的最大化利用。同时，应加强海水淡化、海水利用等技术的研发和应用，提高水资源利用效率。污染防控是保障海洋牧场生态环境安全的重要手段，应建立完善的污染防治体系，包括：严格控制养殖用药和饲料添加剂的使用，防止有毒有害物质进入海洋环境；加强养殖废水的处理和排放监管，确保废水达标排放（Villalba et al.，2019）；建立应急响应机制，及时应对突发污染事件。生物多样性保护是海洋牧场生态保护的核心内容，应加强对珍稀濒危物种的保护，建立自然保护区或特别保护区；优化养殖品种和结构，减少对生态系统的破坏；促进生态系统的自然恢复和演替，提高生物多样性水平。建立健全的监测与管理体系是实现海洋牧场生态保护与可持续发展的关键保障（Argenti and Lombardi，2012），应建立长期稳定的生态监测网络，实时监测海洋牧场的生态变化；加强数据分析和预警预测，及时发现和处理生态环境问题；完善管理制度和政策法规，为海洋牧场的生态保护提供有力支撑。

综上所述，海洋牧场的生态保护与可持续发展布局需要综合考虑生态现状、保护策略、养殖区规划、资源利用、污染防控以及生物多样性保护等多个方面。通过科学合理的布局和管理措施的实施，可以促进海洋牧场的健康发展，进而实现生态、经济和社会的协调可持续发展。

四、技术创新与智能化布局

随着科技的不断发展，海洋牧场正迎来技术创新与智能化布局的新时代。通过引入先进的养殖装备、数据监控智能化技术、资源调配优化技术等，在提高海洋牧场生产效率、保护生态环境、实现可持续发展等方面取得了显著成效。

在海洋牧场中，养殖装备升级是实现技术创新的基础，通过引进先进的养殖设施和设备，如自动化投饵系统（图 6-21）、智能水质调控装置等，能够提高养殖效率，减少人力成本，同时降低对环境的干扰（Chen et al.，2019）。这些升级后的养殖装备具备更高的精度和稳定性，为海洋牧场的智能化管理提供了有力支持。数据监控智能化是海洋牧场技术创新的核心，通过安装传感器和监控设备，能够实现对水质、气象、生物状态等关键参数的实时监测和数据分析。智能化的数据监控系统能够及时发现异常情况并预警，帮助管理人员迅速做出反应，确保海洋牧场的稳定运营。同时，这些数据也可以为养殖决策提供科学依据，促进海洋牧场的可持续发展。资源调配优化是海洋牧场智能化布局的关键环节，通过应用大数据和云计算技术，对海洋牧场的各项资源进行统一管理和调配。例如，可以根据养殖需求和水质状况，智能调整饲料投放量和频率；根据市场需求和生物生长周期，合理安排捕捞时间和数量。这种优化方式能够最大限度地提高资源利用效

图 6-21 智能投喂系统（汪昌固，2014）

率，降低生产成本，实现经济效益和生态效益的双赢。环境监测自动化是保障海洋牧场生态环境安全的重要手段，通过自动化监测设备，可实现对海域水质、底质、气象等环境因素的持续监测和评估。自动化的环境监测系统不仅能够提供实时准确的数据支持，还能减轻人工监测的劳动强度，提高工作效率。同时，这些数据可以用于分析海洋牧场生态环境的变化趋势，为制定针对性的保护措施提供依据。生物识别技术是海洋牧场智能化管理的重要工具，通过应用生物识别技术，可以实现对养殖生物种类、数量、健康状况等的快速识别和监测。例如，利用图像识别技术可以实现对养殖鱼类的自动分类和计数，利用基因检测技术可以实现对养殖生物遗传信息的分析和鉴定。这些技术的应用能够提高养殖管理的精准度和效率，为海洋牧场的可持续发展提供有力保障。病害预警与防治是海洋牧场技术创新的重要方向，可通过监测养殖生物的健康状况和病原体的变化情况，及时发现并预警可能发生的病害。同时，利用生物技术手段研究养殖生物的抗病机制，开发新型疫苗和防治药物，提高养殖生物的抗病能力。这些措施能够降低病害对海洋牧场生产的影响，保障养殖生物的健康和生长。技术创新与智能化布局的最终目标是实现海洋牧场的可持续发展。在实践中，需要制定和实施一系列可持续发展策略，包括推广循环养殖模式、提高资源利用效率、加强生态保护与修复等。同时，加强科研与技术创新，推动海洋牧场向更高层次、更广领域发展。通过这些策略的实施，可以推动海洋牧场实现经济效益、社会效益和生态效益同步提升。

综上所述，技术创新与智能化布局在海洋牧场发展中发挥着重要作用。通过养殖装备升级、数据监控智能化、资源调配优化等手段，可以提高生产效率、保护生态环境；通过环境监测自动化、生物识别技术应用和病害预警与防治等措施，可以保障海洋牧场的稳定运营和可持续发展。

五、产业联动与区域发展布局

海洋牧场作为现代海洋经济的重要组成部分，不仅涉及渔业资源的养护与利用，更承载着促进产业联动与区域发展的重大使命。通过深化海洋资源的综合利用、推动产业链整合发展、加强区域合作与共赢、注重生态环境保护以及政策支持与引导，海洋牧场能够实现经济效益、社会效益和生态效益的有机统一。海洋牧场致力于实现海洋资源的综合利用，充分挖掘海洋的多元价值，通过科学规划和合理配置，海洋牧场能够实现对渔业、旅游、能源等多种资源的综合开发，形成多元化的产业体系。这不仅能够提高海洋资源的利用效率，还能够促进海洋经济的持续发展。海洋牧场的发展需要注重产业链的整合发展，通过加强上下游产业的衔接与合作，形成完整的产业链条，实现资源的优化配置和效益的最大化。例如，海洋牧场可以与饲料生产、加工销售、物流运输等相关产业进行深度融合，形成紧密的产业联盟，共同推动海洋牧场的发展。海洋牧场的发展需要加强区域合作与共赢，通过加强与周边地区的产业协作，实现资源共享、优势互补，共同推动区域经济的发展。同时，还可以通过区域合作的方式，引进先进的技术和管理经验，提升海洋牧场的发展水平。在海洋牧场的发展过程中，生态环境保护至关重要，必须坚持生态优先、绿色发展的原则，严格控制污染物排放，加强生态保护与修复。同时，还需要注重生物多样性保护，确保海洋生态系统的健康和稳定。政策支持与引导是推动海洋牧场产业联动与区域发展布局的重要保障，政府需要出台相关政策，鼓励和支持海洋牧场的发展，包括财政补贴、税收优惠、融资支持等方面。同时，还需要加强监管和协调，确保海洋牧场的发展符合规划和要求。

综上所述，海洋牧场产业联动与区域发展布局是一个系统工程，需要综合考虑海洋资源的综合利用、产业链的整合发展、区域合作与共赢、生态环境保护以及政策支持与引导等多个方面，通过科学合理的布局和有效的实施措施，海洋牧场将为海洋经济的发展注入新的动力，推动区域经济的繁荣与可持续发展。

第四节　牧养互作的物种搭配新技术

一、牧养互作中功能性物种引入设计

（一）可用于牧养互作中的功能性物种种类

牧养互作系统中，功能性物种的选择直接影响系统的效率和生态平衡。功能性物种各自承担特定的环境服务功能，如过滤清洁水体、增氧和作为碳汇等（Yang and Ding，2022）。其中，贝类的过滤清洁水体功能较为优越，海洋牧场中常见的贝类主要为牡蛎、扇贝、蛤蜊等，它们可以通过滤食作用清除水中的悬浮颗粒和营养物质，有效提高水体质量。海洋植物和植物性浮游生物具有增氧功能，海洋牧场中常见的植物主要为海草、海带等，它们可以通过光合作用释放氧气，促进水中溶解氧的增加，同时也吸收 CO_2，为海洋牧场提供碳汇功能，并为海洋生物提供重要的栖息地。其他功能性物种包括底栖动物海参等，可以摄食有机残渣和沉积物，通过排泄物转化水体中的有机物，净化海底环境（Scott et al.，2018）。这些物种不仅对于水质的改善至关重要，还可以增加生物多样性，将功能性物种组合起来可以实现资源的最大化利用和生态平衡（图6-22）。通过人工鱼礁等设施提供适宜的生长环境，这些功能性物种能更好地发挥作用，同时也为其他海洋生物如鱼类提供食物和栖息地。在设计海洋牧场时，通常会根据当地的自然条件和生态需求选择合适的物种，以实现最佳的生态效益和经济效益。

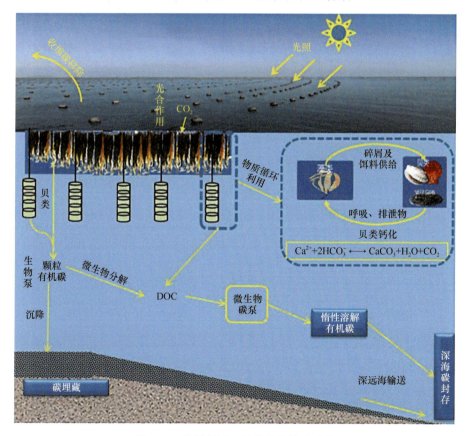

图 6-22　海洋牧场：贝藻综合养殖系统

（二）功能性物种搭配新技术

为了实现系统的最优化，海洋牧场可以将自养生物和异养生物以不同的方式进行组合，这样不仅可以利用物种之间的共生关系来实现资源的循环再利用，还能实现经济效益最大化与环境可持续性。通过合理选择并管理这些物种，能够减少对外部投入的依赖，同时减少对环境的负面影响（Chawicha and Tussie，2023）。例如，将鲑与海藻和牡蛎结合，鲑提供营养物质供海藻和牡蛎生长，产生主要的经济收益，同时产生营养物质如氨和有机物；海带或其他大型藻类可以与滤食性贝类和底栖海参结合，海藻吸收养殖水体中的氮和磷，通过光合作用释放氧气，提高水体的溶解氧水平，而贝类和海参则处理有机废物和改善底质环境；微藻可以与贝类结合，微藻作为贝类的食物来源，同时吸收养殖水体中的营养物质和 CO_2。另外，在海底沉积物中，细菌参与分解有机物质的过程，将其转化成植物和藻类可以利用的形式（Mühling et al.，2013），确保自养生物产生的氧气和有机物质能够供给异养生物消费，而异养生物的代谢产物又能回馈给自养生物，形成闭环循环。

整个系统的设计将不同的功能性物种进行有效搭配，同时还应充分考虑空间利用效率（图 6-23）。例如，鱼类养殖可以在水面或附近水层进行，同时在下方水层部署贝类养殖架进行过滤养殖，而海藻种植可以在鱼类养殖区周围进行，以吸收鱼类排放物中的养分（陈学洲等，2020），海参等底栖生物在水体底部养殖，以利用落在底部的有机废料。应合理规划物种在水域中的空间分布，考虑水流流向，确保不同生物之间的相互作用最大化，并减少能量损耗。根据系统的承载能力和

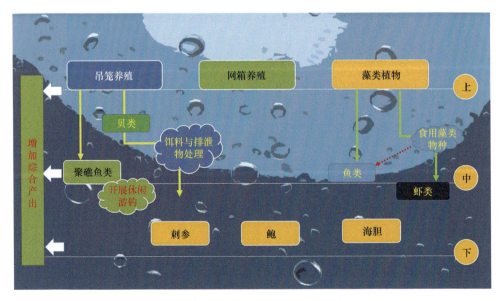

图 6-23　立体生态养殖模式（长岛县小钦岛乡，2015）

生物之间相互作用的需求，调整不同物种间的密度与比例，保证资源能够有效转换，且不会造成某个层级生物过剩或不足引发系统失衡（Liu et al.，2023）。定期监测水质参数、养殖生物健康情况和生产数据，及时调整养殖措施，应对环境变化或生物生长情况的变动。通过上述优化措施，能够通过最大化内部循环利用来减少对外部环境的依赖和影响，实现生态效益和经济效益的双重最大化，同时减轻对周围环境的影响，推动海洋牧场建设可持续发展。

（三）海洋牧场中的关键功能群搭配

海洋牧场中的功能群是指在海洋生态系统中，根据生物物种的生态功能或作用将其归为一类的生物群体。作为海洋牧场渔业生产的核心生物群体，海洋牧场关键功能群是维持海洋牧场生态系统稳定、持续、高产的主要生物群体，其搭配选择对海洋牧场建设至关重要。

海洋牧场的功能群搭配需要综合考虑海洋生态环境特点、生物间的营养关系、市场需求与经济价值、生物的繁育和栖息特性以及功能群间的互作关系。具体而言，每个海域的水温、盐度、水深、流速等环境条件均有所不同，这直接影响生物种群的生存和分布。因此，首先要根据特定海域的生态环境特点选择适应性强的功能群。另外，功能群的搭配需要考虑食物链和食物网中生物间的营养关系，确保生态系统内能量的有效流动和营养物质的循环，也需要考虑目标养殖物种的市场需求和经济价值，选择具有高市场价值、满足市场需求的生物种类作为养殖对象。考虑功能群生物的繁育习性、生长周期、栖息偏好等特性，选择生长速度快、繁殖能力强的物种进行搭配养殖。还需考虑不同功能群间的互作关系，诸如互补、竞争、捕食等，以形成一个稳定而高效的生态系统。

珠江口海洋牧场构造了适用于该地区的关键功能群，包括名贵鱼类、高产鱼类、虾蟹类共 7 种。其中，名贵鱼类有银鲳、云纹石斑鱼，高产鱼类有花鲈、黄姑鱼、鲻，虾蟹类有斑节对虾、锯缘青蟹（图 6-24），实现了珠江口海洋牧场空间的分层多维高效利用（周卫国等，2021）。姜亚洲等（2014）将象山港海域的优势功能群划分为底栖动物食性功能群、底栖动物/游泳动物食性功能群、腐屑食性功能群和游泳动物食性功能群。王泽斌等（2019）将天津近海鱼类群落划分为浮游动物食性功能群、广食性功能群、杂食性功能群、虾/鱼食性功能群、鱼食性功能群和底栖动物食性功能群，并调查发现杂食性功能群、虾/鱼食性功能群和广食性功能群为主要功能群。张波等（2012）将渤海鱼类群落划分为虾/鱼食性功能群、浮游动物食性功能群和杂食性功能群等。任晓明等（2019）将海州湾及邻近海域鱼类群落划分为 5 个营养功能群，即虾食性功能群、底栖动物食性功能群、虾/鱼食性功能群、浮游动物食性功能群和鱼食性功能群，并调查发现春季海州湾鱼类群落以底栖动物食性功能群为主，其中方氏云鳚（*Enedrias fangi*）在各年所占

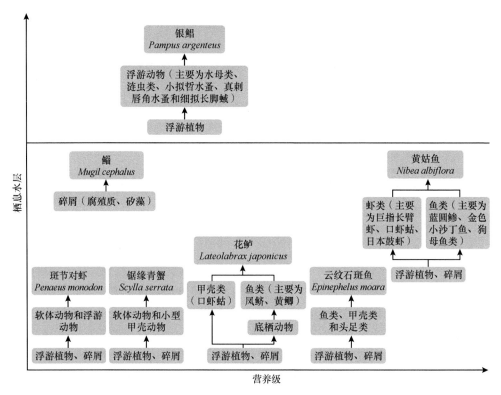

图 6-24 珠江口海洋牧场渔业资源关键功能群构建（周卫国等，2021）

比例均较高，而秋季以虾食性功能群为主，小眼绿鳍鱼（*Chelidonichthys spinosus*）为主要优势鱼种。由于不同海域的海洋生态环境特点不同，适应该海域生态环境特点的关键功能群也存在差异（周卫国等，2021）。据统计，在海湾型海洋牧场中，应用"藻-鲍-参"功能群（20∶1∶2），可以实现刺参苗种成活率提高 40%、产量增加 40% 以上、天然饵料供给能力提高 30 倍，应用"藻-贝-参"功能群（20∶10∶1），可以实现刺参数量提高 8～16 倍、养殖扇贝成活率提高 22%；在岛礁型海洋牧场中，应用"藻-鱼-参"功能群（20∶1∶1），可以实现龙须菜藻体月增重 15 倍以上、单个礁体栖息刺参达 5 头以上、野生经济鱼类达 6 尾以上。

合理的功能群搭配能够模仿自然生态系统，促进生态平衡，增强系统的抗干扰能力。通过科学搭配，可以实现资源的循环利用，提高整个海洋牧场的生产力和经济效益。多功能群的搭配有助于保护和增加生物多样性，为维持生态系统的健康状态提供有力支撑。综上所述，通过合理的功能群区分和搭配，海洋牧场不仅能实现海洋资源高效可持续利用，同时还能促进海洋生态环境的保护与恢复。

二、牧养互作中抗逆性物种引入设计

（一）可用于牧养互作中的抗逆性物种种类

近年来，全球气候变化的影响日益显著，伴随着人类活动的加剧，海洋生态系统面临前所未有的压力。具体而言，全球升温导致的海洋温度上升、低氧问题日益严重，这些环境因素的变化对海洋生物产生了深远的影响。除此之外，海水酸化现象也在不断加剧，污染物的累积进一步导致海洋环境恶化，这些问题不仅威胁海洋生物的生存，还直接导致各种病害频繁发生（刘红红和朱玉贵，2019）。疾病的蔓延往往会导致海洋生物大面积死亡，不仅造成巨大的经济损失，更是对珍贵的海洋资源造成了不可逆的损害。海洋牧场作为一种重要的海洋资源利用方式，其建设和可持续发展在这样的环境下面临极大的挑战。

在海洋牧场的构建和管理过程中，选育和培养具有强大抗逆性的关键物种十分紧迫。这些关键物种包括各种鱼类、虾类、贝类以及海参等。这些物种的抗逆性不仅关乎其个体的生存能力，更直接影响海洋牧场生态系统的稳定性和生产力（李忠义等，2019）。因此，研究和培育能够适应高温、低氧、高盐度及酸化环境的海洋生物品种，不仅能够提高海洋牧场的经济效益，更有助于提升整个海洋生态系统的抗压能力，从而应对日益严峻的全球气候变化挑战。

在海洋牧场建设过程中，选育出具有特殊性状的品种对于提高生产效率及适应环境变化十分关键。引入这些物种时，需考虑生态系统的平衡，避免引发生态问题。同时，选用抗逆性物种还需基于当地海域的具体环境条件和经济目标进行调整，确保海洋牧场经营的可持续性和生态友好性。

（二）抗逆性物种搭配新技术

海洋牧场的牧养互作通常涉及将鱼类、贝类、甲壳类、海藻等不同的生物种类按照特定的组合方式放入养殖体系中。在海洋牧场牧养互作系统中引入可以适应温度波动、氧气含量变化、盐度变化和海洋酸化等不稳定的环境条件，或具有高抗病抗菌性的抗逆性物种，能够为海洋牧场提供一定的稳定性和缓冲能力，减少环境胁迫导致的生物量损失。

抗逆性物种可以保持较高的存活率及繁殖率，进而提高系统对外界干扰的抵御能力，减少环境骤变造成的物种疾病暴发和大规模死亡，从而保持生态系统生物多样性和海洋牧场的生产力及功能稳定（杨红生，2018）。另外，一些抗逆性物种不仅能生存于恶劣环境中，还能快速生长，维持高产量，因此它们能够在一定程度上保证海洋牧场的产量和效益，即使是在环境条件不佳的情况下也同样如此。抗逆性强的物种通常对环境变化和一些病原体有较强的抵抗能力，能够减少疾病在海洋牧场中的传播。这对于维护整个海洋牧场的健康至关重要，因为一旦疾病暴发，不仅会造成巨大的经济损失，还可能破坏整个生态系统。综上，抗逆性物种是构建健康、稳定和高效的海洋牧场生态系统的重要基石。

三、因地制宜的牧养互作物种搭配设计

由于不同海域的海洋环境不同，水温、盐度、流速、水深、底质和营养盐浓度等存在一定差异，生长在其中的优势物种也存在差异（陈丕茂等，2019）。例如，我国北方海洋牧场海参以仿刺参为主，而南方海洋牧场则主要为玉足海参、糙海参等。相较于北方海洋牧场，南方海洋牧场大多选择暖水性鱼类进行养殖。选择适宜养殖水域环境条件的物种进行搭配养殖，有利于物种的生长和健康，以及海洋牧场的可持续建设。因此，在海洋牧场中设计牧养互作物种搭配需要因地制宜。

（一）黄渤海海区牧养互作物种搭配设计

黄渤海海区海洋牧场常见物种包括许氏平鲉（*Sebastes schlegelii*）、红狼牙虾虎鱼、细条天竺鲷、黄鳍刺虾虎鱼（*Acanthogobius flavimanus*）、白姑鱼（*Pennahia argentata*）、鲬（*Platycephalus indicus*）以及半滑舌鳎（*Cynoglossus semilaevis*）等（何倩等，2023）。辽宁獐子岛海域盛产仿刺参、鲍、扇贝、海胆、海螺、大泷六线鱼（*Hexagrammos otakii*）和许氏平鲉等，以底播养殖虾夷扇贝为主（王颖和周露，2014；陈勇等，2014）。辽宁长山群岛渔业资源包括许氏平鲉（*Sebastes schlegelii*）、大泷六线鱼（*Hexagrammos otakii*）、真鲷（*Pagrus major*）、黑鲷（*Acanthopagrus schlegelii*）等经济物种，主要养殖物种为贝类，主要物种包括虾夷扇贝（*Patinopecten yessoensis*）、栉孔扇贝（*Chlamys farreri*）、海湾扇贝（*Argopecten irradians*）、长牡蛎（*Crassostrea gigas*）以及仿刺参、海胆（高祥刚等，2020）。山东主要增殖种类有许氏平鲉（*Sebastes schlegelii*）、褐牙鲆（*Paralichthys olivaceus*）、大泷六线鱼（*Hexagrammos otakii*）、三疣梭子蟹（*Portunus trituberculatus*）、日本蟳（*Charybdis japonica*）、菲律宾蛤仔（*Ruditapes philippinarum*）、马粪海胆（*Hemicentrotus pulcherrimus*）等种类（张秀梅等，2020）。渤海湾天津近海人工鱼礁附着生物以长牡蛎（*Crassostrea gigas*）和密鳞牡蛎（*Ostrea denselamellosa*）为主要优势种（孙万胜等，2015），鱼类以黑鲈为主，贝类以海螺、花蛤、紫贻贝为主（李慕菡等，2021）。河北北戴河新区国家级海洋牧场示范区利用海湾扇贝（*Argopecten irradians*）、仿刺参（*Apostichopus japonicus*）和魁蚶（*Scapharca broughtonii*）进行间作立体混养试验（刘婧美等，2024）。河北祥云湾海洋牧场优势种包括焦氏舌鳎（*Cynoglossus joyneri*）、许氏平鲉（*Sebastes schlegelii*）、大泷六线鱼（*Hexagrammos otakii*）、矛尾虾虎鱼（*Chaeturichthys stigmatias*）、髭缟虾

虎鱼（*Tridentiger barbatus*）、皮氏叫姑鱼（*Johnius belangerii*）、半滑舌鳎（*Cynoglossus semilaevis*）、青鳞小沙丁鱼（*Sardinella zunasi*）、白姑鱼（*Pennahia argentata*）、赤鼻棱鳀（*Thryssa kammalensis*）、日本蟳（*Charybdis japonica*）、葛氏长臂虾（*Palaemon gravieri*）、日本对虾（*Penaeus japonicus*）、口虾蛄（*Oratosquilla oratoria*）、短蛸（*Octopus ocellatus*）、长蛸（*Octopus variabilis*）等（崔晨等，2021）。渤海辽东湾斑节对虾（*Penaeus monodon*）是重要的经济物种，一般单独养殖或与海蜇（*Rhopilema esculentum*）混养，或与海蜇和菲律宾蛤仔（*Ruditapes philippinarum*）共同混养（周磊等，2023）。山东主要的海藻类海水养殖物种为龙须菜（*Gracilaria lemaneiformis*），辽宁则为裙带菜（*Undaria pinnatifida*）（李晓东等，2021）。

根据以上资源调查情况，在黄渤海海区，建议牧养互作方案制定可以结合鱼类、甲壳类和贝类的生态习性进行搭配。考虑到许氏平鲉、大泷六线鱼和鲬等鱼类的食性及栖息习性，可与食性较为广泛的海参和海胆进行立体养殖。特定区域的贝类，如虾夷扇贝和栉孔扇贝，可以与底层生物如海参共养，以实现底部有机质的循环利用，降低水质对贝类的不利影响。部分海域已有底播养殖虾夷扇贝的成功经验，因此可以考虑扇贝与对虾和海蜇的混养。扇贝主要滤食浮游植物和微小颗粒物质，而对虾和海蜇捕食浮游动物（郭凯等，2016），这种食性差异化可减少不同物种间的直接食物竞争，实现生态资源的层次化利用。同时，海蜇与对虾的市场需求可为养殖户带来较好的经济效益。

（二）东海海区牧养互作物种搭配设计

东海海区重要经济物种包括日本带鱼（*Trichiurus japonicus*）、小黄鱼（*Larimichthys polyactis*）、鲐（*Scomber japonicus*）等，相对丰度较高的物种包括赤鼻棱鳀（*Thryssa kammalensis*）、蓝点马鲛（*Scomberomorus niphonius*）、鲐（*Scomber japonicus*）、小黄鱼（*Larimichthys polyactis*）、鲻（*Mugil cephalus*）、日本鳀（*Engraulis japonicus*）、远东拟沙丁鱼（*Sardinops melanostictus*）、海鳗（*Muraenesox cinereus*）、七星底灯鱼（*Benthosema pterotum*）和龙头鱼（*Harpadon nehereus*）（李晓玲等，2022）。舟山群岛东部的中街山列岛海域优势种包括褐菖鲉（*Sebastiscus marmoratus*）、黄姑鱼（*Nibea albiflora*）、星康吉鳗（*Conger myriaster*）、海鳗（*Muraenesox cinereus*）、鮸（*Miichthys miiuy*）、小黄鱼（*Larimichthys polyactis*）、黑棘鲷（*Acanthopagrus schlegelii*）、花鲈（*Lateolabrax japonicus*）、赤鼻棱鳀（*Thryssa kammalensis*）和鲻（*Mugil cephalus*）等（汪洋和吴常文，2015）。南麂列岛海域海洋牧场主要包括大黄鱼、褐菖鲉、花鲈、黑鲪、黑鲷、黄鳍鲷、牡蛎、曼氏无针乌贼等（萧云朴等，2024）。浙江嵊泗枸杞岛海洋牧场设有贻贝养殖区（刘彬宇等，2024）。马鞍列岛保护区中龙头鱼（*Harpadon nehereus*）、棘头梅童鱼（*Collichthys* lucidus)、凤鲚（*Coilia mystus*）、黑鳃梅童鱼（*Collichthys niveatus*）是主要的优势物种（郭禹等，2020）。象山港海洋牧场中有海带（*Laminaria japonica*）、坛紫菜（*Porphyra haitanensis*）和龙须菜（*Gracilaria lemaneiformis*）等大型海藻，并在海域内放流大黄鱼（*Larimichthys crocea*）、黄姑鱼（*Nibea albiflora*）、黑鲷（*Sparus macrocephalus*）、褐菖鲉（*Sebastiscus marmoratus*）等鱼类，以及日本囊对虾（*Marsupenaeus japonicus*）、中国明对虾（*Fenneropenaeus chinensis*）等虾类（王云龙等，2019），底播毛蚶（*Scapharca subcrenata*）、栉江珧（*Atrina pectinata*）等贝类，另设有熊本牡蛎（*Crassostrea sikamea*）浮筏式养殖区（高倩等，2021）。

针对东海海区的海洋生态资源，牧养互作物种搭配选择可以考虑食物链层级、物种间相互作用以及生态环境保护效益，设计综合性、多层次、多物种混养模式（梁君等，2015）。例如，上层区域以中上层鱼类如带鱼、鲐、远东拟沙丁鱼、蓝点马鲛等为主要鱼类；中层区域以黑棘鲷、黑鲷、小黄鱼、鲈等鱼类为主，设置贻贝、毛蚶、栉江珧等贝类养殖区，贝类的滤食行为有助于水质的净化，为鱼类提供更好的生长环境；底层区域以海鳗、龙头鱼、棘头梅童鱼等底栖性较强的鱼类与曼氏无针乌贼等头足类混养，可提高底层资源的利用率。另外，加入大型海藻如海带、坛紫菜和龙须菜的养殖，既能促进水体中氧气的供应，又能为某些底层贝类和小型鱼类提供避难所（图6-25）。通过这种多物种、多层次的牧养互作搭配方案，不仅能确保养殖物种在不同的水平和垂直生态位上进行资源利用，减少物种间的直接竞争，有效利用东海海区丰富的海洋资源，提升生产力，提高海洋牧场的生产效率和经济效益，还能促进海洋资源的可持续利用和生态环境的保护（蒋增杰等，2012）。

图6-25　大型海藻生态功能（章守宇等，2019）

（三）南海海区牧养互作物种搭配设计

南海渔业资源丰富，主要经济物种包括带鱼（*Trichiurus lepturus*）、二长棘鲷（*Parargyrops edita*）、金线鱼（*Nemipterus virgatus*）、蓝圆鲹（*Decapterus maruadsi*）、鸢乌贼（*Sthenoteuthis oualaniensis*）、中国枪乌贼（*Uroteuthis chinensis*）、羽鳃鲐（*Rastrelliger kanagurta*）、竹荚鱼（*Trachurus japonicus*）、海鳗（*Muraenesox cinereus*）等（田思泉等，2024）。分布于南海岛礁海域的资源量较大的海参种类包括梅花参、玉足海参、图纹白尼参、蛇目白尼参、黑海参等，其中经济价值较高的海参包括黑乳参、糙海参、梅花参、花刺参、图纹白尼参、乌皱辐肛参和白底辐肛参等（许强等，2018），重要的资源种类还包括砗磲等各种贝类以及甲壳类等。广西防城港市白龙珍珠湾海域海洋牧场的优势岩礁性鱼类包括二长棘鲷（*Parargyrops edita*）、多齿蛇鲻（*Saurida tumbil*）和花斑蛇鲻（*Saurida undosquamis*）（曾雷等，2019）。带鱼（*Trichiurus haumela*）是北部湾海域的主要优势种和经济鱼类之一（张曼，2023），其他主要经济鱼种有竹荚鱼、蓝圆鲹、二长棘鲷、大头银姑鱼（*Pennahia macrocephalus*）等，虾类有墨吉对虾（*Penaeus merguiensis*）、长毛明对虾（*Fenneropenaeus penicillatus*）等，还有头足类、海蜇、海参等资源（黄国强等，2020）。白姑鱼（*Pennahia argentata*）是 2000 年以后历次珠江口海域渔业资源调查的优势种（初建松等，2024），珠江口的海洋牧场也盛产蓝圆鲹（*Decapterus maruadsi*）、带鱼（*Trichiurus lepturus*）、大黄鱼（*Larimichthys crocea*）、真鲷（*Pagrosomus major*）、青鳞小沙丁鱼（*Sardinella zunasi*）等鱼类，藻类有马尾藻属（*Sargassum*）、紫菜属（*Porphyra*）和鹅肠菜属（*Stellaria aquatica*）等，还有丰富的贝类资源（徐鹏等，2021）。广东阳江海域鱼类的优势种包括黄斑鲾（*Leiognathus bindus*）、棕斑兔头鲀（*Lagocephalus spadiceus*）、乳香鱼（*Lactarius lactarius*）等，甲壳类优势种为三疣梭子蟹（*Portunus trituberculatus*）（莫爵亭等，2020）。海南蜈支洲岛海洋牧场的优势种为银姑鱼（*Pennahia argentata*），蜈支洲岛所在海域还分布有海鳗（*Muraenesox cinereus*）、南海带鱼（*Trichiurus nanhaiensis*）、曼氏无针乌贼（*Sepiella maindroni*）、短尾大眼鲷（*Priacanthus macracanthus*）（乔家乐等，2024）、宽条鹦天竺鲷（*Apogon fasciatus*）大头狗母鱼（*Trachinocephalus myops*）、少鳞螣（*Uranoscopus oligolepis*）、印度侧带小公鱼（*Stolephorus indicus*）、短鳄齿鱼（*Champsodon snyderi*）和鹿斑仰口鲾（*Secutor ruconius*）等（罗惠桂等，2023）。东沙群岛海域广泛分布有黄鳍金枪鱼（*Thunnus albacares*）、鲣（*Katsuwonus pelamis*）、扁舵鲣（*Auxis thazard*）、颌圆鲹（*Decapterus macarellus*）等高经济价值鱼种；中沙群岛和西沙群岛海域分布有梅鲷科（*Caesionidae*）等优质鱼类；南沙群岛海域分布有日本乌鲂（*Brama japonica*）、黑缘尾九棘鲈（*Cephalopholis spiloparaea*）、隆背笛鲷（*Lutjanus gibbus*）、

金带齿颌鲷（*Gnathodentex aureolineatus*）、横带唇鱼（*Cheilinus fasciatus*）、蜂巢石斑鱼（*Epinephelus merra*）、粗唇副绯鲤（*Parupeneus crassilabris*）、四线笛鲷（*Lutjanus kasmira*）和黑边角鳞鲀（*Melichthys vidua*）等优势鱼种（李永振等，2004）。

在设计南海渔业资源的海洋牧场混养物种搭配组合时，需要考虑不同物种的食性、生活习性、相互之间的生态关系以及各自的经济价值，从而确保养殖系统的生态平衡和经济效益。头足类通常属于食物链的中上层，可以有效控制虾类和小鱼等浮游动物的数量，减少这些小型生物与中上层鱼类的食物竞争。底层活动的鱼类如海鳗可以与带鱼等中上层游动的经济鱼类混养，减少竞争并利用不同水层的资源。甲壳类与鱼类混养，如墨吉对虾和长毛对虾与黄斑鲾和乳香鱼混养，不同食性的物种搭配可以有效利用食物资源并提高生态系统的稳定性。在具体实施时，需详细考察海洋牧场区域的生态环境，了解水温、流速、盐度等关键参数，并根据这些环境条件和市场需求制定合理的养殖方案。此外，还需要结合监测数据、科学研究与当地养殖经验，不断调整和优化牧养互作策略。

四、结语

随着养殖技术的飞跃发展，海洋牧场挺进深海，逐步进入工程化、智能化的新时代。这一转型不仅稳固了养殖设施，更实现了效率与产量的双重飞跃，精细化管理成为常态。前沿技术如传感器、VR、AR、3D 打印及智能机器人等，在人工鱼礁设计中掀起革命，提升了建造效率、精度并优化了功能，为海洋牧场建设铺设了创新之路。我国积极倡导生态养殖，提高了养殖收益，促进了海洋环境的保护与修复，引领海水养殖向可持续发展迈进。技术的应用提升了海水养殖的效率和品质，更为现代海洋牧场构筑了坚实基础，实现了资源利用与环境保护的双赢。海洋资源的多元化利用与牧养互作空间布局新技术的融合，推动了海洋产业群的繁荣发展。通过整合海洋牧场、海藻种植、贝类及传统海水养殖，构建了综合产业体系，极大提升了资源利用效率。科学的养殖规划、优化的设施、精准的投喂、严格的水质监测与疾病防控，确保了养殖生物的健康与经济效益的最大化。在牧养互作中，引入抗逆与功能性物种的策略，提高了经济效益，巩固了海洋生态系统的稳定性与韧性，为海洋牧场的长期可持续发展筑起了坚固防线。坚持因地制宜，根据水域特性合理搭配物种，促进生态和谐与生物健康生长。展望未来，必将持续深化牧养互作空间布局技术的研究，优化海洋牧场的建设与管理模式，不断贡献智慧与力量，推动海洋渔业迈向更加辉煌的未来。

第五节　本章小结

作为现代海洋牧场发展进展中最重要的模式之一，牧养互作模式必须在人工鱼礁设计与建造、养殖设施设计与建造、牧养空间布局优化以及物种搭配策略等多个关键领域有所突破与创新。本章包括 4 个部分，第一部分为人工鱼礁设计与建造新技术，主要介绍联合传感器、VR 和 AR 等人工鱼礁设计新技术，以及 3D 打印、自动化和智能化机器人等人工鱼礁建造新技术。第二部分阐述了海洋养殖设施设计与建造新技术，海洋养殖设施正朝着大型化、自动化、智能化和绿色化方向发展，以应对深远海环境的挑战。新型设施具备更强的抗风浪能力，扩大了养殖区域和增加了养殖品种。随着市场需求的增长，大型化设施提高了养殖密度与产量，同时减少了环境污染。智能管理系统和自动化技术提升了养殖效率，绿色能源的应用则推动了产业的绿色转型。生态养殖技术通过提高生物多样性和资源化利用废弃物，实现了环境保护与效益提升。先进设施如人工鱼礁和智能网箱的应用，为海洋养殖提供了更安全高效的养殖方案，推动了行业的现代化与可持续发展。第三部分主要探讨了海洋牧场的发展布局和技术创新，以实现资源高效利用与生态保护的平衡。首先，通过合理的空间布局，将鱼类、贝类、海藻等分区养殖，提高生产效率和环境适应性。其次，强调水质监测和污染防控，以保障水域的生态安全。再者，通过智能化设备和数据监控，提升养殖管理效率。同时，利用生物识别、病害预警等技术保障生物健康。海洋牧场的可持续发展需依赖产业链整合、合作和政策支持，推动经济、社会、生态的协调发展。第四部分探讨了海洋牧场的多物种互作与生态平衡布局，提出了通过引入抗逆性和功能性物种来应对全球气候变化及生态压力，详细描述了不同物种的养殖方式及生态功能，如贝类的水体净化功能、海藻的增氧功能、鱼类和甲壳类的多层次混养等。这些生态设计通过合理搭配生物群体，增强海洋牧场抗环境压力的能力，并最大化利用养殖资源。通过智能化监测与动态管理，实现了生态效益和经济效益的平衡，促进了海洋牧场的可持续发展。

参 考 文 献

长岛县小钦岛乡. 2015. 长岛县小钦岛乡生态渔业发展规划(2016—2020). https://www.changdao. gov.cn/art/2015/12/21/art_30552_2107356.html. [2015-12-21].

陈坤, 张秀梅, 刘锡胤, 等. 2020. 中国海洋牧场发展史概述及发展方向初探. 渔业信息与战略, 35(1): 12-21.

陈丕茂, 舒黎明, 袁华荣, 等. 2019. 国内外海洋牧场发展历程与定义分类概述. 水产学报, 43(9): 1851-1869.

陈学洲, 李健, 高浩渊, 等. 2020. 多营养层次综合养殖技术模式. 中国水产, (10): 76-78.

陈勇, 杨军, 田涛, 等. 2014. 獐子岛海洋牧场人工鱼礁区鱼类资源养护效果的初步研究. 大连海洋大学学报, 29(2): 183-187.

初建松, 郑卫东, 孙利元, 等. 2024. 基于生物资源的万山海洋牧场生境适宜性评估. 海洋科学, 48(1): 75-84.

崔晨, 张云岭, 张秀文, 等. 2021. 唐山祥云湾海洋牧场渔业资源增殖效果评估. 河北渔业, (1): 25-31.

方建光, 李钟杰, 蒋增杰, 等. 2016. 水产生态养殖与新养殖模式发展战略研究. 中国工程科学, 18(3): 22-28.

高倩, 凌建忠, 唐保军, 等. 2021. 海洋牧场营造设施对浮游动物群落的影响: 以象山港为例. 中国水产科学, 28(4): 1-9.

高祥刚, 于佐安, 夏莹, 等. 2020. 长海县渔业现状、问题及可持续发展对策. 渔业信息与战略, 35(4): 257-261.

郭凯, 赵文, 董双林, 等. 2016. "海蜇-缢蛏-牙鲆-对虾"混养池塘悬浮颗粒物结构及其有机碳库储量. 生态学报, 36(7): 1872-1880.

郭禹, 章守宇, 程晓鹏, 等. 2020. 马鞍列岛海域渔业资源声学评估. 水产学报, 44(10): 1695-1706.

韩立民, 王金环. 2013. "蓝色粮仓"空间拓展策略选择及其保障措施. 中国渔业经济, 31(02), 53-58.

何倩, 刘淑德, 唐衍力, 等. 2023. 山东琵琶岛海域人工鱼礁区鱼类群落物种及功能多样性. 中国水产科学, 30(12): 1479-1495.

黄国强, 陈瑞芳, 黄凌光, 等. 2020. 北部湾渔业资源修复措施的探讨. 广西科学院学报, 36(2): 151-157.

纪毓昭, 王志勇. 2020. 我国深远海养殖装备发展现状及趋势分析. 船舶工程, 42(S2): 1-4, 82.

姜亚洲, 林楠, 袁兴伟, 等. 2014. 象山港游泳动物群落功能群组成与功能群多样性. 海洋与湖沼, 45(1): 108-114.

蒋增杰, 方建光, 毛玉泽, 等. 2012. 海水鱼类网箱养殖的环境效应及多营养层次的综合养殖. 环境科学与管理, 37(1): 120-124.

李慕菌, 徐宏, 郭永军. 2021. 天津大神堂海洋牧场综合效益研究. 中国渔业经济, 39(1): 68-73.

李晓东, 曾宥维, 冷晓飞, 等. 2021. 辽宁大连裙带菜虫害生物调查及其系统发育分析. 渔业科学进展, 42(4): 145-157.

李晓玲, 刘洋, 王丛丛, 等. 2022. 基于环境 DNA 技术的夏季东海鱼类物种多样性研究. 海洋学报, 44(4): 74-84.

李永振, 陈国宝, 袁蔚文. 2004. 南沙群岛海域岛礁鱼类资源的开发现状和开发潜力. 热带海洋学报, 23(1): 69-75.

李忠义, 林群, 李娇, 等. 2019. 中国海洋牧场研究现状与发展. 水产学报, 43(9): 1870-1880.

梁君, 王伟定, 虞宝存, 等. 2015. 东极海洋牧场厚壳贻贝筏式养殖区可移出碳汇能力评估. 浙江海洋学院学报(自然科学版), 34(1): 9-14.

林承刚, 杨红生, 陈鹰, 等. 2021. 现代化海洋牧场建设与发展——第 230 期双清论坛学术综述. 中国科学基金, 35(1): 143-152.

刘彬宇, 孟家羽, 王胜强, 等. 2024. 贻贝养殖区悬浮颗粒物浓度的卫星遥感反演研究. 海洋环境科学, 43(1): 152-160.

刘红红, 朱玉贵. 2019. 气候变化对海洋渔业的影响与对策研究. 现代农业科技, (10): 244-247.

刘婧美, 徐晨曦, 肖国娟, 等. 2024. 海湾扇贝、刺参、魁蚶间作立体混养模式试验. 河北渔业, (1): 9-11, 20.

罗惠桂, 汪佳仪, 谢珍玉, 等. 2023. 三亚蜈支洲岛毗邻海域鱼类物种多样性及群落结构特征. 海洋科学, 47(7): 74-86.

马华东, 陶丹. 2006. 多媒体传感器网络及其研究进展. 软件学报, 17(9): 2013-2028.

毛玉泽, 李加琦, 薛素燕, 等. 2018. 海带养殖在桑沟湾多营养层次综合养殖系统中的生态功能. 生态学报, 38(9): 3230-3237.

莫爵亭, 宋国炜, 宋烺. 2020. 广东阳江 "海上风电+海洋牧场" 生态发展可行性初探. 南方能源建设, 7(2): 122-126.

乔家乐, 栗小东, 李建龙, 等. 2024. 基于质量谱模型评估捕捞对蜈支洲岛海洋牧场鱼类群落的影响. 海洋学报, 46(1): 64-76.

任何东, 杨景宇, 李超林, 等. 2018. 3D 打印技术及应用趋势. 成都工业学院学报, 21(2): 30-36.

任晓明, 徐宾铎, 张崇良, 等. 2019. 海州湾及邻近海域鱼类群落的营养功能群及其动态变化. 中国水产科学, 26(1): 141-150.

沈璐, 张年华, 田涛, 等. 2022. 3D 打印混凝土人工鱼礁的生物附着效果. 大连海洋大学学报, 37(4): 584-591.

石权, 龚雅萍, 孙峰, 等. 2024. 新型复式抗风浪养殖网箱的设计及其在海洋环境下的受力计算. 南方水产科学, 20(1): 54-61.

孙万胜, 刘克奉, 李彤, 等. 2015. 渤海湾天津近海人工鱼礁实施效果初步研究. 河北渔业, (6): 5-9.

田思泉, 柳晓雪, 花传祥, 等. 2024. 南海渔业资源状况及其管理挑战. 上海海洋大学学报, 33(3): 786-798.

汪昌固. 2014. 网箱智能投喂系统开发及关键技术研究. 太原: 太原科技大学.

汪洋, 吴常文. 2015. 中街山列岛岩礁海域鱼类群落多样性研究. 海洋与湖沼, 46(4): 776-785.

王经坤, 刘镇昌, 杨红生. 2008. 筏式养殖筏架虚拟设计及仿真研究. 渔业现代化, (1): 32-35.

王颖, 周露. 2014. 我国虾夷扇贝底播增殖产量影响因素研究: 以獐子岛为例. 中国渔业经济, 32(1): 104-109.

王云龙, 李圣法, 姜亚洲, 等. 2019. 象山港海洋牧场建设与生物资源的增殖养护技术. 水产学报, 43(9): 1972-1980.

王泽斌, 张树林, 张达娟, 等. 2019. 天津近海鱼类群落结构及功能群组成初步研究. 海洋科学, 43(9): 78-87.

萧云朴, 徐丽丽, 陈献稿, 等. 2024. 南麂列岛海洋牧场建设管理现状、问题及对策. 浙江农业科学, 65(3): 693-699.

徐鹏, 谢木娇, 周卫国, 等. 2021. 近 30 年珠江口海域游泳动物经济物种群落结构变化特征. 应用海洋学学报, 40(2): 239-250.

许强, 刘维, 高菲, 等. 2018. 发展中国南海热带岛礁海洋牧场: 机遇、现状与展望. 渔业科学进展, 39(5): 173-180.

杨红生, 等. 2017. 海洋牧场构建原理与实践. 北京: 科学出版社.

杨红生. 2018. 现代水产种业硅谷建设的几点思考. 海洋科学, 42(10): 1-7.

张波, 李忠义, 金显仕. 2012. 渤海鱼类群落功能群及其主要种类. 水产学报, 36(1): 64-72.

张继红, 刘纪化, 张永雨, 等. 2021. 海水养殖践行"海洋负排放"的途径. 中国科学院院刊, 36(3): 252-258.

张曼. 2022. 北部湾带鱼资源状况研究. 上海: 上海海洋大学.

张年华. 2022. 3D 打印人工鱼礁混凝土可行性研究. 大连: 大连海洋大学.

张清芳, 沈璐, 田涛, 等. 2022. 水泥基材料 3D 打印人工鱼礁建造技术研究. 混凝土与水泥制品, (8): 1-5.

张逸飞. 2023. 海上网箱养殖风光互补供电系统设计及稳性研究. 大连: 大连海洋大学.

章守宇, 刘书荣, 周曦杰, 等. 2019. 大型海藻生境的生态功能及其在海洋牧场应用中的探讨. 水产学报, 43(9): 2004-2014.

曾雷, 唐振朝, 贾晓平, 等. 2019. 人工鱼礁对防城港海域小型岩礁性鱼类诱集效果研究. 中国水产科学, 26(4): 783-795.

周磊, 赵泽龙, 关晓燕, 等. 2023. 斑节对虾混养池塘微生物群落生态功能初探. 水产科学, 42(6): 921-932.

周卫国, 丁德文, 索安宁, 等. 2021. 珠江口海洋牧场渔业资源关键功能群的遴选方法. 水产学报, 45(3): 433-443.

Albayrak S, Ekiz H. 2005. An investigation on the establishment of artificial pasture under Ankara's ecological conditions. Turkish Journal of Agriculture and Forestry, 29(1): 69-74.

Argenti G, Lombardi G. 2012. The pasture-type approach for mountain pasture description and management. Italian Journal of Agronomy, 7(4): e39.

Avila J L O, Avila M G O, Perdomo M E. 2021. Design of an underwater robot for coral reef monitoring in Honduras. 2021 6th International Conference on Control and Robotics Engineering(ICCRE): 86-90.

Baine M. 2001. Artificial reefs: a review of their design, application, management and performance. Ocean & Coastal Management, 44(3/4): 241-259.

Berman O, Weizman M, Oren A, et al. 2023. Design and application of a novel 3D printing method for bio-inspired artificial reefs. Ecological Engineering, 188: 106892.

Chawicha T G, Tussie G D. 2023. Rangeland biodiversity: status, challenges and opportunities review. Journal of Rangeland Science, 13(3): 1-9.

Chen L, Gao Y, Wang P. 2022. A novel sea cucumber search and capture robot using bionic design theory. 2021 International Conference on Big Data Analytics for Cyber-Physical System in Smart City, 1: 975-982.

Chen Y Q, Wang Q, Chen H, et al. 2019. An overview of augmented reality technology. Journal of Physics: Conference Series, 1237(2): 022082.

Chennu A, Färber P, De'ath G, et al. 2017. A diver-operated hyperspectral imaging and topographic surveying system for automated mapping of benthic habitats. Scientific Reports, 7(1): 7122.

Chopin T, Buschmann A H, Halling, et al. 2001. Integrating seaweeds into marine aquaculture systems: A key toward sustainability. Journal of Phycology, 37(6): 975-986.

Cristobal F R, Dodge M, Noll B, et al. 2020. Exploration of coral reefs in Hawai'i through virtual reality: Hawaiian Coral Reef Museum VR. Practice and Experience in Advanced Research Computing 2020: Catch the Wave: 545-546.

de Oliveira L M C, de Oliveira P A, Lim A, et al. 2022. Developing mobile applications with augmented reality and 3D photogrammetry for visualization of cold-water coral reefs and deep-water habitats. Geosciences, 12(10): 356.

Dobson T, Lenchine V, Bainbridge S. 2024. A review on the interactions between engineering and marine life: key information for engineering professionals. Journal of Ocean Engineering and Marine Energy, 10(2): 449-459.

Du Y W, Gao K. 2020. Ecological security evaluation of marine ranching with AHP-entropy-based TOPSIS: A case study of Yantai, China. Marine Policy, 122: 104223.

Du Y W, Wang Y C. 2021. Evaluation of marine ranching resources and environmental carrying capacity from the pressure-and-support perspective: A case study of Yantai. Ecological Indicators, 126: 107688.

Foo S A, Asner G P. 2019. Scaling up coral reef restoration using remote sensing technology. Frontiers in Marine Science, 6: 79.

Glasgow H B, Burkholder J M, Reed R E, et al. 2004. Real-time remote monitoring of water quality: a review of current applications, and advancements in sensor, telemetry, and computing technologies. Journal of Experimental Marine Biology and Ecology, 300(1/2): 409-448.

González-Rivero M, Beijbom O, Rodriguez-Ramirez A, et al. 2020. Monitoring of coral reefs using artificial intelligence: a feasible and cost-effective approach. Remote Sensing, 12(3): 489.

Halarnkar P, Shah S, Shah H, et al. 2012. A review on virtual reality. International Journal of Computer Science Issues, 9(6): 325.

Kelasidi E, Svendsen E. 2023. Robotics for sea-based fish farming//Zhang Q. Encyclopedia of Smart Agriculture Technologies. Cham: Springer International Publishing.

Khalid O, Hao G B, Desmond C, et al. 2022. Applications of robotics in floating offshore wind farm operations and maintenance: Literature review and trends. Wind Energy, 25(11): 1880-1899.

Kirkpatrick J B. 2004. Vegetation change in an urban grassy woodland 1974–2000. Australian Journal of Botany, 52(5): 597-608.

Kong L B, Peng X, Chen Y, et al. 2020. Multi-sensor measurement and data fusion technology for manufacturing process monitoring: a literature review. International Journal of Extreme Manufacturing, 2(2): 022001.

Lee S I, Zhang C I. 2018. Evaluation of the effect of marine ranching activities on the Tongyeong marine ecosystem. Ocean Science Journal, 53: 557-582.

Levy N, Berman O, Yuval M, et al. 2022. Emerging 3D technologies for future reformation of coral reefs: enhancing biodiversity using biomimetic structures based on designs by nature. Science of the Total Environment, 830: 154749.

Liu B H, Zhang K, Wang G J, et al. 2023. A study on nitrogen and phosphorus budgets in a polyculture System of *Oreochromis niloticus*, *Aristichthys nobilis*, and *Cherax quadricarinatus*. Water, 15(15): 2699.

Lv Z, Wang Z F, Lv Y, et al. 2021. A marine boundary guard(jellyfish-scallop-flying fish) robot based on cloud-sea computing in 5G OGCE. 2021 IEEE International Conference on Robotics, Automation and Artificial Intelligence(RAAI): 83-87.

Maslov D, Pereira E, Miranda T, et al. 2018. Innovative monitoring strategies for multifunctional artificial reefs. OCEANS 2018 MTS/IEEE Charleston.

Mühling M, Joint I, Willetts A J. 2013. The biodiscovery potential of marine bacteria: an investigation of phylogeny and function. Microbial Biotechnology, 6(4): 361-370.

Nakamura F, Yamada H. 2005. Effects of pasture development on the ecological functions of riparian forests in Hokkaido in northern Japan. Ecological Engineering, 24(5): 539-550.

Ortiqova, L. 2020. Diversity of ecological eonditions of the kyzylkum desert with pasture phytomelioration. Архив Научных Публикаций JSPI.

Qin M, Sun M. 2021. Effects of marine ranching policies on the ecological efficiency of marine ranching—Based on 25 marine ranching in Shandong Province. Marine Policy, 134: 104788.

Qin Z, Yu K, Liang Y, et al. 2020. Latitudinal variation in reef coral tissue thickness in the South China Sea: potential linkage with coral tolerance to environmental stress. Science of the Total Environment, 711: 134610.

Rambach J, Lilligreen G, Schäfer A, et al. 2021. A survey on applications of augmented, mixed and virtual reality for nature and environment//Chen J Y C, Fragomeni G. Virtual, Augmented and Mixed Reality. Cham: Springer.

Reynaga-Franco F J, Aragón-Noriega E A, Chávez-Villalba J, et al. 2019. Multi-model inference as criterion to determine differences in growth patterns of distinct Crassostrea gigas stocks. Aquaculture International, 27: 1435-1450.

Reyns P, Missotten B, Ramon H, et al. 2002. A review of combine sensors for precision farming. Precision Agriculture, 3(2): 169-182.

Riera E, Lamy D, Goulard C, et al. 2018. Biofilm monitoring as a tool to assess the efficiency of artificial reefs as substrates: toward 3D printed reefs. Ecological Engineering, 120: 230-237.

Scott A L, York P H, Duncan C, et al. 2018. The role of herbivory in structuring tropical seagrass ecosystem service delivery. Frontiers in Plant Science, 9: 324081.

Shahrubudin N, Lee T C, Ramlan R. 2019. An overview on 3D printing technology: technological, materials, and applications. Procedia Manufacturing, 35: 1286-1296.

Stenius I, Folkesson J, Bhat S, et al. 2022. A system for autonomous seaweed farm inspection with an underwater robot. Sensors, 22(13): 5064.

Tassetti A N, Malaspina S, Fabi G. 2015. Using a multibeam echosounder to monitor an artificial reef. The International Archives of the Photogrammetry, Remote Sensing and Spatial Information Sciences, 40: 207-213.

Templin T, Popielarczyk D, Gryszko M. 2022. Using augmented and virtual reality(AR/VR) to support safe navigation on inland and coastal water zones. Remote Sensing, 14(6): 1520.

Vogler V, Schneider S, Willmann J. 2019. High-resolution underwater 3-D monitoring methods to reconstruct artificial coral reefs in the Bali Sea: a case study of an artificial reef prototype in Gili Trawangan. Journal of Digital Landscape Architecture, 4: 275-289.

Vogler V. 2022. A framework for artificial coral reef design: integrating computational modelling and high precision monitoring strategies for artificial coral reefs-an ecosystem-aware design approach in times of climate change.

Wang C, Li Z, Wang T, et al. 2021. Intelligent fish farm-the future of aquaculture. Aquaculture International, 29(6): 2681-2711.

Wang X, Du Y, Zhang Y, et al. 2021. Influence of two Eddy Pairs on high-salinity water intrusion in the northern south China Sea during fall-winter 2015/2016. Journal of Geophysical Research: Oceans, 126(6): e2020JC016733.

Wu Y H, Duan Y H, Wei Y G, et al. 2022. Application of intelligent and unmanned equipment in aquaculture: a review. Computers and Electronics in Agriculture, 199: 107201.

Yang H, Ding D. 2022. Marine ranching version 3.0: history, status and prospects. Bulletin of Chinese Academy of Sciences, 37(6): 832-839.

Yin K, Hsiang E L, Zou J Y, et al. 2022. Advanced liquid crystal devices for augmented reality and virtual reality displays: principles and applications. Light, Science & Applications, 11(1): 161.

Yoris-Nobile A I, Slebi-Acevedo C J, Lizasoain-Arteaga E, et al. 2023. Artificial reefs built by 3D printing: systematisation in the design, material selection and fabrication. Construction and Building Materials, 362: 129766.

Yu J, Zhang L. 2020. Evolution of marine ranching policies in China: Review, performance and prospects. Science of the Total Environment, 737: 139782.

Zhou X, Zhao X, Zhang S, et al. 2019. Marine ranching construction and management in East China Sea: Programs for sustainable fishery and aquaculture. Water, 11(6): 1237.

第七章 装备支撑①

复杂多变的海洋环境，如极端天气、复杂的海流、深海压力等，给海洋牧场建设、管理和生产作业带来了极大的挑战。随着人民生活水平的不断提高，愿意从事艰苦行业的产业人员越来越少，海上作业劳动力短缺现象日益突出，劳动力成本高昂。海洋牧场的日常运营维护如生物养殖、设施维护、环境监测等都需要专业人才参与，但海洋作业的特殊性和风险性使得专业人才的培养和留存成为难题。在人力资源有限的情况下，通过装备自动化、智能化弥补这一缺口已成为海洋牧场产业发展的迫切需求。此外，作业效率与设备成本的平衡也是企业考虑的重点。传统的人工投喂、监测等生产方式不但劳动强度大、效率低，而且成本高。通过设备创新实现作业效率的提升和成本的有效控制，是作业装备顺利推向市场的关键。

本章针对播种、巡检、投饵、清洗、水下采捕等贯穿海洋牧场生产作业活动的主要场景，从作业设备的发展历程、技术特点、应用现状以及发展展望等方面进行总结梳理。近年来，我国北斗卫星导航系统（简称"北斗系统"）的发展为海上作业装备控制精度的提升提供了有力可靠的保障，以下首先介绍北斗系统在海洋装备中的应用。

第一节 北斗系统在海洋装备中的应用

北斗系统作为中国独立研发并建设的卫星导航系统，是世界四大卫星导航系统之一。它的快速发展，动摇了美国全球定位系统（GPS）在我国定位导航系统领域的垄断地位，推动了空间地理信息技术的研究发展，是我国在全球定位系统领域取得的重大进步。海洋广袤无垠，海上作业缺少参照物，良好的通信和精准定位是海上航行、作业、定位和信息交互的必要前提，因此北斗系统的成功应用对海洋牧场作业装备的支撑将起到关键性引领作用。

一、北斗系统简介

（一）北斗系统的基本架构

北斗系统由三部分构成，分别是用户段、地面段和空间段。北斗系统的空间

---

① 本章作者：邱天龙、徐建平、陈福迪、张晓梅、张寒冰、贾春、林承刚、孙景春、邢丽丽、金东辉、高焕鑫、田会芹。

段是若干地球静止轨道（GEO）卫星、倾斜地球同步轨道（IGSO）卫星、中圆地球轨道（MEO）卫星组成的混合星座，北斗系统是全球四大卫星导航系统中唯一采用"IGSO+GEO+MEO"异构星座的导航系统。

北斗系统的发展遵循三步走战略：2000年年底，建成北斗一号系统，向中国提供服务；2012年年底，建成北斗二号系统，向亚太地区提供服务；2020年，建成北斗三号系统，向全球提供服务。1994年，启动北斗一号系统工程建设；2000年，发射2颗GEO卫星，建成系统并投入使用，采用有源定位体制，为中国用户提供定位、授时、广域差分和短报文通信服务。2003年，发射第3颗GEO卫星，进一步增强系统性能；2004年，启动北斗二号系统工程建设；2012年，完成14颗卫星（5颗GEO卫星、5颗IGSO卫星和4颗MEO卫星）发射组网，构成"5GEO+5IGSO+4MEO"的卫星星座。北斗二号系统在兼容北斗一号系统技术体制的基础上，增加了无源定位体制，为亚太地区用户提供定位、测速、授时和短报文通信服务。2009年，启动北斗三号系统建设，2020年完成30颗卫星发射组网，构成"3GEO＋24MEO＋3IGSO"的卫星星座，全面建成北斗三号系统。截至2023年，我国已经发射了58颗北斗导航卫星。北斗三号系统继承了有源服务和无源服务两种技术体制，为全球用户提供定位导航授时全球短报文通信和国际搜救服务，同时可为中国及周边地区用户提供星基增强、地基增强、精密单点定位和区域短报文通信等服务（Andersen，1998）。

北斗系统的用户段主要包括北斗及兼容其他卫星导航系统的芯片、模块、天线等基础产品，以及终端设备、应用系统与应用服务等。北斗系统的用户段设备种类繁多，广泛应用于交通运输、军事安全、测绘地理信息、农林渔业、电力通信、天文测量等多个领域，为用户提供高精度的定位导航和授时服务。随着北斗系统的不断完善和发展，用户端设备的应用范围将进一步扩大，为各行业带来更多的便利和实用价值。

（二）北斗系统的基本功能

北斗系统具有多频信号，创新融合了导航与通信功能，具备定位导航授时、星基增强、地基增强、精密单点定位、短报文通信和国际搜救等多种服务能力（表7-1）。

表 7-1　北斗系统服务信息

	服务类型	信号/频段	播发手段
全球范围	定位导航授时	B1I、B3I	3GEO+3IGSO+24MEO
		B1C、B2a、B2b	3IGSO+24MEO
	全球短报文通信	上行：L	上行：14MEO
		下行：GSMC-B2b	下行：3IGSO+24MEO
	国际搜救	上行：UHF	上行：6MEO
		下行：SAR-B2b	下行：3IGSO+24MEO

续表

服务类型		信号/频段	播发手段
中国及周边地区	星基增强	BDSBAS-B1C	3GEO
		BDSBAS-B2a	
	地基增强	2G、3G、4G、5G	移动通信网络
			互联网络
	精密单点定位	PPP-B2b	3GEO
	区域短报文通信	上行：L	3GEO
		下行：S	

注：中国及周边地区即 10°N～55°N，75°E～135°E。

1. 定位导航授时服务

为全球用户提供服务，空间信号精度优于 0.5m；全球定位精度优于 10m，测速精度优于 0.2m/s，授时精度优于 20ns；亚太地区定位精度优于 5m，测速精度优于 0.1m/s，授时精度优于 10ns，整体性能大幅度提升。

2. 星基增强服务

按照国际民航组织标准，服务中国及周边地区用户，支持单频及双频多星座两种增强服务模式，满足国际民航组织的相关性能要求。

3. 地基增强服务

利用移动通信网络或互联网络，向北斗基准站网覆盖区内的用户提供米级、分米级、厘米级、毫米级高精度定位服务。

4. 精密单点定位服务

服务中国及周边地区用户，提供动态分米级、静态厘米级的精密定位服务。

5. 短报文通信服务

区域短报文通信服务，服务容量提高到 1000 万次/h，接收机发射功率降低到 1～3W，单次通信能力为 1000 汉字（14000bit）；全球短报文通信服务，单次通信能力为 40 汉字（560bit）。

6. 国际搜救服务

按照国际搜救卫星系统组织相关标准，与其他卫星导航系统共同组成全球中轨搜救系统，服务全球用户。同时，提供返向链路，极大提升搜救效率和服务能力。

北斗系统在空间段部分采用了"IGSO+GEO+MEO"混合星座结构，高轨卫星相对于 GPS、格洛纳斯卫星导航系统（GLONASS）、伽利略卫星导航系统

（GALILEO）等系统来说，在数量上占有一定优势，且具有较强的抗遮挡能力。北斗系统可兼容其他卫星导航系统，使用的无线电频率不会产生有害干扰，并与世界时协调，在导航电文中播发时差信息。北斗导航服务带来的大数据信息，还可以用于城市规划等，对于经济、社会发展和国家治理具有重要价值。

二、北斗系统的传统应用领域

北斗系统的初衷是满足中国国家安全、经济发展和社会民生需求。该系统的主要目标是为用户提供全球范围内高精度、高可靠性的定位导航、授时和短报文通信服务。北斗系统的建设旨在为中国经济社会发展提供技术支持和保障，同时也为国家安全和国防建设提供重要的战略支持。在国民经济日益发展的今天，北斗系统已经融入多个领域的应用中，具有广泛的应用前景。

（一）交通运输

北斗系统在交通运输领域的应用包括车辆导航、船舶导航、航空导航等，可以提高交通运输的安全性和效率，减少交通拥堵，提升运输效益。例如，北斗系统可以为汽车、公交车、货车等提供实时的导航服务，帮助驾驶员选择最佳的行车路线，避开交通拥堵和道路施工，提高行车效率和安全性；可以为船舶提供准确的导航和定位服务，帮助船舶在海上航行，规避障碍物和危险区域，提高航行安全性；可以为飞机提供高精度的导航和定位服务，帮助飞行员进行飞行路径规划和飞行控制，提高航空安全和飞行效率；可以用于火车调度和列车位置监控，提高铁路运输的安全性和运行效率；可以用来跟踪货运车辆的位置和运输情况，提高物流运输的效率和安全性。

（二）农业渔业

北斗系统可以结合农业机械、渔业船只等设备，实现对农业、渔业生产活动的精准监控和管理，提高生产效率和质量。在渔业方面，北斗系统可以用于渔船的定位和导航，帮助渔民精准地找到捕鱼的位置，提高捕鱼的效率。此外，北斗系统也能提供海洋气象和海洋信息，帮助渔民避开恶劣天气和海域，并且在渔获后也能及时定位渔船位置，保障渔民的安全。在农业方面，北斗系统可以用于精准农业，帮助农民进行土地测绘和作物生长监测，实现精准施肥、精准灌溉等精细化管理，提高农作物的产量和质量。此外，北斗系统还可以用于农业机械的智能导航，提高农业生产的自动化程度。

（三）海洋资源开发

在海洋牧场、海洋石油勘探等领域，北斗系统可以提供精准的定位和导航服务，助力海洋资源开发活动；北斗系统也可以用于监测海洋环境数据，包括海洋气象、海洋水文、海洋生态等信息，帮助科研人员和相关部门进行海洋环境监测和保护。此外，北斗系统可以用于海洋资源的勘探和开发，包括海洋油气资源、海底矿产资源等。

（四）气象预报

北斗系统可以用于气象探测卫星的定位和导航，帮助气象卫星实时获取大气、云层、地表温度等数据，并将这些数据传输到地面气象站，为气象预报提供准确的观测数据；可以用于监测气象灾害，如台风、暴雨、雷暴等，协助气象部门及时发布灾害预警信息，帮助公众和相关部门做好防范和救援准备；可以为气象预报提供定位和时间同步服务，确保气象卫星的数据采集和传输的准确性，为气象预报模型提供可靠的数据支持；可用于气象数据的传输和共享，确保气象观测数据在全国范围内的及时传输和共享，提高气象信息的覆盖范围和实时性。

（五）电力通信

北斗系统可以用于电力设备的定位和监控，包括输电线路、变电站、电力塔等，帮助电力公司对设备的位置进行精准管理和监控；在偏远地区或者灾区，北斗系统可以为电力通信提供支持，确保这些地区的通信设备能够正常运行，提高通信的可靠性；在自然灾害或其他紧急情况下，北斗系统可以用于建立临时的通信网络，帮助电力公司和救援部门进行紧急通信，保障抢修和救援工作的顺利进行；北斗系统还可以为电力巡线人员提供定位服务，确保他们在进行巡线作业时能够准确找到目标位置，提高工作效率和安全性。

综上所述，北斗系统已经广泛融入国民经济发展的各个领域，为各行业提供高精度、可靠的定位导航和授时服务，为经济社会发展提供了重要的技术支持。

三、北斗系统赋能海洋牧场建设

海洋牧场通常是指在海洋中养殖或种植水生动植物的区域，类似于陆地上的农田或牧场。海洋牧场可以用于养殖海产品如鱼类、贝类、海藻等，也可以用于种植海洋植物如海带、海草等。海洋牧场可以为人类提供丰富的海产品，同时也有助于保护和恢复海洋生态系统。

（一）支撑海洋牧场空间布局和精准建设

北斗系统在海洋中人工鱼礁及养殖设施的投放方面，可以提供高精度定位和导航服务。具体来说，北斗系统通过其空间段、地面段和用户段的协同工作，为海洋牧场中的人工鱼礁提供精确的位置信息,通过应用北斗系统的差分定位技术,可以进一步提高定位精度,甚至可以达到厘米级别,为海洋牧场的养殖及养护设施全球覆盖和高精度定位服务。

在海洋牧场的具体应用中,北斗系统可以与海洋监测设备相结合。例如,通过在人工鱼礁或网箱筏架上部署北斗智能浮标或定位单元,实现对鱼礁位置的实时监控。这些设备能够接收北斗卫星发射的信号,并据此计算出精确位置。同时,北斗系统的短报文通信功能允许这些设备在没有其他通信网络覆盖的情况下,将收集到的位置信息发送回控制中心,确保了信息的实时传输和通信的可靠性。

（二）促进海洋牧场的管理和监控

利用北斗系统可以实现对养殖区域、船只、设备等的定位和监测。这样可以帮助管理者更好地了解海洋牧场的情况,提高生产效率和保护海洋资源的可持续性。北斗系统通过为海洋牧场中的船只提供精准的定位和导航,帮助船只在海上安全、高效地航行,以及实现准确的航线规划和船只位置监测;北斗系统结合其他传感器和测绘设备,可以用于海洋资源的勘测和监测,包括海洋生物分布、水文气象数据等,帮助海洋牧场管理者做出科学决策;通过北斗系统,可以实现渔船的调度和监控,包括渔船位置追踪、航线规划、渔获数据的收集等,帮助管理者实现对渔业活动的精准监控和管理。

（三）助力海洋牧场安全和环境保护

利用立体透视网络可从多个维度实现对海洋牧场环境的监测与评价。海洋牧场立体监测系统通过集成北斗精准定位浮标、卫星遥感、模式再分析技术及多种无人装备,能够实现对海洋牧场全方位的监测。通过遥感技术收集海面大面积环境的连续数据信息,结合浮标和走航观测等收集的水下点位和剖面信息,生成三维、高分辨率的海洋牧场区域环境信息,可实现环境的多角度解析。与此同时,通过自主控制的水面无人船和水下机器人检测水产品的生长状态,以及利用浮标、潜标、自升平台和海底基站系统,可实现对养殖环境进行立体透视和实时监测。

立体透视网络系统不仅能够对海洋牧场局部海况进行实时监测和预测,还具备对海洋生态灾害进行预警等功能,为海洋资源的养护和可持续利用提供重要支持。随着北斗系统功能与传感技术升级,其能够更好地完成海洋环境实时监测和信息传输任务。北斗系统通过与气象雷达、浮标等设备的联动,可实时监测海洋环境的变化,为灾害预警提供更多的数据支持。同时,北斗系统能够在第一时间获取并提供海洋灾害的相关信息,如海啸、台风、海浪等,从而提供及时的预警信息。北斗系统还可以通过多颗卫星协同工作,精确地确定船舶的位置,为海域上的灾害预警提供准确的数据支持。

利用北斗系统短报文和精准定位的功能融合可实现海上遇险的减免。北斗系统除了提供全球范围内的高精度定位服务，其独有的短报文通信功能还使其在海上应急救援中发挥着不可替代的作用。当船只在海上遇险时，可以通过北斗系统的短报文功能发送遇险信息，实现全球范围内的紧急呼叫救援。这一融合意味着北斗系统将在海上救援通信体系中扮演更加重要的角色，提高了海难事故的报警与救援效率。

北斗系统可以用于海上紧急救援和安全监测，通过紧急呼叫、位置追踪等功能，帮助船只在遇到危险或紧急情况时及时获得援助。北斗系统还可以结合环境监测设备，监测海洋环境的污染情况、海洋生态系统的变化等，为海洋生态保护和环境治理提供数据支持。

总而言之，北斗系统在海洋牧场中的应用可以帮助管理者实现空间布局建设、船只定位和导航、海洋资源勘测、渔船调度监控、紧急救援、安全监测和海洋环境保护等，为海洋牧场管理和运营提供技术支持和解决方案。

第二节　自动化播种设备

播种是贝类养殖和海草扩繁的首要环节，由于海洋复杂的作业环境，贝类、海草仍采用人工播种的作业方式，而人工作业存在效率低、强度大、成本高等问题。本节主要介绍国内外贝类、海草播种设备的发展及应用情况，为我国贝类、海草机械化播种设备的研发提供参考与借鉴。

一、自动化播种设备发展历程

（一）贝类自动化播种设备发展历程

滩涂贝类养殖是我国海水养殖的主导产业，年产量达 1570 万 t，占我国海水养殖总产量的 69%，作为重要的出口创汇产业，对经济的发展发挥了重要作用。由于缺少机械化播苗装备，目前滩涂贝类底播养殖主要采用船载人工播苗，不但播苗效率低、劳动强度大、人力成本高，而且播苗均匀度难以保证，直接影响贝苗的存活、生长和后期采捕以及滩涂资源的高效利用。

1. 国外贝类自动化播种设备发展历程

国外贝类养殖产业的规模较小，贝类播苗机械方面的研究较少，主要有船载式、车载式及放流笼式等。

Frederick 等（1977）设计了一种船载离心式牡蛎苗播苗装置，如图 7-1 所示，包括 V 形货仓、环形传送带和离心转盘等，通过传送带将牡蛎苗从货仓运输至船尾的离心转盘上，幼苗在离心转盘上受到离心力的作用播撒至养殖海域。

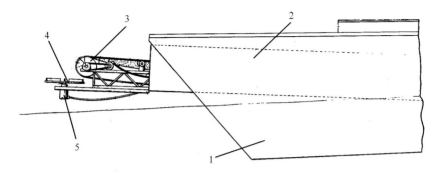

图 7-1 一种船载离心式牡蛎苗播苗装置

1. 播苗船；2. V 形货仓；3. 环形传送带；4. 离心转盘；5. 电机

Keith 等（1998）设计了一种象拔蚌幼苗底播装置，如图 7-2 所示，包括料仓、防护网和外圆周表面上具有进水口的播苗滚筒等，机器在海底移动的过程中通过播苗滚筒旋转施加吸力，从料仓中吸取贝苗，将其投放在海底上，在机器向前移动的同时，后方的防护网会展开覆盖在贝苗上方，用以保护幼苗。

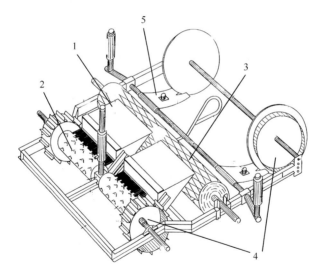

图 7-2 一种象拔蚌幼苗底播装置

1. 料仓；2. 播苗滚筒；3. 防护网；4. 行走轮；5. 防护网固定扣

清水利厚等（2007）设计了一种贝类幼苗放流装置，如图 7-3 所示，包括有多个开孔的附着基板和固定基板的放流笼等，使用时需预先使贝类幼苗附着在基板上，然后将多个基板安装在放流笼内，放流笼底部设置有配重块，在重力作用下下沉到预定海底并固定，贝苗可从基板上投放至海底，放流笼上方连接浮球等标记，记录幼苗放流地点。

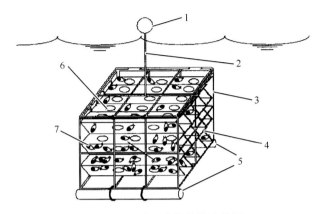

图 7-3　一种贝类幼苗放流装置

1. 浮子；2. 连接绳索；3. 放流笼；4. 附着基板；5. 配重块；6. 开口孔；7. 放流贝苗

2. 国内贝类自动化播种设备发展历程

随着我国对海洋发展的不断重视，近年来，国内学者在贝类播苗机方面的研究已初具成果，主要集中于干滩和浅海两种播苗场景，大部分研究仍处于实验室阶段，未见大规模实际应用。

在干滩播苗方面，母刚等（2019）设计了一种滩涂贝类播苗机，如图 7-4 所示，可通过更换不同类型的型孔适应不同种类的贝苗，尾部安装有多个均匀分布的播苗器，实现定量定距排苗，适用于退潮后的干滩播苗。

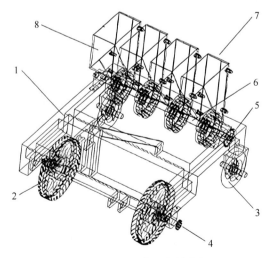

图 7-4　一种滩涂贝类播苗机

1. 架体；2. 前轮；3. 后轮；4. 第一链轮；5. 第二链轮；6. 排苗轴；7. 播苗器；8. 苗仓

梁健等（2021）设计了一种便携式风扫贝类播苗机，如图 7-5 所示，其适用于人工干滩播苗，也可以安装于船体用于浅海底播，通过风机产生的气流将贝苗从播苗口喷出，实现自动化播苗。

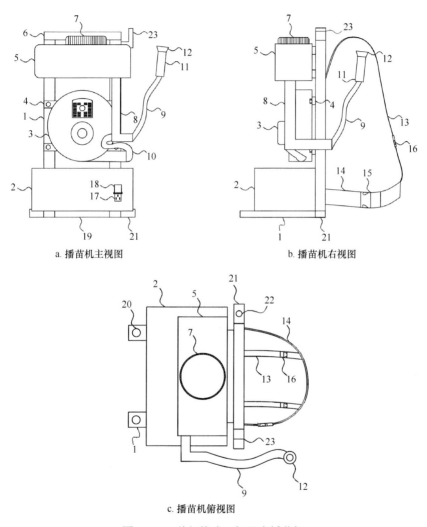

a. 播苗机主视图　　　　　　　　　b. 播苗机右视图

c. 播苗机俯视图

图 7-5　一种便携式风扫贝类播苗机

1. 支撑架；2. 电池盒；3. 风机；4. 连接杆；5. 出料箱；6. 第一连杆；7. 箱盖；8. 出料管；9. 导料管；10. 管道；11. 手持把手；12. 播苗口；13. 肩部固定带；14. 腰部固定带；15. 第一锁扣；16. 第二锁扣；17. 充电口；18. 防护盖；19. 第二连杆；20. 第一固定孔；21. 固定块；22. 第二固定孔；23. 固定架

在浅海底播方面，李哲等（2019）设计了一种悬拖式幼苗释放装置，如图 7-6 所示，通过船只拖动装置在海底移动，滚筒转动的过程中，在配重块的作用下放流口被打开，幼苗由放流口落到海底。

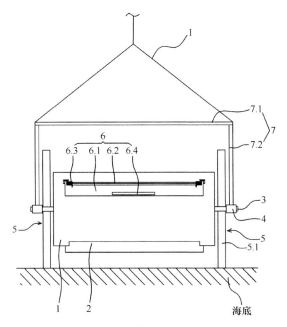

图 7-6　一种悬拖式幼苗释放装置

1. 绳索；2. 放流口；3. 轴杆；4. 轴套；5. 行走轮（5.1 行走叶片）；6. 行走放流机构（6.1 旋转盖板；6.2 转轴；
6.3 扭簧；6.4 配重块）；7. 连接支架（7.1 轴向连杆；7.2 径向连杆）

苑春亭等（2018）设计了一种底栖贝类苗种的浅海底播装置，如图 7-7 所示，底耙在海底移动时底耙齿将海底泥土翻开，海底漏管有多个漏口，播苗时将贝苗从海面漏斗倒下，苗种经过胶皮漏管和海底漏管，落在海底。

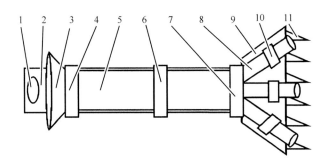

图 7-7　一种底栖贝类苗种的浅海底播装置

1. 支架孔；2. 支架板；3. 海面漏斗；4. 上紧箍环；5. 胶皮漏管；6. 中紧箍环；7. 下紧箍环；8. 海底漏管；9. 底
耙；10. 固定板；11. 底耙齿

综上所述，尽管我国对贝类播苗机的研究起步较晚，但发展迅速，同时也存在对播苗工况不适应及作业效率低等问题，未能大范围推广应用。

（二）海草自动化播种设备发展历程

海草床是海洋牧场的重要生境类型，为众多海洋生物提供栖息地、产卵场和育幼场，同时也可固定底质、净化水质、固碳增汇，具有极高的生态价值。海草床构建技术主要包括移植法和种植法两大类。长期以来，移植法因技术简单、成活率高，应用更为普遍，但该方法依赖于对现存种群资源的采集，可能导致新的海草退化。近年来，种植法逐渐成为海草床修复和构建技术研究的重心，因为该方法对来源种群破坏较小，且在维持遗传多样性、大规模退化后的快速恢复以及新生境的拓殖等方面具有突出优势。总体而言，受海洋水动力环境的限制，海草种植和移植技术的机械化程度很低，严重制约了海草床构建的规模化发展。

海草播种相关设备的研制最早见于 21 世纪初美国东海岸切萨皮克湾。切萨皮克湾的海草在 20 世纪 30 年代经历了病害和人类活动等导致的剧烈退化，随后的几十年开展了长期的移植修复活动，直到 21 世纪初开始采用种子法尝试修复。为满足大规模海草修复的需求，播种修复相关的设备应运而生。2004 年美国弗吉尼亚海洋科学研究所和马里兰州自然资源部合作设计了海草生殖枝采集船，同时设计了种子分选设备和播种设备（Orth and Marion，2007；Marion and Orth，2010）。另外，还有研究者研发了撒种船，尝试用于海草播种修复，但并未见相关修复数据。通过半个多世纪的努力，切萨皮克湾海草修复已成为世界典型成功案例，但相关播种设备尚未在世界其他地区推广应用。其中的原因可能与种植法修复长期不受重视，以及相关大型设备成熟度不足且造价高昂有关。近年来，一些研究者开始采用陆地或经改进的单人操作播种设备进行海草种植，取得了良好的播种效果（Govers et al.，2022）。因此，目前海草播种设备的研制历史较短，机械化、智能化设备需求迫切，但相关研究和资金投入不足，严重制约了海草播种技术的规模化应用。

二、自动化播种设备技术特点

（一）贝类自动化播种设备技术特点

辽宁省渔业装备工程技术研究中心研发的 BMJ-2 滩涂贝类播苗机适用于菲律宾蛤仔、四角蛤蜊、毛蚶、文蛤等贝类浅海船载和干滩车载播苗作业，已在山东通和海洋科技有限公司、盘锦光合水产有限公司及丹东大鹿岛海兴（集团）有限公司推广应用，填补了行业空白，受到养殖企业和行业专家的高度认可。

1. 整机结构与技术参数

BMJ-2 滩涂贝类播苗机主要由机架、料斗、推杆电机、落料挡板、锥形播苗盘、电机、挂钩、连杆和控制器等部件组成，如图 7-8 所示。

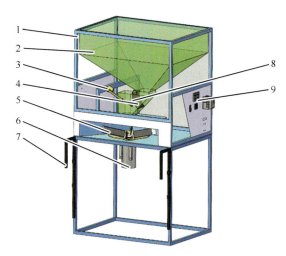

图 7-8 BMJ-2 滩涂贝类播苗机

1. 机架；2. 料斗；3. 推杆电机；4. 落料挡板；5. 锥形播苗盘；6. 电机；7. 挂钩；8. 连杆；9. 控制器

料斗采用非对称结构以防止堵料，下方设置有落料口；采用曲柄导杆机构设计落苗速率控制装置；播苗盘采用锥形结构及二段可调式叶片以增加播苗幅宽，播苗盘由电机带动旋转，进行播苗作业时，可通过控制器调整播苗盘转速。BMJ-2滩涂贝类播苗机的主要技术参数如表 7-2 所示。

表 7-2 BMJ-2 滩涂贝类播苗机的主要技术参数

样机属性	参数
设备尺寸（长×宽×高）/mm	1600×1300×2400
料斗容量/L	830
播苗幅宽/m	25～28
接触部件个数/个	3
叶片偏置角度/（°）	–6～6
播苗盘转速/（r/min）	300～900
设备行进速度/节	1～2
设备整体质量/kg	200

2. 作业原理

进行播苗作业时，落料挡板处于关闭状态，先使用提升机将贝苗运送至料斗中，再启动播苗机，待播苗盘运行稳定后，控制推杆电机运动打开落料挡板，料斗中的贝苗在重力作用下经过落料口下落到锥形播苗盘上，贝苗受离心力的作用随叶片运动，移动到叶片顶端位置后，以一定速度从锥形播苗盘中抛出，最终播撒在作业区域，如图 7-9 所示。

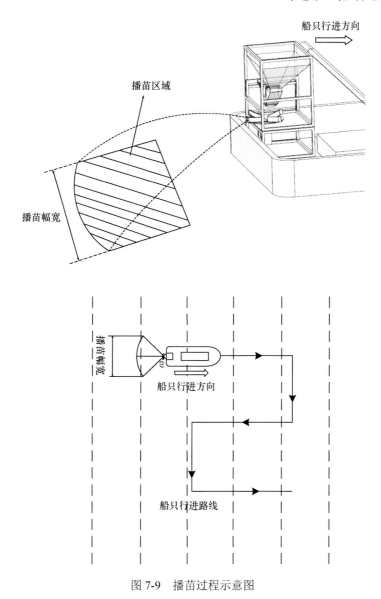

图 7-9 播苗过程示意图

该播苗装置可实现变量播苗，在播苗过程中，使用 GPS 传感器测量播苗机行进速度并反馈到核心控制器中，分析收集到的信息后经过对比提前设定的处方图选择最佳的播苗方案，通过驱动电路调整播苗盘转速和落料口开度完成播苗。变量控制装置通过调节播苗量的大小控制作业区域的播苗密度，增加苗种资源的利用率。

（二）海草自动化播种设备技术特点

利用播种进行海草床构建或修复，主要包括海草种子采集处理、种子保存和种子播种三个技术环节。其中，海草种子采集处理方法技术门槛不高，但是目前海草种子采集过程主要依靠人力，相关设备研发需求较高。种子保存技术已较为成熟，基于常规恒温设备，通过控制温度、盐度条件以及添加杀菌试剂等方式，已经可以实现海草种子的高效保存。

种子播种过程中萌发率低和建苗率低是当前制约播种和海草生态修复的技术难点。除种子自身活力、动物摄食等因素之外，海草种子萌发率低的主要原因是种子在水动力作用下发生扩散，从而流离于目标修复区域之外。这也是直接播种法修复效果较差的主要原因。建苗率低是海草自然种群的普遍现象，合适的底质类型、播种深度等可在一定程度上提高建苗率。人工埋藏播种法可以提高种子留存效率，进而提高萌发率和建苗率，但是工作效率很低。因此，海草种子播种设备需要克服种子易流失的技术难题，又要兼顾批量/规模化播种的效率需求。

三、自动化播种设备应用现状

（一）贝类自动化播种设备应用现状

2021 年 8 月在盘锦光合水产有限公司的蛤蜊岗滩涂进行了四角蛤蜊干滩播苗生产应用，作业面积 100 亩，单机播苗效率达 3000kg/h，破碎率低于 3%，分布变异系数达 8.98%，效率是人工播苗的 15 倍以上，播苗均匀度及破碎率都优于人工作业，达到企业生产要求，受到养殖企业的高度好评。2021 年 10 月在山东通和海洋科技有限公司的养殖滩涂进行了菲律宾蛤仔、毛蚶、文蛤船载底播生产应用，作业面积 300 亩，单机播苗效率达 0.3t/h。2023 年 5 月和 2024 年 6 月在丹东大鹿岛海兴（集团）有限公司的养殖海域进行了菲律宾蛤仔船载底播生产应用，作业面积 2000 亩，单机播苗效率达 30t/h。图 7-10 为干滩车载播苗和浅海船载播苗现场，播苗效果如图 7-11 所示。BMJ-2 滩涂贝类播苗机填补了行业空白，能够应用于滩涂贝类机械化底播生产，受到养殖企业和行业专家的高度认可。

BMJ-2 滩涂贝类播苗机播苗幅宽可达 28m，作业效率可达 30t/h，破碎率低于 3%，分布变异系数达 8.98%，极大地提高了播苗效率、播苗均匀度及苗种成活率。以丹东大鹿岛海兴（集团）有限公司为例进行了经济效益分析，如表 7-3 所示。按播苗量 6000t/a 计算，渔船单船载苗量为 60t，人工播苗单船需 10 人，人均日工资 800 元，人工成本 80 万元，年均播苗成本为 80 万元；使用播苗机播苗时，单船用人数仅 2 人，人均日工资 800 元，人工成本 16 万元，设备成本 20 万元（2 万元/台，共 10 台），设备折旧年限 3 年，则年均播苗成本为 22.67 万元。经计算，年节约播苗成本 57.33 万元，经济效益可观。

a. 干滩车载播苗

b. 浅海船载播苗（10t小船）

c. 浅海船载播苗（60t大船）

图 7-10　播苗现场图

a. 干滩播苗效果

b. 海上播苗效果

图 7-11　播苗效果图

表 7-3　经济效益分析（按播苗量 6000t/a 计算）

播苗方式	单船载苗量/t	单船用人数/人	人均日工资/元	人工成本/万元	设备成本/万元	折旧年限/年	年均播苗成本/万元
人工播苗	60	10	800	80	—	—	80
装置播苗	60	2	800	16	20	3	22.67

注：年节约播苗成本 57.33 万元

（二）海草自动化播种设备应用现状

根据海草播种的技术流程，从种子采集设备、种子分选设备、播种单元制备设备和播种设备几个方面简要论述。

1. 种子采集设备

海草种子采集普遍采用生殖枝采集法，即在海草种子大量成熟期，采集携带佛焰苞的生殖枝。然后，将生殖枝进行暂养保存至种子脱落，进行种子筛选并保存，将其用于后续播种。

2004 年美国弗吉尼亚海洋科学研究所和马里兰州自然资源部合作设计了一艘大型海草生殖枝采集船（图 7-12），采集的生殖枝直接用于悬浮播种，估计当年成功采集种子量达 1000 万粒。但该船最初是为清理大型入侵藻类设计，改造价格高昂，机动性较差，且未对生殖枝进一步处理，巨量生殖枝给储存运输带来挑战。

图 7-12　海草生殖枝采集船（Marion and Orth，2010）
a. 收割传送带；b. 运输传送带

因此，2005～2007 年弗吉尼亚海洋科学研究所设计、制作并不断改进，形成了一款相对小巧、便携的种子收割机（图 7-13），可安装在小型船体底部，应用场景更加灵活，且收割后对海草床的影响较小。该设备主要利用水平方向的锯齿对海草冠层进行"理发"，动力来自 12V 的电动马达。该设备可从船体一侧下放（图 7-14），锯齿高度可调，以收割较高的生殖枝，并尽量降低对营养枝的影响。收割的生殖枝从机器后端的收集装置，经真空管道被泵入网袋中（图 7-15）。据了解，澳大利亚尤利西斯公司近期研发了一款新型的水下海草种子收割设备。

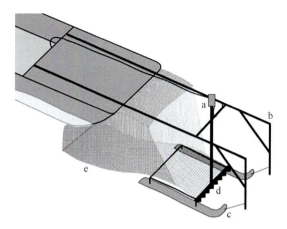

图 7-13 种子收割机示意图（Marion and Orth，2010）
a. 电动马达驱动切割机构；b. 悬臂式支撑结构；c. 铝制"雪橇"；d. 切削结构；e. 草料收集网

图 7-14 收割机从船体一侧下放（Orth and Marion，2007）

图 7-15 收割的生殖枝被泵入网袋（位于桶内）（Orth and Marion，2007）

2. 种子分选设备

海草生殖枝暂养过程中，种子逐渐成熟，而叶片等组织逐渐腐败成为碎屑，将种子从碎屑中分离是后续种子保存和播种的前提。海草碎屑和海草种子分离装置的设计可以利用二者的密度/浮力不同，利用水动力进行分选。美国研究者设计了可以用于分离海草碎屑和种子的水槽装置（图7-16）。水槽的上游端设置了一个厚度为2in①的网格塑料层，用作流动的校直器，该装置具有一个玻璃纤维制作的金字塔形出口，内部填满了生物滤料介质，有助于形成相对均匀的流场。水槽底部比水体引入的最低点低6in，因此种子一旦沉积在底部附近，就会进入缓流水域，避免被冲刷至水槽更深处。亚克力玻璃窗用于观察水槽内流速和水位下降情况。将种子和碎屑混合物投放到上游端一个厚度为1in的塑料网笼中，在笼子中搅动混合物以促进分离，随着混合物穿过网格下落，优质种子会迅速下沉到底部，而碎屑则会被冲刷到水槽下游足够远的位置，在排水孔涡旋处聚集并被排出。逐渐向水槽中加入大量混合物后，种子被吸到底部或被推到排水孔，并沉积在1mm的筛网上。因此，初始测试非常关键，以确定防止优质种子在分离过程中被冲刷至排水孔的流速和水位。

图 7-16 海草种子分离水槽（Orth and Marion，2007）

3. 播种单元制备设备

海草种子适宜埋藏深度较浅，而海底表层泥沙流动性较强，因此海草种子播种后流失程度很高，尤其是直接播撒于海底表面的种子，极易随水流流失。因此，将种子预先固定于泥丸、泥块或者可降解麻袋内，形成固着能力更强的播种单元再进行播种，可显著提高播种效果。例如，经过长期实践发现，麻袋法是澳大利

① 1in≈2.54cm。

亚南部海域最为成功的海草修复方式，因为麻袋为种子提供了一个稳定的建苗环境（图 7-17）。

　　中国海洋大学海草研究团队最近研发了一款气吸式精量播种泥块制备机（图 7-18），海区实验发现泥块底播 10d 后种子留存率约为 67%，种子萌发率达 47.5%，健苗率为 18.6%，播种效果良好。

图 7-17　澳大利亚南部海域麻袋法种植海草

图 7-18　气吸式精量播种泥块制备机

4. 播种设备

近年来，国内外比较流行一类单人海草播种设备。2017 年荷兰科学家将玻璃胶注射器作为一种潮间带可用的单人自动注射式播种器（图 7-19a），将鳗草种子和泥土混合形成泥浆灌入机器，可调试每次扣动扳机注射的种子量，以达到最佳种植密度。该方法被不断改进推广，可用于潮下带潜水作业（图 7-19b），也开始应用于不同海草种类或不同国家地区的海草修复项目。另外，也出现了直接利用陆地种植器进行海草播种的成功案例。例如，20 世纪 70 年代即已生产的陆地树苗单人种植器 POTTIPUTKI，近期被用于滩涂海草的播种，预先将海草种子装入麻线口袋，可避

a　　　　　　　　　　　　　　b

图 7-19　单人自动注射式播种器潮间带（Gräfnings et al.，2023）和潮下带
（https://www.vanoord.com/[2025-5-20]）现场应用

免种子被摄食，也更易固定于底质中（图 7-20）。中国科学院海洋研究所则利用类似的国产陆地播种器，成功开展了潮间带海草播种（图 7-21），预先将种子包入黏土中形成泥丸，可有效减少种子的流失。单人海草播种器具有诸多优点，价格低廉，简单便携，可有效提高播种效率，降低种子流失度。但是，目前国产陆地播种器在滩涂和海水环境中操作较易变形损坏，有待进一步改进提升质量。

图 7-20　海草单人播种器 POTTIPUTKI、作业场景和种子

图片来源：https://pottiputki.com/produkter-ror-eng/[2025-5-20]；
https://www.ywt.org.uk/blog/seagrass-restoration[2025-5-20]

图 7-21　我国基于泥丸法的单人海草播种器

21 世纪初，美国切萨皮克湾等海域的大规模海草修复项目催生了几款适合大规模作业的海草播种设备，但并未形成商业化广泛应用。2004 年美国马里兰州自然资源部和机械公司（C&K Lord）合作开发了一款海草种子播撒设备（图 7-22）。该款设备可装配在船上，能够保证播种的密度和均匀程度，也远远高于人工撒种的效率。同期，Traber 等（2003）开发了一种基于凝胶系统的机械式注射播种机（图 7-23a），其由两部分组成：一个是海底橇（图 7-23b），用于开挖沟槽，种子-凝胶混合物通过 8 个喷射器被挤入沟槽中，并被一个重力垫覆盖，埋入沉积物表面以下 1~2cm 深处；一个是台泵，通过软管将海草种子和悬浮凝胶的混合物供应到安装在橇上的集流器（分配）系统。使用凝胶是为了利用其黏性保持种子的悬浮状态，进而确保泵速直接控制种子输送速率。但该设备需全程控制凝胶处于冷藏状态，以保证其黏度稳定。此外，另一款不需要凝胶的注射式机械播种机也进行了测试应用。但这些设备未见后续进展或者推广使用。

图 7-22　海草种子播撒设备（Shafer and Bergstrom，2008）

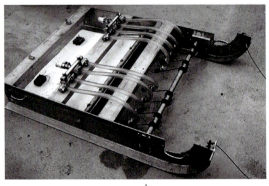

a　　　　　　　　　　　　　　　b

图 7-23　海草机械式注射播种机（Orth et al.，2009）

最近，其他国家也出现了大型水下海草播种设备。2023年英国工程技术公司土地水务集团与国际海草保护组织合作设计了一款自动海草播种机（ASP）（图7-24），并于2023年6月在英国戴尔湾（Dale Bay）进行了现场测试。该设备可置于船只甲板上，然后下放至海床表面，受GPS制导可将内含泥沙、种子混合物的可降解麻袋精确种植在预先评估的适宜位置，最大限度优化海草的存活和生长效果，效率是人工播种的4倍以上。设备作业范围包括潮间带和潮下带6m以浅区域。该款自动播种机力求在播种过程中减少对环境的影响，同时使海草播种间隔距离最佳，以减少资源竞争并促进健康生长。虽然修复效果仍需进一步监测，但该设备实现了海草种植过程的流程化和机械化，将颠覆传统的人工海草种植方式，以更低的人力和时间成本实现大规模海草恢复，为缓解气候变化提供了一种新的自然解决方案。据了解，澳大利亚尤利西斯公司近期也研发了一款新型水下海草种植设备，工作效率是传统人工播种的10倍以上。

图 7-24　自动海草播种机

图片来源：https://envirotecmagazine.com/2023/09/25/automated-seagrass-planter-promises-to-revolutionise-restoration/

同时，国际上也涌现了海草播种机器人产品或设计理念。美国旧金山珊瑚礁群机器人公司设计的海草播种机器人蝗虫（图7-25），可一次性携带包含20000粒种子的黏土混合物，通过注射方式进行播种，2023年6月在英国戴尔湾进行了应用。此外，珊瑚礁群机器人公司也设计了不同类型的机器人，可进行海草种植和珊瑚修复等工作。2020年英国学生在创新大赛中提出了海草播种机器人ROBOCEAN的创意（图7-26），设计目标是机器人可自主滑行至海底，在海底自主行走并播种，当电量或者种子耗尽时可自主返回船只充电或者补充种子，然后再次进行作业。该创意已获得资金支持并已注册公司，目前仍在研发当中。

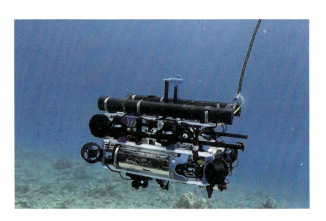

图 7-25　海草播种机器人蝗虫

图片来源：https://www.bfi.org/2022/07/13/reefgen-fiscal-sponsee-of-the-month/[2025-5-20]

图 7-26　海草播种机器人 ROBOCEAN 的模型示意图

四、自动化播种设备发展展望

（一）贝类自动化播种设备发展展望

我国贝类自动化播种设备的发展相较于国外起步较晚，但随着国内贝类底播养殖产业规模不断增大，贝类自动化播种设备的发展已初具成果。现阶段传统的人工播种已无法满足大规模的滩涂贝类养殖需求，劳动力资源紧缺的问题日益严重，机械化、自动化播种是未来发展方向。随着科学技术的进步，借鉴国内外各领域播种设备的先进技术，贝类播种设备也需要向自动化和智能化的方向发展，实现在播种区域根据播种环境和养殖需求等条件，自动调整播种设备播种量及播种区域，实现精准变量播种。机械化、自动化、智能化的发展能够减少人力资源的使用，提高作业效率，播种量的精准控制可提高苗种及养殖资源的利用率，进而提高企业的经济效益。因此，学习各个领域播种设备的先进技术并加以融合，对加快贝类播种设备由机械化到智能化的发展进程具有重要意义，是我国现代海洋牧场发展的重要支撑。

（二）海草自动化播种设备发展展望

目前海草床构建技术体系基本确立，但相关技术的规模化应用受制于机械化、自动化或智能化水平。综合国内外最新研究动态可以看出，基于种子法的自动化或半自动化设备是目前的主流研制目标，一些成功案例显示其具备显著扩大海草床构建规模的能力。同时，美国、英国、澳大利亚已经或正在研发自动化或智能化海草播种设备，旨在进一步以更低廉、更高效、更具规模的方式开展海草床修复与构建，切实为缓解气候变化提供基于海草床的自然解决方案。相比而言，尽管我国海草生态学研究近年发展迅速，但国内强大的工程技术研发力量（包括研究机构或企业组织）鲜有关注海草床构建领域的设备研发需求。因此，应加强对海草床重要性的认知，加强跨学科合作技术研发，尽快实现我国海草床修复技术的机械化、自动化和智能化发展，为今后海洋牧场海草床生境的维护与构建提供有力的技术支撑。

第三节　自动化巡检设备

信息化、物联网以及人工智能领域的快速发展，为海洋牧场自动化巡检设备的发展提供了大量可借鉴的新技术和新理念。自动化巡检设备的研发和应用，极大地提高了海洋牧场的管理效率和准确性。

自动化巡检设备作为一种辅助型设备，在海洋牧场的建设和发展中发挥着自身独特的优势。相较于海洋牧场传统的巡检方式和相关工具，自动化巡检设备拥有提高巡检效率、实时监控与数据收集、降低人工成本及风险、精准养殖管理、提升养殖质量和产量、环境监测与保护六大优势（杨红生和丁德文，2022）。自动化巡检设备在海洋牧场中的应用，为海洋牧场"降本增效"的发展策略奠定了基础。同时，随着科技的不断进步，未来自动化巡检设备在海洋牧场中的应用将更加广泛和深入，为推动海洋牧场的现代化和智能化提供更为重要的价值（刘小飞等，2023）。

一、自动化巡检设备发展历程

由于自动化巡检设备需要面对不同种类、不同性质的工作，因此衍生出了具备不同功能的设备，主要有水质监测设备、水下生物监测设备、视频声音监测设备、动态捕捉设备四大类。为了确保自动化巡检设备对海洋牧场进行全方位、立体化的检测，根据工作方位的差异，又将其分为天空、水面、水下三种不同类型的设备，如无人机、巡检船、水下巡检机器人。海洋牧场中自动化巡检设备的广泛应用，不仅提高了巡检效率和安全性，还降低了人工巡检的成本和风险，是现代工业和基础设施管理的重要组成部分。

在国外，早在 20 世纪 50 年代，西方国家海军就在水面舰艇上引进了内外部通信等集成设计技术，到 80 年代后期，以美国海军为代表提出了水面舰艇外部与内部通信一体化设计思路，即综合通信系统（ICS）。20 世纪 90 年代，美国海军已经开始研究水面无人艇。美国 1993 年研制了代号为"海上猫头鹰"的无人艇，采用 GPS 进行导航跟踪。此外，20 世纪 60 年代，在越南战争中美军使用内燃气动力的水面无人船（unmanned surface vessel，USV）船队通过远程控制来执行扫雷任务；20 世纪 70 年代，USV 被广泛应用于美军的反水雷舰艇系统上；20 世纪 90 年代后期，美国海军研发了具有自我防御功能的"罗布斯基"（Roboski）喷射性 USV，并于 2000 年初期开始在 USV 上安装执行机密任务的传感器平台，在沿海形成具有战斗力的 USV 船队。同时，美国水雷与反水雷战项目执行办公室（PEO LMW）研发了一款可重构、高速和具有长耐力的半自动 USV，在反潜战时，还可配备声呐系统。美国海军水下作战中心联合公司于 2002 年起合作开发"斯巴达侦察兵号"无人水面艇（SPARTAN SCOUT USV），其目标是研发具有模块化、可重构、多任务、高速、半自主航行的 USV。2009 年 11 月 4 日，C&C 技术公司（C &C Technologies，Inc.）联合开发了新的无人半潜式潜水器（USS）。

在国内，20 世纪 60～70 年代中后期，我国水面舰艇通信系统设计基本上采用"单机单控"模式来构建通信"系统"；80 年代末期至 90 年代中后期，我国形成了第一代综合通信系统设计技术；进入 21 世纪，开始大量采用计算机辅助设计及集成优化设计技术，进一步提升了系统的综合信息传输与承载、通信资源管理与控制、天线布置与射频多功能集成等技术水平（于洋，2019）。2002 年，我国北方一基地装备修理厂把退役的导弹快艇改造成无人遥控靶船，实现了远程遥控指挥。在 2006 年的珠海航展上，展示了国产新型"XG-2"型水面无人概念艇。在此概念艇的基础上，2008 年中国气象局大气探测技术中心和沈阳航天新光集团有限公司合作，共同研发了"天象一号"USV。2008 年的青岛奥帆赛，该艇作为赛事气象应急装备提供了气象保障服务。同年 11 月的珠海航展上，沈阳航天新光集团有限公司展示了新型"XG-3"型"闪电号"水面无人艇，可完成较恶劣海况下的探测、侦察甚至是小目标攻击等任务。

二、自动化巡检设备技术特点

海洋自动化巡检设备涉及的关键技术主要是通信技术、导航技术和航速与航向控制技术。

（一）通信技术

通信技术是指运用各种通信手段，实现对信息的采集、处理、传输、交换与重现的技术。通信技术复杂多样，按多种方式分类，比如按传输手段可分为有线通信、无线通信和简单手段通信，按波长可分为长波通信、中波通信、短波通信、超短波通信和微波通信等，按承载业务可分为语音通信、数据通信、图像通信和视频通信，按传输带宽度量可分为窄带通信、宽带通信和超宽带通信，按承载平台可分为固定台站通信和移动通信。

目前由于我国计算机网络通信行业的机遇和挑战同在，随着网络建设逐步完善及终端功能的丰富，拥有丰富内容资源的服务提供商将增大其在互联网领域的投入。目前规模最大的三大网是电信网、有线电视网、计算机网，它们都各有优点和不足。每个载体在技术上都存在很大的提升空间，因此在设备及服务商方面，未来将追求更高的带宽、更快的网速，开发更智能、更灵活的网络设备。研发者在追求更高效的业务升级和新业务上线的同时，必须注重研发更绿色、更安全的网络服务，促使网络朝着更快速、更智能、更灵活、更安全和更绿色的方向发展。

（二）导航技术

导航技术是指通过航位推算、无线电信号、惯性解算、地图匹配、卫星定位及多种方式组合运用，确定运载体的动态状态和位置等参数的综合技术。导航技术根据导航信息获取原理的不同，可分为无线电导航、卫星导航、天文导航、惯性导航、地形辅助导航、综合导航与组合导航，以及专门用于指导飞机等飞行器着陆的着陆系统等。能够完成一定导航定位任务的所有设备组合的总称即导航系统，如无线电导航系统、卫星导航系统、天文导航系统等。

随着船舶导航技术的发展，各学科越来越多的技术成果被引入船舶导航领域。当前，需要对船舶导航技术进行信息化和自动化的改造和提升，构建一个高度信息化、高度自动化、统一操控的船舶导航平台。船舶导航是一个系统的工程，主要导航方式有三种：系统导航、惯性导航、雷达导航。系统导航分为星基导航和陆基导航，星基导航是利用卫星导航，陆基导航就需要修建大规模的信号站，不过随着 GPS 的出现，现在陆基导航系统均已停止使用。

北斗系统是中国自行研制的全球卫星导航系统，也是继美国 GPS（全球定位系统）、俄罗斯 GLONASS（格洛纳斯全球导航卫星系统）之后，世界上第三个成熟的卫星导航系统。北斗系统能够为全球用户提供全天候、全天时的定位、导航和授时服务，广泛应用于交通运输、渔业、气象监测、灾害预警等民用和社会领域。国内各高校越来越重视基于微机电系统（MEMS）的微型组合导航系统的研制。例如，上海交通大学采用数字信号处理器（DSP）实现了嵌入式捷联惯性导航系统/全球定位系统（SINS/GPS）微型组合导航系统方案，并完成了组合导航系统的设计与软硬件实现；南京理工大学设计出了基于 DSP 的 SINS/GPS 微型组合导航系统；沈阳理工大学和哈尔滨理工大学各自设计出了基于现场可编程门阵列（FPGA）的 SINS/GPS 微型组合导航系统。

尽管目前各高校、公司都研制出了相应的组合导航系统，但专用于 USV 的微型组合导航系统市面上却很少。考虑到 USV 的工作环境是水面，良好的密封设计是微型组合导航系统首要考虑的因素。目前，船艇的导航以 GPS 和北斗系统居多。

（三）航速与航向控制技术

对于无人艇的控制，最主要的是无人艇的航速与航向的控制，主要研究方法有"比例-积分-微分"（PID）以及改进 PID 控制、李雅普诺夫（Lyapunov）直接法、反步（Backstepping）设计法、滑模控制、自适应控制、模糊控制等。

意大利马尔科·卡恰（M.Caccia）等针对"查理"号 USV（"Charlie"号无人水面艇）和"罗斯"号 USV（"ROSS"号无人水面艇）进行了大量研究，如图 7-27 所示。比布利姆（Bibulim）等基于航向运动数学模型的控制设计方法，设计了比例-微分-积分控制器（I-PD 控制器）和卡尔曼（Kalman）滤波器的航向控制器，并在海港中进行了实船试验，取得了较好的控制效果。

a. "Charlie"号USV   b. "ROSS"号USV

图 7-27　意大利和印度的典型 USV

国内已有大量关于 USV 的研究报告，吴恭兴研究了某喷水推进型 USV 的运动控制问题，从软件、硬件角度设计了嵌入式运动控制系统，并提出基于小脑模型的运动协控制策略。仿真试验表明，该系统保证了 USV 具有较好的操控性能。

总体而言，无人艇的控制主要是航速和航向的控制，发展趋势是以微电子、计算机技术、自动控制技术、卫星通信技术等为基础，促进通信、导航、计算机以及网络的深度融合。

三、自动化巡检设备应用现状

（一）无人船（艇）

1. 水面无人船研究现状

水面无人船（USV）是一种无人操作的水面舰艇，是依靠遥控或自主方式在水面航行的无人化、智能化作战平台。USV 通过飞机或大型舰艇携载，到达预定地点后施放，也可直接在基地近岸使用，起到保护己方、打击敌方的作用，主要用于执行危险以及不适于有人船只执行的任务。

在 USV 研发和使用领域，美国和以色列一直处于领先地位。美国海军航空和海上作战系统中心机器人小组是"斯巴达侦察兵号"无人水面艇项目组的成员之一，该小组研发了测试样机和 USV 通用平台，旨在提高 USV 的载重和自主航行能力。

最负盛名的是以色列国防部研发的"PROTECTOR"系列的 USV，该 USV 能在不暴露身份的情况下执行一些关键的任务，降低了船员和士兵的作战风险。以色列研发的主要 USV 分别为保镖号 PROTECTOR、银马林号 Silver Marlin、黄貂鱼号 Stingary 等型号的三款 USV（图 7-28）。

a. 保镖号PROTECTOR

b. 银马林号Silver Marlin

c. 黄貂鱼号Stingary

图 7-28　以色列的 USV

美国、以色列的 USV 主要服务于国防，而其他国家的 USV 更多地服务于民用，如航运、海洋环境保护、航道测量等，如挪威的"穆宁"号、英国的"斯普林格"号、意大利的"查理"号以及葡萄牙的"德尔芬"号。

在我国，相关领域的主要研究机构有哈尔滨工程大学、中国船舶集团有限公司第七〇一/七〇七研究所、中国科学院沈阳自动化研究所、珠海云洲智能科技股份有限公司、深圳市海斯比船舶科技股份有限公司等。其中，沈阳航天新光集团有限公司在 USV 的研制上处于领先地位。2017 年 9 月"天行一号"USV 问世（图 7-29），最高航速超过 50kn（92.6km/h），由哈尔滨工程大学和深圳市海斯比船舶科技股份有限公司联合研制。

图 7-29 "天行一号"USV

当然，作为新兴的海洋工程先进装备制造产业，未来 USV 的发展需要突破导航、通信、动力和船体四大核心难题，可谓任重而道远。一方面，它要有成熟的航行算法和避障能力，让船只可以按照既定路线自主航行，躲避障碍；另一方面，平台需要有远距离水面数据和实时视频通信的功能，确保作业数据的质量，平台还需要通过软件界面在卫星地图上查看船只航行的路线、任务的状态、监测的参数，进行在线数据的简单分析与处理。从目前的情况来看，USV 在军事上应用最为常见，未来在民用领域，随着各国对海洋战略的重视及海洋开发力度的加大，USV 也将扮演越来越重要的角色。

2. 水下无人艇研究现状

水下无人艇（unmanned underwater vehicle，UUV）是一种主要以潜艇或水面舰船为支援平台，能长时间在水下自主远程航行的智能化装置，其军事用途已经受到世界许多国家的广泛重视。

与世界上其他十几个研制 UUV 的国家相比，美国海军处于领先地位。美国现有在研、在役多种水下无人潜航器，覆盖各种排水量和动力类型，用途涵盖海洋环境调查、侦察与反水雷、察打一体化等。反潜作战持续跟踪无人艇

（Anti-Submarine Warfare Continuous Trail Unmanned Vessel，ACTUV）项目是美国国防高级研究计划局（DARPA，Defense Advanced Research Projects Agency）研制的水下无人艇探测器，该项目旨在应对未来安静型柴电潜艇的威胁。该无人艇采用光电传感器、远程/近程雷达以及光探测/测距设备，利用人工智能与艇载传感器进行导航，具有探测、跟踪、告警、规避功能，能够进行无线和卫星等多种通信。

2016 年俄罗斯推出了"马尔林-350"型远程控制水下无人艇（图 7-30），该潜航器用于在水下 350m 搜索目标和开展调查工作。在 2015 年的英国防务展上，瑞典萨博（SAAB）公司展出了该领域的多项研发成果，其无人艇具有水雷探测、反水雷、远程作业与高阶自主能力，采用模块化设计，可执行多种任务。

图 7-30 "马尔林-350"型远程控制水下无人艇

相较于国外先进的水下无人艇，我国水下无人艇发展虽然起步晚，但技术发展迅速。哈尔滨工程大学水下机器人国防科技重点实验室研制了多种自主式智能水下机器人系列等，如"仿生"系列 UUV（图 7-31）、"微龙"系列 UUV（图 7-32）。目前，我国的水下机器人技术日趋成熟，有些已达到或接近世界先进水平（徐玉如等，2006）。

图 7-31 "仿生-I" UUV

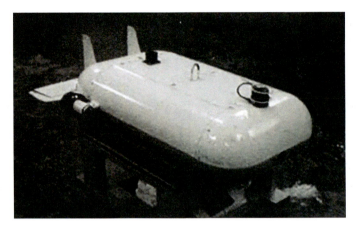

图 7-32 "微龙-I" UUV

3. 半潜无人艇研究现状和发展趋势

半潜无人艇结合了无人艇和潜水器的功能特点,主要应用于近海测量与测绘,工作时航行于近水面区域,航行时主艇体处于水面下方,只有艇体的部分附体在水面之上。半潜无人艇可避开水面风浪干扰,也可以不受水深的限制,大大提高了安全性。

图 7-33 英国 ASV C-Hunter

当前,国外的半潜无人艇制造商主要有英国 ASV 有限公司(ASV Ltd)(图7-33)、法国 iXblue 公司(图7-34)和美国 C&C 技术公司等(图7-35)。ASV C-Hunter 半潜水器是一款被广泛应用的工作级半潜水自主式无人水面艇(ASV),具有优秀的自持能力,能缩短商业及军事作业中的无人值守周期。ASV 半潜水器的重量、速度、作业范围和有效载荷能力可根据作业需求灵活配置。发射和回收(Recovery)可由母船或岸基平台完成,耐力可达数天。法国 iXblue 公司研发的新型 AUSV 可与科研船协同,在沿海与公海环境下执行水文、地质和生态等多种调查任务,提升了作业灵活性和效率。其设备在试航期间以超过 10kn 的航速完成了高精度海底地形测绘。美国 C&C 技术公司与美国海军研究实验室(Naval Research Laboratory,NRL)多年合作,推动无人潜航器应用于极端海域,拓展了无法载人作业区域的调查覆盖。其平台具备更宽广的气象窗口和更长续航时间,为高效与安全调查提供保障。

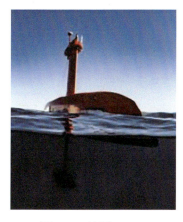 

图 7-34　法国 iXblue　　　　　　图 7-35　美国 C&C 技术公司

相较于国外的发展，国内对于半潜艇的研究还处于起步阶段。江苏科技大学研发的小水线面半潜复合水面无人艇，由非回转水下主体、主体中部的垂直支撑体、支撑体顶部设置的水面浮体和艇尾部的推进装置组成。通过对该模型的相关实验可得，模型的综合性能优于单体滑行艇、常规三体型的无人艇，极大地改善了横摇运动性能，适航性比上述两种艇高出了 60% 之多，可在高海况下作业。

（二）水下巡检机器人

1. 生物监测机器人

水下生物监测机器人的主要功能是对鱼类的数量、种类、体长等数据进行统计计算，由多波束声呐监控单元、多波束声呐监控系统数据服务器、双目视觉摄像机、双目视觉服务器组装而成（图 7-36）。多波束声呐监控单元布放至水下后，在水下采集的数据通过驳接盒接入服务器，由服务器处理、存储数据并将数据输出到水下生物识别系统界面。双目视觉摄像机则由绞车布放至水下，通过驳接盒接入服务器，由服务器处理、存储数据并将数据输出到水下生物识别系统界面。

当前，以深圳鳍源科技有限公司、深圳潜行创新科技有限公司（潜行机器人）、青岛森科特智能仪器有限公司、青岛罗博飞海洋技术有限公司四家公司为代表的生物监测机器人在国内受到广泛关注和认可（李一平，2002）。例如，深圳鳍源科技有限公司的 FIFISH P3（图 7-37）搭载的高性能影像系统，可提供 4K 超高清影像和 2000 万像素的高清图片。FIFISH P3 配备了 162°超广角镜头，带来真实的沉浸感和宽阔的视野；采用的 1in 的 SONY CMOS 传感器，有效感光面积是常规水下相机的 4 倍，即使是在光线不足的水下环境中，仍然能够捕捉到更多的细节。该设备可用于海洋环境监测、海啸预警、海洋湖泊救援、深海沉船发掘、核电站检测、码头水下检测、江河湖泊水质检测、堤坝渗漏检测、自来水厂渗漏检测、渔业观光、游艇水下观光等，个人应用包括潜水、水下摄影、海钓、游艇乘坐等。

图 7-36 水下生物监测机器人

图 7-37 FIFISH P3

青岛森科特智能仪器有限公司的网衣清洗机器人（图 7-38）搭载的摄像机与视觉系统，可以辨识网衣清洗前的状态，以及清洗后的网衣是否达到要求；机器人搭载的声学定位通信设备可以与搭载在机器人充电装置上的声学定位通信基站进行通信，实现机器人在网箱中的位置定位以及与水面计算处理服务器进行指令数据交互。网衣清洗机器人可以跨越有立柱隔绝的挂片网衣、可以 180°翻身底朝上从网衣外侧贴附沉在海底的网衣进行清洗，可以从水平状态一键自动 90°竖起，贴附于侧网进行清洗。此外，网衣清洗机器人还可对深海养殖网箱、网衣的状态进行监控和维护，解决了长期以来困扰深海养殖平台的养护难、排障难、作业风险高等问题。

图 7-38 网衣清洗机器人

2. 水下视觉与声呐一体化巡检设备

随着技术的进步和应用需求的增加，水下视觉与声呐一体化巡检设备（图 7-39）在海洋工程、资源勘察、环境保护等领域的应用越来越广泛。特别是在海底基础设施的监测和维护中，这种整合技术有望提高效率和可靠性，减少水下工作环境带来的挑战和风险。水下视觉与声呐一体化巡检设备结合视觉和声呐，可以提供多角度、多维度的数据，使得检测结果更全面；水下视觉提供高分辨率的图像，而声呐可以提供较大范围的扫描，二者结合可以提供高精度的定位和检测结果；现代设备通常能够实时传输和处理数据，使得操作和决策更加迅速。

图 7-39 水下视觉与声呐一体化巡检设备

四、自动化巡检设备发展展望

1. 技术创新

未来，自动化巡检设备将越来越多地集成人工智能（AI）技术，使用机器学习算法进行数据分析和故障预测。设备可以自主学习和优化，增强异常检测能力和决策支持能力。此外，高级传感器技术、5G 和未来通信技术、边缘计算与云计算技术等也将广泛应用于自动化巡检设备。其中，高级传感器技术将使设备能够检测更多种类的异常和环境变化；5G 及其后续技术将大幅度提升数据传输速度和稳定性，使实时数据传输和远程控制更加高效，减少延迟；结合边缘计算和云计算技术，将使得数据处理更为高效，边缘计算可以在设备端实时处理数据，而云计算则用于大规模数据存储和深入分析。

2. 应用拓展

在制造业、电力和石油等行业，自动化巡检设备将用于实时监控设备状态，提前发现潜在问题，进行预测性维护，减少突发故障和缩短停机时间。此外，自动化巡检设备还可用于监测建筑物、管道和设施的安全状态，同时进行环境监测，如空气质量、水质等，提升管理效率和安全水平。自动化巡检设备将在桥梁、高速公路、铁路等交通基础设施的检查和维护中发挥重要作用，确保交通安全和基础设施的稳定性。在自然灾害或紧急情况中，自动化巡检设备可以用于快速评估损害、监测灾后环境，并支持救援行动。

综上，自动化巡检设备在提高监测效率、降低人力成本、实现实时监控、促进科学养殖、保障食品安全、推动可持续发展以及提高应急响应能力等方面具有重要意义（黄小华等，2022），未来将在智能化升级、多功能融合、远程操控与自主航行、环境适应性提升、能源管理优化、生态系统监测、法律法规与标准制定以及人才培养与技术创新等方面取得长远发展（李道亮和刘畅，2020）。

第四节　自动化投饵设备

自动化投饵设备在现代水产养殖中的应用日益广泛，极大地提高了养殖效率，降低了人力成本，同时有助于实现精准投喂，减少饲料浪费，保护水域生态环境。本节将重点介绍国内外在投饵船、气力式远程投饵机、定点投饵机、轨道式投饵机和无轨道投饵机等方面的最新研究进展，分析各种设备的特点、优势及应用现状，并探讨未来发展趋势。

一、自动化投饵设备发展历程

我国自动化投饵设备的发展历程可以追溯到 1978 年,中国水产科学研究院渔业机械仪器研究所丁永良等（1979）针对池塘养殖模式开展了水产投饵机的研发工作,当时的投饵机功能相对简单,主要完成定时定点定量的投饵工作。20 世纪 90 年代到 21 世纪初,自动化投饵设备在国内外获得了广泛应用,美国装备技术公司（Equipment Techology Inc.）等公司针对深海网箱和陆基养殖开发了自动投饵系统。同时期,我国的投饵机技术逐渐成熟,中国水产科学研究院南海水产研究所和上海海洋大学等机构在自动投饵装备的研究方面取得了显著进展,为水产养殖业的现代化和高效化做出了重要贡献（庄保陆和郭根喜,2008）。近年来,随着物联网和智能控制技术的发展,自动化投饵设备逐渐向智能化方向发展,许多设备开始配备传感器和远程控制功能,实现了精准投喂和数据分析。现代化的自动化投饵设备已经广泛应用于深海网箱养殖和高密度工厂化养殖中,不仅提高了饲料利用率,降低了劳动强度,还减少了环境污染。这些发展标志着自动化投饵设备从简单的机械化逐步走向智能化、精准化和高效化,为水产养殖业带来了巨大的变革和提升。

二、自动化投饵设备技术特点

（一）饲料高效连续传输技术

饲料通过上料系统被输送到设备的储料仓中,常见的上料方式包括螺旋输送、气力输送等。储料仓的容积相对较大,需要保证其内部的环境清洁,具备温度和湿度自动调控系统。上料系统确保饲料在输送过程中不受污染,整个上料过程能够持续输送饵料,满足一定的速度需求,并保持饲料的完整性和质量。

（二）饲料无损精准输送技术

饲料从大型储料仓通过输送管道被输送到投饵装置,气力输送和轨道式输送是两种常见的输送方式。气力输送利用空气流动将饲料输送到指定位置,通常采用高压气动的方式进行较远距离的饵料传输,适用于大范围的养殖场。轨道式输送则通过轨道系统,如履带、机械料斗等方式将饵料传送到投饵装置指定储料位置,该方式相对灵活,适用于室内养殖。

（三）监控和集中智能控制技术

集中控制系统是整个投饵设备的核心,负责控制上料、输送和投饵过程。集中控制系统可以设定投饵时间、投饵量和投饵速率,实现定时、定点、定量投喂。

现代集中控制系统通常结合了物联网技术，可以实现远程监控和操作。通过传感器和监控系统，可实时监测养殖池中的生物生长、摄食状况和水质情况。根据监测数据，自动调整投饵策略，确保养殖动物获得适量的饲料。

（四）饲料精准投放技术

饲料到达投饵装置后，通过下料装置和抛撒装置均匀地投放到养殖水面。下料常见的方式包括电磁式、振动式、皮带输送式等。抛撒装置确保饲料均匀分布，避免集中投放导致的饲料浪费和水质恶化。

三、自动化投饵设备应用现状

（一）投饵船

挪威是最早将自动化投饵船应用于大规模海水养殖的国家之一。2010 年，挪威萨尔玛（SalMar）公司推出了世界上第一艘自动化投饵船"SalMar Vision"（图 7-40），该船配备了先进的投饵系统和 GPS，能根据鱼群大小、生长阶段和水域环境自动调节投饵量和频率，极大地提高了投喂效率和精准度。阿克瓦集团（AKVA GROUP）是挪威的另一家全球领先的投饵船生产商，饲料搭载量从 96t 到 900t 不等（图 7-41）。根据储存容量和型号，投饵船有 4～16 个饲料筒仓。除了

图 7-40　SalMar 公司的自动化投饵船"SalMar Vision"
图片来源：https://www.salmar.no/en/about-salmar/salmars-operating-areas/

图 7-41 阿克瓦集团的投饵船

图片来源：https://www.akvagroup.com/sea-based/precision-feeding/feed-barges/[2025-5-20]

饲料储存容量，船舶还具有不同的青贮饲料、工业用水、饮用水和燃料储存容量，具体取决于所选的船舶型号。阿克瓦集团迄今交付了 450 艘以上的投饵船，船舶经过长期的优化设计，能够帮助客户应对当前和未来面临的挑战，确保安全、可靠、高效运行。近年来，随着 AI 技术和机器视觉技术的发展，挪威的自动化投饵船已经能够通过分析鱼群行为，智能判断最佳投饵时机和投喂量，进一步优化了养殖管理。

我国在自动化投饵船领域的研究起步较晚，研究方向主要集中在适应于池塘养殖等场景的小型投饵船。由中国水产科学研究院黄海水产研究所牵头的"蓝色粮仓科技创新"重点专项"海水池塘和盐碱水域生态工程化养殖技术与模式"，针对海水池塘和盐碱水域对虾养殖饵料投喂特点和产业需求，研制了池塘自动化投饵船，并开发了投饵船管控平台（图 7-42）。投饵船载重 150kg，行走速度为 0.7～1.2m/s，导航精度为 1.5m 以内，续航能力在 3h 以上。该投饵船的应用降低了劳动强度，能够实现规定区域的均匀投饵，减少饲料浪费 40% 以上，降低水产养殖成本，具有显著的经济效益和社会效益。

图 7-42 国产池塘自动化投饵船

（二）气力式远程投饵机

在气力式远程投饵机方面，荷兰的 AquaPoint 公司开发了一种基于压缩空气原理的远程投饵系统，能将饲料输送至远离岸边的养殖网箱，最大投喂距离可达 500m。该系统不仅提高了投喂范围，还通过精确控制气压和流量，确保了饲料的均匀分布，减少了饲料损失。挪威阿克瓦集团开发的网箱气动投喂系统输送距离可达 2km，采用内置摄像头和传感器感知鱼类生长状态，将数据存储在阿克瓦鱼语（AKVA fishtalk）数据库中，集成模型算法对饵料投放量实时调控（图 7-43）。该系统可以同时并行处理超过 40 个网箱的投饵工作，同时支持桌面和移动端的控制，方便用户使用。

图 7-43　阿克瓦集团的气力式远程投饵系统
图片来源：https://www.akvagroup.com/sea-based/precision-feeding/feed-barges/[2025-5-20]

在我国，中国科学院海洋研究所在 2016 年牵头研发了"智能型气力式自动投饵机"。该投饵机为正压稀相气力输送设备，利用高速空气流输送饲料并进行抛撒，实现定时、定量、定参数的自动化投饵，可实现现场或远程操作，完成投饵设定、参数读取、历史数据获取和存储等工作，实现无人值守的全自动投饵，可满足现代工厂化养殖、池塘养殖及海上养殖网箱、工船平台投喂的需求。该套系统可分时供 32 个养殖池使用，送料管道规格为 63mm，可以投喂 1.5～12.0mm 不同规格的饲料；投喂饲料重量平均误差小于 3%，饲料输送破损率小于 5%；饲料可连续输送，100m 输送距离条件下沉性饲料最大投喂速度为 25kg/min，200m 输送距离条件下沉性饲料最大投喂速度为 20kg/min，输送距离最远可达 600m；装机总功率为 15.6kW；防尘防水等级达 IP45。近年来，山东明波海洋设备有限公司、青岛海兴智能装备有限公司等企业也相继开发了气力式远程投饵机。青岛海兴智能装备有限公司研发的气力式投喂系统（图 7-44）利用高速空气流将饵料输送到养殖池进行抛撒，实现定时、定量、定参数的自动投喂。该系统可以通过选择现场或远程操作，完成投喂设定、参数读取、历史数据获取以及存储等工作，实现无人值守的全自动投喂，满足现代工业化水产养殖的需求。

图 7-44 青岛海兴智能装备有限公司的气力式投喂系统

图片来源：http://hishing.com/aquaculture/162-cn.html[2025-5-20]

（三）定点投饵机

日本在定点投饵机的技术研发上一直处于领先地位。日本水产株式会社（Nippon Suisan Kaisha）公司推出的定点投饵机，结合了图像识别和深度学习技术，能够根据鱼群密度和活动状态自动调节投饵量，有效避免了过量投喂造成的环境污染。

我国在定点投饵机的研发上也取得了重要突破。大连汇新钛设备开发有限公司开发了一款定点投饵机（图 7-45），能够根据对虾习性和熟练养殖人员的操作习惯，实现精准投喂、定时多餐和全天投饲，能够节省饲料、促进对虾生长、提高养殖效率、减轻养殖水环境负担和降低养殖成本，逐渐成为养虾产业升级换代必不可少的现代化养殖装备（孙建明等，2021b）。大连智慧渔业科技有限公司开发了定点投饵机 SFT1（图 7-46），该产品设计考虑到高盐雾环境的使用需求，具有防腐蚀和易维护的特点，通过 4G 物联网卡，用户可以使用手机、平板或电脑进行远程操作，实时设置投饵任务，适用于现代化水产养殖。

图 7-45　大连汇新钛设备开发有限公司的定点投饵机

（四）轨道式投饵机

图 7-46　大连智慧渔业科技有限
公司的定点投饵机 SFT1
图片来源：https://www.dlsf-tech.com/
product.html[2025-5-20]

轨道式投饵机在陆基循环水养殖系统中应用较为广泛。挪威的水产养殖创新（Skretting Aquaculture Innovation）公司开发了一种可沿轨道移动的投饵机，该投饵机能够覆盖整个养殖池，实现均匀投喂。该系统还配备了饲料损耗监测系统，能够实时反馈饲料消耗情况，帮助养殖者优化投喂策略。

在国内，广东省农业科学院与珠海市金湾区某养殖企业合作，成功研发并应用了轨道式投饵机。该设备采用电动驱动，可在养殖池上方的轨道上自由移动，通过预设程序自动完成投喂任务，显著提高了养殖效率和饲料利用率。山东广为海洋科技有限公司开发了轨道式投饵机（图 7-47），预先在养殖池上方建设轨道，采用可编程逻辑控制器（PLC）控制，可根据用户需求进行池位选择、投喂重量设置和投喂时间设置。投喂精度可控制在 2% 以内，送料速度可达 2t/h。该设备采用分体成撬式设计，可以充分利用现场空间，为自动化投喂提供了可行的解决方案。

图 7-47　山东广为海洋科技有限公司的轨道式投饵机

图片来源：https://gw-ocean.com/38/2[2025-5-20]

（五）无轨道式投饵机

中国科学院海洋研究所研发了基于无轨道式智能引导车（automated guided vehicle，AGV）的智能投饵机（图 7-48），车身装载激光雷达、超声波、CCD 相机、陀螺仪等多种传感器和麦克纳姆轮机构。该系统采用无线充电方式补充能源，利用嵌入式激光雷达和 CCD 相机系统构建内置预建图、即时定位与导航图（SLAM），控制 AGV 车体的多向移动，以生物节律为基础，结合水下残饵、粪便、死虾图像识别技术，完成投喂任务。通过实时拍摄养殖系统内的水下图像，将估算出的活虾生物量、死虾数量和残饵粪便等信息回传到上位机，经上位机做出决策后，通过控制系统调节投饵系统的喷射角度、喷射气压和喷射量，实现自动精准投喂，为工业化养殖奠定了自动化饲喂技术的基础（孙建明等，2021a）。

图 7-48　无轨道式智能投饵机

自动化投饵设备的研究和应用正在不断取得突破性进展，为渔业生产带来了更高效、更可持续的发展模式。未来，随着技术的不断创新和完善，相信自动化投饵设备将发挥更加重要的作用，为渔业产业的现代化转型提供强有力的支撑。

四、自动化投饵设备发展展望

目前，水产养殖业中自动化投饵设备已经得到了广泛应用，但仍存在一些问题，限制了自动化投饵设备的普及和应用。主要问题包括设备成本较高、投饵精度不足、维护复杂等。未来，自动化投饵设备的发展趋势将主要集中于解决上述问题。

首先，降低设备成本是提高自动化投饵设备市场普及率的关键。通过规模化生产，实现投饵机、部件、接口的生产标准化，降低单台设备的制造成本，采用新材料和新技术，降低设备的制造和维护成本。在政策方面，争取政府对自动化投饵设备的补贴政策，减轻设备投资和生产的经济负担，降低自动化投饵设备的应用成本。

其次，利用现代智能化技术提升自动化投饵设备的精度，提高养殖成功率，减少饲料浪费。利用机器视觉、声学、大数据和生物模型等现代化技术手段建立智能化精准投饵模型，为自动化投饵设备提供"大脑"，实现无人化养殖，提高养殖效率和效益。通过自动化投饵设备、自动化监测设备和自动化管理系统的结合，实现无人化养殖场的建设和运营。

最后，制定有效的市场推广策略和完善的售后服务。在重点养殖区域开展自动化投饵设备示范项目，展示设备的优势和效果。定期对养殖户进行培训，普及自动化投饵设备的使用方法和维护知识，提高养殖户的接受度。在上述基础上，提供完善的售后服务，解决养殖户在使用过程中遇到的问题，增强用户信心。

水产投饵设备的发展充满了机遇和挑战。未来，通过高度自动化和智能化提升实现降本增效的目标，进而提高投饵设备的市场普及率和应用效果，为无人化养殖提供坚实的技术基础。随着技术的不断进步和应用的不断推广，水产投饵设备将在水产养殖业中发挥越来越重要的作用，助力行业迈向高质量发展阶段。

第五节　自动化清洗设备

海洋牧场自动化清洗设备主要用于网箱和其他养殖装备的清洁，是现代化海洋牧场智能运维的重要组成部分。它能够提高海洋牧场的生产效率、降低生产成本，防止生物污染和疾病的传播，保护海洋生态环境，确保养殖生物的健康和产品质量。自动化清洗设备的应用有助于提高海洋牧场的整体技术水平和竞争力，促进产业的可持续发展。本节将综述网箱清洗机器人、船体清污机器人、清淤机器人等自动化清洗设备的发展历程，探讨其技术特点、应用价值以及未来发展方向。

一、自动化清洗设备发展历程

海洋牧场自动化清洗设备的发展是一个由初始探索到现代化、智能化，再到未来数字化和体系化的过程，这一过程中技术不断创新，应用不断拓展。在海洋牧场发展初期，养殖网箱的清洗主要依靠人工，操作人员站立在网箱框架旁，用毛刷等工具清理网箱上的附着物，还可以通过潜水员定期潜入水中利用手持高压水枪清洗网箱。除此之外，有些养殖网箱在设计上可以进行分箱和并箱，通过将网箱内的鱼全部赶入另外设置的网箱内，把网箱运到岸上清洗、检修后重新安装。这些网箱清洗方式效率低、劳动强度大，逐渐被淘汰。

随着技术的发展，人们开始探索更高效的网箱清洗方式和装备，如移动式水下网箱清洗装置、潮流动力型网箱清洗装置、轨道式网箱清洗装置和水下自动清洗机器人。早期设计的移动式水下网箱清洗装置通常由高压水泵提供动力，通过喷嘴产生高压水射流清洗网衣，有的还配备毛刷以增强清洗效果。例如，宋协法等（2006）利用高压水泵产生高压水流，驱动圆盘及毛刷旋转以对网衣进行清洗；黄小华等（2009）利用喷嘴产生高压水射流驱动叶轮旋转，进而带动清洗盘转动来实现对网衣的清洗。这种类型的移动式网箱清洗装置结构简单、操作方便，工作人员手持操纵杆即可实现对网衣的移动式清洗，极大地降低了劳动强度，提高了清洗效率，但在设备的可操作性及自动化方面还有待于进一步提高。

潮流动力型网箱清洗装置利用潮汐和波浪使网衣与安装的毛刷产生相对运动，实现自动清洗（宋协法等，2021）。例如，敖志辉（2011）在环形养殖网箱内安装了一个尺寸略小于网箱的圆环形框架式网刮，在潮流冲击下网刮能够自动靠紧网箱，实现对网箱的自动清洗；冯静和梁健雄（2016）利用潮流带动扇叶旋转，使扇叶边缘的网刮与网衣相互摩擦，实现网衣的自动清洗。此类装置合理利用自然能量，不需要养殖船和人工操作，大大降低了人工成本，但该类清洗装置固定安装复杂，且容易对网箱造成伤害。

网衣属于柔性结构，毛刷与网衣保持良好接触或喷嘴与网衣间距离适宜，才能达到理想的清洗效果。轨道式网箱清洗装置能够保证清洗装置与网衣的有效清洗距离，提高清洗效率。例如，Andersen（1998）在网箱外侧和清洗单元上安装了磁吸式框架，清洗设备通过框架轨道滑动，利用高压水射流和毛刷对网衣进行清洗；张祖禹（2020）设计了一种安装在网箱内部的轨道，清洗装置沿网箱内壁移动，对网箱进行清洗。

　　全自动清洗设备是海洋牧场自动化清洗设备发展的成熟阶段。这些设备通常采用先进的传感器、控制系统和清洗装置，能够实现自动清洗，大大提高了清洗效率，降低了生产成本。水下自动清洗机器人是最具代表性的装备之一。与传统的网箱清洗装置相比，水下自动清洗机器人在自动化、多元化、智能化方面具有明显优势，成为未来网箱清洗装置发展的趋势（宋协法等，2021）。水下自动清洗机器人的控制系统可以根据不同的污损生物类型来设置和调节，如清洗的速度和时间等。该设备通过水下摄像机向操作人员或主控系统反馈网衣污损程度及清洗效果，实现网箱的自动、高效清洗。然而，目前开发应用的水下自动清洗机器人，虽然自动化程度和清洗效率较高，但仍需远程操控，且对技术人员的专业素养要求较高，难以实现智慧渔业。未来网箱的自动清洗依然任重道远。

二、自动化清洗设备技术特点

　　海洋牧场自动化清洗设备是一种专门为清洁海洋养殖设施而设计的自动化机械系统，其核心在于清洗工艺的精确性和自动化程度的高效性。在工艺设计上，需要针对不同的清洗对象和污垢特性，开发出适应性强、通用性广的清洗程序。这不仅要求对清洗介质的选择有深入的理解，还涉及对清洗过程中物理作用（如超声波、喷淋等）和化学作用（如酸碱度、氧化还原等）的精确控制。自动化程度的提升则依赖于先进的传感技术、智能控制算法以及机器学习等技术的集成应用，以实现设备对清洗过程的自适应调整和优化。此外，自动化清洗设备还需具备高度的可靠性和稳定性，确保在长时间无人值守的条件下，仍能保持清洗效果的一致性和设备的持续运行。

　　随着工业产品的多样化和精细化，自动化清洗设备面临着技术创新和定制化需求的双重挑战。一方面，清洗技术需要不断创新，以适应新材料、新结构的清洗需求。例如，纳米级别的清洗精度要求设备具备更高的分辨率和控制能力，而环保型的清洗介质则需要在保证清洗效果的同时，减少对环境的影响。另一方面，不同行业和不同产品的清洗需求千差万别，自动化清洗设备必须提供定制化的解决方案，以满足特定应用场景的需求。这不仅涉及硬件的设计和制造，还包括软件的编程和用户界面的友好性，以便于用户根据自己的需求进行设备配置和操作。

　　另外，节能和安全是自动化清洗设备在设计和应用过程中必须重点考虑的问题。节能方面，设备需要采用高效的能源利用策略，通过优化清洗流程减少不必要的能源消耗，并开发低能耗的清洗技术。安全问题则涉及设备操作的安全性和清洗过程中的环境保护。自动化清洗设备应配备有完善的安全防护措施，如紧急停机按钮、安全互锁装置等，以防止操作过程中的意外伤害。同时，清洗过程中产生的废水和废弃清洗剂需要得到妥善处理，以避免对环境造成污染。此外，设备的智能化监控系统可以实时监测清洗过程，及时发现并处理潜在的安全风险。

目前，自动化清洗设备在工艺流程、技术创新、定制化需求、节能和安全等方面面临着一系列的技术难点。解决这些难点不仅需要跨学科的知识和技能，还需要不断的技术探索和实践积累。随着科技的不断进步和市场需求的日益增长，自动化清洗设备的技术发展将更加注重智能化、环保化和人性化，以满足未来工业生产的高标准要求。

三、自动化清洗设备应用现状

海洋牧场自动化清洗设备的应用现状表明，其在多个领域具有广泛的适用性，并且已经取得了显著的应用效果。随着技术的不断进步和市场需求的增长，其应用前景将更加广阔，为海洋经济的发展和海洋生态环境的保护做出更大的贡献。

自动化清洗设备的应用领域涉及海洋结构物清洗、海洋牧场维护、海洋环境治理以及科研与监测等。该设备可以用于清洗海洋石油平台、船舶、海岸工程设施等，去除附着生物和污垢，保障设施的安全和工作效率。在海洋牧场中，该设备用于清洗养殖网箱、养殖笼等设施，防止生物附着，保持养殖环境的清洁。此外，该设备还用于清理海洋污染，如清除海底垃圾、油污等，保护海洋生态环境。在海洋科研和监测活动中，该设备用于清洗水下设备，如水下机器人、传感器等，确保设备正常运行和数据准确性。

海洋牧场自动化清洗设备的应用效果显著，如通过定期清洗可以延长海洋设施的使用寿命，减少维护成本；通过清洗养殖设施可以提高养殖密度和生长速度，增加养殖收益；通过清洗减少设备对海洋生态的干扰，维持海洋生物多样性；减少附着生物对海洋设施的潜在危害，提高航行和作业的安全性。

海洋牧场自动化清洗设备应用前景广阔，这得益于多方面的共同推动。随着自动化、智能化技术的不断进步，这些设备将变得更加高效和可靠，从而提高市场竞争力。海洋经济的快速发展，推动海洋牧场自动化清洗设备的需求持续增长，这为设备的应用提供了广阔的市场空间。另外，政府对海洋经济的支持政策推动了这些设备的应用和发展。同时，国际合作也促进了技术的交流和市场的拓展，为设备的应用提供了更多机会。随着产业链的不断完善，设备的生产、销售和服务将更加成熟，进一步拓宽应用前景。

（一）网箱清洗机器人

网箱清洗机器人主要用于清除附着在网箱表面的藻类、贝类等生物，避免网孔堵塞，保持良好的水体交换。这类机器人通常采用高压水射流或机械刷洗的方式，结合智能导航系统，在复杂的海洋环境中自主完成清洗任务。

国外知名的网衣清洗机器人有挪威阿克瓦集团的 FNC8 及 MPI 网衣清洗机器人，这些机器人只能在清洗的时候通过人工来观察网衣有没有破损，不能在巡检时自动发现网衣破损并进行破损位置定位后上传信息集中管控系统。由于缺乏自主性及智能性，这些机器人不能满足当今深远海网箱对网衣破损自主识别的迫切需求。阿克瓦集团还研发了一款名为"LiceRobot"的网箱清洗机器人，专门用于清除寄生在鱼类身上的海虱，通过精确的激光扫描和水流喷射，有效减少了化学药物的使用，提高了养殖环保性。

在国内，青岛森科特智能仪器有限公司联合中国科学院海洋研究所等科研单位研制的网衣清洗机器人（图 7-49），通过搭载高清大广角水下摄像机，可以有效进行大范围的拍摄，画面信息通过海缆进行传输，利用地面站可以对画面进行实时预览。另外，机器人底部搭载履带系统，即可以贴在网衣上运动，检查网衣的状态、网衣附着情况，并能跨越网纲前进，实现在网衣上按照规划的路径行进。机器人结构圆滑不伤害网衣，能够在 0.8m/s 以下流速条件下正常工作。

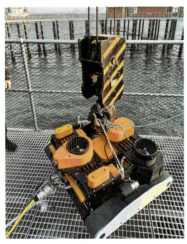 

图 7-49　网衣清洗机器人的现场作业场景

（二）船体清污机器人

船体清污机器人主要用于清除船体表面的附着生物，如海藻、贝类等，以减少阻力，提高航行效率，同时防止生物入侵。这类机器人通常配备有强力吸盘或磁吸附系统，确保在船体表面稳定运行，通过机械刮刀或水流喷射进行清洁。

迪拜的赫尔维普（HullWiper）公司开发的船体清污机器人 HullWiper（图 7-50）能够在清除船体表面污物时将洗脱的污物存放到专门的过滤装置中，以便收集后交给专业的环境废物处理公司。该机器人的过滤系统在清洁废水方面的有效性已得到环境分析和咨询专业公司 AMT 公司的验证。

图 7-50 HullWiper 公司的船体清污机器人 HullWiper

船体清污机器人 HullWiper 以非常高的速度将可调节的高压海水射流直接喷射到船体上，以去除废物，而无须使用传统方法所需的擦洗、刺激性化学物质或研磨材料。与传统的刷式清洁不同，Hullwiper 使用高压射流进行清洁，可以保证船体表面光滑、完整，也不会损坏船舶表面的防污涂层。

在国内，飞马滨（青岛）智能科技有限公司研发的智能水下清洗平台是国内首台商用、世界领先的水下智能检测清洗系统（图 7-51）。该系统采用先进的多智

图 7-51 飞马滨（青岛）智能科技有限公司的水下清洗机器人

能体控制、水下定位、浑水视觉、负压吸附、全局传感技术，可实现在不同场景下完成不同对象表面附着物的水下安全检测和全面清洗工作。以船长 145m、船宽22.4m、型深 11m、满载吃水 8.2m 的 SITC TOKYO 船舶整船清洗为例，该系统可在 3.5h 内完成船舶清污工作，作业效率较传统清污大幅度提高。

上海海事大学牵头组成科研团队，面向国家航运业发展的重大需求，针对现有船体清洗装备及技术难以满足船舶清洗保养需求的现状，从船体清洗装备和关键技术需求出发，历经多年的产学研联合攻关，重点开展船体清洗机器人平台和清洗工具的优化设计研究，突破了浮游+爬行模块化重构、水下负压吸附机构、水下空化射流清洗工具等一系列关键技术，研制了"海鲫号"远洋船舶清洗机器人（图 7-52）。

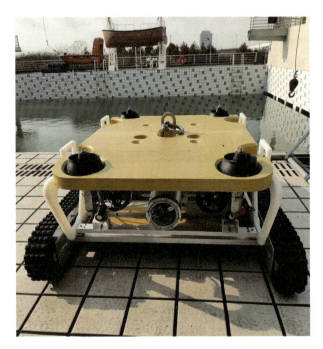

图 7-52　"海鲫号"远洋船舶清洗机器人

"海鲫号"是国内外首次采用浮游+爬行模块化重构技术的船体附着物清洗机器人，浮游+爬行模块化重构技术使机器人既能以浮游模式完成清洗任务，又可以通过自主设计的柔性履带底盘，以爬行模式进行清洗作业，能够轻松完成前后、转弯及原地旋转等运动，实现清洗机器人高机动性和高稳定性，满足不同结构类型船舶的清洗需求。

该机器人还采用了大功率推进器与负压吸附结合的自适应吸附技术，提高了机器人在复杂船体表面作业时的吸附能力；采用无损、高效的空化水射流技术，设计自旋转空化盘，提高了附着物清洗效率。据报道，该机器人抗流能力达到 2kn 以上，最大爬行速度为 0.7m/s，最大清洗能力达到 500m²/h。

（三）清淤机器人

　　荷兰的 SeaTools 公司是一家专门从事水下作业装备研发的企业，针对海底设施，如发电厂和海水淡化厂进水口的清洁工作，开发了专用的清洗设备，如图 7-53 所示。

图 7-53　SeaTools 公司的水下清淤机器人

　　深圳市施罗德工业集团有限公司（SROD）是一家专注特种机器人产业集群的国际化新型高科技企业，该企业聚焦城市地下空间智能机器人装备及定制化解决方案。清淤机器人 D800A（图 7-54）是一款可进入 DN800 管径、移动灵活、吸污能力强的清淤机器人，适用于市政管网、暗渠箱涵、净水厂、气田水池、潟湖、饮用水库、冷却塔水池等高危环境的检测和清淤，是受限空间的清淤利器，其清淤效率高，可达 150m³/h，并且可配备更大的吸污泵。机器人本体尺寸为 2000mm×735mm×680mm，防护等级为 IP68，整机重量为 300kg，摄像机参数为 200W 像素，机器人本体行走速度为 0.6km/h，爬行距离为 50m，工作温度为–20～60℃。

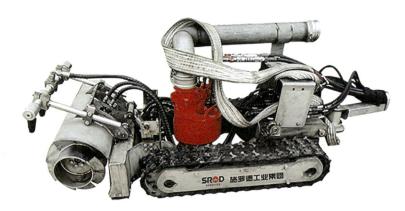

图 7-54   深圳市施罗德工业集团有限公司的清淤机器人 D800A

四、自动化清洗设备发展展望

（1）技术创新与智能化发展。技术创新在海洋牧场自动化清洗设备中扮演着关键角色。需要研发先进的传感器、控制系统和算法，实现网衣自动化清洗设备自主运行。利用大数据、人工智能等新兴技术，实现设备的精准定位及自动调整清洗方案，从而提高清洗效率和准确性。

（2）新材料应用。自动化清洗设备新材料的应用主要涉及两个方面：一是设备制造材料，通过应用耐腐蚀、耐高压等新型材料，显著提升设备在恶劣海洋环境中的耐用性和可靠性；二是网衣清洗剂，使用对环境友好的化学清洗剂，以减少对海洋生态的影响，同时提高清洗效率。

（3）节能降耗，降低运营成本。自动化清洗设备可采用高效的能源转换技术，如太阳能、风能等可再生能源，减少能源消耗和运营成本。通过提升设备的能效、应用智能控制技术、使用环保材料以及设计集成系统，进一步优化能源使用和减少能耗。

（4）多场景应用拓展。应用领域拓展在海洋牧场自动化清洗设备的发展中展现出广阔的前景。设备不仅能够适应传统的海水养殖环境，还成功扩展到淡水养殖、深海养殖等多种环境，以满足多元化的养殖需求。同时，针对不同种类的海洋生物,如贝类、海藻、鱼类等,设备提供了定制化的清洗解决方案,确保了养殖效率和生物健康。

(5)跨界融合。设备与海洋观测、海洋能源开发等领域相结合,构建了一个多功能的海洋综合服务平台,进一步提升了其在海洋产业中的应用价值和影响力。

(6)标准化。网箱清洗设备的标准化对于确保设备质量、提高清洗效率、降低运营成本以及促进技术交流和提升市场竞争力具有重要意义。未来,标准化将推动行业健康发展,通过制定统一的技术规范和操作流程,实现设备的兼容性和互操作性,同时为深远海养殖的规模化和智能化提供支持。

第六节 自动化水下采捕设备

自动化水下采捕设备是现代海洋工程和渔业技术的前沿领域,旨在提高采捕效率、降低人力成本、提升操作安全性并减少对海洋环境的破坏。目前,自动化水下采捕设备的研发处于快速发展阶段,尤其是在应对海洋资源开发需求和环境保护压力的背景下,相关技术不断创新和完善。

一、自动化水下采捕设备发展历程

(一)起步与探索阶段

自动化水下采捕设备的发展可以追溯到 20 世纪后半叶。早期阶段主要集中在概念验证和实验性设备的研发,探索机器人技术在海洋环境中的适应性和应用潜力。这些设备通常依赖于遥控技术,操作员通过电缆或无线信号控制设备在水下进行基本的图像采集和样本收集。

随着计算机和传感器技术的进步,自动化设备开始引入自主化功能。这一阶段的关键技术进展包括自主路径规划和避障能力的增强,设备能够更加独立地在复杂的海底环境中操作。例如,通过声呐和水声定位系统的应用,设备能够实现更精确的定位和导航,从而提高操作的准确性和安全性。

(二)技术成熟与应用阶段

1. 关键配件高效化

采捕设备需整合多种传感器技术,如高分辨率摄像头、水质传感器和温度传感器,实现对海洋环境和目标物体的高效监测和识别。机器视觉和深度学习技术的应用,使设备能够自动识别和分类不同种类的海洋生物,从而提升捕捞的效率和选择性。

2. 应用领域的综合化

水下采捕设备不仅在商业渔业中得到了广泛应用，还在科学研究、环境监测和海洋资源开发利用等领域展示了重要价值。例如，在科学研究中，水下采捕设备主要用于收集深海生物样本和环境数据，支持海洋生物学和生态学研究发展。

3. 运行环境多样化

随着对深海资源开发需求的增加，设备在适应复杂海底地形和极端环境方面的能力不断增强。新材料的应用和结构设计的优化，使设备能够在高压、低温和强烈海流等极端条件下稳定运行。

二、自动化水下采捕设备技术特点

（一）采捕机械臂设计

在自动化水下采捕机械臂中，抓取机械臂和吸取机械臂是两种常见的末端执行器。它们各有特点，并适用于不同的任务和目标对象。

抓取机械臂有多种形态，如双指夹持器、三指或多指抓手、螯式抓手等，这些设计能够适应不同形状和尺寸的物体，多指抓手可以模拟人手的灵活性，提供更好的抓握能力和稳定性，适用于复杂形状的目标物。抓取器的表面材料常采用柔软或高摩擦力的材料，如橡胶或聚氨酯，以增强抓握力并保护目标物体不受损坏，表面设计有时还会包括纹理或刻痕，以增加摩擦力，防止目标物滑落。先进的抓取器配备了力传感器，可以实时感知抓取力的大小，有助于避免过度用力，保护易碎物体，力控制技术允许抓取器在保持稳定抓握的同时，适应不同的物体硬度和形状，如我国自主研发的深海潜器"蛟龙"号使用的就是抓取机械臂（图 7-55）。

图 7-55　"蛟龙"号配备的抓取机械臂

吸取机械臂主要利用负压（真空）来吸附和固定目标物体，适用于表面光滑、较平整的物体。真空吸盘是常见的吸取器设计，适用于捕捉平面物体或外形简单的物体，在吸附过程中需要进行精确的真空控制，以避免过度吸附或吸力不足。先进的系统配备了压力传感器和反馈控制系统，确保吸力的稳定性和安全性。

（二）水下姿态控制与走航精准控制技术

水下采捕机器人需要控制 6 个自由度，包括前后、左右、上下的平移运动，以及俯仰、偏航、滚动的旋转运动。精确的姿态控制使机器人能够在水下复杂的地形和条件下保持稳定，避免倾覆或失去控制。机器人通常配备多种传感器，如惯性测量单元（IMU）、压力传感器、声呐、视觉系统等，以提供姿态和环境信息，并采用数据融合技术综合处理来自不同传感器的数据，提供稳定和精确的姿态信息。自适应控制算法能够在水下环境变化时，自动调整控制参数，以维持稳定的姿态。水下环境中的洋流、波浪以及其他水动力效应会影响机器人的姿态稳定性。系统设计时需要考虑抗干扰能力，确保机器人在这些干扰下仍能稳定运行。稳定控制算法如模糊控制、滑模控制等可以提高系统的抗干扰能力。

稳定走位依赖于高精度的定位系统，如超短基线系统（USBL）、长基线系统（LBL）、惯性导航系统（INS）等。在浅水区域或靠近水面的作业中，GPS 可以提供初步定位信息，然后通过声学定位等方法进行精确校正。这些系统联合使用，可以在不同深度和环境下提供稳定的定位信息。稳定走位不仅要求机器人能够准确地到达目标位置，还要求其具备路径规划和避障能力。路径规划算法能够根据任务需求生成最优路径，同时考虑避开障碍物。声呐、激光雷达和摄像头等传感器可实时扫描周围环境，探测可能的障碍物，并调整路径以避免碰撞。这种动态避障能力对于确保任务顺利完成至关重要。自动化控制系统允许机器人在执行任务时，自主调整位置、速度和方向。任务执行过程中，系统可以根据实时传感器数据调整操作。例如，在采集样本时精确定位，或者在执行巡航任务时保持恒定深度和速度。自动化控制降低了设备对人工的依赖，提高了任务的效率和安全性。

（三）图像识别技术与机械手精准定位

图像识别技术利用多光谱成像、深度学习与卷积神经网络（CNN）等先进算法，能够在复杂的水下环境中进行精确的目标识别与分类。这些技术通过处理可见光、红外、声呐等多模态数据，克服了水下光线衰减、散射等挑战，提高了图像清晰度与识别准确性。同时，图像增强和实时处理能力确保机器人能在浑浊水域中实时识别目标物体，并通过三维重建与多传感器融合，提供精确的空间定位与导航信息。这些功能增强了机器人在执行自动化采集、生物分类、环境监测等任务时的效率和自主性。此外，数据传输与存储技术的优化，使得机器人能有效管理大量的图像数据，确保任务数据的安全与完整。整体而言，水下采捕机器人的图像识别技术具有高精度、高适应性与智能化特点，极大地提升了其在复杂水下环境中的操作能力与任务成功率。

机械手的快速精准定位技术融合了高精度传感器、先进的控制算法和实时反馈系统，因此机械手能够在复杂的水下环境中迅速且精确地接触和操作目标。高精度传感器，如视觉系统、激光雷达和声呐等，可提供实时的环境和目标信息，这些数据经过滤波和融合处理后，能够消除噪声和误差，确保定位的准确性。控制算法采用了自适应控制、预测控制等先进技术，能够动态调整机械手的运动路径和速度，以适应不同的操作需求和环境变化。实时反馈系统通过传感器数据和控制信号的闭环反馈，保证了机械手在进行复杂操作时的稳定性和安全性。这些技术的结合，使得水下采捕机器人的机械手能够高效完成精细采集、抓取和操作任务，极大地提升了机器人在科研、资源开采和环境保护等领域的应用价值。

（四）辅助探测技术

在水下采捕机器人中，雷达和声呐辅助是关键组件，其提供了超越传统光学成像的能力，尤其是在能见度低、光线不足或浑浊的水域。这些技术包括高频侧扫声呐、多波束声呐、合成孔径声呐、前视声呐等，每种都有独特的应用优势。高频侧扫声呐用于生成高分辨率的海床图像，有助于识别和分类目标物体；多波束声呐则提供了水下环境的三维视图，能够精确测量水深和地形变化，辅助导航和定位；合成孔径声呐通过运动合成技术实现高分辨率成像，适合于大范围搜索和细节观察；前视声呐则在实时探测和避障中发挥关键作用，尤其是在复杂地形或存在障碍物的环境中。此外，这些声呐系统与先进的数据处理算法相结合，能够实时滤除噪声，提升信号质量和精度。数据融合技术进一步集成了来自声呐、雷达和其他传感器的多源数据，为机器人提供全面的环境感知能力，使其能够精准识别目标，导航复杂路径，越过障碍物，并进行精确的定位和跟踪。这些雷达和声呐技术不仅提高了水下采捕机器人的自主性和工作效率，还扩大了其在深海资源勘探、生态监测和水下考古等领域的应用范围。综合而言，雷达和声呐辅助技术赋予水下采捕机器人卓越的环境适应性和操作灵活性，使其能够在挑战性水域中执行高难度任务，极大地提升了任务成功率和操作安全性。

三、自动化水下采捕设备应用现状

（一）海参采捕机器人

海参采捕机器人（图 7-56）分为图像处理、精准采捕、控制监测、远程通信四大系统。按照系统开发—部件制作—系统升级—部件制作—系统实验的流程进行设计、加工、实验、产品定型。在海底复杂环境中，海参多分布在礁石缝隙中，针对海参生存场景，采用 8 推进器动力平衡的控制方式，以推进器来控制整个机器人的运动，调整吸取口的位置，提高了精度和灵敏度，加快了捕捞速率。此外，机器人上搭载了多波束声呐成像系统，以及与之匹配的云台及定位算法，使机器人能在水下准确定位及找寻目标。

图 7-56　海参采捕机器人

海参采捕机器人存在目标识别精度低、姿态控制难、作业精准度不高等问题。采捕机器人设计时综合考虑了水下采捕的操控方式和作业环境。首先，在海底复杂环境中，海参多分布在礁石缝隙中，通过设计采捕机器人主体结构，实现对海参的精准采捕及姿态控制。其次，针对海参图像识别技术，采用以 YOLOv4 为主的深度学习检测算法开展海底场景的改进，完成视频流中的帧数据分析并得出海参的位置与大小信息，实现海参识别效率达到 90%以上。掌握机器人水下实时位置，确保机器人水下作业的安全，采用双目测距及图像检测算法，实现对采捕机器人的具体位置、所处深度以及与无人艇的距离等信息的实时掌握。

（二）栉江珧采捕机器人

栉江珧采捕机器人（图 7-57）主要包括摄像机、运动机构、吸取机构、驱动底盘、吸取水泵、液压油箱、电控密封舱、液压系统、网篮。整个系统包含图像处理、精准采捕、控制监测、远程通信等。按照系统开发—部件制作—系统升级等流程，开展设备的设计、加工、实验、产品定型工作。开展各系统原理、功能及结构的系统开发设计，建立模型资料并进行工艺规划；进行零部件选取、加工及组装，并进行功能实验；通过对部分系统进行技术升级，实现设备自动化过程；

调试各系统组件，满足功能、性能、稳定、安全要求直至设备定型。

针对栉江珧生存场景，设计机械臂配合吸取式结构，可实现对泥沙中栉江珧的精准采捕。经过多次研发、调试，机器人又增加了浮桶和空气罩，保证机器人能根据海底情况实现悬浮或着陆。

图 7-57　栉江珧采捕机器人

栉江珧水下采捕机器人存在识别精度低、作业精准度不高、设备耐用性不高等问题。综合考虑栉江珧水下采捕机器人的应用方式和作业环境，首先，在海底复杂环境中，栉江珧多分布在沙泥底部，通过设计采捕机器人主体结构，实现对栉江珧的精准采捕及姿态控制。其次，针对栉江珧图像识别技术，采用图像声呐和多摄像机视频增强算法，大幅度扩大机器人的搜索范围和发现距离。完成视频流中的帧数据分析并得出栉江珧的位置与大小信息，实现栉江珧识别效率达到90%以上。最后，能否掌握机器人水下实时位置将直接影响机器人水下作业的安全，采用超短基线定位系统，实现对采捕机器人的具体位置、所处深度以及与无人艇距离等信息的实时掌握。

四、水下自动化采捕设备发展展望

水下自动化采捕设备的未来发展前景广阔。随着技术的不断进步和应用领域的拓展，这些设备将在全球海洋产业中扮演越来越重要的角色。智能化、自动化和环境友好型的设备将推动渔业、深海资源开发利用和环境保护的协同发展。

（一）推进技术创新与智能化发展

水下自动化采捕设备将以技术创新和智能化为重点研究内容。随着机器视觉、深度学习和人工智能技术的不断进步，设备将具备更高级别的智能化和自主化能力。机器学习算法的应用将使设备能够实现更精准的目标识别和捕捞操作，从而提高捕捞效率和资源利用率。传感器技术的进步也将增强设备在复杂海洋环境中的适应性和稳定性，使其能够在不同深度和水域条件下可靠运行。

（二）实现自主导航与集群协作

自主导航与集群协作是水下自动化采捕设备的另一个重点研究方向。实现高度自主导航，无须人类干预即可完成复杂的采捕任务。此外，集群水下机器人的发展也将成为一大亮点，通过多台机器人之间的协作，可以覆盖更大范围的区域，实现更高的工作效率，并且在遇到复杂环境时能够相互支援，提高作业的安全性和可靠性。

（三）完善环境友好型设计与续航能力

水下自动化采捕设备将以完善环境友好型设计与续航能力为重要突破口。随着人们对海洋生态系统的保护意识增强，未来的自动化水下采捕设备将更加注重环境影响最小化。这意味着设备的设计将考虑降低对海洋生物的影响，如使用环保材料、减少噪声污染、避免对海底生态的破坏等。提高能源效率和续航能力是自动化水下采捕设备发展的另一个关键方向。通过采用高效的能源管理系统和可再生能源（如太阳能、波浪能等），延长设备的工作时间，降低充电或更换电池的频率，从而提升整个作业流程的连续性和经济效益。

五、结语

"工欲善其事，必先利其器"。现代化海洋装备是建设和运维海洋牧场必不可少的工具。得益于现代工业制造、人工智能、北斗系统等领域的快速发展和交叉融合，海洋牧场作业装备近年来得到了快速发展。作业装备种类涵盖了海洋牧场生产活动的播种、巡检、投饵、维护和采捕等各个环节，总体上呈现百花齐放的态势。装备产业的快速发展，一方面是由于海上作业环境恶劣，用工成本高倒逼企业向先进生产方式转变；另一方面是由于传统生产活动的空间有限，人类向海洋更深、更远处寻找和生产优质蛋白，必然需要装备先行。然而，必须清醒地认识到，我国海洋牧场作业装备大部分仍处于跟踪模仿国外设备阶段，性能和可靠性方面与国外尚存在较大差距。此外，海洋牧场作业装备面向的产业用户相对较少，导致设备迭代升级周期较长，这也是影响相关装备技术升级的一个重要因素。选择一批需求迫切、技术成熟的作业装备，推进装备标准化，尽快出台相关农机补贴政策，给予设备用户一定的资金支持，将会对装备产业发展起到很好的推动作用。

第七节 本 章 小 结

　　本章针对播种、巡检、投饵、清洗、采捕等贯穿海洋牧场生产作业活动的主要场景，从作业设备的发展历程、主要技术特点、国内外研发和应用现状，以及发展展望等方面进行了总结梳理，共包含六个部分。第一部分简述了北斗系统的基本架构和基本功能，以及传统应用和在海洋装备中的应用；第二部分主要介绍了贝类、海草等自动化播种设备的技术特点及应用现状；第三部分和第四部分分别介绍了自动化巡检设备和自动化投饵设备的发展历程、技术特点、应用现状和发展展望；第五部分主要介绍了网箱清洗机器人、船体清污机器人和清淤机器人自动化清洗设备的技术特点和应用现状；第六部分从采捕机械臂设计、水下姿态控制与走航精准控制技术、图像识别技术、机械手精准定位和辅助探测技术等角度着手，介绍了自动化水下采捕设备的技术特点和应用现状。

参 考 文 献

敖志辉. 2011. 圆环形框架式网箱水下自动清洗的装置: CN201020636220. 0. 2011-12-07.

成宏达, 骆海明, 夏庆超, 等. 2022. 基于改进 γ-CLAHE 算法的水下机器人图像识别. 浙江大学学报(工学版), 56(8): 1648-1655.

丁永良, 徐国昌, 王喜臣, 等. 1979. 上海型鱼用颗粒饲料投饲机. 渔业机械仪器, (4): 19-21.

冯静, 梁健雄. 2016. 一种圆形网箱网衣水下清洗装置: CN201520548284. 8. 2016-01-13.

甘国庆. 2022. 水下抓取机械手的结构设计与分析. 大连: 大连交通大学.

郭雨青, 曾庆军, 夏楠, 等. 2021. 图像增强水下自主机器人目标识别研究. 中国测试, 47(11): 47-52.

黄伟, 李秀辰, 母刚, 等. 2022. 离心式滩涂贝类播苗装置设计与试验. 大连海洋大学学报, 37(2): 320-328.

黄小华, 郭根喜, 胡昱, 等. 2009. 轻型移动式水下洗网装置设计. 渔业现代化, 36(3): 49-52.

黄小华, 庞国良, 袁太平, 等. 2022. 我国深远海网箱养殖工程与装备技术研究综述. 渔业科学进展, 43(6): 121-131.

李道亮, 刘畅. 2020. 人工智能在水产养殖中研究应用分析与未来展望. 智慧农业(中英文), 2(3): 1-20.

李一平. 2002. 水下机器人——过去、现在和未来. 自动化博览, (3): 59-61.

李哲, 徐国强, 许开达, 等. 2019. 悬拖式幼苗释放装置: CN201910289867. 6. 2019-08-06.

梁健, 李永仁, 梁爽, 等. 2021. 一种便携式风扫贝类播苗机: CN202021908704. 6. 2021-06-11.

刘城. 2023. 海参采捕关键技术与装置的研究. 济南: 济南大学.

刘小飞, 李美满, 詹志炬. 2023. 基于多传感器数据融合的海洋牧场实时监测系统. 智能计算机与应用, 13(6): 196-202.

鲁超宇, 贾风光, 于利民. 2023. 水下图像目标检测研究综述. 数字海洋与水下攻防, 6(1): 34-40.

陆廷杰, 刘东海, 齐志龙. 2023. 基于深度学习的水下钢结构锈蚀识别与评价. 天津大学学报(自然科学与工程技术版), 56(7): 713-722.

母刚, 魏兴伟, 李秀辰, 等. 2019. 滩涂贝类播苗机: CN201821495207. 0. 2019-04-23.

石伟, 王德雨, 张元良. 2022. 基于图像增强的鳕鱼识别. 江苏海洋大学学报(自然科学版), (2): 64-71.

宋协法, 贾瑞, 马玉霞. 2006. 涡旋水流式网箱清洗设备的设计与实验. 中国海洋大学学报(自然科学版), 36(5): 733-738.

宋协法, 孙跃, 何佳, 等. 2021. 深水网箱清洗技术及装备研究进展. 渔业现代化, 48(5): 1-9.

孙建明, 陈福迪, 邱天龙, 等. 2021a. 一种工厂化水产养殖无轨道式智能导航投饲机: CN202110881992. 3. 2021-10-22.

孙建明, 吴斌, 吴垠, 等. 2021b. 一种工厂化养殖的多模式智能投饲机: CN202120335299. 1. 2021-11-12.

徐玉如, 庞永杰, 甘永, 等. 2006. 智能水下机器人技术展望. 智能系统学报, 1(1): 9-16.

杨红生, 丁德文. 2022. 海洋牧场3.0: 历程、现状与展望. 中国科学院院刊, 37(6): 832-839.

于洋. 2019. 智能水下机器人技术研究现状与未来展望. 电子制作, 27(4): 24-25, 55.

苑春亭, 刘强, 刘艳春. 2018. 一种底栖贝类苗种的浅海底播装置: CN201610258649. 2. 2018-08-03.

张福林, 曹胜中, 刘卫国, 等. 2024. 基于迁移学习的ROV水下建筑物缺陷识别方法. 失效分析与预防, 19(1): 6-12, 72.

张浣星, 王肖锋, 武刚. 2022. 应用于水下生物识别的联合范数主成分分析算法. 光电子·激光, 33(10): 1067-1074.

张翔宇, 陈金路, 郑向远, 等. 2023. 我国现代化海洋牧场智能运维的发展现状与建议. 海洋开发与管理, 40(7): 40-47.

张祖禹. 2020. 一种具有自动清洗功能的海洋养殖网箱: CN201921383987. 4. 2020-06-19.

郑宇. 2019. 水下作业机械臂位置控制及仿真研究. 大连: 大连海洋大学.

祝春柳. 2017. 菲律宾蛤仔机械化采捕行走机构及避障系统设计. 大连: 大连海洋大学.

庄保陆, 郭根喜. 2008. 水产养殖自动投饵装备研究进展与应用. 南方水产, 4(4): 6, 67-72.

清水利厚, 田中种雄, 柴田辉和, 等. 2007. 稚貝の放流方法および放流装置: JP20040130449. 2007-09-19.

Andersen P. 1998. Equipment for cleaning of net and cage: WO9858535A1. 1998-12-30.

Frederick L, Garrett J, Frederick L, et al. 1977. Apparatus for Planting Seed Oysters: US4052961. 1977-10-11.

Govers L L, Heusinkveld J H T, Gräfnings M L E, et al. 2022. Adaptive intertidal seed-based seagrass restoration in the Dutch Wadden Sea. PLoS One, 17: e0262845.

Gräfnings M L E, Heusinkveld J H T, Hoeijmakers D J J, et al. 2023. Optimizing seed injection as a seagrass restoration method. Restoration Ecology, 31: e13851.

Keith W, Black C, Rob J, et al. 1998. Machine for planting shellfish seedings: US 6082303A. 2000-07-04.

Keith W, Black C, Rob J, et al. 1998. Machine for planting shellfish seedings: US 6082303A.

Marion S R, Orth R J . 2010. Innovative Techniques for large-scale seagrass restoration using *Zostera marina*(eelgrass) seeds. Restoration Ecology, 18(4): 514-526.

Orth R J, Marion S R, Granger S, et al. 2009. Evaluation of a mechanical seed planter for transplanting *Zostera marina*(eelgrass) seeds. Aquatic Botany, 90(2): 204-208.

Orth R J, Marion S R. 2007. Innovative techniques for large-scale collection, processing and storage of eelgrass(*Zostera marina*) seeds. ERDC. TN SAV-07-2. US Army Engineer Research and Development Center, Vicksburg, Mississippi.

Shafer D J, Bergstrom P. 2008. Large-scale submerged aquatic vegetation restoration in Chesapeake Bay: status report, 2003-2006.

Traber, M. , S. Granger, and S. Nixon. 2003. Mechanical seeder provides alternative method for restoring eelgrass habitat(Rhode Island). Ecological Restoration 21: 213-214.

Zhang H B, Li P P, Zhang H N, et al. 2023. Design and experiment of cone disk centrifugal shellfish seeding device. Frontiers in Marine Science, 10: 1136844.

第八章　融 合 发 展①

目前，数字化、智能化时代已经到来，在国家倡导新质生产力驱动产业发展的背景下，依托现代海洋牧场实现多产业融合发展已是必然趋势。海洋牧场已不只局限于"三产贯通"，在不同产业层级，涉及的产业类型越来越丰富，由最初的增养殖业、加工业、旅游业、休闲渔业，逐步发展到装备制造业、文创产业、新能源产业、信息产业等。在这个过程中，现代海洋牧场的内涵也在不断丰富，发展的核心动能也在逐步多元化，驱动力也在不断提升。在多产业融合的带动下，新的发展理念、核心技术、运营模式也层出不穷，现代海洋牧场呈现一派全新的景象。本章围绕现代海洋牧场产业融合中的几个代表模式进行介绍，系统概括其特点和优势，探讨其目前存在的问题及对策建议，并对其未来发展趋势进行预测。

第一节　渔文旅融合

一、发展背景及意义

（一）融合发展背景

渔文旅融合指的是渔业与文创产业、旅游业的有机融合，是传统渔旅融合产业模式的进一步发展，其给旅游业带来的是更加丰富的文化内涵以及更具深度的精神体验，同时也助力海洋科普宣传和环境保护等公益事业的发展。通俗来讲，就是将渔业作为资源，进行旅游或休闲方面的开发与利用，同时增加文化的内核。

随着对海洋生态系统保护意识的逐渐增强，人们尝试在获得海产品产出的同时，探索将休闲旅游、海上观光等元素融入海洋牧场，使其成为休闲旅游、文化体验的重要场所，"渔业+文化旅游"创新模式能有效带动当地渔民增收，成为渔业转型升级、渔民转产转业的重要方式。海洋牧场与旅游、文化等产业的深度融合正在有效推动海洋生态环境保护和渔业可持续发展。

国外渔旅融合已经有几十年发展实践经验，美国、挪威、日本、韩国和澳大利亚等渔业发达国家，已经在海洋休闲渔业的多个方面建立了不同的制度体系，在科研和立法两方面更是投入了大量的人力物力，以促进海洋休闲渔业的健康发

---

① 本章作者：许强、王凤霞、杨心愿、宋肖跃。

展，保护和维持渔业资源的健康存续。从发展规模来看，海洋休闲渔业已经成为各国现代渔业的重要组成部分。例如，19 世纪早期美国沿海地区就出现了各式各样的休闲垂钓组织，与商业捕鱼不同，他们主要以俱乐部的形式开展各种休闲垂钓活动，1996 年美国海洋渔业局颁发《麦格纳森-史蒂文斯渔业养护和管理法》，随后各个州政府也制定了许多渔业法律法规，如游钓许可证制度、休闲渔业配额制等；欧洲国家海洋渔业旅游发展较好的是挪威，其已经颁布了人身安全、现场急救、文明捕捞等系列行为准则；澳大利亚政府也制定了相关制度法规以加强对海洋休闲渔业的管理，如渔获量限制，包括采集、垂钓及体验捕捞的渔获物等均有数量限制。国外渔旅融合由于发展较早，已形成较为完善的法律法规制度体系，有效规范和指导了渔业旅游行业的发展。

对于国内渔文旅融合发展，目前主要集中在沿海城市，主要以海洋休闲渔船为载体，以海洋元素为核心，大力发展海洋休闲渔业，促进当地海洋旅游资源和渔船渔民资源价值充分利用。随着渔文旅深度融合发展，逐渐形成了以海洋休闲渔船为主要载体的休闲垂钓运动型和采集捕捞体验型休闲渔业、以游览观光为主的海上旅游观光型休闲渔业、以鱼类和渔具设备展览为主的观赏型和以宣传教育为主的生态文化科普型产业模式。

此外，通过对文献资料的梳理可知，国内外海洋旅游业蓬勃发展的过程中，海洋文化内涵缺失的现象十分突出，具体表现在重经济效益、轻文化品质，重基础设施、轻文化市场培育，以及融合创新深度不足等方面，导致海洋文化旅游产品形态和结构单一，同质化严重，海洋文化氛围淡薄，没有能够让游客真正感受到海洋文化丰富的内涵以及冒险性、挑战性等人文价值，阻碍了海洋文化的传播、发展、传承、创新。

随着海洋旅游的快速发展以及人们需求的多样化和品质化，渔文旅融合是海洋文化资源价值实现的内在要求，也是提高公众的海洋意识、强化海洋强国建设的时代需求。渔文旅融合既是传承和保护海洋文化的重要途径，又是海洋旅游业健康、可持续发展的重要途径[9]。随着旅游行业竞争加剧，文化资源的挖掘成为拓展旅游发展空间的关键所在。自然资源可变形式相对于文化资源是有限的，当人们日益追逐新奇感、刺激感、神秘感、生活感的旅游体验时，恰恰只有文化资源才能够满足人们更加多样的需求，而且海洋文化兼具海陆元素，它以浓郁的海洋元素带给游客新奇感的同时，又以陆地元素带给游客亲切感，这使人们感受到了海洋文化与其原有的文化背景的共同性，增加了海洋文化的魅力，丰富了渔旅融合的内涵，同时提升了渔旅融合的品质。

整体来看，国外海洋渔业旅游发展较为成熟，法律法规和行业准则较为规范，中国海洋渔文旅融合发展，顺应时代潮流，符合国家相关政策，形成了多种海洋渔业旅游的模式，但与世界上海洋渔业旅游发展较成熟的美国、挪威、日本、韩国和澳大利亚等渔业发达国家对比来看，起步较晚，规模较小，制度不完善，与文创、科普研学等海洋文化的融合不足，发展水平仍有很大差距，远未实现充分满足人们合理利用海洋渔业资源开展休闲娱乐需求的目标，具有较大的发展空间和发展机遇。

（二）融合发展意义

1. 理论意义

渔文旅融合发展对于促进现代海洋牧场的发展和科技创新具有重要意义。海洋牧场渔文旅融合发展是将渔业资源和旅游业资源进行深度整合，实现资源的高效利用的有效途径。通过挖掘和开发海洋牧场中的渔业资源、文化和旅游资源，可以推动海洋牧场从单一的渔业生产向多元化的产业发展，形成具有地方特色的渔、旅、文三位一体的新型海洋牧场，为现代海洋牧场发展提供新的模式和路径。同时，在现代海洋牧场渔文旅融合发展过程中，需将最新的种质保护与繁育技术、生态修复技术等方面的科技创新研究成果运用到海洋牧场的建设与运营过程中，利用最先进的信息技术，如物联网、大数据、人工智能等技术，建立海洋牧场信息化、智能化管理系统，实现对海洋牧场环境、生物资源等的全方位直观立体展示，同时为海洋牧场旅游品质的提升和文创题材的创制提供新的灵感。

2. 实践意义

践行现代海洋牧场渔文旅融合发展可产生明显的经济效益、社会效益与生态效益。经济效益主要体现在以下两个方面：其一，渔文旅结合可以促进当地经济发展，创造新的经济增长点，通过将渔业资源与文化和旅游资源相结合，可以吸引更多的游客前来观光、旅游、消费，从而带动当地经济的发展；其二，渔文旅融合可以优化当地的产业结构，通过旅游带动相关产业的发展，如酒店业、餐饮业、零售业、文创产业等，形成多元化的产业结构。

社会效益主要体现在以下三个方面：其一，渔文旅融合发展可以增加就业机会，当地渔民可以获得更多收入来源，改善生活条件，提升生活质量；其二，渔文旅融合将渔业文化、海洋文化和旅游资源相结合，丰富了旅游内容，提升了旅游品质；其三，渔文旅融合发展能够增强人们对海洋和渔文化的认同感和归属感，通过旅游活动，游客可以深入了解当地的渔文化和历史，促进文化的交流和传播，陶冶身心，促进社会和谐稳定。渔文旅融合通过贯彻海洋生态保护理念，可以促进社会大众生态环保意识的形成与深化，引导游客更加注重生态保护和可持续发展，减少对自然环境的破坏和污染。

综上所述，渔文旅融合发展在促进经济发展、优化产业结构、提供就业机会、增强文化自信、保护生态环境等方面均有显著的积极作用和实践意义。

二、渔文旅融合发展分析

（一）发展现状

根据《中国休闲渔业发展监测报告（2023）》，2013~2022 年休闲渔业产值总体呈现增长态势，由 365.85 亿元增长至 839.25 亿元，增长率达 129.47%，2022 年产业同比增长 4.20%。在产业结构方面，根据农业农村部休闲渔业监测分类，我国休闲渔业分为 5 种类型，分别是：①旅游导向型休闲渔业；②休闲垂钓及采集业；③钓具、钓饵、观赏鱼渔药及水族设备；④观赏鱼产业；⑤其他。从占比来看，旅游导向型休闲渔业、休闲垂钓及采集业为主导产业，2022 年产值分别为 327.92 亿元、257.26 亿元，合计占休闲渔业产值的 69.73%；钓具、钓饵、观赏鱼渔药及水族设备和观赏鱼产业的产值分别为 139.33 亿元、110.92 亿元，分别占比 16.60% 和 13.22%，产业同比增速最快的是观赏鱼产业和钓具、钓饵、观赏鱼渔药及水族设备。但以上数据大多来源于淡水渔旅融合方面，海水渔旅融合目前正处于快速发展阶段，渔文旅融合已普遍成为海洋牧场产业融合的代表形式，全国各海洋牧场区普及度不断提高，配套休闲渔业旅游项目内容愈加丰富，服务质量显著提高。

海洋牧场渔文旅融合发展目前呈现积极的态势，出现了一批成功案例。例如，烟台"耕海 1 号"集渔业养殖、智慧渔业、休闲渔业、科技研发、科普教育等功能于一体的大型现代海洋牧场综合体项目，为游客提供了垂钓、观光、餐饮、住宿等多种体验，成为海洋牧场渔文旅融合的典范；青岛等地区高标准规划建设了一批海洋牧场休闲海钓基地，为海钓爱好者提供了优质的场所，并且通过举办海钓赛事活动，提升了海洋牧场的知名度和影响力。海洋牧场的旅游功能吸引了大量游客，带动了周边地区的旅游发展，增加了旅游收入。例如，三亚蜈支洲岛海洋牧场的休闲渔业与潜水休闲项目每年给旅游区创造上亿元的收入。渔文旅融合发展促进了海洋牧场产业链的延伸，带动了相关产业的发展，如餐饮、住宿、交通、娱乐等，这些产业的发展为当地经济的增长提供了新的动力。各地政府也纷纷出台政策，支持海洋牧场与休闲旅游的融合发展。例如，青岛市制定了《青岛市推进海洋牧场与休闲旅游融合发展实施方案》，在政策、项目、资金等方面对海洋牧场建设予以倾斜，鼓励海洋牧场企业加强与旅游、体育等产业的融合发展。总体而言，海洋牧场渔文旅融合发展前景广阔，具有巨大的发展潜力。

（二）存在问题

1. 相关法律法规缺失

相对于国际上较为完善系统的法律法规体系，国内海洋牧场渔文旅融合发展的进程中，明显存在法律法规缺失问题。该问题不仅制约了海洋牧场产业的健康发展，还可能给海洋生态环境和渔业资源带来潜在威胁。目前，国内尚未形成专门针对海洋牧场休闲渔业或文化旅游方面的法律法规体系。现有的法律法规多是从渔业、旅游、环保等单一领域进行规范，缺乏跨领域、综合性的法律法规支持。一些与海洋牧场休闲渔业活动相关的法律法规条款过于笼统，不够详细和严格，缺乏具体的操作性和针对性。例如，对于海洋牧场游钓活动的管理，国际上有钓鱼执照要求、鱼类保护与管理、垂钓区域和时间限制、垂钓方式和工具限制、饵料和钓获物处理及执法与处罚等全面的法律法规，而国内虽然有一些规定，但在全面性方面和具体如何执行、如何处罚等细节问题方面明显不足。对于海洋牧场发生的违法行为，如对过度游钓捕捞、使用违法渔具、踩踏珊瑚等高生态风险潜水活动等的执法力度不足。这对保护海洋牧场生物资源和生态健康的危害极大。

2. 产业融合形式较为单一，产品同质化较为严重

我国海洋旅游资源非常丰富，但是旅游开发与资源利用方式处于比较粗放、单一的状态。目前，渔文旅融合项目以休闲海钓、渔家乐为主，从功能上来说比较单一，包括简单的游览观光、游钓、餐饮、休闲潜水、赶海拾贝等，旅游产品以简单的海洋工艺品为主，形式单一，体验感较差。已经开发的渔旅融合项目大部分开发思路相似、经营模式雷同，缺乏个性化的经营手段，导致提供的渔旅融合产品品类较少、较为低端，同质化较为严重。

海洋渔业文化旅游融合发展应深入挖掘文化特色，融入现代休闲、体验、科学等元素，大力开发科普游学、深度沉浸式实践和冒险体验项目以及疗养度假型旅游产品，要注重体现海洋特色文化的创新项目开发，将文化产业、旅游产业的最新理念和项目深度融合进海洋牧场的生态场景中，深度挖掘当地资源特质，提出新的思路或想法，在项目中实现理念创新、管理创新和产品创新，以满足消费者求新求异的消费心理，丰富项目类型，升级用户体验，提升项目质量，多元化发展，多渠道融合，增加旅游项目的互动性、体验性，向深度游、精品游等方向发展。

3. 文化内涵挖掘不足

当前，在我国海洋文化产品的开发过程当中，很多地方为了追求经济效益，没有深入挖掘地方海洋特色文化的内涵，也没有进行深层次的创造，处于浅层次文化资源的开发状态，缺少一定的创意，重旅轻文问题较为突出，公众与游客的参与度低、互动性体验不佳，既没有形成新的具有特色的渔业旅游产业文化集群，同时还导致海洋文化旅游产业的发展处于散乱、没有特色的盲目建设状态。

4. 业态创新能力有待提升

目前我国渔业旅游从业人员以当地的渔民为主，文化教育素质普遍偏低，发展观念滞后，思想较为闭塞，对渔业旅游的认识和重视程度较低，缺乏一定的专业知识与技能，对渔业旅游发展缺乏长远规划，对渔业旅游资源整合不充分，由于缺乏高素质的规划、设计、开发和管理专业人才，对于渔业旅游的创新发展认知不足，创新发展能力较弱，整体产业高质量融合发展较为受限。

5. 旅游项目的生态风险防控意识薄弱

海洋牧场渔业旅游项目建设运营的生态安全监管方面仍然较为薄弱，存在相关监管机制不完善、缺乏相应的行业约束与规范等问题，导致游客游船交通航运、旅游基建项目施工以及游客行为规范等方面对海洋牧场水环境及生态系统造成潜在威胁。例如，游客旅游过程中随意丢弃的固体废弃物、潜水涂抹的防晒霜等物质均会产生潜在的生态环境风险，必须加以重视。

三、渔文旅融合措施与展望

（一）加快完善法律法规体系

深入研究国际上海洋牧场渔文旅融合发展的法律实践，借鉴国外先进的法律制度和经验做法，完善我国的法律体系。首先，要制定专项法规。针对海洋牧场渔文旅融合发展的特性，制定专门的法律法规，明确产业发展的方向、目标和管理要求。法规应涵盖渔业资源管理、旅游开发、生态保护等方面，确保产业的可持续发展。其次，要细化条款规定。在专项法规中，对海洋牧场渔文旅融合发展的各个环节进行细化规定，确保法规具有可操作性和针对性。例如，明确海洋牧场游钓活动的限制和规定，包括鱼类种类、尺寸、数量限制以及渔具和鱼饵的使用规定等。再次，要明确监管职责和加大执法力度。确立海洋牧场渔文旅融合发展的监管主体，明确各部门的职责和权限。建立跨部门协作机制，确保监管工作的协调性和一致性；加大对违法行为的查处力度，依法打击非法捕捞、破坏生态环境等违法行为。加强执法队伍建设，提高执法水平和效率。最后，要加强法律法规宣传普及，提高公众法律意识、加强法律法规宣传。通过上述措施的实施，可以有效填补海洋牧场渔文旅融合的法律空白，为产业的健康发展提供有力的法律保障。

（二）加大综合监管力度

为实现渔文旅融合型海洋牧场中各类项目的规范运营，应明确渔业、旅游、交通、文化、工商、航运等各部门的管理权限，避免出现管理越位和缺位现象；加强组织化建设，组建负责任的海钓休闲渔业协会、海洋牧场休闲协会等，身体力行遵守相关法律法规体系，强化协会对行业的约束和监管作用。

（三）科学合理规划布局

以延长渔文旅产业链为导向，提高资源、产品、市场等融合能力，推动渔文旅产业链各主体加强交流、深化合作。结合新技术开辟新的渔业增产渠道，不断培育具有观赏价值的水产品，加速产品更新换代，提升产业融合水平；培育和扶持产业带动作用较强的渔业旅游运营和服务组织，如渔业生态观光园、渔村风情园等，形成核心辐射力，推动海洋渔业同旅游业以及其他配套服务产业的深度融合。

（四）强化文化内涵挖掘

深度剖析地方海洋文化的内涵，将海洋文化与地方特色文化、宗教文化、图腾文化等深度融合，充分发掘海洋文化、特色文化和传统文化的内涵和价值，结合人们对于海洋的好奇心理，将文化要素深度融入渔业旅游项目中，增强渔业旅游的趣味性与体验感，使旅游者能够切身体验当地的文化特色，不断提升渔旅融合文化底蕴。

（五）强化海洋科普研学

一是加强渔文旅研学旅游产品开发，根据不同年龄阶段学生的兴趣特点和知识水平，开发多样的出海体验活动，如乘船出海、放生活动、喂食海鸥、钓鱼比赛等，增加与海洋小动物亲密互动的机会；开展室内手工教学，制作鱼拓、贝壳工艺品等，锻炼学生的动手操作能力；建设海洋牧场互动型研学旅行教育基地，强化海洋文化的传承和传播，提升中小学生保护海洋意识。二是加大对海洋生态发展的科普宣讲力度，丰富游客的海洋生态保护知识，提高游客的海洋环保意识，促进强化游客环保教育与规范游客旅游行为。

（六）持续创新业态产品，实施品牌战略

一是根据当地的自然、环境旅游景观，打造网红式海洋牧场旅游度假区，因地制宜，对海洋牧场进行景观设计，建设清新、新颖的主题风格民宿，结合蓝天、碧海、细沙等海洋牧场元素，打造拍照旅游胜地、婚纱摄影基地等，并融入康乐疗养等主题元素，改进海盐提炼技术，开发盐疗、盐浴等特色休闲养生产品，辅以无边泳池、温泉等休闲元素，打造度假胜地，由一日游向多日游转变，由观光型向度假型转变，消除渔业旅游受季节影响较大的弊端，增加旅游者的重游次数。

二是丰富渔文旅产品体系，打造旅游精品，融入生态旅游、体育旅游、专项旅游等新型旅游元素，打造复合型的旅游产品结构，推动实现景区间的联动发展，促进客源互补、资源共享，实现渔文旅产品结构的优化升级。

注重渔业旅游品牌化建设，通过对海洋牧场渔业旅游产品进行分析和定位，设计独特的品牌商标以及宣传口号，树立良好的旅游品牌，利用各种传播渠道将渔业旅游信息传递给旅游者，使旅游者更加快速、直观地了解渔业旅游产品，引起旅游者的共鸣并吸引游客，使旅游者短时间内就可以产生旅游需求，塑造渔业旅游品牌形象，提高品牌识别性，扩大品牌影响力。

（七）加大人才培养力度

目前我国尚无专门培养渔业旅游高级人才的渠道，涉海高校相关专业也仅仅是通过设置相关课程进行专业培养，因此从事渔业-文化-旅游一体化发展与管理的高素质人才极其缺乏，今后应该从行业发展需求入手，加大该领域交叉学科人才培养力度，为海洋牧场渔文旅产业的快速发展提供智力支撑。

第二节 渔 能 融 合

一、渔能融合的发展背景

（一）政策支持

在建设海洋强国的战略框架和实现"双碳"目标的背景下，中国正在全力推动海洋经济的全面转型。海洋强国建设不仅强调海洋资源的高效开发和利用，同时还要求加强海洋保护和科学管控，以确保国家的海洋权益和海洋生态安全（廖民生和刘洋，2022）。渔能融合是一种将海洋牧场与海上可再生能源技术相结合的新模式，有助于提高海洋经济活动的能源自给率，减少对传统化石燃料的依赖，降低渔业生产的碳足迹，契合"双碳"政策对减碳和可持续发展的要求。同时，渔能融合通过推动清洁能源与渔业生产的深度结合，支持海洋经济向绿色化、低碳化的转型。这一政策不仅推动了减少温室气体排放和推广清洁能源使用，还为渔能融合模式的发展奠定了政策基础（曹云梦和吴婧，2022）。

（二）技术进步

渔能融合是一种借助海洋牧场与可再生能源（图 8-1）技术的结合，如太阳能、风能、波浪能等的创新模式，技术的进步使得可再生能源设施能够在海洋环境中大规模应用。例如，浮动式风力发电技术可以在深水海域稳定运行，提升了风能利用的效率；海上光伏板采用防腐蚀材料和漂浮结构，适应了海面风浪变化；波浪能装置在能量转化效率和结构稳固性上也得到了明显改进。这些技术革新不仅提高了海洋可再生能源的发电能力，还显著降低了成本，使得大规模部署成为可能，从而大幅度提升了海洋经济活动的能源自给水平，减少了对传统化石燃料的依赖（Appiott et al.，2014；杨红生等，2019）。通过将新能源设施与渔业生产结合，海洋牧场不仅是渔业生产的重要场所，还成为获取和集成可再生能源的平台。技术进步大大增强了海洋空间的多元化利用，使能源利用效率达到最大化，有利于国家能源结构优化，符合可持续发展的国际技术趋势。

漂浮式光伏系统　　波浪能　　潮汐能　　漂浮式风电　　固定式风电

图 8-1　海上可再生能源示意图

图片来源：https://www.eca.europa.eu/ECAPublications/SR-2023-22/SR-2023-22_EN.pdf[2025-5-20]

（三）市场需求

随着全球对绿色经济和可持续发展的需求增加，渔能融合模式应运而生，以应对日益增长的能源需求和环境压力。全球范围内，各国对气候变化带来的能源短缺和环境问题日益重视，市场对低碳清洁能源的需求持续增长。同时，消费者和企业对环保产品、绿色能源的需求和可持续发展的意识不断提高，推动了对新能源技术及可持续渔业发展的投资。

海洋牧场通过与可再生能源的结合，能够满足不断扩大的清洁能源市场需求。随着全球对太阳能、风能、波浪能等可再生能源的利用效率提升，市场对这种清洁能源供给和多功能化发展模式的需求愈加旺盛。此外，海洋牧场与可再生能源融合的模式符合渔业生产升级、提高能源自给率的产业发展需求，有助于优化渔业产业链，实现从资源开发到生态保护的整体转型。

随着市场对环保和节能产品的需求上升，渔能融合模式不仅提供了新的经济增长点，还为传统渔业带来了创新机会，推动绿色海洋经济的高速发展。作为实现清洁能源供给、提升渔业生产效率的重要模式，渔能融合顺应市场的可持续、环保、低碳发展趋势，也成为中国在绿色经济领域保持领先的重要手段。

二、渔能融合的核心发展理念

在全球面临能源危机和环境退化的双重挑战下，渔能融合作为一种创新的海洋经济模式，展示了独特的优势和重要价值。海洋牧场与新能源产业的融合，尤其是太阳能、风能、潮汐能和波浪能，不仅促进了生态保护，还提高了能源利用效率，降低了建设运营成本，并推动了相关技术和产业的协同发展。渔能融合的核心发展理念包括以下四个方面。

（一）共享海域：促进生态融合发展

渔能融合充分利用有限的海域资源，实现海洋牧场和可再生能源设施的空间共享。这种模式不仅最大化地提升了海域的使用效率，还通过生态友好型设计促进了生物多样性的保护。例如，海上风电塔基可设计为人工鱼礁，促进海洋生物的栖息和繁殖，增加生物多样性（Gill et al.，2020）。这种结合利用不仅减少了对环境的干扰，还增强了海洋生态系统的自我恢复能力，实现了生产和生态的和谐发展。

（二）共享设施：降低建设运营成本

渔能融合通过在同一海域共享基础设施，如电缆、传输系统、监控与维护设施等，显著降低了单独建设和维护的成本。例如，风电平台的建设和维护技术可用于附近的海洋牧场，从而分摊高昂的海上作业成本（李亚杰等，2023）。此外，共享设施还简化了运营流程，提高了管理效率，这对于在恶劣海洋环境中运营的设施来说尤为重要，可以有效减少环境因素导致的运营风险和成本。

（三）共享能源：提升资源利用效率

渔能融合通过集成海洋能源捕获和利用技术，使得能源生产和消费更加紧密地连接。在这一模式中，海洋牧场可以直接使用附近可再生能源设施产生的电力，比如使用海上风电或潮汐能直接供电，从而减少能量在传输过程中的损失，提高能源的整体利用效率（Yuan et al.，2004）。此外，这种直接利用本地能源的模式还有助于降低对外部电网的依赖，提高能源安全，尤其是在远离陆地的深海养殖场。

（四）技术创新：推动产业协同发展

渔能融合的实施需要跨学科的技术创新，包括海洋工程、生态学、能源技术和信息技术的融合。这种技术整合不仅推动了单个产业的技术进步，还促进了不同产业之间的协同发展。例如，通过利用大数据和物联网技术监控海洋环境和海洋牧场运营状况，可以优化资源分配，提高能源和食品生产的效率。同时，技术创新还带来了新的商业模式和市场机会，如生态旅游、海洋生物制药等，进一步扩展了海洋经济的发展空间。

综上所述，渔能融合作为一种新兴的海洋经济发展模式，通过共享海域、共享设施、共享能源以及技术创新，不仅有效提升了资源利用效率和经济效益，还促进了海洋生态保护和可持续发展。这种模式为全球海洋资源的开发利用提供了一条可复制、可持续的新路径，有助于实现蓝色经济与绿色发展的双重目标。

三、渔能融合的主要形式

（一）太阳能

在海洋牧场的应用中，太阳能光伏系统通常被安装在海上平台上，与养殖设施结合，形成一个多功能的海上结构。这些平台不仅支撑光伏面板，还可用于养殖贝类、鱼类和海藻等。

太阳能与海洋牧场的融合发展，需要结合应用场景优化设计思路，实现结构稳定性、能源与生产的协同、生态影响最小化、维护与可达性（Yerbury et al.，2016）。在设计海上光伏系统时，首先要考虑的是其结构稳定性，系统必须能够抵御强风、盐雾腐蚀和波浪冲击等海洋环境的恶劣条件，这要求使用耐腐蚀材料并确保结构能在多变的海洋环境中维持稳定。其次，海洋牧场设计需确保光伏系统产出的能源与海上养殖的需求相匹配，通过光伏系统产生的电力供给海水循环系统、自动化喂食设备、支持监测和数据收集设备等，从而提高整体的能源利用效率。同时，设计光伏平台时，还需要考虑其对海洋生态的潜在影响。例如，遮挡阳光可能会影响水下光照，进而影响依赖光合作用的海洋生物。因此，设计时应合理布局光伏板，尽量减少对海洋生态的干扰。最后，考虑到海洋环境的复杂性，光伏系统和养殖设施的设计还需便于维护和紧急修复，确保人员和设备可以安全、有效地访问这些设施。

光伏发电提供了一种无须消耗燃料、无污染且成本低廉的能源解决方案，尤其适合于远离电网的海上应用。然而，太阳能的能量密度低，系统占地面积较大，并且发电量受昼夜周期和天气状况的影响较大。尽管太阳能电池的转化率在不断提高，但目前仍存在局限。通过综合考虑这些设计要素和技术特点，海洋牧场与太阳能的结合将有效地提升海上渔业生产的便利性和环保性。

（二）风能

海上风电技术利用风力发电机将风能转换为电能。风力发电机通常安装在海洋中较高的支架上，以捕捉更多、更稳定的风能。由于海面上的风速相较于陆地上更为稳定且强劲，因此海上风电比陆地风电效率和潜力更高。海上风电的开发经历了从小规模试验到数兆瓦级商业应用的几个阶段，技术日益成熟，能效也在不断提高。

在海上风电与海洋牧场的融合项目中，对环境与生态的影响是一个必须详尽考虑的关键因素。由于该项目涉及在敏感的海洋环境中安装大型结构，它对周围生态系统的潜在影响需通过一系列综合措施降至最小化。

首先，项目开展前必须进行深入的环境影响评估，这一评估需要详细调查预定建设区域的生物多样性，识别出敏感的海洋生物栖息地，包括珊瑚礁、渔场及其他生物繁殖区，评估的结果将决定风电场的具体位置，避免对这些敏感区域产生破坏性影响。其次，安装过程中的施工技术和方法也需精心选择，通过使用振动较小的打桩技术可以减少声波对鱼类和海洋哺乳动物的影响，以减少施工对海洋环境的扰动。同时，施工船只和设备运行中可能产生的污染物排放，如润滑油和燃料泄漏，也需要严格控制。再次，在风电机的运行阶段，虽然相较于化石燃料发电，风电是一种清洁能源，但其运行产生的低频噪声可能对海洋生物造成干扰。为此，风电机的设计需采用降噪技术，确保其在不干扰海洋生物的情况下运行。此外，风电机的维护活动应规划得尽可能减少对海洋环境的影响，如选择在生物繁殖期之外进行主要维护工作。最后，海上风电与海洋牧场的融合设计还需要考虑如何优化局部生态环境。例如，风电塔架和基础可以设计成人工礁的形式，促进海洋生物如贝类和鱼类的聚集和繁殖，从而提高生物多样性。

德国的北海风电场是海上风电应用的先锋之一，除了重视环境保护和生态平衡，在建设过程中强调利益相关者全程参与也是渔能融合项目得以顺利推进的关键（Schupp et al.，2021）。德国在风电项目的规划和执行阶段强调与当地社区、渔业从业者及其他利益相关者的合作。这种参与确保了各方的需求和担忧得到充分考虑，同时促进了创新的共存解决方案的发展。通过这种方式，可以有效地平衡不同群体的利益，并提高了项目的社会接受度和地方支持度，不仅促进了海上风电的商业化和规模化，还确保了海洋资源的可持续利用和保护，为全球其他国家和地区提供了宝贵的经验和模式。

（三）潮汐能和波浪能

潮汐能和波浪能的开发利用具有环境影响小、能量密度高、供应稳定等优点。潮汐能的周期性和预测性较其他可再生能源更强，可提供相对稳定的能量输出，特别适合于需要持续能源供应的海洋牧场。波浪能虽然受天气的影响较大，但其广泛分布和高能量密度使其成为补充能源的良好选择。潮汐能和波浪能的利用设备可以与海洋牧场的基础设施相结合，如利用波浪能驱动的水泵系统来实现水循环，或利用潮汐能站的建筑基础作为人工礁石，提高海洋牧场的生物多样性。特别是在偏远或电网覆盖不到的海域，集成利用潮汐能和波浪能可以降低海洋牧场的运营成本，能源的自给可以显著降低对外部能源的依赖和相关费用。因此，潮汐能和波浪能是海洋牧场能源供应的理想选择。

虽然潮汐能和波浪能的理论和实验研究已有所进展，但目前市场上能实现商业化运营的技术还相对有限。特别是波浪能，其发电技术尚未广泛商业化，存在的技术挑战包括能量捕获效率、设备耐久性和成本控制等。此外，潮汐能和波浪能的开发初期投入大，需要昂贵的设备和复杂的安装工程。在没有足够的政策支持和资金投入的情况下，这些项目的经济回报周期较长，风险相对较高。

总之，潮汐能和波浪能与海洋牧场的结合具有显著的环境和经济优势，但要实现广泛应用，还需要克服技术成熟度、经济以及环境法规等方面的挑战。随着技术进步和政策环境的优化，这种结合模式有望在未来实现更大的发展。

四、渔能融合的案例分析

（一）"明渔一号"

1. 项目概述

"明渔一号"是中国自主研发的风渔一体化智能装备，于 2023 年 8 月在广东阳江海陵岛以南的海面成功建成（图 8-2）。该项目创新性地融合了海上风力发电与深远海养殖技术，开创了海洋资源综合利用的新模式。这是全球首次在单一海上设施中实现风力发电和海洋生物养殖的项目，标志着海洋牧场与风电的深度融合。

图 8-2　全球首台风渔一体化智能装备"明渔一号"整体建成

图片来源：https://www.cpnn.com.cn/news/xny/202311/t20231115_1651157.html[2025-5-20]

2. 成效分析

"明渔一号"采用"导管架风机+网箱"的设计,大大提高了海洋空间的使用效率。每年可发电超过 4500 万 kW·h,养鱼量达 15 万尾,年渔获量可达 75t。装备的导管架不仅作为风电机组的支撑结构,其下方还安装了养殖网箱,实现了风力发电与海洋牧场的双重功能。此外,设备具备抗台风能力,能够抵御高达 17 级的台风,保证在极端天气条件下稳定运行。通过智能化管理系统和远程监控,操作人员能够从陆地上实时管理和监控海上设施,实现无人化和智能化的深远海渔业管理。

3. 融合特征

该项目的核心融合特征在于环保和节能的设计理念。利用海上风能直接为养殖网箱供电,显著降低了对外部电力的依赖,并降低了能源传输中的损耗。该设计避免了额外的海上施工,减少了对海洋环境的干扰,符合生态保护的要求。通过这些技术与设计的创新,"明渔一号"不仅推动了海洋牧场与海上风电的深度融合,还为全球范围内海洋资源的可持续开发利用提供了重要的参考和实践经验,预示着海洋经济发展的新方向。

(二)"澎湖号"

1. 项目概述

"澎湖号"是一个创新性的海上渔业综合平台,融合了波浪能发电、光伏发电、储能、渔业养殖以及旅游等功能。该平台长 66m,宽 28m,提供了 1.5 万 m³ 的养殖水体,配备了自动投饵、鱼群监控、水质监测、活鱼传输和制冰等现代化渔业生产设备(图 8-3)。该项目展示了海洋牧场与多种可再生能源技术的深度融合,为海洋资源的高效利用提供了新模式。

图 8-3　半潜式海上渔业综合平台"澎湖号"

图片来源:https://news.sciencenet.cn/htmlnews/2023/5/500079.shtm[2025-5-20]

2. 成效分析

"澎湖号"设计充分考虑了外海操作的挑战，采用了半潜式结构，提供了稳定的操作平台，并优化了波浪能的捕集和能量转换。波浪能通过特制的"鹰头"结构进行捕集，再经由液压系统转化为电能，供平台使用。这一设计确保了深海养殖区域的能源自给，同时提高了抗风浪能力。自 2019 年投入使用以来，"澎湖号"已经在多种恶劣天气下安全运行，包括高达 14 级的台风，并成功养殖了多种海洋生物，展现出卓越的环境适应性和生产安全性。此外，该平台的自给自足能源系统及现代化渔业设备确保了高效的渔业生产，不依赖外部能源。

3. 融合特征

"澎湖号"的核心融合特征在于可再生能源技术与渔业养殖的深度结合。通过波浪能、光伏发电和储能技术的整合，平台实现了海洋牧场能源的自给，并降低了对传统能源的依赖。此外，该平台兼具渔业养殖与旅游功能，成为海上渔业与旅游业结合的理想场所。凭借高稳定性和大型平台结构，"澎湖号"不仅提升了海洋资源的利用效率，还为海洋经济的可持续发展提供了新的模式，展示了渔业与可再生能源技术融合的巨大潜力。

五、渔能融合的发展瓶颈与展望

(一) 技术成熟度与成本效益的优化

渔能融合目前面临的一个主要挑战是相关技术的成本和成熟度。以海上风电为例，虽然技术逐步成熟，但高昂的建设和维护成本仍是限制其广泛应用的关键因素。一种可能的解决策略是通过政府和私营企业的合作模式，进行技术创新和规模化生产，以降低成本。例如，采用先进材料研发更耐腐蚀、更高效的涡轮机，能够在恶劣的海洋环境中稳定运行，并降低维护频率。此外，政府可以通过提供研发补贴、税收优惠等政策措施，刺激企业提高技术研发投入。

(二) 环境影响评估与生态保护

实现环境友好型的渔能融合发展，需要在项目策划阶段就高度重视生态保护。对每个项目进行全面的环境影响评估，确保不破坏海洋生态系统的平衡。例如，安装海上风电设施时，可以使其底座设计服务于海洋生物栖息，如通过建造人工鱼礁，不仅提供固定结构，还能够促进海洋生物多样性的提升。此外，通过在海洋牧场附近部署传感器和监测设备，实时监控水质和生物多样性，确保渔能融合活动不对生态系统造成不利影响。

（三）政策框架与跨部门合作

渔能融合的成功实施需要强有力的政策支持和有效的法规框架。政府应制定具体的政策，以支持渔能融合项目的发展，如明确海域使用权、优化行业协调机制、建立技术标准等。例如，建立一个专门的跨部门协调机构，负责统筹海洋资源开发与保护政策，确保渔业、能源和环保部门之间的有效沟通和资源共享。此外，鼓励通过公私伙伴关系（PPP）模式，吸引私人资本和技术进入渔能融合领域，共同推动行业的健康发展。

（四）资源与能源的综合管理

优化资源与能源的综合管理是推动渔能融合向前发展的关键。这要求运用现代信息技术，如大数据和物联网，实现海洋资源的智能管理。例如，通过应用智能传感器和无人机技术，监控和管理海洋牧场的能源使用和生态状况，提高资源利用效率。同时，研究和开发新的能源集成技术，如将太阳能、风能和潮汐能的发电设施与海洋牧场设备相集成，实现能源的最大化利用和自给自足。

通过在以上方面进行深入细致的规划和执行，渔能融合不仅能有效促进海洋经济的可持续发展，还能为全球能源转型和生态保护贡献重要力量。

第三节　渔　工　融　合

一、渔工融合的发展历程

渔工融合，即渔业生产与现代工程技术及工业化生产方式的结合，这已成为推动海洋牧场向智能化、生态化、集约化发展的重要力量。渔工融合的发展历程和主要特征（图 8-4）表明，其正向着规模扩大、效率提升、功能综合化方向不断发展，同时也越来越重视生态保护和全球合作。

（一）初期阶段：工程技术引入与初步应用

在 20 世纪后半叶，随着全球渔业资源的逐渐枯竭和环境保护意识的提升，传统的海洋捕捞作业方式逐渐显示出其局限性。这一时期，一些渔业发达国家开始尝试将工程技术应用于海洋渔业，初步的技术应用包括使用自动化喂食系统、简易水质监测设备以及初代网箱养殖技术。这些技术的引入标志着海洋渔业生产从完全依赖自然条件向部分控制环境条件转变。

（二）扩展阶段：技术整合与生产效率提升

进入 21 世纪，更多工程技术被引入海洋渔业中。使用钢结构和新型材料制造的耐用网箱显著提高了养殖设施的稳定性和耐久性。尤其是在深远海领域，浮动平台、深海锚定系统和柔性网箱结构的应用，使海洋牧场能够在更深、更远的海域进行稳定、高效的养殖作业。这些技术不仅增强了养殖设施的抗风浪能力，还使得大规模深远海养殖成为可能。此外，现代船舶工程技术，如深海作业船和自动化投饵船，大幅度提升了作业效率和安全性。

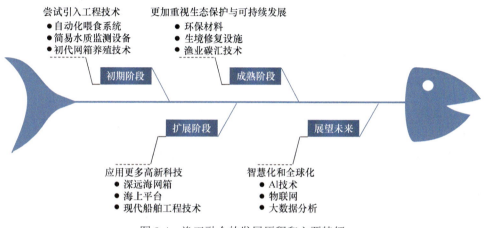

图 8-4　渔工融合的发展历程和主要特征

（三）成熟阶段：生态化发展与可持续战略

　　近年来，随着可持续发展理念深入人心，渔工融合开始重视生态保护和资源的可持续利用。生态化的渔工融合策略包括采用环境友好材料构建养殖设施，实施生态修复项目，如人工造礁，以及发展循环水养殖系统，减少对周围环境的影响（Lynch et al.，2016）。通过引入海藻养殖等新型碳汇技术，并积极发展渔业碳汇，以适应海洋渔业发展的新趋势（唐启升和刘慧，2016）。这些措施不仅有助于保护和恢复海洋生态系统，还能维持养殖活动的长期可持续性。

（四）展望未来：智慧渔业与全球合作

　　展望未来，渔工融合将进一步走向智慧化和全球化。借助人工智能（AI）技术、物联网和大数据分析等先进技术，未来的海洋牧场将能够实现全方位实时监控和管理，精确调控生产过程，优化资源配置（Saraswat et al.，2023）。AI 技术将通过智能传感器、自动化设备和数据分析平台，实时监测和预测环境变化、水质状况及鱼群健康，从而实现精准投饵、疾病预防和生长优化，提高养殖效率并降低成本。同时，随着全球气候变化对海洋环境的影响日益加剧，国际合作在渔工融合发展中的作用将越来越重要，共同面对资源管理和环境保护的挑战，如扩大碳信用市场和跨国环保项目的实施等（Bryndum-Buchholz et al.，2021；田涛等，2021）。

二、渔工融合的重要装备设施

在渔工融合的框架下，现代工程技术的应用极大地优化了海洋牧场的运营效率。下面将详细探讨其中几种重要的装备设施，包括大型深海智能网箱、高体构件礁以及海上养殖综合体，大型装备设施的引入不仅优化了生产流程，也将显著提升生态效益和经济回报。通过例证分析，旨在深入理解渔工融合如何将高科技与传统渔业相结合，从而实现海洋资源的高效和可持续利用。

（一）大型深海智能网箱

1. 装备概述

大型深海智能网箱是海洋牧场装备的核心设施，其设计特点集中在适应开放海域的复杂环境，且养殖水体通常超过 1.0 万 m³。与传统网箱相比，这类智能网箱具备更高的自动化和智能化水平，支持大规模、集约化养殖。在远离近岸的开放水域进行渔业生产，能有效避免近岸养殖中的水质污染和密集养殖带来的病害问题（Cardia and Lovatelli，2007），同时提高养殖产品的品质和数量。大型深海智能网箱已成为现代海洋牧场发展的重要基础，推动渔业走向深远海（景发岐，2010；Yu and Yan，2023）。

2. 功能特点

大型深海智能网箱的主要优势在于其对深远海环境的适应性较强，以及高度智能化和自动化的综合管理能力。首先，网箱采用先进的结构设计，具有极强的抗风浪能力，能够在恶劣的海洋条件下稳定运行（石建高等，2019）。其次，网箱集成了多种自动化功能，包括饲料自动投放系统、环境监测系统以及对鱼群健康状况的实时监控系统。这些智能系统通过大数据和传感器技术进行数据收集和分析，能够及时调整养殖环境，优化生产过程。此外，网箱的远程管理和无人化操作能力使得养殖过程更加高效和可控，大大降低了人工成本，同时提升了生产安全性和可持续性。通过这些功能，大型深海智能网箱实现了资源高效利用，并为深远海养殖提供了智能化解决方案。

3. 应用案例

"深蓝 1 号"是中国首个全潜式深远海智能网箱，标志着我国海洋牧场发展进入大型智能装备时代（石建高等，2021）。该网箱安装于青岛附近的黄海冷水团区域，离岸约 120n mile，设计为正八边形，高 38m，周长 180m，具有 5.0 万 m³的养殖水体，年产量可达 1500t（图 8-5）。网箱的深度可在 4～50m 灵活调整，使得养殖的鱼类始终处于最佳的水温层，尤其适合大西洋鲑等品种的养殖。通过这种调整，大幅提高了养殖效率和产品质量。此外，网箱配备了先进的水下锚泊导缆技术和特种网具，极大提升了抗风浪能力，确保网箱在恶劣海况下仍能稳定运行。智能化管理系统则通过实时监控养殖环境和鱼群状况，实现了高效科学的养殖操作。

图 8-5　大型深海智能网箱"深蓝 1 号"
图片来源：https://news.qq.com/rain/a/20240515A0209700[2025-5-20]

基于"深蓝 1 号"的成功经验，"深蓝 2 号"已于 2024 年 5 月完成陆地建造，该网箱配备了饲料投喂、中央控制、网箱监测、通信与数据传输、自主沉浮等功能。通过 AI 技术的应用，"深蓝 2 号"能够实时监控养殖环境和鱼群健康，进行智能化的饲料投放和疾病预防，未来还将搭载数字孪生平台，逐步实现全方位智能管控（图 8-6）。

图 8-6　大型深海智能网箱"深蓝 2 号"
图片来源：https://www.sdmg.cn/document/4595.html[2025-5-20]

上述案例展示了大型深海智能网箱在实际渔业生产中的显著效果，不仅提高了渔业生产效率，还推动了我国由传统网箱向大型智能装备的转型，为深远海养殖的未来发展奠定了坚实的基础。

（二）高体构件礁

1. 装备概述

高体构件礁是现代海洋牧场与工程技术相结合的生态建设工具，旨在提高海洋生物多样性并增加渔业资源（陈勇等，2002）。传统人工鱼礁往往由简单的混凝土块或废弃船体等材料构成，虽然能够为海洋生物提供栖息地，但功能单一，难以应对复杂、动态的海洋环境（Fabi et al.，2011；Xu et al.，2019）。高体构件礁的出现解决了这一问题，它具备更复杂的三维结构和强大的生态功能，适用于规模化的海洋生态修复和渔业资源管理。

2. 功能特点

高体构件礁的核心功能在于其垂直延展性和生态适应性。它能够从水体底部延伸到接近水面的多个层次，为多种海洋生物提供丰富的生态位空间（Chou，2023）。这种三维结构在物理上更加复杂，能够更有效地模拟自然礁体的环境条件，促进生物多样性的增加。材料方面的创新也显著提升了高体构件礁的耐久性与环保性能。通过使用高强度、耐腐蚀的复合材料以及纳米增强型混凝土，这些人工礁石能够更好地抵抗海洋环境中的侵蚀和生物附着，延长使用寿命并减少维护成本。总体而言，高体构件礁为海洋生态修复、渔业资源管理和生物多样性保护提供了强有力的技术支持。

3. 应用案例

新加坡在姐妹岛海洋公园（Sisters' Islands Marine Park）实施的人工鱼礁项目为高体构件礁的应用提供了典型案例。该项目设计了一种高体构件礁（图 8-7），专门用于珊瑚礁修复和海岸线防护。礁体长 12m，宽 6m，高 7～11m，几乎覆盖了整个垂直水体，并通过多层次的配置利用不同水层的光照，促进多种海洋生物的生长。这些礁体表面粗糙，并嵌入岩石以增加其基质的纹理复杂性，有利于珊瑚及其他海洋生物的定居和生长。该项目未使用打桩技术，依靠礁体结构的重量和配重确保稳定性，从而减少对海床的干扰。

预计到 2030 年，该项目的人工鱼礁面积将扩展至 $1000m^2$，成为新加坡最大的人工鱼礁项目。通过模拟自然礁体系统，该高体构件礁成功将开阔水域转变为生物多样性丰富的区域，极大促进了珊瑚礁修复和海洋生物保护。与此同时，该项目还为各种海洋研究计划提供了理想的实验场所，增强了对新加坡海洋环境及其生物多样性的理解。

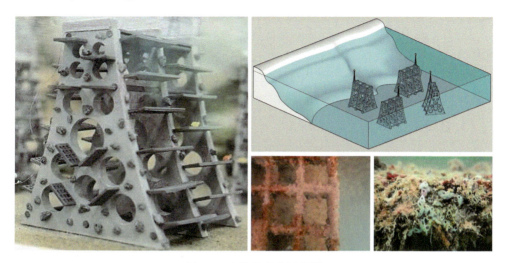

图 8-7　高体构件礁示意图

图片来源：https://hsl.com.sg/wp-content/uploads/2022/12/High-reef_WC2022_Poster_Rev2.pdf[2025-5-20]

（三）海上养殖综合体

1. 装备概述

　　海上养殖综合体是一种集多功能于一体的现代海洋牧场平台，结合了水产养殖、旅游、教育和科研等多元化服务。与陆地"农业旅游"（agritourism）相似，海上养殖综合体旨在通过提供海上休闲、教育和观光活动，提升水产养殖业的社会经济价值（Schmidt et al.，2022）。然而，海水养殖与旅游的结合仍处于早期探索阶段（Mohammadi et al.，2024），海上养殖综合体通过整合先进技术与现代服务模式，不仅有助于提升海洋资源的利用效率，还能通过引导公众参与，增强其对海洋生态保护和可持续管理的意识。

2. 功能特点

　　海上养殖综合体的核心功能体现在其多样化和智能化的设计上。首先，平台不仅为水产养殖提供了高效的生产设施，还通过数字化管理系统实现了智能化的养殖管理。以"5G+海洋牧场"为例，综合体通过数字化技术提升了养殖管理的精细化水平，降低了养殖成本，推动了海洋渔业的现代化转型升级。其次，平台集成了丰富的休闲娱乐功能，如观光、钓鱼、潜水等，让游客能够近距离体验海洋养殖活动。此外，平台利用虚拟现实（VR）技术和AI技术，提供了沉浸式的科普教育体验，向游客展示了海洋生态保护和现代养殖技术的前沿动态。这不仅拓展了综合体的功能，还促进了公众对海洋可持续发展的理解和支持。

此外，海上养殖综合体还为科学研究提供了理想的实验场所。通过与科研机构的合作，综合体支持海洋生物学、生态学和环境科学等领域的研究工作，促进了技术创新和科学发现。平台上的现代化设施，如监测设备和实验设施，使得研究人员能够在真实海洋环境中进行高效的数据采集与分析。

3. 应用案例

"耕海 1 号"是我国首个集海洋渔业、海工装备和海洋文旅于一体的智能化大型现代生态海洋牧场综合体。该项目通过集成钢结构坐底式渔业养殖装备和数字化渔业管理系统，显著提升了养殖生产效率，并实现了水产养殖的精细化管理。平台上的 5G 技术和自动化管理系统，降低了养殖成本，推动了渔业的智能化发展。

同时，"耕海 1 号"提供了丰富的娱乐项目，包括观光、钓鱼和潜水，游客能够近距离体验海洋养殖活动，享受独特的海洋生活。平台上的科普展厅利用 VR 技术和 AI 技术，为游客提供了沉浸式的学习体验，增强了他们对海洋生态保护和养殖技术的理解。此外，该综合体还为科研工作者提供了理想的研究场所，支持海洋生态和生物多样性等多领域的科学研究。

该项目的成功实施证明了海上养殖综合体在海洋资源利用优化、经济效益提升和社会生态意识增强方面的巨大潜力。通过科技创新和环保理念的结合，"耕海 1 号"海洋牧场综合体（图 8-8）不仅推动了海洋牧场与海洋旅游业的深度融合，还为全球范围内海洋经济的可持续发展提供了可行的范例。

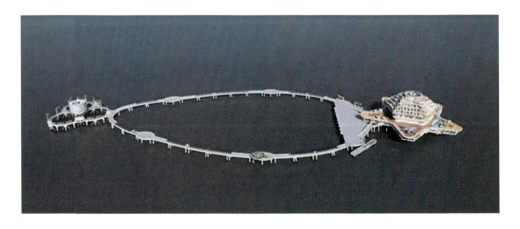

图 8-8 "耕海 1 号"海洋牧场综合体

图片来源：https://yantai.dzwww.com/xinwen/ytxw/ytsh/202304/t20230428_11810519.htm[2025-5-20]

三、渔工融合的发展瓶颈

（一）建设和运营成本过高

在渔工融合领域，成本因素显著制约了现代海洋牧场的扩大发展和技术进步，特别是在引入先进装备和技术后，海洋牧场的建设和运营门槛更高，成本控制问题凸显。

海洋牧场的建设涉及高昂的初期投资，尤其是在大型高科技设备的采购和安装上，这种高额的资金投入要求企业具有强大的资金实力和稳定的资金来源。然而，许多企业特别是小型企业由于发展体量和融资渠道受限，难以筹集到足够的资本来支持海洋牧场的融合发展，从而限制了项目的规模和扩展性。此外，大型深海智能网箱等先进养殖设施不仅在安装阶段成本高，其维护和日常运营同样需要大量的经济投入。这些设备通常需要持续的技术支持和定期的维护，同时还需由专业人员操作，这进一步增加了长期运营成本。对于盈利结构单一的企业而言，这种持续的高成本支出可能影响其财务稳定性和盈利能力。技术发展和创新是推动渔工融合向更高效、更环保方向发展的关键。然而，由于成本受限，大多数海洋牧场建设规模偏小，很多企业无法实现大规模生产带来的单位成本下降。小规模运作缺乏足够的经济回报来支持进一步的技术投入和创新，从而形成了一个技术革新不足的恶性循环。

（二）产业链不完善

现代海洋牧场的融合发展离不开大型装备和高新技术的应用，在大型深海智能网箱、高体构件礁等重要设施的建设过程中，产业链的完善性是制约其技术规模化应用和经济效益最大化的显著因素。

超大型深海网箱养殖设施的应用，虽然实现了养殖效率的大幅度提升及对恶劣环境条件的良好适应，但该技术高度依赖先进的设备与复杂的操作系统。在国内，这种高端装备的研发与制造尚未成熟，多数依赖进口，导致成本高昂。同时，从配套设施如饲料供应设施、疾病预防及治疗设施，到最终的产品加工与市场营销，整个产业链条的缺口导致设施无法充分发挥效能以及生产收益的不稳定。

高体构件礁作为一种新型的资源养护工具，在提升生物多样性与生态保护方面的潜力巨大。然而，该技术在实际应用过程中同样面临产业链支持的不足。从构件的设计、制造，到海床的铺设、监测和后期的生态效应评估，每一个环节都需要专业的技术支持与充分的资金投入。缺乏专业的技术团队和科学的管理策略，往往使得项目难以达到预期的生态效益。

此外，海上养殖综合体的发展则尝试整合养殖、旅游和教育等多功能于一体，其成功依赖多领域的紧密协作与创新。例如，"耕海 1 号"项目通过引入 5G 技术与智能化管理，极大地降低了操作复杂性和生产成本，提升了经济效益和生态友好性。然而，此类综合体的建设与运营需要跨行业合作，从技术开发、市场推广到客户服务每个环节都必须协同发展，对产业完善性的要求更高。

总体而言，尽管渔工融合技术具有巨大的发展潜力，但产业链的完善程度将直接决定这些技术的应用成效与持续发展能力，这在当前我国海洋产业发展中仍然是一个挑战。

（三）市场需求不明确

市场需求的不明确性和市场进一步拓展的困难，形成了渔工融合发展的重要瓶颈。虽然渔工融合技术能够显著提升生产效率、增强生态保护，并带来更高的经济效益，但其市场定位的模糊性和目标消费者的不确定性，限制了其市场拓展的可能性。

首先，现代海洋牧场建设往往涉及高初始投资和复杂的技术要求，这导致其主要受众仅限于资金雄厚、技术先进的大型企业。对于广大中小型渔业企业而言，高昂的技术转化成本和操作复杂性使得他们难以采纳这些新技术，从而限制了市场的广泛性。

其次，渔工融合项目的多功能性虽然是其一大优势，但也使得市场推广面临挑战。例如，海上养殖综合体不仅涵盖养殖业务，还整合了旅游和教育等服务，这就要求市场营销策略能够同时满足多种业务的推广需求。然而，不同市场段的需求和期望可能存在较大差异，如何平衡这些需求并有效传递渔工融合技术的综合价值，是一个复杂的问题。

最后，现代海洋牧场的建设还受限于消费者和政策制定者对于其经济和生态双重效益的认知度。虽然技术开发者可能清楚渔工融合的长期收益，但这些收益是否被市场接受往往取决于消费者的环保意识和政策的支持度。在环保意识不强和缺乏政策激励的市场环境中，渔工融合技术的市场推广尤为困难。

（四）潜在生态环境风险

尽管渔工融合技术在提升海洋养殖效率和生态保护方面展现了显著优势，但其给生态环境可能带来的风险不容忽视。这些风险主要表现在生态干预过度、生物入侵、生态系统服务失衡以及对自然栖息地的潜在影响。

过度的技术干预可能导致海洋生态系统的自然平衡被破坏。例如，高体构件礁虽然能够提升海洋生物多样性和生态结构的复杂性，但如果设计和布局不当，可能会影响原有生物的栖息地，导致本地物种的排挤或生态位变化。此外，人工结构可能会改变水流模式和沉积物分布，进而影响整个海域的生态功能。

引入外来种或非本地物种的风险也是一个关键考虑因素。在某些渔工融合项目中，可能会使用外来或基因修改的高效生产物种来提升养殖产量。这些物种如果逃逸，可能会对本地生态系统构成威胁，如竞争本地物种的生存资源、传播疾病或者导致遗传污染。

最后，渔工融合技术的长远影响尚不完全可预见。随着这些技术的广泛应用，其对海洋生态系统服务的影响需要通过长期监测和科学研究来持续评估，并对可能存在的生态环境风险制定完备预案和应对策略。

四、渔工融合的未来展望

（一）技术创新与自动化升级

未来的渔工融合将更加依赖技术创新与自动化升级。随着人工智能、物联网和机器学习技术的发展，预计将出现更智能的监控系统和自动化设备，能够实时监控水质、鱼群健康以及环境变化，从而实现更高效和精准的管理。这些技术不仅将提高养殖效率，减少人为干预，同时还能降低运营成本和提高生产可持续性。例如，通过智能传感器和数据分析，可以预测并防控疾病的发生，优化饲料的投放，减少资源浪费。

（二）生态与环保理念的树立

随着环保意识的加强，未来的渔工融合将更加注重在现代海洋牧场中融入生态保护与环境管理的先进理念。通过结合现代工程技术与生态系统管理，现代海洋牧场不仅致力于提升渔业产量，更重视生态系统的健康与持续性。例如，利用高科技监测和管理系统，确保养殖活动对周围海洋环境的影响最小化，同时采用生态工程方法，如建设生物多样性友好型的人工鱼礁和生态平台，这些结构不仅为海洋生物提供栖息地，还能促进生物群落的自然发展和繁荣。

此外，现代海洋牧场的建设将采用可持续的物料和技术，如使用环境可降解材料和能源效率高的设备，减少碳足迹。通过这些措施，现代海洋牧场不仅能够有效地增加渔业资源和提高生产效率，还能增强其抵抗环境变化的能力，如应对海洋酸化和温度上升的挑战。最终目标是建立一个既能满足经济需求，又能保护和恢复海洋生态系统的养殖模式，这将是未来渔工融合发展的重要趋势。

（三）全球合作与政策支持

面对全球气候变化的挑战，渔工融合的发展将需要国际合作与政策的大力支持。未来可能会看到更多跨国界的研究项目和合作框架，共同探讨和解决跨境水域管理、生物多样性保护和气候变化对渔业的影响等问题。同时，政府及国际组织的政策支持，如资金投入、技术交流、市场准入和环保法规的制定，将为渔工融合的发展提供必要的外部条件。例如，通过设立海洋保护区和推广绿色认证，可以激励企业投入生态友好型渔业技术的研发和应用。

总之，渔工融合的未来展望呈现技术驱动、生态整合和全球合作三大发展方向。这些发展不仅符合全球可持续发展的需求，也应对了人口增长和资源压力增大的挑战。通过不断的技术创新和国际合作，渔工融合有望在保障食品安全、生态保护和经济效益之间找到更加平衡和高效的解决方案。

第四节　渔　信　融　合

一、渔信融合的发展历程与意义

（一）渔信融合的发展历程

1. 国外经验

海洋牧场与信息产业的融合，通常被称为"智慧海洋牧场"，在国外已有广泛的发展和探索，其中以欧洲和美国较为突出。

欧洲在海洋牧场与信息产业融合方面的探索重点在于环境可持续性和资源管理。例如，挪威的 SalMar（萨尔玛）公司自 2010 年起利用传感器和自动化系统提高生产效率，并减少环境影响。该公司于 2019 年开展 Smart Fish Farm（智慧渔场）项目，包括实时监测、数据分析和自动化管理系统，使得海洋牧场能够在复杂的海洋环境中高效运作。这不仅进一步提高了生产效率，还增强了应对突发事件的能力，有助于实现更高的经济效益和环境保护（Kassem et al.，2021）。

美国在智慧海洋牧场技术应用方面取得了显著进展，特别是在大数据和云计算的应用上。例如，阿拉斯加海洋养殖研究和培训中心 2016 年制定了一份综合性的海洋养殖发展计划，旨在加速海洋养殖的发展。该项目使用先进的数据分析和监控技术，旨在优化鲑和贝类养殖的生产流程，使用卫星和无人机技术监测海洋牧场环境和鱼类健康状态，并引入大数据分析平台，整合多种数据源，提供精准的养殖管理建议，显著提高了生产效率，并减少了对自然环境的影响（Vo et al.，2021）。

以上国外案例展示了国外在海洋牧场与信息产业融合方面的典型具体实践和成就。通过采用先进的技术手段，这些项目不仅提高了生产效率，还显著改善了生态环境，为海洋牧场的可持续发展提供了有力支持。

2. 国内发展

进入 21 世纪以来，中国渔业信息化发展取得了显著成就，沿海省（区、市）通过整合现代信息技术与传统渔业，推动了产业的现代化和可持续发展（高强等，2008）。在此期间，物联网技术开始在渔业中应用，通过传感器实时监测水质、温度和养殖环境，为渔业生产提供科学依据。同时，大数据技术的应用帮助海洋牧场管理者优化养殖管理，提高了生产效率和经济效益。这一时期的技术进步不仅推动了渔业生产的现代化，还为信息技术的创新和应用提供了新的契机，促进了渔业与信息产业的深度融合，形成了新的产业链和经济增长点（巩沐歌等，2018）。

2018 年后，中国海洋牧场进入快速发展期，尤其是在国家重点研发计划"蓝色粮仓科技创新"项目立项及开展后，智慧海洋牧场建设进入新阶段（杨红生，2019）。与此同时，沿海省（区、市）通过先进技术和管理模式，积极推进"智慧海洋"发展（王小谟等，2021）。在大数据和人工智能等先进技术助力下，海洋牧场的智能化管理蓬勃发展。我国海洋牧场数字化发展正在实现核心技术突破，并重点构建精准化、智能化新生产管理技术体系（杨红生和丁德文，2022）。2023 年 4 月习近平总书记在考察湛江过程中提出要通过推进深海海洋牧场技术和智慧海洋牧场的发展，实现海洋牧场的信息化、智能化和现代化转型。这不仅是保障食品供应和粮食安全的策略，还是促进海洋科技创新和战略性新兴产业发展的关键途径。

沿海省（区、市）在智慧海洋牧场建设方面已进行了诸多卓有成效的实践，现简要介绍如下。

山东省在智慧海洋牧场的发展中起到了带头作用，尤其是在大数据和自动化技术的应用上。"长鲸一号"项目于 2018 年启动，2020 年全面实施，位于山东省烟台市长岛海域。该项目通过引入 5G 通信技术和传感器网络，实现了对养殖环境的全面监控和管理。通过大数据分析优化养殖操作，显著提高了生产效率和环境可持续性。在青岛、威海与日照地区海洋牧场项目建设中，中国科学院的海洋牧场研究团队引入了地理信息系统（GIS）、遥感、水生生物智能声学探测等先进技术，实现了海洋环境和资源分布的精准监管（刘辉等，2020）。此外，该团队联合上海生蓝科技有限公司开发了海洋牧场数字化一体化技术方案（图8-9）。

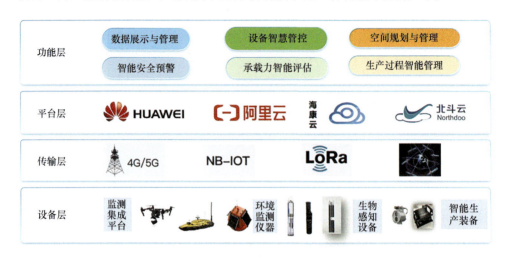

图 8-9　海洋牧场渔信融合技术架构

图片来源：上海生蓝科技有限公司技术方案《海洋牧场数字化技术进展》

　　浙江省的舟山群岛智慧海洋牧场项目始于 2017 年，先期建设了人工鱼礁和海藻场，后期通过物联网技术实现了水质和养殖生物健康的实时监控。该项目改善了海洋生态环境，提高了养殖生产效率，并推动了当地渔业的可持续发展。

　　福建省在智慧海洋牧场的发展中也取得了显著进展。位于莆田市秀屿区的"国能共享号"项目于 2023 年完工投产。这是全球首个漂浮式风渔融合项目，结合风力发电和水产养殖，实现了能源和渔业的双赢。该平台搭载了网衣清洗机器人、自动投喂系统和海洋环境监测系统，大幅度降低了养殖成本，提升了生产效率。

　　广东省湛江市智慧海洋牧场走在全省前列，"海威2号"项目自2021年启动，该项目通过与中国移动通信集团有限公司和深圳鳍源科技有限公司（QYSEA）合作，结合 AI 技术和 5G 网络，推出了"5G+海洋牧场"智能养殖解决方案。该项目优化了养殖条件，提高了生产效率，减少了环境影响，成为智慧海洋牧场技术应用的典范。

　　消费者对高质量、可持续的海产品的需求不断增加，而信息技术的应用将帮助提高产品质量和供应链管理能力，这为智慧海洋牧场提供了广阔的市场空间。

（二）渔信融合的意义

　　海洋牧场与信息产业的深度融合，对于推动海洋经济的质量效益型转变具有决定性意义。这种融合使得海洋资源的开发不再限于传统的捕捞和增养殖，而是扩展到了更广泛的领域，包括海洋环境监测、资源管理和智能决策支持系统的建设。信息技术的应用，如大数据分析、AI 技术和物联网技术，已成为提升海洋资源开发效率和产业结构优化的重要工具。通过这些技术的集成应用，可以显著提高海洋资源的利用率和海洋产业的经济效益。

海洋牧场与信息产业的融合在生态环境可持续方面具有重要意义。信息产业尖端技术如物联网和大数据技术，实现了对水环境和资源生物的实时监控，确保养殖活动对生态环境的影响降到最低。此外，这些技术手段还帮助预测和预防环境风险，如水污染和疾病暴发，进一步保障了生态系统的稳定性和健康。综合来看，基于渔信融合的智慧海洋牧场不仅提升了生产效率，还实现了环境保护、经济发展和社会发展的多赢。

海洋牧场与信息产业的融合对于实现海洋牧场的智慧化转型具有核心作用。它不仅提升了海洋资源的可持续开发能力，还为海洋牧场产业结构的优化和深远海技术及装备产业链的形成提供了技术支撑。这一融合战略的实施，能够确保海洋信息科技在推动现代海洋产业发展中的核心地位，从而推动海洋牧场从传统经营模式向更高效、智能、安全、环境友好方向的跃升。此外，信息产业的加成也可有力促进海洋科技的创新，加快海洋战略性新兴产业的培育和发展。

二、渔信融合发展状况

智慧海洋牧场涉及的信息产业可细分为智能装备制造业、物联通信服务业、专业软件服务业与文旅信息服务业。

（一）智能装备制造业

在智能装备制造业方面，海洋牧场的信息化和自动化是提升生产效率和管理水平的关键（Chen et al.，2022）。海洋牧场的信息化和智能化发展依赖一系列先进技术的集成与应用。智能装备制造业通过不断创新，生产出能够满足各种复杂海洋环境需求的设备，为海洋牧场的高效管理和可持续发展提供了坚实基础。例如，自主水下机器人不仅可以进行环境监测，还能执行复杂任务，如水下结构检查、生物采样等，进一步拓展了海洋牧场的功能和用途。

渔信融合对智能装备制造业具有深远的影响。一方面，渔信融合使得装备制造的需求更加明确和具体。海洋牧场的管理者通过信息系统可实时了解海洋牧场的各项参数和状况，从而提出针对性的设备需求。例如，某一水域的特殊环境条件可能要求装备具有特定的抗腐蚀性能和续航能力。制造企业根据这些需求，能够设计和生产出更符合实际使用场景的智能装备，提升产品的市场竞争力。另一方面，渔信融合促进了智能装备制造业的技术升级和创新。信息技术的快速发展，如物联网、AI、大数据分析等，为智能装备的功能扩展和性能提升提供了技术支持。通过在设备中嵌入传感器和通信模块，制造企业能够生产出具备实时监测、数据传输和自主决策功能的智能装备（Wu et al.，2022）。

（二）物联通信服务业

物联通信服务业在海洋牧场的信息化建设中发挥着重要作用。通过物联网设备，管理人员可以远程监控海洋牧场的环境状况，并根据实时数据进行决策，及时采取应对措施。

渔信融合对物联通信服务业的发展具有推动作用。渔信融合为物联通信服务业提供了新的应用场景和市场需求。海洋牧场需要实时监测和管理各种环境参数，如水质、温度、盐度等，物联通信服务业可以通过提供稳定、可靠的传输技术和设备，满足这些需求。海洋牧场的复杂环境和特殊需求要求物联网设备具备更高的性能和可靠性。例如，在海洋环境中，设备需要具备防水、防腐蚀和抗干扰能力。同时，数据的实时传输和处理需要更高效的通信协议和数据处理算法。随着渔业信息化程度的不断提高，对物联网技术和服务的需求也将不断增加，从而推动物联通信服务业的发展（Mustapha et al.，2021）。

（三）专业软件服务业

专业软件服务业在海洋牧场的管理中扮演着至关重要的角色。为促进这一领域的发展，建议支持开发专门的海洋牧场管理软件，提供全面的数据分析和决策支持功能，提升管理的科学性和精确性（孙东洋等，2021；Natsuike et al.，2022）。

渔信融合提供了丰富的数据来源和应用场景，推动了海洋专业软件功能的不断完善和创新。海洋牧场通过物联网设备采集到的各类环境数据，为软件开发提供了大量的原始数据。这些数据不仅包括水质、温度、盐度等基本参数，还涵盖了海洋生物的活动规律、养殖设施的运行状态等信息。随着渔信融合的深入推进，专业软件更加智能化、集成化和多功能化，成为海洋牧场管理的重要支撑力量（Mustapha et al.，2021；Wu et al.，2022）。

（四）文旅信息服务业

文旅信息服务业在海洋牧场的推广和生态保护中具有重要意义。建议开发更多与海洋牧场相关的文化和旅游项目，利用新兴技术丰富游客体验，同时宣传海洋生态保护的重要性。

渔信融合对文旅信息服务业的促进作用十分显著。首先，渔信融合提供了丰富的内容素材和数据支持。水下场景本身具有极高的吸引力，能够为游客提供独特而新奇的体验，水下场景的复杂性和多样性要求文旅信息服务技术不断创新和提升。海洋牧场环境和生物活动数字信息，为文旅项目提供了真实、动态的素材。这些数据可以转化为逼真的 VR 和增强现实（AR）体验，使游客可以身临其境地观赏各种海洋生物、珊瑚礁和海洋牧场的养殖过程，更直观地了解海洋牧场的生态环境和运行机制。其次，渔信融合促进了文旅项目的创新和升级。传统的旅游项目多依赖自然景观和人工设施，渔信融合则引入了先进的信息技术，使旅游体验更加丰富和多样。同时，利用数据分析，文旅项目可以根据游客的兴趣和反馈，不断优化和调整内容，提升游客满意度和体验质量。渔信融合发展也有利于推广海洋生态保护。数字化、智能化技术丰富了海洋牧场旅游体验和科普宣传，公众对海洋保护的意识和参与度将显著提高，形成可持续发展的良性循环。

（五）人工智能大模型

大语言模型（large language model，LLM）是基于深度学习技术的大规模神经网络模型。该模型通过学习大量的自然语言文本、图像、自动化数据、软件脚本，能够进行复杂性理解与自动化生成任务。2023 年 OpenAI 发布了新版大语言模型 ChatGPT，该模型展示了高度自然的人机对话能力。由其引发的新一轮基于大语言模型的 AI 创新浪潮正在深刻影响几乎所有行业与领域，也为我国海洋牧场管理实现真正的智能化创造了历史新机遇。

为抓住海洋人工智能发展机遇，青岛市制定了《青岛市海洋人工智能大模型产业集聚区建设实施方案（2024—2026 年）》，已于 2024 年 6 月 7 日在崂山问海大会上正式发布实施，预计相关应用案例未来几年将纷纷涌现。

三、渔信融合发展过程中的瓶颈

（一）技术创新

在海洋牧场建设中，渔信融合的技术瓶颈主要体现在以下方面。

（1）渔业信息资源匮乏显著制约了海洋牧场信息技术的研究与应用。目前，信息化设备和基础设施的投入相对不足，导致渔业监测数据采集能力有限。这种局面使得渔业管理者难以全面掌握海洋环境及渔业资源的动态变化，不仅加剧了决策的依赖性和不确定性，还可能引发资源浪费及环境破坏。为应对这一挑战，亟须构建更加完善的渔业数据采集体系，包括实时监测设备、遥感技术和大数据平台等，以此为基础提升渔业生产管理的精准度和可持续性。

（2）现有渔业专用技术设施与设备的研发力度不大，无法充分满足现代渔业的特定需求。通用设备在多变的海洋环境中表现出适应性差、稳定性不足等问题，尤其是在海洋牧场等复杂环境中，传统设备难以高效应对多样化的生产需求。要解决这一问题，必须加大对专用设备和技术的研发投入，推动相关企业和科研机构开发适应海洋环境特殊的专用设施与信息化工具，从而提升设备的可靠性、精度和适应性。

（3）目前渔业信息技术领域尚缺乏统一的技术规范和标准，这一问题导致不同监测设备之间的互联互通困难，限制了数据整合和共享的有效性。由于数据采集涉及海洋环境、水质、渔业资源等多方面，不同技术手段采集的数据格式和标准存在较大差异，因此数据的融合与分析变得复杂而低效。建立统一的渔业信息技术标准与数据格式，确保不同设备和技术手段之间的兼容性，是提升渔业信息化应用广度和深度的必要前提。

（4）渔业信息化管理系统的运维体制和机制相对薄弱，导致设备难以在复杂的海洋环境中实现长期稳定运行。很多海洋牧场缺乏专业的信息化管理团队，设备运维依赖外部服务，这种状况无法有效保障设备的持续稳定性和可靠性，特别是在恶劣的海洋条件下，设备的维护与故障修复难度较大。因此，亟须建立健全的设备运维机制，培养具备专业知识的管理人才，以确保信息化设备能够在渔业生产中长期发挥其应有作用。

为了突破这些技术瓶颈、实现渔信深度融合，智慧海洋牧场相关信息化企业应注重以下几个方面。

（1）增加研发投入：强化企业内部研发团队，专注于海洋牧场所需关键信息技术的研究和开发，带领专业人员针对海洋牧场信息化发展趋势及技术瓶颈提出创新想法和解决方案。

（2）合作创新：与海洋牧场企业、相关研究机构建立长期合作关系，共同开发新技术，共享研发资源。

（3）技术引进和吸收：积极引进国内外先进技术和设备，通过技术合作和技术引进加速创新过程。

通过这些策略，海洋牧场企业能够更好地应对技术迭代带来的挑战，提高自身的技术创新能力和市场竞争力。

（二）市场化落地

1. 市场成本

渔信融合发展的实施涉及多种高端设备和系统，如传感器、自动化系统以及复杂的软件，这些都需要较高的初期投资。例如，现代设备和技术的使用在提升产量和生产效率的同时，也带来了高昂的投资成本。据专家分析，每增加一个技术升级，都需要额外的资金投入，这需要仔细评估是否值得追求。此外，海南省农业农村厅提供的数据显示，引进智能化设备和系统如智能监控和自动投喂系统的成本往往较高。

渔信融合发展的高成本主要体现在以下几个方面。

（1）初始设备投资：自动化饲料系统、水质监控设备和数据分析软件等的购置。

（2）维护成本：高技术设备的维护和更新需要定期的技术支持，可能涉及较高的运营成本。

（3）培训费用：为了有效运用先进设备，海洋牧场的工作人员需要接受专门的培训，会额外增加成本。

这些成本因素是渔信融合发展过程中需要考虑的重要经济负担。中小型海洋牧场企业在考虑采用智慧海洋牧场技术时，必须仔细评估其经济效益和可持续性，确保技术投入可以通过增产或降低长期运营成本来弥补。

2. 技术接受度

智慧海洋牧场的技术接受度受到文化和教育背景的影响。传统海洋牧场从业者可能因为不熟悉新兴信息技术的应用和效益，而对其持保留态度。这种情况反映了智慧海洋牧场技术虽有提高生产效率和环境可持续性的潜力，但其广泛应用和普及还需克服文化和教育方面的挑战。智慧技术的高初始成本和操作复杂性也是推广中的主要障碍。

这种情况可以通过教育和培训来逐步改变。例如，针对性的教育项目可以用来提升海洋牧场从业者对信息技术的认知和操作能力，从而减少对新技术的心理障碍。政府和行业领导者通过建立示范项目来展示渔信融合技术的实际效益，这是提高技术接受度的有效策略。通过示范项目，海洋牧场从业者可以直观地看到信息技术带来的生产效率和经济效益，从而增强他们采用新技术的信心和意愿。

3. 数据安全防护

在渔信融合发展中，数据安全问题尤为重要，原因主要有以下几点。

（1）敏感数据的保护：渔信融合涉及大量敏感数据的收集、处理和存储，包括水质参数、渔业资源分布、海洋牧场生物健康状况等信息。这些数据如果被未授权访问或滥用，可能对海洋牧场从业者的商业利益造成重大损害。

（2）信誉维护：数据安全的有效管理可以增强海洋牧场从业者和消费者的信任，保护企业和机构的声誉。一旦数据泄露事件发生，可能会严重影响公众对企业或项目的信任，从而影响其市场地位和经济效益。

（3）支持可持续发展目标：智慧渔业项目往往旨在支持可持续发展目标，包括环境保护和资源管理。数据安全的疏忽可能导致资源与环境监控数据的失真，影响对生态影响的评估和相应的管理措施。

因此，确保数据安全不仅是保护个人和商业利益的需要，还是遵守法律法规和履行社会责任的表现。在渔信融合的过程中，采用高标准的数据保护措施是实现技术和业务成功的关键。

四、渔信融合发展展望

（一）战略规划

在新时代背景下，中国海洋牧场与渔业信息产业的融合发展迎来了诸多新机遇。首先，战略规划是确保海洋牧场信息化建设健康有序发展的关键。中国政府在"十四五"规划中明确提出要推动海洋牧场的信息化建设，提出了具体的目标和实施路径。因此，制定详细的发展战略和行动计划，明确各阶段的目标和任务，确保政策和措施的落地实施至关重要。例如，山东省政府通过与科研机构和企业合作，推动了在线监测和可视化、资源生物智能识别、海洋牧场承载力智慧评估等先进技术在海洋牧场中的应用，提高了产业整体水平。此外，跨部门协同合作也是战略规划成功的关键。只有各相关部门紧密配合，才能确保政策的全面落实，从而推动海洋牧场信息产业的可持续发展。

（二）AI 驱动

海洋牧场信息化融合发展面临技术碎片化和智能化不足等问题。当前人工智能正引领新一轮技术革新，应当利用该项技术，构建新一代智能监管系统，旨在获得高精度的海洋牧场分布与动态监测信息，全面分析与预测典型海洋牧场发展现状及演变趋势，智能识别与预警重大海洋牧场问题和风险，进而构建全链路智能化的组织管理和业务体系，以及全方位智能化的海洋牧场监测站网。其中，重点建设内容是基于大语言模型的海洋牧场现状高效调查分析、风险和灾害智能预警、科学功能分区、发展趋势精准预测等，从而形成海洋牧场新质监管能力。

（三）人才培养

人才培养是推动海洋牧场信息产业发展的基础。我国涉海类高校设立有专门的海洋信息科技类学科，培养了大量海洋科学与信息技术方面的专业人才。通过设立相关专业和课程，这些高校培育了具有扎实的理论基础和实践技能的人才。同时，建议政府和企业合作提供奖学金和实习机会，吸引优秀人才进入海洋牧场信息产业。此外，鼓励学生参加实际的海洋牧场渔信融合项目，使他们能够将理论知识应用于实践，提高创新意识和实际操作能力，这也是人才培养的重要方面。

（四）企业扶持

企业扶持对于海洋牧场信息产业的健康发展至关重要。通过财政补贴、税收优惠等方式，中国支持了多家海洋牧场相关企业的创新和发展，推动了技术升级和市场拓展。进一步优化扶持政策，鼓励企业自主创新，特别是在智能装备制造和专业软件开发方面提供资金和技术支持。例如，广东省通过设立海洋产业创新联盟，为企业提供研发支持和市场推广平台，推动了当地海洋牧场相关企业的快速发展。此外，建立企业孵化器和创新中心，促进企业间的合作与技术交流，提升海洋牧场信息科技产业整体竞争力，也是企业扶持的重要手段。

（五）规范引领

规范引领是保障海洋牧场信息产业健康发展的重要环节。政府制定了一系列规范和标准，确保海洋牧场信息产业的健康和可持续发展。建立和完善行业规范与技术标准，确保技术应用和业务发展在安全和可控的框架内进行，是实现产业可持续发展的基础。例如，已发布的国家标准《海洋牧场建设技术指南》（GB/T 40946—2021），为各地海洋牧场的信息化建设提供了规范和标准，确保技术应用的安全和可控。此外，推动绿色技术的研发和应用，减少对环境的影响，确保海洋牧场的可持续发展，也是规范引领的重要目标。

海洋牧场与信息产业的融合发展已经成为推动现代海洋牧场和海洋经济发展的重要力量。中国在这一领域的探索和实践不仅为其他国家提供了宝贵经验，还展示了科技创新和生态保护的巨大潜力。未来，随着科技的不断进步和政策的持续支持，海洋牧场信息产业必将迎来更加广阔的发展前景。总之，海洋牧场信息产业的发展需要各方的共同努力，包括政府的战略规划、企业的技术创新、高校的人才培养以及行业的规范引领。只有通过这些综合措施，才能实现海洋牧场的可持续发展，推动海洋经济的高质量增长。

第五节 本章小结

现代海洋牧场的多产业融合发展是提升渔业经济效益、优化资源利用、推动生态保护的重要路径，通过将渔业、文化、工程、能源、信息技术等多产业进行深度融合，实现生态效益、经济效益、社会效益的共赢。本章围绕四种代表性的融合模式进行了系统分析，探讨了其现状、特征、发展瓶颈及未来趋势。第一部分为渔文旅融合，主要介绍了渔业与文化创意、旅游业的结合方式，分析了渔业文化和旅游项目的开发及推广，通过丰富文化内涵，融合生态教育与科普活动，为渔业增值提供了新的增长点，有效推动了产业升级和海洋生态宣传。第二部分为渔能融合，聚焦海洋牧场与可再生能源的结合，通过光伏、风能、潮汐能等清洁能源的引入，实现了能源的自给与生态可持续发展，提升了海洋牧场的绿色效益和环境友好性。第三部分为渔工融合，阐述了现代工程技术在海洋渔业中的多重应用，从海洋工程装备到智能化管理技术，通过科技手段推动海洋牧场智能化、生态化和规模化养殖，使生产效率提升和生态保护协同共进。第四部分为渔信融合，着重探讨了海洋牧场与信息产业的结合，通过物联网、大数据等技术实现了智能化的实时监控和管理，提升了资源管理效率，助力产业数字化转型，为海洋牧场的科学管理提供了有力支持。

参 考 文 献

曹云梦, 吴婧. 2022. "双碳"目标下我国海洋碳汇交易的发展机制研究. 中国环境管理, 14(4): 44-51.

陈勇, 于长清, 张国胜, 等. 2002. 人工鱼礁的环境功能与集鱼效果. 大连海洋大学学报, 17(1): 64-69.

崔凤, 董兆鑫. 2021. 论海洋文化与旅游的融合发展. 中国海洋社会学研究, (1): 115-129.

方海, 谢营梁, 李励年. 2008. 国外休闲渔业可持续发展管理现状及我国休闲渔业管理对策. 现代渔业信息, 23(10): 16-18.

高强, 李大良, 贾晓明. 2008. 我国渔业发展研究综述. 渔业经济研究, (1): 13-19.

巩沐歌, 陈军, 孟菲良. 2018. 中国渔业信息化标准建设现状及对策研究. 渔业信息与战略, 33(4): 240-246.

景发岐. 2010. 深海网箱养殖与传统网箱养殖比较研究. 河北渔业, (3): 58-59, 61.

李亚杰, 闫中杰, 刘扬, 等. 2023. 海上风电与海洋养殖融合发展现状与展望. 船舶工程, 45(S1): 166-170.

廖民生, 刘洋. 2022. 新时代我国海洋观的演化: 走向"海洋强国"和构建"海洋命运共同体"的路径探索. 太平洋学报, 30(10): 91-102.

刘澈. 2021. 文化创意视角的海洋文化旅游可持续发展. 社会科学家, (11): 67-71.

刘辉, 奉杰, 赵建民. 2020. 海洋牧场生态系统监测评估研究进展与展望. 科技促进发展, 16(2): 213-218.

刘懿凡, 黎明. 2021. 海洋牧场建设基础上的生态旅游发展对策研究. 山西农经, (14): 130-132.

全国水产技术推广总站, 中国水产学会. 2023. 中国休闲渔业发展监测报告. 2023-12-26.

石建高, 周新基, 沈明. 2019. 深远海网箱养殖技术. 北京: 海洋出版社.

石建高, 余雯雯, 卢本才, 等. 2021. 中国深远海网箱的发展现状与展望. 水产学报, 45(6): 992-1005.

宋昱瑾, 田涛, 杨军, 等. 2022. 海洋牧场背景下的休闲渔业旅游发展模式研究. 海洋开发与管理, 39(1): 110-116.

孙东洋, 刘辉, 张纪红, 等. 2021. 基于深度卷积神经网络的海洋牧场岩礁性生物图像分类. 海洋与湖沼, 52(5): 1160-1169.

孙吉亭, 王燕岭. 2017. 澳大利亚休闲渔业政策与管理制度及其对我国的启示. 太平洋学报, 25(9): 78-85.

唐启升, 刘慧. 2016. 海洋渔业碳汇及其扩增战略. 中国工程科学, 18(3): 68-73.

田涛, 张明燁, 杨军, 等. 2021. 国际化海洋牧场的体系构建及未来发展浅析. 海洋开发与管理, 38(11): 55-61.

王小谟, 陆军, 彭伟, 等. 2021. 加速海洋"新基建"建设、推动海洋产业高质量发展. 科技导报, 39(16): 76-80.

王鑫, 吴姗姗, 隋江华, 等. 2022. 国外海洋休闲渔业发展现状及其对中国的启示. 中国渔业经济, 40(5): 100-108.

杨红生. 2019. 我国蓝色粮仓科技创新的发展思路与实施途径. 水产学报, 43(1): 97-104.

杨红生, 丁德文. 2022. 海洋牧场3.0: 历程、现状与展望. 中国科学院院刊, 37(6): 832-839.

杨红生, 茹小尚, 张立斌, 等. 2019. 海洋牧场与海上风电融合发展: 理念与展望. 中国科学院院刊, 34(6): 700-707.

Alic E, Trottier L L, Twardek W M, et al. 2021. Recreational fisheries activities and management in national parks: a global perspective. Journal for Nature Conservation, 59: 125948.

Appiott J, Dhanju A, Cicin-Sain B. 2014. Encouraging renewable energy in the offshore environment. Ocean & Coastal Management, 90: 58-64.

Bryndum-Buchholz A, Tittensor D P, Lotze H K. 2021. The status of climate change adaptation in fisheries management: policy, legislation and implementation. Fish and Fisheries, 22(6): 1248-1273.

Cardia F, Lovatelli A. 2007. A review of cage aquaculture: Mediterranean Sea. FAO Fisheries Technical Paper, 498: 159.

Chen J C, Chen T L, Wang H L, et al. 2022. Underwater abnormal classification system based on deep learning: a case study on aquaculture fish farm in Taiwan. Aquacultural Engineering, 99: 102290.

Chou L M. 2023. Sustaining marine biodiversity in Singapore's heavily urbanized coast// Progress in Sustainable Development. Amsterdam: Elsevier: 265-282.

Fabi G, Spagnolo A, Bellan-Santini D, et al. 2011. Overview on artificial reefs in Europe. Brazilian Journal of Oceanography, 59(spe1): 155-166.

Gill A B, Degraer S, Lipsky A, et al. 2020. Setting the context for offshore wind development effects on fish and fisheries. Oceanography, 33(4): 118-127.

Harris D, Johnston D, Yeoh D. 2021. More for less: citizen science supporting the management of small-scale recreational fisheries. Regional Studies in Marine Science, 48: 102047.

Kassem T, Shahrour I, El Khattabi J, et al. 2021. Smart and sustainable aquaculture farms. Sustainability, 13(19): 10685.

Lomnicky G A, Hughes R M, Peck D V, et al. 2021. Correspondence between a recreational fishery index and ecological condition for USA streams and rivers. Fisheries Research, 233: 105749.

Lynch A J, Cooke S J, Deines A M, et al. 2016. The social, economic, and environmental importance of inland fish and fisheries. Environmental Reviews, 24(2): 115-121.

McShane P, Knuckey I, Sen S. 2021. Access and allocation in fisheries: the Australian experience. Marine Policy, 132: 104702.

Mohammadi Z, Bhati A S, Jerry D. 2024. A pre-science style model of aquaculture tourism businesses. Tourism Planning & Development, 21(2): 245-253.

Mustapha U F, Alhassan A W, Jiang D, et al. 2021. Sustainable aquaculture development: a review on the roles of cloud computing, internet of things and artificial intelligence(CIA). Reviews in Aquaculture, 13(4): 2076-2091.

Natsuike M, Natsuike Y, Kanamori M, et al. 2022. Semi-automatic recognition of juvenile scallops reared in lantern nets from time-lapse images using a deep learning technique. Plankton and Benthos Research, 17(1): 91-94.

Nieman C L, Solomon C T. 2022. Slow social change: Implications for open access recreational fisheries. Fish and Fisheries, 23(1): 195-201.

Saraswat S, Sharma S, Verma N, et al. 2023. Artificial intelligence that learns fish behavior might improve fishing gear. Journal of Survey in Fisheries Sciences, 10(1): 1651-1659.

Schmidt C, Chase L, Barbieri C, et al. 2022. Linking research and practice: the role of extension on agritourism development in the United States. Applied Economics Teaching Resources(AETR), 4(3): 33-48.

Schupp M F, Kafas A, Buck B H, et al. 2021. Fishing within offshore wind farms in the North Sea: stakeholder perspectives for multi-use from Scotland and Germany. Journal of Environmental Management, 279: 111762.

Vo T T E, Ko H, Huh J H, et al. 2021. Overview of smart aquaculture system: focusing on applications of machine learning and computer vision. Electronics, 10(22): 2882.

Wu Y H, Duan Y H, Wei Y G, et al. 2022. Application of intelligent and unmanned equipment in aquaculture: a review. Computers and Electronics in Agriculture, 199: 107201.

Xu Q, Ji T, Yang Z X, et al. 2019. Preliminary investigation of artificial reef concrete with sulphoaluminate cement, marine sand and sea water. Construction and Building Materials, 211: 837-846.

Yerbury A, Coote A, Garaniya V, et al. 2016. Design of a solar Stirling engine for marine and offshore applications. International Journal of Renewable Energy Technology, 7(1): 1-45.

Yu J K, Yan T J. 2023. Analyzing industrialization of deep-sea cage mariculture in China: review and performance. Reviews in Fisheries Science & Aquaculture, 31(4): 483-496.

Yuan W Y, Feng J Z, Zhang S, et al. 2004. Environmental and energy performance of offshore aquaculture systems incorporating with ocean renewable energy sources. Energy, 30: 2965.

第九章 案 例 分 析①

我国海洋牧场建设发展迅速,自 2015 年我国首批国家级海洋牧场示范区公布以来,已有 189 个国家级海洋牧场示范区获批建设,分布于渤海、黄海、东海、南海四大海域。这些不同海域不同类型的海洋牧场示范区建设背后,有不同的驱动场景,所依托的理论和技术及其实践也是多元和精彩的。本章在综合阐述海洋牧场前世今生、原理创新、数字赋能、场景驱动、种业牵引、牧养互作、装备支撑、融合发展等理论和技术创新发展的基础上,选择人工牡蛎礁型海洋牧场、渔能融合型海洋牧场、岛礁增殖型海洋牧场以及渔旅融合型海洋牧场 4 个典型案例开展系统分析,揭示适用于不同场景条件的海洋牧场建设理论及实践模式,为不同场景的海洋牧场高质量发展策略实施以及海洋牧场理论技术研究提供案例参考。

第一节 人工牡蛎礁型海洋牧场

牡蛎礁(oyster reef)又被称为"温带的珊瑚礁",是由牡蛎物种不断固着在蛎壳上,聚集和堆积而形成的生物性结构,为海岸带生态系统提供了基础结构性栖息地(Fitzsimons et al.,2019),其广泛分布于全球温带和亚热带地区的海湾、河口和潟湖等地,具有改善水质、提升生物多样性、增加渔业产量和防护海岸线等重要的生态系统服务功能。然而,近一个世纪以来,受过度捕捞、沉积物堆积、水质污染和病害等的影响,全球 85%的牡蛎礁已经退化(Beck et al.,2011)。中国的牡蛎礁状况也不容乐观,目前已知的天然活牡蛎礁主要分布在河北省曹妃甸(全为民等,2022)、天津市大神堂(房恩军等,2007;孙万胜等,2014)、山东省东营垦利(刘鲁雷,2019)、山东省莱州湾(耿秀山等,1991)、江苏省小庙洪(张忍顺,2004;全为民等,2016)、福建省深沪湾和金门(姚庆元,1985;俞鸣同等,2001)等地,退化严重区域的牡蛎礁现存面积不足原来的 1/10,造成河口和滨海生态系统的结构与功能严重受损,亟待开展保护修复工作。

牡蛎礁修复是指通过投放牡蛎幼体和人工牡蛎礁体等方式对海区牡蛎礁生物资源进行保护与修复。将人工牡蛎礁体投放至海底后,游离的牡蛎幼体会附着到礁体上,所形成的群落结构可为游泳动物、底栖动物等生物提供栖息地。目前,牡蛎礁也被作为海洋牧场生境构建的类型之一。农业农村部积极支持牡蛎礁在海

---

① 本章作者:高燕、茹小尚、林军、许强、王天明。

洋牧场中的应用，在四个方面采取了相关行动：一是将牡蛎礁纳入中央财政支持人工鱼礁建设项目的建设内容，对人工构建牡蛎礁给予补助；二是组织制定了中国水产学会团体标准《海洋牧场牡蛎礁建设技术规范》（T/SCSF0015—2022），科学指导海洋牧场的牡蛎礁建设；三是开展牡蛎礁建设技术宣传推广，将牡蛎礁建设技术纳入水生生物资源养护先进技术系列连载重点宣传内容，在各相关媒体进行广泛宣传；四是指导国家级海洋牧场示范区开展牡蛎礁建设。目前河北省祥云湾海域、天津市大神堂海域、山东省芙蓉岛西部海域的国家级海洋牧场示范区均已建设了一定规模的以牡蛎礁为主的海洋牧场。

一、发展简史

河北省祥云湾海域国家级海洋牧场示范区（简称"祥云湾海洋牧场"）位于唐山国际旅游岛祥云岛，坐落于太平洋垂直暖流带与滦河入海口的汇合区域，亦即滦河渔场的位置。该区域是我国渤海湾内传统的鱼类产卵、索饵及洄游的关键栖息地，地处滦河入海口环流带，属于湿润大陆性季风气候，附近海域潮汐为不规则半日潮，水深范围为 6～13 m，底质为泥沙，海底地势平坦，海岸坡度约为 2%，适宜投放人工鱼礁。同时，该海区历史上有古牡蛎礁存在，良好的资源优势为海洋牧场进行牡蛎礁建设提供了有利条件。

为提升海域鱼类种群数量和生物多样性、增加渔业产量并为当地带来休闲渔业机遇，自 2005 年起，唐山海洋牧场实业有限公司正式启动海洋牧场建设，并于 2009 年首次投放了人工鱼礁，2015 年获批国家级首批海洋牧场示范区，2018 年建立全国首个省级"近海生态修复技术创新中心"。祥云湾海洋牧场涵盖的总面积达到约 2.09 万 hm²，包括陆地使用面积 23.80hm²、海域使用面积 1333.33hm² 和经政府特许经营授权的海域面积 19 566.67 万 hm²。海域内天然牡蛎苗和藻类的补充量充沛，大量固着在人工投放的混凝土礁体和花岗岩礁体上，营造了贝藻礁栖息地。

祥云湾海洋牧场是一个综合性的海洋牧场，融合了渔业增养殖、生态修复、种质保护以及休闲观光等多重功能。目前，已建设的礁区总面积达到 9750 亩。此外，已移植栽培形成海藻场和海草床的成活面积为 1800 亩，占海洋牧场投礁总面积的 18.46%。通过这些措施，示范区成功构建了一个海底藻礁生态系统，显著增加了礁区内海洋生物的种类和生物量，改善了规划海域的水质，实现了渔业资源的恢复和生态环境的修复。同时，这也促进了水产养殖、育苗、加工、销售和旅游等相关产业的发展，推动了传统渔业向现代渔业的转变，从单一的捕捞生产向多样化的休闲渔业过渡，从而促进了产业的转型升级，实现了生态效益和经济效益的双赢。

2018～2020 年，企业委托中国科学院海洋研究所、自然资源部第一海洋研究所、中国科学院烟台海岸带研究所等科研机构，开展了唐山贝藻礁生态系统构建的深化项目。该项目涵盖了唐山海洋牧场建设的海洋环境适宜性评价、设施研制开发，以及祥云湾海洋牧场的生态环境跟踪监测与评估、贝藻礁生态系统的生物承载力评估、效益分析与提升等多项研究课题。2019～2023 年，该示范区在农业农村部组织的国家级海洋牧场示范区年度评价和第一批国家级海洋牧场示范区 5 年复查中均获得了"好"成绩。

二、生境营造

祥云湾海洋牧场经过大量调查研究发现，历史上渤海沿海广泛分布着牡蛎礁、海藻场和海草床等典型生态系统，这些生态系统为众多海洋生物提供了栖息、索饵、产卵和孵化的场所，构成了渤海各大渔场的生态基础。然而，近几十年来，这些贝类、藻类和草类生态系统的衰退和消失，已成为渤海趋向荒漠化以及滦河口等著名渔场消失的根本原因。为此，海洋牧场建设单位针对牡蛎礁、海藻场和海草床的生境及其生态功能进行了深入研究，并探索了这三种生境之间的连通性，这成了祥云湾海洋牧场建设的核心任务。

根据示范区的生物种类、水深、底质类型和航行便利性等要求，设计了多种类型的礁体，包括钢框岩石附着礁（图 9-1）、混凝土沉箱礁（图 9-2）、"M"形礁、船礁、组合礁和浮筏网礁等，这些礁体采用点-线-面式的布局方式进行投放。点式布局利用钢框岩石附着礁和 16 孔中小型沉箱礁，以促进硅藻附着、海藻留存和碎屑食物的聚集；线式布局基于点式礁体，构建条带型贝藻礁体，旨在改变原有生境中缺乏贝藻类附着基的状况，以消减湍流和涌浪；面式布局则进一步优化礁体结构、开阔性、表面积、高度和礁间隙等方面，形成整体的面式礁体投放格局。河北省祥云湾海域国家级海洋牧场示范区礁体投放历程及礁体类型见表 9-1、表 9-2。

图 9-1 钢框岩石附着礁

图 9-2 混凝土沉箱礁

表 9-1 河北省祥云湾海域国家级海洋牧场示范区礁体投放历程

序号	年份	钢筋混凝土构件礁（空立方米）	钢框岩石附着礁（空立方米）	船礁（空立方米）	小型水泥构件礁（空立方米）
1	2009	0	18 000	6000	0
2	2013	6 500	124 000	750	0
3	2014	4 752	283 000	0	0
4	2015	10 252	93 400	0	0
5	2016	2 400	95 000	0	0
6	2017	20 550	32 990	0	0
7	2018	18 150	20 440	0	0
8	2019	3 000	0	0	0
9	2020	330	500	0	0
10	2021	0	333 000	0	0
11	2022	0	0	0	3 000
12	2023	0	1 000	0	0

表 9-2 河北省祥云湾海域国家级海洋牧场示范区礁体类型

礁体类型		规格与样式	备注
水泥构件礁	1.8m×1.8m×1.7m	4 个侧面分别设计 2 个 0.25m×0.8m 的竖向长方形孔	底部带有 0.4m 的沿口和不带沿口 2 种结构
		4 个侧面分别设计 4 个 0.4m×0.3m 的横向椭圆孔	
		4 个侧面分别设计 2 个 0.25m×0.25m 的横向长方形孔	
		4 个侧面分别设计 2 个 0.4m×0.15m 的横向长方形孔	
	4m×4m×4m	4 个侧面分别设计 8 个 0.4m×1.4m 的竖向长方形孔	
水泥管和水泥柱块组合礁		将直径为 0.6m、长 1.2m 的水泥管和 1.2m×1.2m×0.6m 的水泥柱块组合在一起	
岩石礁		上底宽 4m、下底宽 6m、高 3m、总长 8m	
		上底宽 3m、下底宽 6m、高 7m、总长 12m	
船礁	13m×5m×2m		

曹妃甸—乐亭海域水流较缓，具有广阔的潮间带滩涂和潮下带浅水区，生

境类型异质多样，分布有大面积的自然牡蛎礁和海草场，水体初级生产力高，生物资源十分丰富。该海域有溯河口、溯河和捞鱼尖 3 个自然牡蛎礁分布区，并且礁体是以长牡蛎为造礁种的活体牡蛎礁，3 个牡蛎礁区中牡蛎壳高均呈现单峰的正态分布，分布有一定数量的牡蛎成体和稚贝，表明该自然牡蛎礁拥有健康的、可持续的牡蛎种群，如果加以有效保护，该牡蛎礁将持续发挥显著的生态系统服务功能（全为民等，2022）。企业在人工鱼礁之间的海底播种野生牡蛎苗，以此构建人工牡蛎礁（图 9-3）；利用废旧扇贝养殖笼、40～60 目网袋和 40～60 目网片进行牡蛎的采苗工作，每个扇贝养殖笼可采集牡蛎苗约 10 万粒，说明人工牡蛎礁建设有助于提升祥云湾海洋牧场的渔业产量，具备资源养护作用（Yang et al.，2019）。

图 9-3　人工牡蛎礁

侯润（2022）从牡蛎礁附着生物和周边环境两个方面对祥云湾海洋牧场人工牡蛎礁的构建效果进行了评估，研究了牡蛎礁构建对海域水环境和生态环境的影响，结果显示，混凝土构件礁与花岗岩石礁相比，附着生物种类数量、丰度和生物量更高，牡蛎规格和肥满度更大；夏秋季为牡蛎快速生长期，附着生物种类数量、丰度、生物量与冬季相比更高，牡蛎规格在冬季达到最大；牡蛎礁上层比下层更有利于生物附着与生长。牡蛎礁构建有利于浮游生物、底栖动物生长，有利于游泳动物聚集。礁区浮游生物的丰度和生物量均高于对照区，但差异不显著（$P > 0.05$）；礁区底栖动物和游泳动物的丰度和生物量均高于对照区，且差异显著（$P < 0.05$）；季节上浮游生物、底栖动物和游泳动物的丰度和生物量均呈现秋季最高、冬季最低的趋势，差异显著（$P < 0.05$）。多样性指数评价得出，海区浮游动植物和拖网游泳动物多样性基本处于中高水平，但刺网和地笼游泳动物多样性基本处于中低水平，故还需进一步采取增殖放流等措施丰富海区游泳动物的生物多样性。今后，在海洋牧场建设中，应增加混凝土构件礁等便于生物附着的礁体，科学合理布局，确保生物的附着，进一步提高牡蛎礁生态系统的稳定，提高牡蛎礁的生态效果。

此外，企业通过投放海藻附着基，移植了马尾藻及孔石莼等大型藻类以修复海藻场（图 9-4）。2023 年 4 月，对示范区礁体上大型藻类的附着和生长情况进行了采样调查，结果显示，共发现了 4 种大型藻类，包括马尾藻、孔石莼、石莼和石花菜，其生物量合计为 904.11g/m²。

图 9-4　海藻场藻盘移植情况及成效图

　　基于声呐探测技术的祥云湾海洋牧场海草床调查结果显示，该区域海草群落以鳗草（*Zostera marina*）为优势种。企业联合研究机构通过采集海草种子、植株（图 9-5），利用根状茎绑石法移植鳗草苗种、泥丸法播种鳗草种子，移植栽培（图 9-6）形成海藻场或海草床，成活面积达 1800 亩，占海洋牧场投礁总面积的 18.46%。

图 9-5　海草种子、植株的采集

图 9-6　海草移植栽培

彭海等（2023）依据《人工鱼礁资源养护效果评价技术规范》（SC/T 9417—2015）的规定，对祥云湾海洋牧场的建设效果进行了评价，结果显示，示范区建设显著改善了祥云湾海域的周边生态环境，具体表现在浮游生物的种类数量、丰度和生物量等方面均有显著提升，为游泳动物等高营养级生物提供了丰富的饵料资源。此外，人工鱼礁不仅作为游泳动物的索饵场、栖息地和庇护所，还显著增加了游泳动物的生物量；在人工礁体上，共发现 4 种附着藻类，其单位面积生物量为 436.73g/m^2；大型海藻的生长和演替有助于营养盐的吸收，从而净化水体，并实现固碳增汇的效果。同时，这种生态系统的改善也有助于增加生物多样性。

三、资源增殖

筑礁养海，先场后牧。唐山海洋牧场实业有限公司通过生境建设，构建适合本地原有物种生存的良好环境，从而实现海洋牧场区内自然生物资源的自我繁育和增殖。该公司针对海区生态系统的结构，选择适宜的生物种类进行有针对性的生物放流，以优化海洋牧场食物网的结构。通过增殖放流本地自然属种的魁蚶、单环刺螠、褐牙鲆、中国对虾、三疣梭子蟹等，放流区域内的海洋生物种类显著增加，渔业资源量大幅度提升，确保了贝藻礁生态系统中生物链和食物链的稳定性（图9-7）。此举还复活了茂盛的牡蛎山和海藻林，使得海洋生物多样性日益丰富，总生物量较未修复海域提升了40倍以上，消失多年的绿鳍马面鲀、半滑舌鳎、牙鲆、条石鲷等鱼种在该海域再次出现。

图9-7　增殖放流和优势种自繁殖场景

在海参的增殖放流苗种培育过程中，首先通过在工厂化养殖车间水泥池中进行控温、控光、控盐养殖；随后，将海参转移到与海相通的露天池塘网箱中进行驯化养殖，此阶段不投喂人工饵料，而是依靠池塘中的天然饵料满足海参的营养需求。当海参的规格达到80～100头/500g时，再将其转移到海洋牧场的礁区等自然海区进行养殖。礁区主要由花岗岩石礁、水泥构件礁和水泥空心砖礁构成，同样不投喂人工饵料，而是依靠礁区的天然饵料满足海参的营养需求。当海参的规格达到 150g/头以上时,即可进行采捕。

在进行许氏平鲉的放流活动时,为提高鱼苗的成活率,在鱼苗投放前即开展驯化活动,以增强鱼苗更换生存环境的适应性。目前养殖生产中多采用小杂鱼作为饵料,通过饵料控制来驯化鱼苗。驯食过程从苗种阶段开始,逐渐减少活饵的投喂量,直至停止投喂饵料。驯化结束后,将鱼苗从养殖工厂转移至礁区海域,该海域天然饵料丰富,能够满足鱼类的摄食、藏匿及生存需求。

唐山海洋牧场实业有限公司对增殖生物进行选择性捕捞和合理采捕,新建礁区禁止开展任何捕捞、垂钓等经营活动。中国科学院海洋研究所根据历年数据研究了祥云湾海洋牧场可持续利用模式与经济生物相对生物量动态变化(2016~2036 年),确定了每年采捕对象与采捕数量,确保生态系统的稳定性和可持续发展性。通过建立示范区生态系统生态通道(Ecopath)模型,系统而全面地掌握海洋牧场生态系统生物资源现存量,分析海洋牧场生态系统能量流动和营养结构特征,研究海洋牧场重要经济生物承载力和最大可持续采捕量;利用海洋牧场生态系统时间动态(Ecosim)模型,可预测在最大可持续采捕策略下系统中重要经济生物未来的生物量变化情况(图 9-8)。利用生态系统生态通道(Ecopath)模型评估贝藻礁系统重要经济生物承载力,可确定最大可持续捕捞量和最大可持续捕捞策略下重要经济生物的生物量变化情况,并以此来制定生态系统管理策略,指导捕捞生产。祥云湾海洋牧场及对照区 Ecopath 模型分析结果表明,相较于对照区,祥云湾海洋牧场的生态系统成熟度更高,食物网结构更为复杂,系统内部稳定性更高(李欣宇等,2023)。

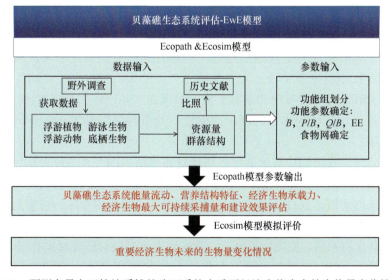

图 9-8 预测在最大可持续采捕策略下系统中重要经济生物未来的生物量变化情况

为了实现示范区的可视化、智能化和信息化，确保能够实时监测水环境、水动力以及生物资源的各项内容及指标，唐山海洋牧场实业有限公司联合中国科学院海洋研究所等科研院所，在祥云湾海洋牧场建成海上多功能平台，并开展了相关数据的监测。目前，监测系统已能够实现对以下指标与数据的实时监测。

（1）水文监测：主要监测潮汐、波浪、海流等指标。

（2）水质监测：主要监测温度、盐度、pH、叶绿素、浊度（单点/剖面）、溶解氧、氨氮、氧化还原电位等指标。

（3）气象监测：主要监测风速、风向、大气压、气温、湿度、降雨量等指标。

（4）水下影像监测：在固定点位拍摄礁体或仪器状态的变化，拍摄礁区生物资源的变化。

四、融合发展特征

祥云湾海洋牧场是以海洋资源养护为核心，兼具生物资源增殖与海洋休闲功能的综合型海洋牧场。该示范区以贝藻礁生态系统建设为主要技术手段，以海洋产业联盟为实施载体，通过发挥海洋休闲渔业的辐射效应，实现跨界价值链的拓展。作为复合型海洋产业生态系统，祥云湾海洋牧场致力于探索海洋牧场建设的创新模式，其核心特色在于对渤海湾退化海草床进行系统性生态修复，并成功构建了"贝-草-参"协同共生的生态产业模式。

（一）构建了基于礁体投放、牡蛎礁建设、海藻床建设的系统性贝藻礁生态系统建设方法

祥云湾海洋牧场凭借独特的资源和地理优势，以祥云湾海区的生物资源养护为重心，以海草床和贝藻礁的建设作为栖息地修复的关键手段，成功构建了祥云湾海洋牧场的生态系统，为高品质海产品的生产提供了优良的生态环境保障；研发了钢框岩石附着礁和混凝土沉箱贝藻礁，并设计了基于点-线-面式的礁体布局方式；通过牡蛎礁、海藻床的建设以及资源恢复技术，初步构建了贝藻礁生态系统。

祥云湾海洋牧场周边海域通过移植优良海草植株的方式进行海草场的修复与保护，已成功移植海草 60hm²。通过声呐探测，发现祥云湾海洋牧场周围海域的鳗草海草床总面积达到 17km²，是我国最大的人工修复海草床，被誉为新时代的"海上塞罕坝"。目前，祥云湾海洋牧场建设海域已形成结构完整的牡蛎礁群落与海底藻林生态系统，监测数据显示，该海域生物量较对照海域提升了 44 倍。尤为重要的是，在该区域发现了已消失十余年的绿鳍马面鲀野生种群。

据统计，祥云湾海洋牧场的水产品年均产量达到 155t，包括刺参 45t、蟹 20t、

海螺 50t、鱼类 5t，渔业产品产值约为 1445 万元。通过开展渔船出海观光、海上垂钓、科普研学、海上餐饮等休闲渔业活动，年接待游客超过 3 万人，第三产业产值约为 720 万元，年经济收益为修复前的 7.93 倍。

（二）实施了基于承载力、最大可持续捕捞量评估和未来生态系统结构变化预测的资源养护策略

唐山海洋牧场实业有限公司联合中国科学院海洋研究所等科研院所，应用 EwE 模型对祥云湾海洋牧场生态系统进行了建模研究，量化了海洋牧场的生态系统能量流动和营养结构状况；以维持当前生态系统稳定为前提，评估了海洋牧场重要经济生物承载力；利用 Ecosim 模型预测了在最大可持续捕捞策略下海洋牧场中重要经济生物未来的生物量变化情况。从生态系统水平评估了海洋牧场生态系统结构，针对生态系统结构性缺陷，开展了针对性生物资源放流工作，在优化生态系统的基础上恢复生物资源。查明了祥云湾海洋牧场的生态系统生物结构，评估了承载力和最大可持续采捕量，预测了未来的生物量变化情况，并在此指导下，从生态系统水平开展资源养护工作，基于生物承载力选择合适的生物增殖种类、确定合理的生物资源放流量与投放规模，进而实现精准增殖生物资源的效果。

（三）构建了对贝藻礁生态系统水上气象、水下水质、生物活动有效监控的资源环境监测系统

祥云湾海洋牧场坐落于渤海西北岸，是国家级首批海洋牧场示范区之一。鉴于海洋牧场的布局和实际情况，资源环境监测系统的布放位置选定在湾口处的海上平台。该系统采用无人值守的工作模式，并整合了码分多址（CDMA）通信技术和无线网桥技术，实现了对海洋牧场水面风速、气温、湿度、气压等气象要素，以及水下温度、盐度、浊度、溶解氧、叶绿素和 pH 等水质要素的远程无线传输。此外，该系统还支持水下视频的实时传输。岸站主机每 10min 接收一次水文气象数据，每 1h 接收一次水下视频，用户可实现实时异地访问。通过这种方式，该系统能够实现对近海环境的动态监控和实时分析，显著提升了对海洋环境、资源等现状的掌控能力，以及对海洋产业灾害的预警和预报能力。

五、生态效益、社会效益和经济效益分析

（一）生态效益

1. 增加生物固碳

牡蛎的固碳潜力体现在三个方面：一是通过钙化作用将碳封存进碳酸钙贝壳，

使其脱离地球化学循环（Lee et al.，2024），碳酸钙贝壳对碳的封存可达数百万年之久；二是通过滤食作用将水体中的有机碳同化为自身的生物组织（Veenstra et al.，2021）；三是通过生物泵功能将水体中的颗粒有机物以假粪的形式输送到沉积物表面，将部分有机碳和无机碳固定在沉积物中（Lee et al.，2020）。

海洋碳汇渔业是最具扩增潜力的碳汇活动，其中"贝藻养殖"的固碳能力尤为突出。以祥云湾 860 亩贝藻礁区为例，其生物固碳能力年均达 175.52t，相当于年固定了 642.40t CO_2，其中礁体上附着的牡蛎固碳量为 174.84t，其他海洋生物固碳量为 0.68t。礁区渔业碳汇能力比空白区高 4.5 倍。

2. 提供栖息地

贝藻礁在提供海洋生物栖息地的功能上表现显著，主要体现在两个方面：其一，贝藻礁作为众多海洋生物的产卵场和育幼所，有助于保护幼体免受捕食，从而显著提升其存活率（Tang et al.，2020）；其二，贝藻礁拥有较高的生物附着量，提供了丰富的食物来源，使得在此生活的海洋生物的生长率和存活率得到了显著提高（Fulton et al.，2019）。成熟的贝藻礁生态系统通常具有较高的生物多样性以及复杂的食物网结构（Xu et al.，2019）。

以祥云湾海洋牧场为例，建设海域重现生机盎然的牡蛎礁群和海底藻林，贝藻礁上固着牡蛎的平均生物量为 23.97kg/m^2，大型海藻平均生物量为 145g/m^2，贝藻礁生态系统的总初级生产力、总生产力和总生物量分别是修复前的 5.03 倍、5.34 倍和 44.04 倍（全国水产技术推广总站，2021）。此外，在祥云湾海洋牧场发现了消失十余年的绿鳍马面鲀鱼群，且不时发现经济价值较高的舌鳎类、鲳类、真鲷等。

（二）社会效益

贝藻礁生态修复与生态旅游、垂钓、生态养殖等产业的融合发展，将有效推动海洋渔业产业的转型升级，并为传统渔民提供转产转业的创业机会和就业岗位。祥云湾海洋牧场通过实施贝藻礁修复项目，实现了产业链条的深度融合和延伸，显著促进了周边渔民转产转业，直接和间接带动了 6000 余名渔民的就业。环渤海超过 70% 的沿海岸线已被围垦且沿海岸线仍在锐减，失海渔民再就业迫在眉睫。祥云湾海洋牧场采用公司与渔民合作的生产运行方式，为企业和渔民提供新的生产方式和养殖空间，扩大就业，改善民生。

此外，贝藻礁生态系统修复工程作为未来行业发展的重要前沿领域，将对海洋环境综合治理行业的技术进步产生积极的推动作用，为今后的生态修复工作提供了宝贵的经验和技术参考。

（三）经济效益

祥云湾海洋牧场贝藻礁生态修复项目的前期投入为 1 万～1.5 万元/亩，修复区遵循"一年建设、两年涵养"的原则，第四年开始产出，礁区生态系统达到平衡后，系统内的海洋生物能够实现自我补充，每年收益可稳定到 0.8 万元/亩。此外，贝藻礁生态系统修复项目可直接带动休闲旅游、科普研学等各种体验项目的开展，接待人次预计能达到 2 万人次/年，单人单次综合消费 100～200 元/人，则休闲旅游收入可达 200 万～400 万元/年。

2023 年祥云湾海洋牧场共投入资金 1487.24 万元，主要建设内容有：投放花岗岩石礁 1000m³，建设 1 座 648m² 的海上多功能平台，扩建种参车间 1700m²，购置安装 4 套陆上休闲体验太空舱及其他体验设施，建造 1 座新型桁架式智能化网箱，改造海草车间 4000m²，移植鳗草 300 万株。2023 年直接经济效益为：水产品总产出 124.2t，总产值约 1109.4 万元。每亩产出水产品约 62.1 斤[①]，产值约 2773.5 元。海区主要产出为鱼类（1～2 斤/条）4.8t、甲壳类（螃蟹 0.3～0.5 斤/只）12.2t、贝类（海螺 0.3～0.4 斤/个）34.2t、棘皮类（海参 0.2～0.5 斤/只）36t，陆地养殖区主要产出为南美白对虾（15～25 头/斤）37t。2023 年间接经济效益为：休闲渔业年接待游客 3.1 万人次，年产值为 220 万元。2023 年祥云湾海洋牧场投入产出比为 1：0.89。祥云湾海洋牧场坚持科学布局、绿色发展，开展海域养殖容量评估，合理布局海洋牧场项目，优化海洋牧场增养殖方式和规模，实行减量增收、合理疏养，促进海洋牧场绿色低碳可持续发展。

六、未来展望

（一）"祥云湾模式"可为渤海实施生态修复提供借鉴

渤海是半封闭性内海，历史上有大量牡蛎礁存在，具有很好的适合牡蛎礁形成的环境条件。从已有的牡蛎礁修复工程和藻礁修复工程来看，大规模的牡蛎礁修复具有可能性。大规模藻礁修复主要依赖自然海域的天然藻种，一旦海域有藻种持续供应，牡蛎长成后，藻类会以牡蛎为附着基附着生长，从而形成贝藻礁。祥云湾海洋牧场是以资源养护为基础，兼具增殖与休闲功能的综合型海洋牧场，以海洋生态环境修复为宗旨，以深耕海洋牧场为理念，按照"突破前沿技术、提升装备水平、确保质量安全、修复生态环境、养护渔业资源、拓展产业空间"的发展思路，以贝藻礁生态系统建设为手段，以创新海洋产业联盟为载体，以海洋休闲渔业体验为辐射，以拓展跨界式价值链为追求的复合型海洋产业生态系统，

---

① 1 斤=0.5kg。

打造海洋牧场建设发展新模式——"祥云湾模式"，最大特色在于对渤海湾受损海草床开展了系统修复，打造了"贝-草-参"生态产业模式。"祥云湾模式"已取得试验性成功，在进一步放大试验规模的基础上，有望成为渤海实施生态修复的典范。

（二）"祥云湾模式"建设理念为我国现代化海洋牧场建设提供了借鉴

"祥云湾模式"中最重要的、也最具借鉴和学习价值的是先进的理念——坚持生态优先、与自然共建。这种模式的内涵是以先进的文化理念为先导，以现代海洋工程技术为依托，构建贝藻礁生态系统，实现生态效益突出、社会效益良好、经济效益可持续的新型海洋经济模式。它既不是传统的海水增养殖，也不是一般意义上的人工鱼礁，而是依据我国国情、海情，通过构建贝藻礁生态系统，不投饵，无边界，利用自然生产力实现可持续发展的新型海洋业态，其核心是贝藻礁生态系统，"贝礁"是指牡蛎礁，"藻礁"是指海藻（草）床。建设海洋牧场不能急功近利，祥云湾海洋牧场的实践证明，生态效益、社会效益和经济效益是可以同步提升的。

综上所述，祥云湾海洋牧场地处太平洋垂直暖流带与滦河入海口交汇处，水体交换良好，曾有大量自然牡蛎礁存在，入选全国第一批国家级海洋牧场示范区。自 2009 年起，祥云湾海洋牧场致力于通过投放人工鱼礁、增殖放流、藻场构建等多种方式修复海洋生态环境，已取得显著成效，对海洋牧场建设和牡蛎礁修复具有重要的示范和推广意义。随着海洋生态保护意识的不断提高和科学技术的不断进步，祥云湾海洋牧场将继续发挥其生态效益和经济效益，为唐山市乃至全国的海洋渔业发展做出更大贡献。同时，祥云湾海洋牧场也将积极探索新的发展模式和管理机制，推动海洋牧场的可持续发展。

第二节　渔能融合型海洋牧场

一、发展简史

20 世纪 70 年代初，欧洲国家率先提出了海上风能开发的构想。1991～1997年，丹麦、荷兰和瑞典完成了 500～700kW 海上风电机组样机研制，首次积累了海上风电装备的工程运行数据，海上风电的发展由此拉开序幕。

2002 年，欧洲 5 个新的海上风电场建成，功率为 1.5～2MW 的风力发电机组向公共电网输送电力，进入了海上风力发电机组发展的第二阶段。

20 世纪 80 年代，科研机构在青岛和烟台进行了人工鱼礁的试验，这标志着山东海洋牧场建设的开始。2005 年，山东在全国范围内率先启动了渔业资源修复行动计划，并实施了以人工鱼礁为主体的海洋牧场建设。在莱州湾，中国科学院海洋研究所与企业合作建设了海洋牧场，投放了 6 万 m^3 多层组合式海珍礁和 2 万 t 以上牡蛎壳海珍礁。这些海洋牧场不仅形成了稳定的生态系统，还具备了物种扩繁、资源修复、生态环境监测评价和预警报等功能。

自 2021 年起，我国全面开启海洋牧场海上风电融合发展示范基地的建设进程。2021 年 8 月，明阳智能阳江沙扒海洋牧场与海上风电融合示范项目正式启动，特点是海上风电与浮式网箱相结合。2021 年 9 月，中广核福建平潭海洋牧场与海上风电融合发展项目有序展开，特点是海上风电与深远海抗风浪网箱相结合（图 9-9）。2022 年 5 月，国家电投广州神泉"新能源+海洋融合创新示范基地开始建设，其具备"海上能源""海洋牧场""海洋碳汇""海洋生态修复"的四海模式特点。2022 年 6 月，昌邑市海洋牧场与三峡 300MW 海上风电融合试验示范项目稳步推进，特点是海上风电与人工鱼礁相结合。2022 年 7 月，中广核莱州海洋牧场与海上风电融合发展项目也在逐步实施，特点同样是海上风电与人工鱼礁相结合。这些项目的实施，标志着我国海上风电与海洋牧场融合发展正不断向前推进。

图 9-9 中广核海洋牧场与海上风电融合发展

2023 年 3 月，莱州湾实现"海上风电+海洋牧场"项目的全容量并网。该项目位于距离山东省莱州市海岸 11km 的国家级海洋牧场示范区，规划面积达 48km², 配备 304MW 的装机容量。若按照项目每年上网电量 10 亿 kW·h 的标准计算，该项目每年可节约标煤消耗 30 万 t，同时减少 CO_2 排放 78 万 t、SO_2 排放 5700t 以及氮氧化物排放 8500t。

自创建以来，海洋牧场示范区一直以科学规范和有序的方式进行建设，设立了"一厅、一室、一院、一馆"等设施，并被认定为"国家级休闲渔业示范基地"和"国家级水产健康养殖示范场"。此外，示范区还建立了"现代化海洋牧场观测网"、"六十里海洋牧场多功能管护平台"以及"省级单环刺螠原种场"。在国内，示范区率先创新了"海洋牧场立体生态增殖模式"、"大渔带小渔泽潭模式"以及"海上风电与海洋牧场融合发展"等现代海洋牧场模式。示范区将海水养殖、增殖放流、环境保护、生态修复和资源养护等结合起来，推动了海洋牧场生境从局部修复到系统营造的跨越，养殖模式也从粗放型转变为资源增殖绿色集约型，示范区还实现了从单一渔业产业发展向渔旅融合、渔能融合等多元融合发展的转变。

二、生境营造

莱州湾海洋牧场的"海上风电+海洋牧场"融合发展模式是兼具技术创新性与产业前瞻性的融合创新模式。该复合型生态产业系统可协同实现三大核心效益：可再生能源规模化生产、海洋生物资源可持续养护以及海洋生态保护。

鉴于当前海洋牧场海域的空间利用主要局限于水下部分，而水上空间尚未得到充分利用，通过开发海珍礁、集鱼礁、产卵礁等增殖型风机基础，可以实现风电基础底桩与人工鱼礁构型的有机融合，进而实现资源养护、清洁风能利用与环境修复的功能整合。

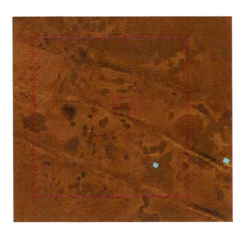

图 9-10　风机侧扫声呐图像

通过精心研发海洋牧场底质精准识别技术，并结合莱州湾风机侧扫声呐图像（图 9-10）的采集与分析，对每座风机周边的海床皆进行了精准识别与分类，成功确定了承载力相对较高的砂质海床的空间位置，进而优化筛选出适宜投放人工鱼礁的区域，以此规避人工鱼礁礁体的沉陷，提升其稳定性与耐磨性，从而更好地实现海洋牧场与海上风电的有机融合。鉴于海上风电建设具有排他性的用海特性，海洋牧场与海上风电融合发展示范区内的人工鱼礁建设只能在风机基础 50m 范围内完成，因此，莱州湾海洋牧场示范区内的人工鱼礁投放位置严格遵循了适宜底质的技术指导原则，顺利完成了各风机基础处集鱼礁、产卵礁、海珍礁与海上风电融合发展的试验布局。

在海洋牧场生境构建方面，项目从黄渤海海洋牧场生境效应解构入手，查明和解析了海洋牧场生境对生态环境改善和渔业资源养护的作用过程与途径，建立了现代化海洋牧场生境构建与优化技术体系，优化、研发了多种人工藻礁（海草床）、牡蛎礁、海珍礁、集鱼礁等生境构建设施和布局设计，通过应用示范、辐射推广和科学评价，阐明了关键设施的栖息地适宜性和结构布局的普适性，明确了海洋牧场复合效应的提质增效空间，形成了现代化海洋牧场生境效应的长期自我维持模式，提升了我国海洋牧场生境构建的理论水平和技术能力。

在海洋牧场生物功能群构建与资源养护方面，通过构建资源环境数据获取、关键种确定与生物承载力评估、关键种适宜性评价、功能群构建与底播增殖、产能评估与资源养护效果评估为核心技术要素的海洋牧场一体化增殖养护技术体系，实现了脉红螺、牡蛎、刺参、虾夷扇贝等黄渤海区域五省一市重要海洋牧场生物功能群的高效养护，生态效果显著。

2011～2024 年，蓝色海洋因海制宜，突破了北方莱州湾海域生境修复新技术，在海洋牧场区域增加鱼礁群密度，加大新型鱼礁投放力度，形成规模化鱼礁组合模式，一方面有效阻止了拖网渔船进入，为海洋生物生存环境扎起坚实的人工"围栏"，另一方面通过采用水下视频、自动观测、潜水采样等技术全面调查水生生物的产卵场、索饵场、越冬场等环境条件，发现海洋生物底栖环境逐渐修复，一定程度上遏制了辖区海域的海底荒漠化趋势，初步改善了近海生态环境，生态系统更趋稳定。

三、资源增殖

芙蓉岛西部海域海洋牧场在生境构建方面坚持科学规划，遵循"先场后牧"的原则，首先构建牧场，然后合理开展牧渔活动。根据海区的环境和生物承载力，通过科学投放人工鱼礁和增殖放流等措施，加速了原有生物链的修复，为受损生态系统的自我修复提供了必要的时间、环境和生物条件。通过这些措施构建了一个 17 万亩集中连片的"贝、藻、参"立体生态循环增殖区。

莱州湾的立体生态循环增养殖模式依赖于海洋的自然生产力，实现了多营养层级的养殖，即上层养殖龙须菜，中层养殖扇贝，底层养殖海螺、牡蛎和海参。该模式通过藻类吸收海域中的无机盐，有效抑制了海域富营养化等灾害的发生。同时，藻类通过光合作用为贝类提供必要的营养物质和生长条件，促进贝类的生长，而藻类和贝类产生的碎屑又被海参吸收，实现了"一亩海变成了三亩海"的效果。这种模式不仅实现了海域利用的高效净化和节能减排，还以蓝色"生态方"重塑了海洋生物的"海底家园"，显著增加了海洋牧场资源生物种类数量和资源量。

　　根据增殖对象生物繁殖习性及海藻生长的特点，设计了通道式产卵育幼礁（图 9-11）和门格型育幼避敌礁两种鱼礁。通道式产卵育幼礁和门格型育幼避敌礁的主要特点是：内部空间结构复杂且相互连通，内部空间提供幼鱼的栖息和避敌的场所，外部镂空结构具有较好的透水性，有利于水流循环和对流；外部较大的较为粗糙的附着表面，有利于鱼卵、生物幼体及藻类附着；底部较大的接触面积可防止下陷，礁体抗滑移和抗倾覆能力强。这两种鱼礁可作为底层鱼类的产卵、育幼栖息场，为岩礁性鱼类的仔（稚）鱼提供聚集、庇护和繁殖的场所。

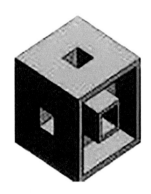

图 9-11　产卵育幼礁示意图

　　根据恋礁性鱼类的行为习性，设计了金字塔型和三角型两种资源养护型鱼礁（图 9-12），兼顾藻礁的功能。金字塔型鱼礁内设导流盘，可形成复杂流场效应，较大空间和复杂的内部结构形成了良好的庇护场所；三角型鱼礁侧面各设 6个小圆孔，孔径大小可根据所在海域的鱼类特征进行调整，方便鱼类游弋。这两种鱼礁均能营造出饵料场和栖息场，适宜大多数中型和小型鱼类的栖息、繁殖和庇护。

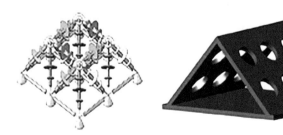

图 9-12　金字塔型和三角型鱼礁示意图

　　芙蓉岛西部海域海洋牧场调查中鉴定出浮游植物 24 种，平均细胞数为$1.99×10^6$ 个/m^3；鉴定出浮游动物 19 种、浮游幼虫 15 类，其中浮游动物成体分别隶属于原生动物门、节肢动物门、刺胞动物门、毛颚动物门和尾索动物门等；大中型浮游动物的平均生物量为 745.25mg/m³；发现底栖生物 41 种，其中多毛类有 20 种、甲壳类有 12 种、软体动物有 9 种。

芙蓉岛西部海域海洋牧场不同水深处不同生物类群的占比见图 9-13。对芙蓉岛西部海域海洋牧场不同水深的优势物种进行比较发现，长牡蛎和紫贻贝在不同水深处均为优势种，但随着水深增加，两种生物的优势度略有下降，东方缝栖蛤（*Hiatella orientalis*）在 5m 深度处显示出相对较低的优势度，为 1432.28；侧花海葵（*Anthopleura* sp.）在 10m 和 15m 深度处呈现相近水平的优势度，同时，小笔螺（*Mitrella* sp.）在 15m 深度处具有优势。

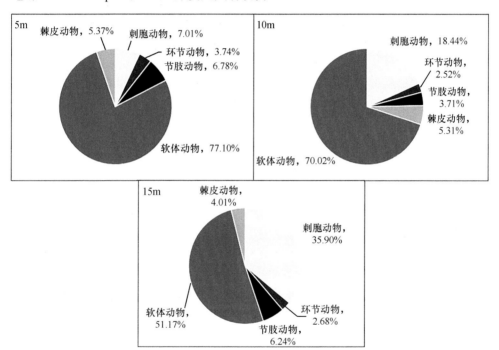

图 9-13　芙蓉岛西部海域海洋牧场不同水深处不同生物类群的占比

通过对莱州湾海上风电桩基不同水深与桩龄的附着生物进行双因素方差分析发现，群落中物种种类数量、生物密度、单位面积生物量与丰富度指数显著受桩龄的影响，但不受水深的影响，而均匀度指数和多样性指数基本不受两者的影响。此外，随着水深增加，刺胞动物和棘皮动物的密度和生物量占比增加，软体动物的密度占比减小。长牡蛎和紫贻贝在不同水深处均为优势种，但随着水深增加，两种生物的优势度略有下降，其他小型生物的优势度增加（图 9-14）。

图 9-14　莱州湾海上风电桩基生物群落实拍图

依据 Ecopath 模型计算的生物承载力，莱州湾海上风电场显示出极高的潜力。关键经济生物如脉红螺和附着动物展现出最高的生物承载力，与牡蛎等资源密切相关。底层鱼类的生物承载力较高，而中上层鱼类、头足类、石首鱼类和虾虎鱼类的生物承载力较低。尽管大多数的生物承载力均小于 1t/（km²·a），但脉红螺、附着动物和牡蛎的生物承载力与现有生物量之间的差异最为显著。

芙蓉岛西部海域海洋牧场于 2012 年开始进行刺参、牡蛎、扇贝、文蛤、魁蚶、脉红螺的底播增殖，其中海参底播主要区域距离岸边 30km 左右，水质纯净，没有环境污染。严格挑选体表干净、苗刺坚挺、附着力强、最为优质的海参苗，投放到适合海参生长的海域，在海参的生长过程中完全没有人工干预。底播海参在天然海区内自然生长、自主觅食、自由活动。海参自然生长 5 年以上，再进行人工捕捞。在此期间，不产生养殖尾水，不投放渔药、饲料和饲料添加剂，不产生废弃物，保证原生态无污染。

芙蓉岛西部海域海洋牧场核心区域多年保持在一类水质，礁区附近聚集大量的许氏平鲉、花鲈、绿鳍马面鲀、黑鲷、真鲷、三疣梭子蟹、日本蟳、脉红螺等经济生物，渔业资源明显增加，吸引鱼群聚集、索饵、生长、育肥，促进海洋牧场水生生物自我繁殖和持续再生，逐渐实现海洋牧场生境从局部修复到系统构建的跨越。

芙蓉岛西部海域海洋牧场在单环刺螠、刺参等种质保存、品种创新、繁育推广等方面进行研发，积极开展种质生态修复与生物资源养护工作，抓实"保、育、测、繁、推"等关键环节，完善物种生存环境保护体系，增强物种多样性保护能力，加快科技成果转化，实现育种技术和产品的辐射推广，积极构建水体环境、生物多样性、生物生产力的效果综合评价指标体系。

四、融合发展特征

"海上风电+海洋牧场"融合发展致力于解决海域空间开发利用率低、产业模式单一等问题，同时推动海洋牧场与清洁能源互补发展，实现可持续发展和资源优化利用的目标。

（一）渔能融合

在推动绿色能源发展的过程中，海洋空间资源的高效利用显得尤为重要。海洋牧场、海上风电与渔业资源之间的协同发展，不仅提升了能源利用效率，还实现了资源的高效利用，完全符合环境保护的要求。这种融合发展模式显著地相互发挥了各自的优势，共同提升了整体效益和生产力（Shimada et al. 2022）。此外，海洋资源的共享利用最大限度地减少了资源浪费和冲突，同时创造了更多的经济价值。在融合发展过程中，生态保护是关键，以确保海洋生态系统的平衡（Hélène et al.，2022）。技术创新作为该模式的重要特征，促进了技术交流与创新，进而提升了产品质量和生产效率。因此，政府应出台支持政策，鼓励各产业的融合发展，推动海洋产业链的完善和发展。

（二）空间融合

通过立体开发水上和水下空间，将海面与海底空间相结合，可以实现对海面风能和海洋生物资源的综合利用（图9-15）。这不仅有助于实现清洁发电，还能生产无公害的渔业产品，形成有效的耦合（Wang et al.，2022）。利用海上风机的稳固性，将海洋牧场平台、休闲垂钓载体、海上救助平台、智能化网箱、贝类筏架、藻类筏架、海珍礁、集鱼礁、产卵礁等功能设施与风机基础相融合，能够降低海洋牧场的运维成本，提高经济生物的养殖容量，从而实现海域空间资源的集约高效利用，为海洋开发开创了新的模式。这一模式不仅延续了渔能融合的理念，更在空间利用上实现了创新，为未来的海洋经济发展提供了新的思路。

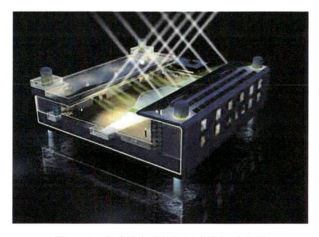

图 9-15　多功能海洋牧场平台夜间效果图

（三）结构融合

在推动海洋经济与环境保护协调发展的过程中，结构融合成为了一种创新的解决方案。通过研发增殖型风机基础，成功地将风电基础底桩与人工鱼礁构型相结合，实现了资源养护和环境修复功能的整合。这种新型海上风电-人工鱼礁融合构型，以单桩式风机底桩为基础，结合生态型牡蛎壳海珍礁（图9-16）、多层板式集鱼礁（图9-17）、抗风浪藻类绳式礁等，不仅提高了海上风电场建设区域的初级生产力，还促进了底播型海珍品和恋礁性鱼类的生态增殖。同时，该构型确保了建设区域关键生态种的繁殖、产卵和仔稚鱼的发育，维护了食物网的稳定性。因此，这一构型不仅实现了生境养护、高值海珍品增殖和关键生态种保护的目标，还为清洁能源产出提供了新的可能性。

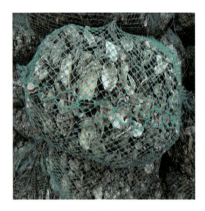 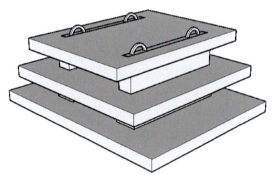

图9-16　生态型牡蛎壳海珍礁融合构型　　　图9-17　多层板式集鱼礁融合构型

（四）功能融合

进一步地，通过构建海上智能微网，确保了海洋牧场电力的长期稳定供应。在渔业生产的高峰季节，将海上风电直接应用于海洋牧场平台、增养殖设施、资源环境监测设施和捕捞设施等，从而显著提升了海洋牧场的生产效率，并增强了其对赤潮、绿潮、高温、低氧和台风等环境灾害的抵御能力（图9-18）。这不仅确保了海洋牧场的生态安全和生产安全，还在风力发电的高峰期通过清洁风电并入区域电网，缓解了火电压力，减少了环境污染，保障了居民的生产和生活需求。这种全年绿色生产新模式，实现了清洁能源产出与渔业资源持续开发的双赢升级。通过海洋空间利用模式、结构耦合和渔业周年生产模式的深度融合，成功打造了"海上风电功能圈"，充分利用渔业生产高峰（春季、夏季、秋季）和风力发电高峰（冬季）的季节性特点，实现了海洋牧场内生物资源与风力资源在全年生产时间上的高效耦合。

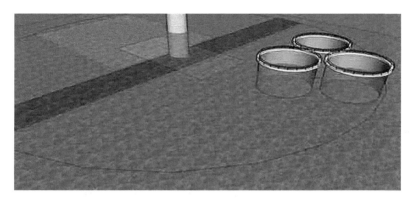

图 9-18 风机基础与增殖型网箱融合构型设计

通过渔能融合发展模式，不仅提升了能源利用和资源利用的效率，还实现了环境保护的目标。政府应出台支持政策，鼓励各产业的融合发展，推动海洋产业链的完善和发展。同时，技术创新作为该模式的重要特征，促进了技术交流与创新，进而提升了产品质量和生产效率。这种全年绿色生产新模式，实现了清洁能源产出与渔业资源持续开发的双赢升级。

五、生态效益、社会效益和经济效益分析

在莱州湾地区实施海上风电与海洋牧场的融合项目，取得了显著的生态效益、社会效益和经济效益。这一综合举措不仅有效提升了海洋生态系统的完整性，还促进了当地社会的发展，并为经济发展带来了可观的贡献。

芙蓉岛西部海域海洋牧场自创建以来，转变了以往单一的养殖生产方式，构建了一个以海产品繁育、底播养成、加工销售及高值产品研发为主导的全产业链条。此外，海洋牧场还融入了休闲渔业和生态旅游等产业，充分发挥了对上下游产业和周边区域产业的拉动作用，带动了周边餐饮、住宿、商业、交通等多个行业的发展。该项目建立了覆盖陆海的海岸带生态系统保护和持续利用的新模式，促进了我国沿海生态文明建设和社会的可持续发展。在全国"放鱼日"、全国科普日等重大活动期间，通过组织放流活动、科普教育专题展、科普讲座等形式，进行公益宣传，旨在唤醒社会各界对海洋和海洋生物保护的意识，动员全民积极参与海洋公益事业。

芙蓉岛西部海域海洋牧场推动海洋牧场、现代渔业、清洁能源开发利用等多元融合发展，逐渐形成了以海参繁育、底播养成、加工销售及海参新产品研发为主导的海参产业优势，海洋牧场内年产优质海参 30 万～50 万斤，年销售总额大约 72 000 万元，年捕捞脉红螺海螺、许氏平鲉、三疣梭子蟹、日本蟳、短蛸、单环刺螠等 200 多万斤，未来海洋牧场总体年产值预计在 5000 万～8000 万元。

芙蓉岛西部海域海上风电与海洋牧场融合发展研究试验项目装机容量为304MW，于 2023 年 3 月全容量并网。项目每年可为电网提供清洁电能 94 774万 kW·h，每年可节约标煤 29.04 万 t，相应每年可减少多种污染物的排放，其中减少 SO_2 排放量约 5585.25t，减少 CO 排放量约 77.21t，减少碳氢化合物（C_nH_n）排放量约 31.55t，减少氮氧化物（以 NO_2 计）排放量约 3172.42t，减少 CO_2 排放量约 68.99 万 t，减少灰渣排放量约 8.94 万 t，项目减排效益明显。预计到 2030年，莱州市新能源装机总量将突破 1000 万 kW，完成投资 860 亿元，实现研发、装备制造和运营维护一体化协同发展，全产业链产值将超过 500 亿元。

莱州湾地区实施海上风电与海洋牧场的融合项目可显著提升海洋生态完整性，促进当地社会发展，带来可观的经济贡献。芙蓉岛西部海域海洋牧场转变了单一的养殖生产方式，构建了全产业链，融入休闲渔业和生态旅游等产业，拉动上下游产业和周边区域产业发展。项目建立了覆盖陆海的新模式，促进沿海生态文明建设和可持续发展。芙蓉岛西部海域海洋牧场形成海参产业优势，年产优质海参，年销售总额高，且可捕捞多种海产品。海上风电与海洋牧场融合发展研究试验项目装机容量大，全容量并网后发电量高，减排效益明显，预计莱州市新能源装机总量和全产业链产值将持续增长，实现可持续发展目标。

六、未来展望

海洋牧场 3.0 时代即将来临，这一全域型、智能化、多功能的水域生态牧场新业态迫切需要全社会的高度关注。芙蓉岛西部海域海洋牧场在中国科学院海洋研究所等科研院所的支持下，将巩固海洋牧场示范区的创建成果，并探索以数字化和体系化为驱动力的全域型水域生态牧场建设。此举旨在有效推动碳汇渔业、环境保护、资源养护和新能源开发的有机融合，积极推进海洋牧场向纵深发展，以构建一个健康、立体、高效和可持续发展的海洋牧场示范区。

未来，莱州湾地区将继续深化海上风电与海洋牧场的融合发展，进一步优化生态系统结构，增加物种多样性，提升海洋生态系统的稳定性。通过科学管理和监测，保护珍稀物种，促进海洋资源的可持续利用，助力生态环境的保护和恢复。

依托北斗卫星导航系统精准定位与高分遥感基础服务，研制浑浊水体机器人自主采收"手眼协同"智能控制设备，探索使用海洋牧场自主监测水面无人船、巡检水下机器人与水下无人采收机器人等装备。开发机械播苗、自动化监测、精准化计量与智能化采收等装备，提升水域生态牧场的机械化和智能化水平；发挥科研院所和龙头企业的优势，致力于海参种质保存、良种选育、精深加工等关键原理、技术的自主创新和集成示范研究，打造集海参苗种繁育、底播养殖、加工销售、高值产品开发于一体的刺参全产业链条，延长产业链、增加附加值，对海参育种、养殖、加工相关技术创新与整合，打造新型销售平台，推动海参产业向标准化、品质化、品牌化和产业化发展。

坚持产业融合，坚持功能多元。在保障环境和资源安全的前提下，推进海洋牧场与风力发电、光伏发电、休闲垂钓、生态旅游等融合发展，打造三产融合、渔能融合、渔旅融合等发展模式，延伸产业链，拓展产业范围；结合海上风电规划、海上光伏规划，整合发展陆海光伏、海上风电、生物质发电等新能源产业，持续壮大清洁能源规模，打造"风光氢储"一体化发展格局，加快新能源大基地建设，引进海上风电、光伏设备上下游生产、配套企业，构建"绿色能源+海上粮仓"的发展模式；开创"水下产出绿色产品，水面产出人文景观，水上产出清洁能源"的新局面，支撑现代化全域型海洋牧场实现绿色高质量发展。

综上所述，莱州湾地区的实践证明，海上风电与海洋牧场的融合模式在提高海域空间利用率、增加海洋生态系统稳定性、促进海洋经济发展等方面具有显著优势。这种模式不仅可以在莱州湾等海域推广复制，还可以在其他具备类似条件的近岸海域、风能资源丰富的海域以及海洋生态系统相对稳定的海域进行应用，重点包括渤海湾中部海域、山东半岛南部深远海域、山东半岛北部深远海域，海域需满足离岸距离在 30km 以上或水深在 30m 以上的"单 30"基本要求。在推广过程中，应科学规划，考虑生态环境、自然资源和社会经济因素；加强环境保护，避免过度开发和污染。此外，政府应出台相关政策，提供政策保障和资金支持；建立合理的利益分配机制，确保各方利益得到充分保障，促进项目的顺利实施和可持续发展。

第三节　岛礁增殖型海洋牧场

一、发展简史

浙江省舟山市嵊泗县马鞍列岛海域地处长江冲淡水和台湾暖流交汇处，曾经是历史上著名的嵊山渔场的核心区（Zhong et al.，2024），长江入海径流和沿岸上升流带来丰富的营养物质，为海洋生物的生长与繁殖提供了优良条件，海域初级生产力和生物多样性高，得天独厚的岛礁资源和区位优势，使马鞍列岛海域具备了建设海洋牧场（图 9-19）的巨大潜力（Lin et al.，2016）。

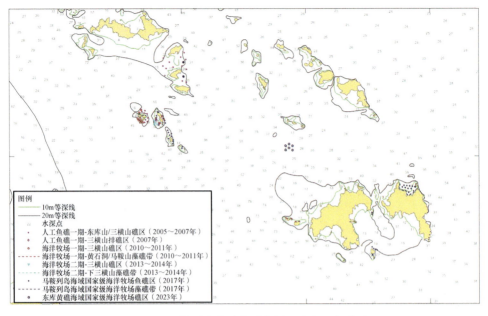

图例
—— 10m等深线
—— 20m等深线
· 水深点
· 人工鱼礁一期-东库山/三横山礁区（2005～2007年）
· 人工鱼礁一期-三横山排礁区（2007年）
· 海洋牧场一期-三横山礁区（2010～2011年）
---- 海洋牧场一期-黄石洞/马鞍山藻礁带（2010～2011年）
· 海洋牧场二期-三横山礁区（2013～2014年）
---- 海洋牧场二期-下三横山藻礁带（2013～2014年）
· 马鞍列岛海域国家级海洋牧场鱼礁区（2017年）
---- 马鞍列岛海域国家级海洋牧场藻礁带（2017年）
· 东库黄礁海域国家级海洋牧场礁区（2023年）

图 9-19　马鞍列岛海域海洋牧场已建人工鱼礁区

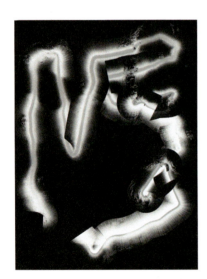

图 9-20　东库山礁区 C3D 声学成像评估

嵊泗县第一个海洋牧场区位于马鞍列岛西部、绿华山东南侧的东库山海域（图 9-20），第二个海洋牧场区位于三横山海域。2004～2008年，东库山周边海域共投放礁体 5.8 万空立方米，形成 2 个人工鱼礁区。2010～2011 年，三横山附近海域投放鱼礁单体和藻礁共计 2.8 万空立方米，构成单位鱼礁 11 座、藻礁 2 座。2013～2014年，扩建三横山附近海域鱼礁区和藻礁区，共投放礁体 3.0 万空立方米，构成 3 个鱼礁堆积群及 1 个藻礁带。

2015 年底，浙江省马鞍列岛海域海洋牧场入选第一批国家级海洋牧场示范区（图 9-21）。2016～2017 年，浙江省马鞍列岛海域国家级海洋牧场示范区（简称"马鞍列岛海域海洋牧场"）开展了大规模的人工鱼礁和藻礁建设，形成枸杞和嵊山 2 个新礁区。截至 2020 年底，马鞍列岛海域海洋牧场累计投入 5618 万元，投放人工鱼礁共计 16.475 万空立方米，形成东库山、三横山、嵊山、枸杞等 4 个人工鱼礁区，海洋牧场区海域确权面积约 1060hm^2。

2017 年底完成扩建三横山礁区，马鞍列岛海域海洋牧场累计投入

图 9-21 浙江省马鞍列岛海域国家级海洋牧场示范区标志石碑

基于已建成海洋牧场取得的良好生态效益、经济效益和社会效益，嵊泗县以东库山人工鱼礁区为基础申报了浙江省嵊泗东部东库黄礁海域国家级海洋牧场示范区（简称"东库黄礁海域海洋牧场"），2020 年 12 月获批入选第六批国家级海洋牧场示范区（图 9-22）。2022～2023 年，完成扩建东库山礁区，新建了黄礁礁区，合计新增确权用海面积 470.979hm^2。

图 9-22 浙江省嵊泗东部东库黄礁海域国家级海洋牧场示范区标志石碑

二、生境营造

现代海洋牧场是一种融合了生境修复、资源养护、休闲渔业等多功能的渔业生产新业态。人工鱼礁区通过工程化手段模拟和营造自然生境,旨在保护、增殖渔业资源和修复海洋生态系统,是海洋牧场建设的重要组成部分(杨红生等,2016;杨红生等,2019;Kitada,2018)。截至 2024 年,马鞍列岛海域海洋牧场已成功在东库山、三横山、枸杞、嵊山、黄礁等岛礁周边海域构建了人工鱼礁区,展现了鲜明的岛礁增殖型特色。

(一)鱼礁材料

在鱼礁材料的选择上,马鞍列岛海域海洋牧场均使用钢筋混凝土浇筑或混凝土结合钢材构建,无二次污染,属于环境友好型鱼礁。选择适宜的混凝土厚度,通过搭配钢材进行礁体的轻量化设计,降低礁体在泥质海底的沉陷风险,延长有效使用年限。

(二)鱼礁礁型

马鞍列岛海域海洋牧场以生境改造和局部海域初级生产力提高为主要手段,以增殖褐菖鲉、黑鲷等岩礁性鱼类为主要目的,对鱼(藻)礁单体的设计选型和配置布局有相对特殊的要求。马鞍列岛海域海洋牧场建设早期以使用3m×3m×3m 的米字型礁体和回字型礁体(图 9-23)为主。两种礁体造型和制作比较复杂,多投放在东库山、三横山等天然岛礁周边底泥沉积相对薄的海域,因此礁体设计时未考虑对海域不同水深、不同底质的适应性。

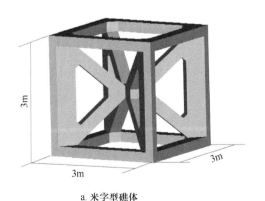 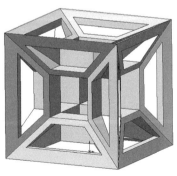

a. 米字型礁体   b. 回字型礁体

图 9-23　东库山礁区早期工程所用钢筋混凝土鱼礁

在马鞍列岛海域海洋牧场建设时期,根据不同水深和底质状况,因地制宜投放单层和双层十字翼型鱼礁(方继红等,2021;戚福清等,2023)。单层十字翼型鱼礁投放于水深10m左右的海域，双层十字翼型鱼礁投放于水深10～25m的海域，增殖对象以趋礁性和触礁性的岩礁性鱼类为主。单层十字翼型鱼礁以中心2m×2m×2.3m的立方体（9.2空立方米）为主体（图9-24a），向两侧各延展1m，构成4个体积为4.6空立方米的翼部，总体积为27.6空立方米。双层十字翼型鱼礁以中心2m×2m×4m的立方体（16空立方米）为主体（图9-24b），向两侧各延展1.5m，构成4个体积为12空立方米的翼部，总体积为64空立方米，属于大型鱼礁，适用于深水区。十字翼型鱼礁的有效体积接近一个八棱柱体的体积，在特定流向下，可以增加有效体积10%以上。十字翼型鱼礁后期演化形成了八棱柱礁及其各种变体（图9-25）。此系列礁体以适当增加底板面积等措施（图9-26），提高了礁体的防沉降性能。

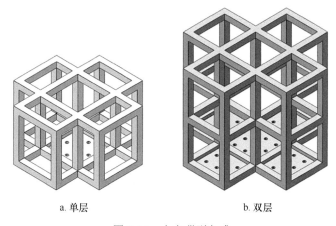

a. 单层　　　　　　　　　　　　b. 双层

图 9-24　十字翼型鱼礁

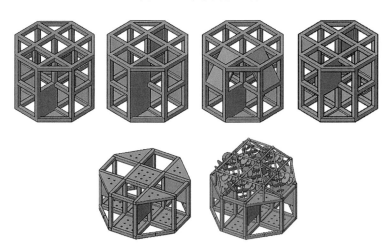

图 9-25　由十字翼型鱼礁演化形成的八棱柱礁及其各种变体

图 9-26 十字翼型鱼礁陆上制作场景

图 9-27 四棱台型鱼礁

东库黄礁海域海洋牧场建设期间，采用了大型单体礁四棱台型鱼礁（图 9-27）及 HUT 型、HUT2 型鱼礁（图 9-28）。

四棱台型鱼礁下底边长 6.0m、上底边长 4.0m、高 4.4m，总体积为 111.47 空立方米。四棱台型鱼礁设计借鉴了日本学者设计的 TR 型鱼礁，下层采用钢筋混凝土构架，上层为钢构架和众多混凝土圆盘组合的造型（图 9-29），该类型鱼礁比双层十字翼型鱼礁结构复杂，礁体造成的阴影丰富，各向阻流效果均较好，能够产生更为复杂的上升流和背涡流。礁体自重仅约 15t，重心低，礁体的防倾覆、防沉降性能更优，且制造过程相对较简单，运输与吊装要求较为容易满足，用于替代东库山礁区早期使用的相对较低的米字型等礁体。

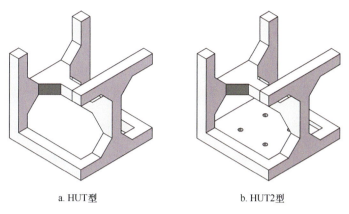

| a. HUT型 | b. HUT2型 |

图 9-28　HUT 型和 HUT2 型鱼礁

图 9-29　四棱台型、HUT 型人工鱼礁陆上制作场景

堆积人工鱼礁山的单礁选用成熟的 HUT 型和 HUT2 型混凝土人工鱼礁，将 HUT2 型鱼礁作为底层鱼礁首批次投放、HUT 型鱼礁作为上层鱼礁投放，构建堆积礁时具有更好的礁体间勾连稳定性能，易形成结构稳定、内部栖息环境层次丰富的堆积鱼礁山生态系统（章守宇等，2019a）。HUT 型和 HUT2 型鱼礁的尺寸均为边长 2.2m，单礁体积为 10.65 空立方米。

（三）单位鱼礁组合配置

马鞍列岛海域海洋牧场及早期人工鱼礁区的单位鱼礁组合以均匀布局或相对集中布局为主（图 9-30），主要布放于天然岛礁周边海域，以扩展和延伸天然岛礁生态系统（林军等，2020）。

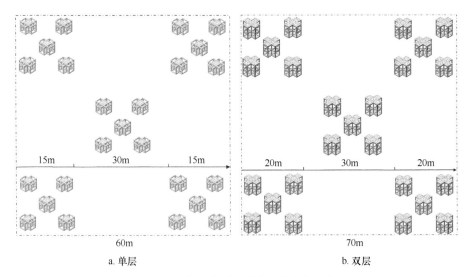

a. 单层   b. 双层

图 9-30　十字翼型鱼礁构成的单位鱼礁

东库黄礁海域海洋牧场尝试在远离天然岛礁的相对开阔海域新建岛礁生态系统，分为 A、B、C 三种单位鱼礁组合类型。A 型单位鱼礁每座由 HUT 型和 HUT2 型单礁各 100 个组成，敷设成直径为 30m 的圆丘型堆积礁（图 9-31）。

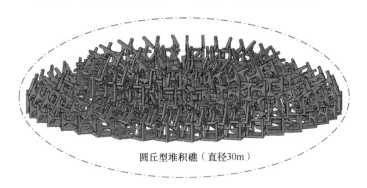

圆丘型堆积礁（直径30m）

图 9-31　A 型单位鱼礁（由 HUT 型和 HUT2 型单礁各 100 个组成）

B 型单位鱼礁由四棱台型单礁 49 个、HUT 型和 HUT2 型单礁各 124 个组合而成，敷设面积为 250m×110m，可实现牧养融合功能。利用四棱台型单礁敷设养殖筏架基座替代打桩固定，理论上可形成 2 个 80m×60m 的贻贝养殖单元（图 9-32）。

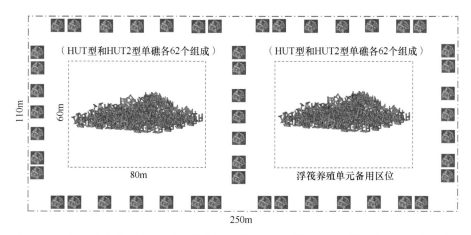

图 9-32　B 型单位鱼礁（由 49 个四棱台型单礁和 HUT 型、HUT2 型单礁各 124 个组成）

C 型单位鱼礁由 HUT 型、HUT2 型单礁各 200 个组成，敷设成内圆直径为 15m、外圆直径为 45m 的环形堆积礁带（图 9-33）。与大型堆积鱼礁山（如图 9-32 所示的 A 型单位鱼礁）相比，投放相同数量的单体 HUT 礁体，环形堆积礁带可敷设礁区面积更大，形成的双重背涡流区荫蔽缓流空间更大，生态效应更强。

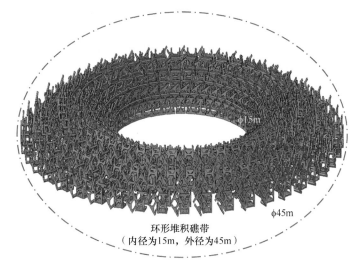

图 9-33　C 型单位鱼礁（由 HUT 型、HUT2 型单礁各 200 个组成）

三、资源增殖

（一）渔业资源增殖放流

嵊泗海洋牧场的人工鱼礁投放和布设主要以增殖石斑鱼、黑鲷等恋礁性名贵海洋经济生物为目标（高炜程等，2024）。礁体结构中包含遮流板等小结构，这些结构既起到了荫蔽作用，又保证了水流的足够动力效应，同时保持了适当的通透性，形成了适宜不同海洋生物及其不同生活史阶段的局部小生境。

马鞍列岛海域海洋牧场在多年的增殖放流工程中，共投放了梭子蟹、日本对虾、厚壳贻贝、海蜇、黑鲷、真鲷、石斑鱼、大黄鱼、乌贼、鲍等幼苗约 5 亿尾（粒、只），累计投入超过 2000 万元。这些增殖放流工作取得了显著成效，传统渔场的资源恢复势头良好，局部海域的渔业资源衰退趋势得到了有效遏制。渔业增殖放流有助于增殖养护沿岸岛礁海域渔业资源，尤其是鲷科类等恋礁性鱼类的数量保持在较高水平，这为当地海洋游钓业和休闲渔家乐产业的快速发展提供了有力支撑。通过增殖放流与人工鱼礁区建设的结合，马鞍列岛海域岛礁增殖型海洋牧场的生态环境和渔业资源都得到了显著的修复和改善。

（二）初级生产力和次级生产力提升工程

为提高岛礁海域增殖养护渔业资源的能力，提升海域初级生产力和次级生产力是有效的举措。除了人工鱼礁上升流效应提高局部海域浮游生物初级生产力，在岛礁周边 2～5m 水深、光照优良海域投放藻礁是提升初级生产力和次级生产力的重要手段（章守宇等，2019b）。马鞍列岛海域海洋牧场在扩建三横山礁区、新建嵊山等礁区时，投放了具有大型海藻场再造功能的三层藻礁（图 9-34，图 9-35）。其中，三横山礁区投放了一个长约 500m 的藻礁带（70 个藻礁组合体，增殖修复海藻场约 5hm^2），嵊山礁区投放了一个长约 2000m 的藻礁带（250 个藻礁组合体，增殖修复海藻场约 20hm^2）。

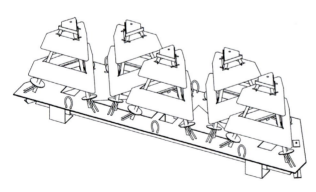
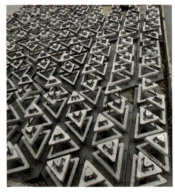

图 9-34　三层藻礁组合设计图　　　　图 9-35　三层藻礁组合投放现场

三层藻礁是三角台型支架上套入可拆卸的混凝土三角形附着基构成，顶边长30cm，二层边长 65cm，底边长 100cm，高 120cm。三层藻礁能够有效利用各水层光照，具有较强的抗风浪能力，可以有效防止沉积物沉积覆盖和有害生物攀爬，且具有灵活移植藻种的能力。

（三）生物资源增殖效果

水下声学摄影和潜水调查显示，马鞍列岛海域海洋牧场所投放礁体位置稳定、下陷程度小、完整性良好，贝藻类附着生物丰富。调查数据显示，人工鱼礁区的建设显著增加了马鞍列岛海域的生物资源量，资源养护效果明显。自礁区建成以来，褐菖鲉、大泷六线鱼、黄鳍鲷、褐牙鲆、真鲷、鲈等10多种恋礁性鱼类频繁出现，平均资源密度比投礁前增加8.6倍，比同期对照区增加2.9倍。

马鞍列岛海域海洋牧场海洋生态环境水下在线观测系统集成海流计、温盐深测量仪（CTD）、多参数水质仪、高清摄像头等多种观测仪器，实现海洋中海流、温度、盐度、浊度、溶解氧、叶绿素、pH、营养盐等各种海洋环境要素的原位在线观测，以及对生物生活习性等实况的视频监控（图9-36）。

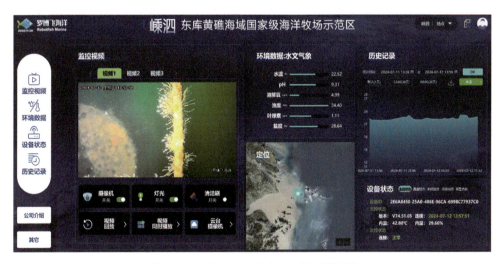

图 9-36 海洋生态环境水下在线观测系统

四、融合发展特征

马鞍列岛海域海洋牧场建设始终坚持"在保护中建设，在建设中保护"的海洋资源开发基本方针，科学合理地进行渔场生境修复和钓场建设。嵊泗县为了打造富庶的海上粮仓，正在努力实现从传统的耕海牧渔到建设集科技研发、生态修复、绿色增养殖、休闲渔业等于一体的大型现代化海洋牧场的转变。

（一）海洋牧场与休闲游钓产业的融合

马鞍列岛海域海洋牧场充分发挥自身优势，利用蓝色海洋打造"低碳蓝湾绿岛"和美丽海岛发展的新模式。通过节约集约利用自然资源，将自然禀赋优势转化为发展动能，将渔业与生态修复、健康增养殖、科技创新、文化创意、海岛非物质文化遗产以及海岛旅游业等产业融合，实现岛礁型海洋牧场的全方位可持续绿色发展。

海洋牧场内的海洋生物在自然状态下生活，病害少、活动空间大、运动充分，肉质优良。海洋牧场的目标养护生物主要摄取天然饵料，不使用化学药品进行病害防治。较近的捕捞作业距离保证了水产品的新鲜度，有效满足了人们对水产品种类、质量和数量的全方位需求。优美的离岛环境和丰富的渔业资源促进了嵊泗县旅游业、民宿产业以及生态游钓业的发展。从捕捞者到放牧人，从第一产业传统渔业到第三产业休闲渔业的转型，海洋牧场的建设为嵊泗县海洋渔业的融合新型发展提供了探索空间和新型发展模式。

马鞍列岛海域除了天然岛礁岸边的钓场，以马骨暗礁钓场为代表的开阔海域钓场是人工鱼礁堆建设的优良范本（图9-37）。东库黄礁海域海洋牧场建设方案中，在黄礁海域以南约1.5km、枸杞岛贻贝养殖场以北约1.5km，选择一处海图水深约25m的相对平整的海底高台（如图9-23所示，底泥沉积厚度极小），应用HUT型鱼礁设计了6座堆积型鱼礁山/环。

图9-37　马骨暗礁上方钓船云集场景

黄礁礁区（图9-38）由1座B型单位鱼礁、5座C型单位鱼礁（23 529.40空立方米）组成，距离天然岛礁有一定距离，地势相对平坦，水深约25m，适宜建设成为岩礁性鱼类栖息的礁区。经多波束侧扫，建成后的黄礁礁区最大堆高为8～10m（图9-38），且礁区南侧的浮筏式贻贝养殖场的附生海藻有机碎屑可惠及此鱼礁区，预计可实现新建人工钓场的建设目标。

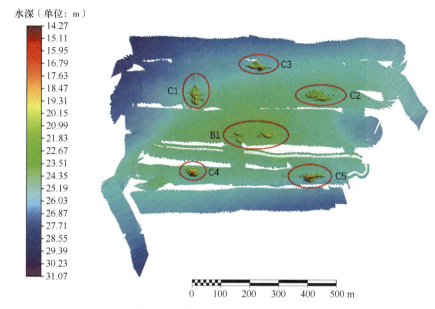

图 9-38　黄礁礁区多波束侧扫结果

（二）海洋牧场与浮筏养殖设施的融合

马鞍列岛海域海洋牧场周边岛礁海域的天然藻场分布较广，且黄礁礁区南侧为面积近 2 万亩、国内最大的枸杞岛浮筏式贻贝养殖场，养殖场内的筏架和苗绳作为人工生物附着基，起到了良好的浮式人工藻礁作用（图 9-39）。不同类型增养殖设施的融合发展不仅能够修复或改善已被破坏的生态环境，营造适宜生物生长、

图 9-39　黄礁礁区南侧的大面积浮筏式贝类养殖区的藻礁效应

栖息、索饵以及产卵的海洋环境，还能逐渐形成良性循环的局域生态系统，从而大幅度增殖渔业资源，为嵊泗县海域发展海上休闲游钓业奠定了坚实的物质基础，为嵊泗县渔业的可持续发展提供了科学保障。

黄礁礁区 B 型单位鱼礁是立体化综合用海的最新尝试，礁体上预留了用于浮筏式贻贝养殖的挂钩，规则排列可以满足养殖单元的固定需求。养殖单元下设堆积型鱼礁，可为底栖生物和鱼类提供部分饵料，不易发生有机质沉降堆积。

五、生态效益、社会效益和经济效益分析

（一）生态效益

礁体投入海底以后，在水体上升、涡动、混合作用下，形成异常活跃、生产力繁盛的小型人工涌升流生态系统，在优化海洋生态环境和增殖渔业资源两个方面形成良性循环。礁体表面的附着生物不仅可以作为鱼类饵料、诱集鱼类、增加海域初级生产力和次级生产力、保持生物多样性、增加总生物量，同时还具有分解有机碳、消耗营养盐、净化海域水质、改善海洋生物栖息地等生态功能，促进海洋生态良性循环（章守宇等，2019c；Lee et al.，2019）。

（二）社会效益

海洋牧场建设为优化渔业产业结构和解决渔民就业问题提供了新的有效途径，有助于维护渔区社会稳定。通过安排转产转业的捕捞渔民参与人工鱼礁区的资源增殖、日常管护、休闲游钓与生态环境保护等工作，不仅为安置转产渔民、增加渔民收入提供了途径，还为示范区的可持续发展提供了保障。建设岛礁增殖型游钓海洋牧场、引导渔民转产转业，既实现了降低捕捞强度的目标，又确保了渔民的经济收入，同时丰富了当地的特色旅游项目，使海洋牧场建设的投入产出比进一步放大，促进了渔区社会经济的可持续发展。

（三）经济效益

人工鱼礁投放后示范区海域平均渔获量可提高 15% 以上，且渔获组成发生明显变化，优质高值岩礁性鱼类增多，产量和产值均显著提高。因此，通过人工鱼礁区渔业资源的增殖和合理开发利用，可大幅度增加优质渔获产出量，带来可观的经济效益。此外，海洋牧场建设还有利于当地旅游垂钓等休闲产业的发展。目前，当地海钓渔民的专业游钓船已有 100 艘左右。马鞍列岛海域海水湛蓝、风景优美、生物资源丰富，利用海上游钓等方式吸引游客，可大幅度提高当地旅游业等第三产业的经济效益。

六、未来展望

展望未来,在已建成海洋牧场的基础上,嵊泗县将继续深化海洋牧场的建设,计划打造一个集科研、观光、休闲渔业、海钓、养殖等多功能于一体的产业化海洋牧场示范区。在海洋牧场建设过程中,将严格筛选增殖放流和生态养殖的品种,有效控制放流种、养殖种的种群行为,以降低其对自然种群的影响。同时,将严格规范海区人类活动,特别是外来流动人口的活动,以减少对生态环境及渔业资源的破坏。此外,将加大宣传力度,提高公众对海洋牧场的认识,鼓励公众理解并积极参与海洋牧场建设的各个环节。嵊泗县通过转变渔业发展模式,引导渔民转产转业,旨在形成一个生态化、立体化的现代海洋牧场产业体系。这一体系不仅有助于保障渔业资源的可持续利用,还将进一步推动嵊泗县休闲旅游业的发展,促进海岛经济的绿色转型与社会发展进步。嵊泗县已成立国资海钓经营公司,全面负责下一步经营性商务海钓的运营,打响嵊泗县海钓专业品牌,以此撬动高端休闲旅游市场发展。

海洋牧场作为一种新兴的产业形态,其发展依赖于健康的海洋生态系统。因此,必须重视生境修复和资源养护,根据生态承载力确定合理的建设和开发规模,这是海洋牧场可持续发展的基础。有数据显示,每年来舟山群岛进行海钓的客人约为 60 万人次,其中一半的海钓客在嵊泗县海域内海钓,大量的海钓客给嵊泗县带来了一定的经济效益,同时也给海洋海岛环境保护、渔业资源增殖养护带来了很大压力。《舟山市国家级海洋特别保护区海钓管理办法》《舟山市国家级海洋特别保护区海钓渔获管理表》等相关规定已于 2023 年 6 月 1 日正式施行。上述规定对海钓鱼类的禁止垂钓时间、每人每次渔获物重量都做了详细的规定,比如鲷科、大黄鱼、褐菖鲉在 3 月 15 日至 4 月 15 日禁止垂钓,四指马鲅在 5 月禁止垂钓。同时,为了保护渔业资源,《舟山市国家级海洋特别保护区海钓渔获管理表》对相关鱼类的可钓标准、渔获限额做了详细规定。

在未来现代化海洋牧场的建设中,生态优先的理念应作为首要任务予以高度重视。生态优先并不意味着完全放弃开发利用,而是要遵循自然规律,通过海洋牧场建设与合理的增殖放流实现与自然的和谐共生(孙松,2016;章守宇等,2019c)。在生态优先的前提下,应以合理开发来平衡生境修复和资源养护效果,从而使嵊泗岛礁增殖型海洋牧场的生态、社会和经济综合效益达到最优。嵊泗岛礁增殖型海洋牧场建设模式在东海岛礁海域具有推广复制的广阔前景,推广中需重点考虑海域自然条件所决定的生态增殖容量,以确定合适的人工鱼礁区等建设规模以及适宜的投礁距离,以实现最优化增殖养护岛礁海域渔业资源的目标。

综上所述,浙江省嵊泗县东部海域地处长江冲淡水和台湾暖流交汇处,自然禀赋优良，曾是嵊山渔场的核心组成部分，自 2004 年以来，经过 20 年的建设，该地已建成浙江省马鞍列岛海域国家级海洋牧场示范区（第一批）和浙江省嵊泗东部东库黄礁海域国家级海洋牧场示范区（第六批）等岛礁增殖型海洋牧场。嵊泗东部海域是典型的岛礁海域，该海域的海洋牧场建设致力于通过人工鱼礁区和藻礁区构建，结合增殖放流等多种方式延伸天然岛礁生境、修复受损的海洋生态环境，已取得显著的恋礁性鱼类增殖效果，其增殖型海洋牧场建设和岛礁海域生态修复模式具有重要的示范和推广意义。随着公众海洋生态保护意识的不断觉醒和海洋牧场建设相关工程技术的不断进步，嵊泗县海洋牧场将继续发挥其生态效益和经济效益，为国内一流、国际领先的近海岛礁增殖型游钓生态牧场建设探索新的发展模式和管理机制，推动我国海洋牧场建设事业的可持续发展。

第四节　渔旅融合型海洋牧场

一、发展简史

蜈支洲岛位于海南省三亚市海棠湾，岛屿面积为 1.48km²，岛周水质优良，拥有丰富的海洋资源和优美的自然环境。1992 年，海南蜈支洲旅游开发股份有限公司成立，主要从事蜈支洲岛的旅游综合开发。蜈支洲岛海域海洋牧场的建设始于 2011 年，积极开展增殖放流和人工鱼礁投放工作，同时建立了一套水下监控系统，旨在保护海洋生态系统、促进渔业资源的可持续利用。

2016 年 9 月，三亚市海洋与渔业局、海南大学和海南蜈支洲旅游开发股份有限公司签订了《三亚蜈支洲岛万亩热带海洋牧场建设三方合作框架协议》，明确了政府、高校和企业的合作模式。同年，海南蜈支洲旅游开发股份有限公司与海南大学签署了《共建南海海洋资源利用国家重点实验室蜈支洲岛海洋生态站合作协议》，在岛上建立了 500m² 的实验室，成为海域监测及研究生培养的重要基地。2016 年 10 月，蜈支洲岛成为国家 5A 级旅游景区，进一步推动了旅游观光和休闲渔业的发展，年度游客量大幅度增加，知名度和经济收益显著提升。

2018 年，蜈支洲岛海域海洋牧场建设获得农业农村部的批准，成为国家级海洋牧场示范区的创建项目。2019 年底，该牧场正式获批成为第五批国家级海洋牧场示范区，成为海南省首个国家级海洋牧场示范区，同时也是我国首个国家级热带海洋牧场。自 2019 年以来，蜈支洲岛海域海洋牧场不仅推动了海洋生态系统的恢复与保护，还带来了显著的经济效益。

作为我国休闲旅游型海洋牧场的代表，蜈支洲岛海域海洋牧场的发展模式和成效体现了政府、高校和企业合作的重要性和有效性，为全国海洋牧场建设提供了宝贵的经验和示范（许强等，2018）。

二、生境营造

蜈支洲岛海域海洋牧场位于海南省三亚市海棠湾蜈支洲岛外部海域（图 9-40），一期建设面积为 66.75hm^2，区域水深 12～23m，平均水深 15m，能见度最高达 27m。蜈支洲岛海域盛产马鲛鱼、石斑鱼、海胆、海参、对虾、夜光螺以及各种热带珊瑚礁鱼类，是天然的渔场（Huigui et al.，2023）。其中，珊瑚礁区海洋生物资源尤为丰富，目前记录造礁石珊瑚 13 科 40 属 90 种，且珊瑚的覆盖率极高（Li et al.，2020）。

图 9-40　蜈支洲岛海域海洋牧场自然环境

蜈支洲岛海域海洋牧场的生境营造充分考虑了当地的自然生境特征，以渔业资源和珊瑚礁的保护为核心，通过设施构建和技术创新营造了一个丰富多样、生态平衡的海洋环境。

（一）人工鱼礁建设

蜈支洲岛海域海洋牧场从 2011 年开始建设，已累计投资近 8000 万元（包括各级财政资金 4400 万），共投放各类鱼礁 7 万余空立方米，前期投放三角型、立方体型和圆台型混凝土人工鱼礁（图 9-41）及沉船型人工鱼礁（图 9-42），2021年在农业农村部支持下投放大型人工鱼礁（立方体型）（图 9-43）、球型人工鱼礁（图 9-44）和层型人工鱼礁（图 9-45）。

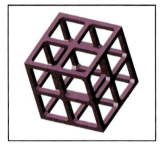

图 9-41 混凝土人工鱼礁（三角型、立方体型、圆台型）

图 9-42 沉船型人工鱼礁

图 9-43 大型人工鱼礁（立方体型）

图 9-44　球型人工鱼礁

图 9-45　层型人工鱼礁

（二）珊瑚礁修复

蜈支洲岛海域海洋牧场通过结合人工鱼礁投放和健康珊瑚种苗移植的方式，积极开展珊瑚礁的生境修复工作（图 9-46）。首先，依据水质、流速、水深、珊瑚覆盖率和底质情况等指标确定修复区域，然后在修复区外围深水区投放各种人工鱼礁（如混凝土型和沉船型人工鱼礁）恢复珊瑚礁鱼类群落，同时在修复区投放钢筋珊瑚拼台工程化修复设施为珊瑚提供附着和生长的基质。从当地工型礁苗圃、绳子苗圃和框架式苗圃中获取健康的珊瑚断枝，将其移植并固定到拼台上，使用钢钎、绳子和 U 形卡扣固定拼台形成稳定的整体。后续通过水下监控系统实时监测珊瑚生长和生态环境变化，以保证修复工作的有效性和持续性（Zheng et al.，2021）。

a. 珊瑚拼台海上运输　　　　　　　　　b. 珊瑚拼台投放

c. 珊瑚拼台水下运输

d. 珊瑚拼台水下搭建

e. 海南大学工型礁苗圃

f. 蜈支洲岛绳子苗圃

g. 蜈支洲岛框架式苗圃

h. 船上移植珊瑚

i. 珊瑚移植

j. 珊瑚拼台移植情况

图 9-46　珊瑚礁修复过程

通过投放多种类型的人工鱼礁，不仅为鱼类等海洋生物提供了多样化的栖息空间，还有效改善了海底环境，促进了海洋生物多样性的恢复和增加，鱼类和其他海洋生物的种群数量显著上升，生态系统更加稳定和健康。珊瑚修复工作显著提升了珊瑚覆盖率，促进了珊瑚礁生态系统的恢复，使得修复区域内的生物多样性和生态平衡得以重建和维持（Xia et al. 2022）。

三、资源增殖

蜈支洲岛海域海洋牧场为实现渔业资源的有效增殖和可持续发展，开展了一系列养护渔业资源、底播增养殖海参和珍珠贝等建设内容，充分发挥了所在海域的自然优势。

蜈支洲岛海域海洋牧场的功能区划包括天然珊瑚礁保护区、沉性+浮式鱼礁资源养护区、沉性鱼礁资源养护区、珊瑚礁修复区、藻贝参增养殖区、资源增殖兼休闲区、非功能区。天然珊瑚礁保护区和珊瑚礁修复区的设立确保了珊瑚生态系统的恢复与保护，为海洋生物提供了理想的栖息环境。沉性+浮式鱼礁资源养护区通过不同类型的鱼礁设施改善了海底栖息环境，促进了鱼类和其他海洋生物的增殖。藻贝参增养殖区专门用于海参、珍珠贝等高价值海产品的增养殖，从而增加了经济效益。资源增殖兼休闲区不仅促进了资源增殖，还为休闲渔业和生态旅游提供了条件，进一步推动了当地经济的发展。通过合理的功能分区，每个区域的资源利用和保护措施更加有针对性和有效性，实现了生态保护与资源可持续利用的双重目标。

海洋牧场区渔业资源保护效果显著。数据显示，通过创新应用浮鱼礁、沉性人工鱼礁、景观鱼礁，并结合珊瑚礁人工辅助修复等技术，海洋牧场区资源量较建设前增加30%以上，海域的游泳动物种类已达400余种，生物多样性显著提高。调查结果显示，海洋牧场区渔业资源的质量密度从 $52.58kg/km^2$ 增加到 $73.67kg/km^2$，数量密度从 $5.16 \times 10^6 ind./km^2$ 增加到 $6.66 \times 10^6 ind./km^2$。此外，生态评价指数显示，质量多样性指数从 3.532 上升到 3.771，数量密度多样性指数从 3.277 上升到 3.656，曾经萧条的生态系统重新恢复了生机勃勃的繁荣景象（图 9-47～图 9-50）。

值得注意的是，2024 年 4 月潜水员在蜈支洲岛水下区域发现了一条超过 1m 长、重约百斤的巨型野生石斑鱼，这条石斑鱼活动于人工鱼礁区域，逐渐与潜水员和游客建立了互动关系（图 9-51）。蜈支洲岛的潜水员亲切地称它为"斑斑"，一是因为石斑鱼身上有斑点，二是因为它是在搬码头时被发现的，三是欢迎"斑斑"把家搬到蜈支洲岛。"斑斑"的事例表明，海洋牧场的人工鱼礁建设为大型鱼类提供了优良的栖息空间，进一步验证了其在渔业资源增殖中的显著作用。

图 9-47　混凝土型人工鱼礁（三角型）

图 9-48　混凝土型人工鱼礁（立方体型）

图 9-49　混凝土型人工鱼礁（圆台型）

图 9-50　沉船型人工鱼礁区生物多样性提高

图 9-51　巨型野生石斑鱼"斑斑"

四、融合发展特征

蜈支洲岛通过多样化的旅游项目，展现了其独特的融合发展特征。各类休闲旅游活动充分利用了健康的珊瑚礁自然景观，不仅满足了游客的娱乐需求，还促进了当地生态旅游业的发展。

蜈支洲岛以其优越的海洋生态环境吸引了大量潜水爱好者。清澈的水质、丰富的渔业资源和保存完好的珊瑚礁使得潜水者能够尽情体验海底热带雨林的绚丽多彩。游客在潜水过程中，不仅能与各种热带鱼类共舞，还能深刻感受到海洋生态的美妙与奇特（图9-52）。

海钓活动是蜈支洲岛海域的另一大特色，平台海钓（图9-53）和游艇海钓提供了不同的钓鱼体验，满足了不同层次游客的需求。在专业教练的指导下，游客可以享受从抛竿到收获的全过程，体验与鱼斗智斗勇的乐趣。高档设备和完善的垂钓工具确保了海钓的舒适性和安全性，同时也使游客极大地放松了身心。

图 9-52　蜈支洲岛海底潜水

图 9-53　蜈支洲岛海域平台海钓

蜈支洲岛海域海底漫步项目让游客无须潜水经验即可体验海底世界。戴上供氧头盔，在专业教练的保护下，游客可以在水深 3～5m 的海底漫步，沿途观赏丰富的鱼群和美丽的珊瑚礁（图 9-54）。这一项目不仅安全可靠，还为游客提供了与海洋亲密接触的机会，是深海潜水之外的一个极佳选择。

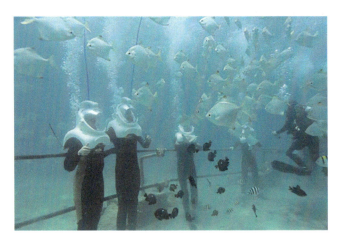

图 9-54　蜈支洲岛海域海底漫步

在水上运动项目方面，蜈支洲岛提供动感飞艇和拖伞等极限运动项目，进一步丰富了游客的选择。动感飞艇引自新西兰，能够在高速航行中做出 360°旋转动作，带来极致的刺激体验（图 9-55a）。拖伞项目则让游客在专业设备的保障下，享受在海面上飞翔的感觉，远眺青山，低俯碧波，迎着海风，体验自由飞翔的乐趣（图 9-55b）。

图 9-55　蜈支洲岛海域动感飞艇和拖伞项目

蜈支洲岛海域海洋牧场的融合发展特征主要体现在渔业增殖、生态修复与海洋旅游的互促共赢。通过投放人工鱼礁、开展珊瑚礁修复、增殖海参等高经济价值海产品，实现渔业资源增殖与生态保护的同步推进，为渔旅融合提供基础。借助这些渔业资源和生物多样性，开发休闲潜水、海钓、海底漫步、拖伞等丰富的旅游项目，使游客在观赏、体验海洋生态的过程中，加深对生态保护和海洋文化的认知。多功能区划将渔业生产与生态旅游有机结合，使得资源增殖区既可实现海产品增养殖，又可作为休闲区，带动海钓、观光等体验项目。由此，海洋牧场不仅可以促进渔业可持续发展，还通过旅游带动经济收益增长，形成了资源利用、生态保护和休闲娱乐三者相辅相成、互促共赢的渔旅融合模式。

五、生态效益、社会效益和经济效益分析

蜈支洲岛海域海洋牧场经过多年的建设和管理，在生态效益、社会效益和经济效益方面取得了显著成就。

（一）生态效益

自2011年起，海洋牧场通过投放人工鱼礁、开展珊瑚礁修复等生态修复工作，成功改善海底环境，促进了海洋生物多样性恢复。投礁后，鱼类种类由约50种增加到70多种，质量密度从52.58kg/km^{2}提升至73.67kg/km^2，数量密度也显著提高。珊瑚礁修复后，覆盖率大幅度增加，生态系统稳定性和健康状态明显改善，生物多样性指数逐年上升，为海洋生物提供了稳定的栖息地和繁衍场所，确保了渔业资源的可持续利用。

（二）社会效益

海洋牧场的建设不仅推动了渔业生产，更促进了休闲渔业与生态旅游的发展。每年吸引游客超过300万人次，生态旅游活动如潜水、海底漫步、海钓等广受欢迎，大大提升了当地的知名度与游客满意度。海洋牧场还成为教育、科普和科研的重要基地，为公众提供近距离接触海洋、了解生态保护的机会，增强了生态保护意识。同时，海洋牧场与高校、科研机构合作，培养专业人才，推动了海洋生态修复技术和渔旅融合发展的科技创新。

（三）经济效益

海洋牧场在经济效益方面成效显著，体现为多元化的收入来源和显著的经济增长。首先，生态旅游直接带来的收入大幅度增加，尤其是潜水、游钓等高体验度项目，门票及服务费用成为海洋牧场的重要经济来源。其次，海洋牧场增养殖项目，如鲍、花刺参、大珠母贝等高经济价值海产的底播增殖，不仅提供了优质渔业产品，丰富了市场供应，还增加了渔民收入，创造了大量就业机会，推动相关产业链的发展。与传统渔业相比，海洋牧场通过休闲渔业和生态产品销售的结合，实现了渔业与旅游业双重收益，经济效益逐年稳步提升。

总体而言，蜈支洲岛海域海洋牧场通过合理的功能分区和多样化的生态修复措施，成功实现了生态保护与资源可持续利用的双重目标，为我国渔旅融合型海洋牧场建设提供了宝贵的经验和示范。

（四）生态、社会、经济效益综合分析

蜈支洲岛海域海洋牧场的发展体现了基于独特资源的投入产出与可持续发展逻辑。通过引入人工鱼礁和珊瑚礁修复、现代监测技术及多样化旅游融合等创新措施，海洋牧场有效改善了海洋生态环境、推动了社会参与及经济增长。

人工鱼礁和珊瑚礁修复并不是简单的生态修复工程，而是基于深度生态设计和生境重塑的综合措施。鱼礁的多样化设计（如三角型、立方体型、球型、沉船型等）为不同种类的海洋生物提供了多样的栖息地，不仅增加了生物多样性，还增强了生态系统的稳定性。珊瑚礁修复则通过精细的选择和布局，使得健康珊瑚得以重新附着和生长，促进了整个珊瑚生态系统的恢复，这种基于生态工程和生物学知识的修复方法确保了生态系统的长期可持续性。

现代监测技术的引入，如水下摄像头与 5G 信号的结合，实现了对生态环境的实时监控和精细管理。这种高科技手段不仅提高了海洋牧场管理的科学性，还为生态保护工作提供了动态数据支持，确保了生态修复工作的持续有效性。同时，实时监测技术使得公众能够通过可视化的方式直观了解生态恢复的过程，增强了环保意识和社会责任感。

多样化旅游与生态保护的融合是蜈支洲岛的另一大特色。海洋牧场通过将休闲渔业、增殖养殖和旅游体验项目紧密结合，建立了一种双向互促的生态经济模式。休闲潜水、海钓、海底漫步等项目不仅为游客提供了独特的体验，还利用游客的参与为生态修复筹集资金。这种模式将经济利益与生态目标相结合，既提升了游客的体验价值，又确保了经济活动对生态环境的正向贡献。

总体而言，蜈支洲岛海域海洋牧场在投入与产出中实现了生态效益、社会效益和经济效益的平衡发展。它通过多层次的生态设计、科技赋能的动态监控和渔旅融合的创新经济模式，展示了一个高度综合且具有深度逻辑的可持续发展路径，为渔旅融合型海洋牧场的可持续发展提供了重要经验与范式。这种模式不仅在生态修复中展现了独特的价值，更为全国海洋牧场的建设和管理提供了借鉴和引领。

六、未来展望

蜈支洲岛海域海洋牧场作为我国休闲旅游型海洋牧场的典范，未来发展潜力巨大。在确保生态保护的前提下，继续推进渔业资源增殖与生态旅游相结合，将是其关键发展方向之一。通过进一步优化人工鱼礁和珊瑚礁的布局与类型，结合科学评估和持续监测，不断提升珊瑚覆盖率和生物多样性（Xu et al.，2020），有助于确保海洋生态系统的长期稳定和健康发展。同时，加大科研投入，利用先进的海洋监测技术，建立长期的生态监测体系，确保及时掌握环境变化，进而采取针对性的修复措施，以保障可持续发展。

在推广过程中有几点经验。首先，合理的功能规划至关重要。蜈支洲岛海域海洋牧场的成功得益于科学的功能区划，确保了不同区域的资源利用效率和生态保护效果。因此，其他海域在复制这一模式时，必须结合本地环境特征，合理规划，避免不当区划导致生态环境的破坏或资源浪费。其次，生态修复与开发的平衡也是关键。在蜈支洲岛海域海洋牧场建设中，生态修复与旅游开发相互促进，形成了良好的循环，但过度开发可能给生态系统带来压力，导致环境恶化，推广时需保持生态修复进度与开发强度的平衡，以确保长远的可持续发展。最后，长期监测与科研合作的必要性不可忽视。蜈支洲岛海域海洋牧场通过与科研机构合作，建立了长期监测体系，确保了生态系统的健康发展。其他海域在推广时，也应加强科研合作和环境监测，确保及时发现问题并采取应对措施。

在社会效益和经济效益方面，蜈支洲岛海域海洋牧场将进一步丰富和优化生态旅游项目，使游客在亲近自然的同时，能够深入了解海洋生态系统，进而加深对生态保护重要性的认识。这种项目将娱乐与生态保护教育相结合，不仅能够增强公众的环保意识，还能够推动生态保护理念的传播和落实（Tan and Lou，2021）。此外，未来应探索多元化的经济模式，将海洋牧场与渔业、旅游、科研等领域紧密结合，形成互利共赢的局面（Nurhayati et al. 2019）。通过发展生态产品、创意产业和特色旅游商品，提升经济附加值，并争取更多政策支持和资金投入，推动海洋牧场的全面发展。

总之，蜈支洲岛海域海洋牧场应在现有基础上，继续深化渔旅融合模式，推动生态保护、科学研究与经济发展的有机结合，努力打造一个生态健康、社会和谐、经济繁荣的综合性海洋牧场示范区，不仅提升当地的生态环境质量和居民生活水平，还将为中国海洋生态保护与可持续发展提供宝贵的经验和借鉴。

综上所述，蜈支洲岛海域海洋牧场依托优越的自然资源和独特的地理位置，通过人工鱼礁投放、珊瑚礁修复及资源增殖等多项生态工程，成功打造了集生态效益、经济效益和社会效益于一体的渔旅融合型海洋牧场。自 2011 年启动建设以来，蜈支洲岛海域海洋牧场不仅被评为国家级海洋牧场示范区，还成为国家 5A 级旅游景区，是海南省生态旅游和渔业资源保护的典范。海洋牧场在推动海洋生态修复的同时，通过休闲渔业与生态旅游等多元化产业的发展，实现了资源保护与经济发展的双重效益。展望未来，蜈支洲岛海域海洋牧场将继续深化渔旅融合模式，进一步优化功能区划与生态修复技术，持续提升海洋生物多样性和生态系统稳定性。

第五节 本 章 小 结

我国海域辽阔，不同海域的生态和环境资源禀赋各异，围绕海区场景特征而建设的海洋牧场类型也相应多元。目前，我国国家级海洋牧场示范区建设已经获得了长足发展，取得了系列成果，书写了发生在从北到南不同海域的耕海牧渔的多彩故事。本章以鱼礁增殖型、渔能融合型、岛礁增殖型和渔旅融合型等海洋牧场为案例，从发展简史，生境营造，资源增殖，融合发展特征，生态效益、社会效益和经济效益分析以及未来展望六个方面进行介绍和分析，以期为读者提供实例参考。这些海洋牧场的建设依托的理论和技术有明显的差异，其管理、产出和社会经济效益也差异甚大。希望通过这些案例的介绍，引起大家的思考，也为海洋牧场建设实践提供参考。

参 考 文 献

方继红, 林军, 杨伟, 等. 2021. 双层十字翼型人工鱼礁流场效应的数值模拟. 上海海洋大学学报, 30(4): 743-754.

房恩军, 李雯雯, 于杰. 2007. 渤海湾活牡蛎礁(oyster reef)及可持续利用. 现代渔业信息, 22(11): 12-14.

高炜程, 汪振华, 章守宇, 等. 2024. 枸杞岛筏式贻贝养殖海域鱼类群聚特征. 水产学报, 48(1): 54-69.

耿秀山, 傅命佐, 徐孝诗, 等. 1991. 现代牡蛎礁发育与生态特征及古环境意义. 中国科学(B 辑 化学 生命科学 地学), 21(8): 867-875.

侯润. 2022. 祥云湾海洋牧场牡蛎礁构建效果评估. 保定: 河北农业大学.

李欣宇, 张云岭, 齐遵利, 等. 2023. 基于 Ecopath 模型的祥云湾海洋牧场生态系统结构和能量流动分析. 大连海洋大学学报, 38(2): 311-322.

林军, 吴星辰, 杨伟. 2020. 潮流作用下人工鱼礁山海域泥沙输运的数值模拟研究. 水产学报, 44(12): 2087-2099.

刘鲁雷. 2019. 东营垦利近江牡蛎礁现状调查与资源修复研究. 大连: 大连海洋大学.

彭海, 尤凯, 符子峻, 等. 2023. 唐山祥云湾海洋牧场海域网采浮游植物群集特征研究. 海洋与湖沼, 54(4): 1070-1084.

戚福清, 林军, 张清雨. 2023. 不同侧板结构对八棱柱型人工鱼礁流场效应的影响. 水产学报, 47(12): 176-191.

全国水产技术推广总站. 2021. 增殖型海洋牧场技术模式. 北京: 中国农业出版社.

全为民, 沈新强, 罗民波, 等. 2006. 河口地区牡蛎礁的生态功能及恢复措施. 生态学杂志, 25(10): 1234-1239.

全为民, 张云岭, 齐遵利, 等. 2022. 河北唐山曹妃甸-乐亭海域自然牡蛎礁分布及生态意义. 生态学报, 42(3): 1142-1152.

全为民, 周为峰, 马春艳, 等. 2016. 江苏海门蛎岈山牡蛎礁生态现状评价. 生态学报, 36(23): 7749-7757.

孙松. 2016. 海洋渔业 3.0. 中国科学院院刊, 31(12): 1332-1338.

孙万胜, 温国义, 白明, 等. 2014. 天津大神堂浅海活牡蛎礁区生物资源状况调查分析. 河北渔业, (9): 23-26, 76.

许强, 刘维, 高菲, 等. 2018. 发展中国南海热带岛礁海洋牧场: 机遇、现状与展望. 渔业科学进展, 39(5): 173-180.

杨红生, 霍达, 许强. 2016. 现代海洋牧场建设之我见. 海洋与湖沼, 47(6): 1069-1074.

杨红生, 章守宇, 张秀梅, 等. 2019. 中国现代化海洋牧场建设的战略思考. 水产学报, 43(4): 1255-1262.

姚庆元. 1985. 福建金门岛东北海区牡蛎礁的发现及其古地理意义. 台湾海峡, 4(1): 108-109.

俞鸣同, 藤井昭二, 坂本亨. 2001. 福建深沪湾牡蛎礁的成因分析. 海洋通报, 20(5): 24-30.

张忍顺. 2004. 江苏小庙洪牡蛎礁的地貌—沉积特征. 海洋与湖沼, 35(1): 1-7.

章守宇, 肖云松, 林军, 等. 2019a. 两种人工鱼礁单体模型静态堆积效果. 水产学报, 43(9): 2039-2047.

章守宇, 刘书荣, 周曦杰, 等. 2019b. 大型海藻生境的生态功能及其在海洋牧场应用中的探讨. 水产学报, 43(9): 2004-2014.

章守宇, 周曦杰, 王凯, 等. 2019c. 蓝色增长背景下的海洋生物生态城市化设想与海洋牧场建设关键技术研究综述. 水产学报, 43(1): 81-96.

赵小腾. 2022. 祥云湾海洋牧场综合效益分析. 保定: 河北农业大学.

Beck M W, Brumbaugh R D, Airoldi L, et al. 2011. Oyster reefs at risk and recommendations for conservation, restoration, and management. BioScience, 61(2): 107-116.

Fitzsimons J, Branigan S, Brumbaugh R D, et al. 2019. Restoration Guidelines for Shellfish Reefs. The Nature Conservancy, Arlington VA, USA.

Fulton C J, Abesamis R A, Berkström C, et al. 2019. Form and function of tropical macroalgal reefs in the Anthropocene. Functional Ecology, 33(6): 989-999.

Hélène B, Marjolaine F, Le Grand C, et al. 2022. Vulnerability and spatial competition: The case of fisheries and offshore wind projects. Ecological Economics, 197: 107454.

Huigui L, Jiayi W, Zhenyu X. 2023. Fish biodiversity and community structure characteristics of Wuzhizhou Island, Sanya. Marine Sciences, 47(7): 74-86.

Kitada S. 2018. Economic, ecological and genetic impacts of marine stock enhancement and sea ranching: a systematic review. Fish and Fisheries, 19(3): 511-532.

Lee H Z L, Davies I M, Baxter J M, et al. 2024. A blue carbon model for the European flat oyster(*Ostrea edulis*) and its application in environmental restoration. Aquatic Conservation: Marine and Freshwater Ecosystems, 34(1): e4030.

Lee H Z L, Davies I M, Baxter J M, et al. 2020. Missing the full story: first estimates of carbon deposition rates for the European flat oyster, *Ostrea edulis*. Aquatic Conservation: Marine and Freshwater Ecosystems, 30(11): 2076-2086.

Lee J H, Dattilo B F, Mrozek S, et al. 2019. Lithistid sponge-microbial reefs, Nevada, USA: filling the late Cambrian 'reef gap'. Palaeogeography, Palaeoclimatology, Palaeoecology, 520: 251-262.

Li X B, Titlyanov E A, Titlyanova T V, et al. 2020. An inventory and seasonal changes in the recent benthic flora of coral reefs of Wuzhizhou Island, Haitang Bay, South China Sea(China). Russian Journal of Marine Biology, 46(6): 485-492.

Lin J, Li C Y, Zhang S Y. 2016. Hydrodynamic effect of a large offshore mussel suspended aquaculture farm. Aquaculture, 451: 147-155.

Nurhayati A, Aisyah I, Supriatna A K. 2019. The relevance of socioeconomic dimensions in management and governance of sea ranching. WSEAS Transactions on Environment and Development, 15: 78-88.

Shimada H, Asano K, Nagai Y, et al. 2022. Assessing the impact of offshore wind power deployment on fishery: a synthetic control approach. Environmental and Resource Economics, 83(3): 791-829.

Tan Y M, Lou S Y. 2021. Research and development of a large-scale modern recreational fishery marine ranch system. Ocean Engineering, 233: 108610.

Tang S, Graba-Landry A, Hoey A S. 2020. Density and height of *Sargassum* influence rabbitfish(f. Siganidae) settlement on inshore reef flats of the Great Barrier Reef. Coral Reefs, 39(2): 467-473.

Veenstra J, Southwell M, Dix N, et al. 2021. High carbon accumulation rates in sediment adjacent to constructed oyster reefs, Northeast Florida, USA. Journal of Coastal Conservation, 25(4): 40.

Wang Y H, Walter R K, White C, et al. 2022. Spatial and temporal characteristics of California commercial fisheries from 2005 to 2019 and potential overlap with offshore wind energy development. Marine and Coastal Fisheries, 14(4): e10215.

Xia J Q, Zhu W T, Liu X B, et al. 2022. The effect of two types of grid transplantation on coral growth and the in-situ ecological restoration in a fragmented reef of the South China Sea. Ecological Engineering, 177: 106558.

Xu H L, Feng B X, Xie M R, et al. 2020. Physiological characteristics and environment adaptability of reef-building corals at the Wuzhizhou Island of South China Sea. Frontiers in Physiology, 11: 390.

Xu M, Qi L, Zhang L, et al. 2019. Ecosystem attributes of trophic models before and after construction of artificial oyster reefs using Ecopath. Aquaculture Environment Interactions, 11: 111-127.

Yang X Y, Lin C G, Song X Y, et al. 2019. Effects of artificial reefs on the meiofaunal community and benthic environment-A case study in Bohai Sea, China. Marine Pollution Bulletin, 140: 179-187.

Zheng X, Li Y, Liang J, et al. 2021. Performance of ecological restoration in an impaired coral reef in the Wuzhizhou Island, Sanya, China. Journal of Oceanology and Limnology, 39: 135-147.

Zhong W, Lin J, Zou Q P, et al. 2024. Impacts of large-scale suspended mussel farm on seston depletion. Estuarine, Coastal and Shelf Science, 300: 108710.